普通高等教育电气类规划教材

本书荣获中国石油和化学工业优秀出版物奖·教材奖

电机学

第二版

孙克军　主编

马　丽　安国庆　副主编

DIANJIXUE

U0228392

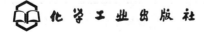
化学工业出版社

·北京·

内 容 简 介

全书共7章，内容包括磁路、直流电机、变压器、交流绕组及其电动势和磁动势、异步电机、同步电机和特种电机等。书中主要介绍了直流电机、变压器、异步电机和同步电机稳态运行的基本理论和基本分析方法，同时还介绍了几种特种电机的工作原理、基本结构与用途，以扩大电机学的知识面。本书在编写时适当简化电磁理论的推导，强调理论知识的应用和实际运行问题的分析。在主要章节中配有微课、习题微课，章末附有小结、思考题与习题，并附有习题的参考答案，以利复习和加强训练。

本书可作为普通高等学校电气工程及其自动化、自动化等相关专业的教材，也可作为从事电工技术工作的有关工程技术人员的参考用书。

图书在版编目（CIP）数据

电机学/孙克军主编. —2版. —北京：化学工业出版社，2021.9（2023.11重印）
普通高等教育电气类规划教材
ISBN 978-7-122-39210-7

Ⅰ.①电⋯　Ⅱ.①孙⋯　Ⅲ.①电机学-高等学校-教材
Ⅳ.①TM3

中国版本图书馆 CIP 数据核字（2021）第 096607 号

责任编辑：郝英华　　　　　　　　　　　　装帧设计：史利平
责任校对：张雨彤

出版发行：化学工业出版社（北京市东城区青年湖南街 13 号　邮政编码 100011）
印　　装：三河市双峰印刷装订有限公司
787mm×1092mm　1/16　印张 20　字数 519 千字　2023 年 11 月北京第 2 版第 4 次印刷

购书咨询：010-64518888　　　　　　　　　售后服务：010-64518899
网　　址：http://www.cip.com.cn
凡购买本书，如有缺损质量问题，本社销售中心负责调换。

定　　价：66.00 元

前言

　　本书是普通高等教育电气类规划教材，是根据电气工程及其自动化专业教学大纲的要求编写的。

　　本书着重介绍了电机（直流电机、变压器、异步电机、同步电机）的基本功能和用途、基本作用原理、基本机构、基本分析方法和基本特性；简要介绍了特种电机基本结构、工作原理和基本特点，可作为高等学校电气工程及其自动化专业和其他强弱电结合专业的教材。本书自2013年出版以来，多谢各使用院校的支持和广大师生的关爱，我们陆续收集了一些中肯的建议和很好的修改意见。

　　随着互联网与数字技术的不断发展，我国的图书出版市场发生了翻天覆地的变化，例如在图书中加入与其内容有关的短视频、微课、动画等，帮助读者直观地阅读和理解，以适应读者的需求。为适应图书出版市场的变化和教学改革的要求，有利于培养出更多出色的高级专业技术人才，我们对本书进行了修订。本次修订对书中个别插图和一些文字错误进行了更正外，还适当增减了特种电机的有关内容，在主要章节中设置了微课。

　　本书编写的指导思想是：突出强化基础知识，拓宽专业口径；力求图文并茂、深入浅出、通俗易懂、循序渐进，激发学生学习的积极性；注重培养和提高学生独立分析问题和解决问题能力，为培养学生的创新能力打下基础。我们的目标是编写一本取材精、科学性强、概念清、便于教学和自学的教材。

　　全书主要内容包括直流电机、变压器、异步电机、同步电机和特种电机等。为使全书的基本内容突出，书中着重论述四种典型电机的基本结构、电磁过程、理论分析方法和运行特性。本书的编写特点是：注重基本概念、基本理论和基本分析方法的阐述，使学生建立牢固的物理概念，学会用工程观点分析和解决问题。本书主要分析电机的稳态运行，重点介绍电机的工作特性和机械特性及定量分析。为了拓宽知识面，以适应科研和生产的需要，本书还介绍了常用特种电机的基本结构、工作原理及应用。本书各章节具有相对独立性，选学内容可由教师根据具体情况选定。为了便于学生复习和自学，在主要章节中配有微课、习题微课，并编制了微课索引便于查阅；章末附有小结、思考题与习题，并附有习题的参考答案，供教学参考。

　　本书由孙克军主编，马丽、安国庆为副主编。第1章由李文娟编写，第2章由马丽编写，第3章由樊伟编写，第4章由朱维璐和安国庆编写，第5章由孙克军编写，第6章由孙会琴编写，第7章由徐红和井成豪编写。参加本书视频制作的有孙会琴、安国庆、井成豪、王忠杰、孙克军、闫彩红等。编者在此向关心本书出版和为本书提供参考资料的专家表示衷心的感谢。

　　由于编者的经验和学识水平有限，尽管我们已经做了不懈的努力，书中难免有不妥之处，恳请广大读者批评指正，并提出宝贵意见。

编　者
2021年5月

第一版前言

本书是根据电气工程及其自动化专业教学大纲的要求编写的，主要内容包括直流电机、变压器、异步电机、同步电机和特种电机等。为使全书的基本内容突出，书中着重论述典型电机与变压器的基本结构、电磁过程、理论分析方法和运行特性。

由于电机学是电气工程及其自动化专业的技术基础课，也是一门承上启下的核心基础课，是从基础理论、技术理论走向专业课学习和工程应用研究的基础与纽带，课程的特点是理论性强、概念抽象、专业特征明显等。因此，本书力求以"内容新颖、覆盖面宽、讲解详尽、注重理论、兼顾研究"为编写原则，故本书的编写特色如下。

（1）本书保留了传统电机学按直流电机、变压器、异步电机、同步电机四大类论述的体系。简化了传统电机学课程中关于电机与变压器的材料和工艺等方面的内容。注重基本概念、基本理论和基本分析方法的阐述，由浅入深、循序渐进，使学生建立牢固的物理概念，学会用工程观点分析问题和解决问题。

（2）本书主要分析电机与变压器的稳态运行，重点介绍电机与变压器的工作特性和电动机的机械特性的描述和定量分析。为了拓宽知识面，以适应科研和生产的需要，本书还介绍了常用特种电机的基本结构、工作原理及应用。

（3）本书各章节具有相对独立性，选学内容可由教师根据具体情况选定。为了便于学生复习和自学，主要章节中均有例题、章末附有小结、思考题与习题，并附有习题的参考答案，供教学参考。

（4）本书可作为普通高等学校电气工程及其自动化等电气类相关专业的教材。由于在编写过程中考虑到了便于自学的需求，故本书也可作为从事电工技术工作的有关工程技术人员的参考用书。

本书配套的电子课件可免费提供给采用本书作为教材的老师，如有需要，可发邮件至cipedu@163.com索取。

本书由孙克军主编，马丽、朱维璐为副主编。第 1 章由李文娟编写，第 2 章由马丽编写，第 3 章由樊伟编写，第 4 章由朱维璐编写，第 5 章由孙克军编写，第 6 章由孙会琴编写，第 7 章由徐红编写。

由于编者的经验和学识水平有限，书中难免有不妥之处，恳请广大读者批评指正。

编　者
2013 年 6 月

目录 ◀◀◀◀◀◀◀

第 3 章　变压器

第 4 章　交流绕组及其电动势和磁动势

第5章　异步电机

第6章　同步电机

第7章　特种电机

参考文献

微课索引

绪论

0.1 电机在国民经济中的作用

电能在国民经济和国防建设中获得了广泛的应用，而电机是生产、传输、分配和应用电能的主要设备，它在电力系统中占有相当重要的地位。

在电力工业中，电机是发电厂的主要设备。如将水力、热力、风力、太阳能、核能等转换为电能，都需要使用发电机。为了经济地传输和分配电能，需要采用变压器升高电压，再把电能从发电厂输送到用电地区，然后再经过变压器降低电压，供用户使用。

微课：绪论

在机械、冶金、石油、煤炭和化学工业以及其他各种工业企业中，广泛地应用各种电动机。例如各种机床都采用电动机拖动，尤其是数控机床，都需由一台或多台不同功率和形式的电动机来拖动和控制；各种专用机械，如高炉运料装置、轧钢机、吊车、风机、水泵、搅拌机、纺织机、造纸机、印刷机和建筑机械等都大量采用电动机驱动。一个现代化工厂需要几百台至几万台电机。

在交通运输业中，随着城市交通运输和电气化铁道的发展，需要大量具有优良启动和调速性能的牵引电动机。在航运和航空事业中，需要很多具有特殊要求的船用电机和航空电机。

在农业和农副产品加工中，随着农业机械化的进展，电动机的应用也日趋广泛，如电力排灌、脱粒、碾米、榨油、粉碎等农业机械，都是用电动机拖动。

在军事和各种自动控制系统中，如雷达、计算机技术和航天技术等，需要大量的控制电机作为自动控制系统和计算装置中的执行元件、检测元件和解算元件。

此外，在文教、医疗以及日常生活中，电机的应用也越来越广泛。

随着科学技术的飞速发展，各行各业都将对电机提出新的要求，不仅要求电机能适应各种不同的工作条件，而且还要在品种、质量和性能等方面满足特定的要求。因此，电机工业与国民经济各部门之间的关系是十分密切的，是国民经济各部门中不可缺少的一个重要环节。

0.2 电机的定义与分类

0.2.1　电机的定义

电机是一种进行机电能量转换或信号转换的电磁机械装置。其重要任务是进行能量转换。

由于电机本身并不是能源，而只是转换能量的机构，必须一方面有能量输入，另一方面才会有能量输出。电机的容量即以该机在单位时间内所能传递的能量来度量。单位时间内所输入的能量称为输入功率，单位时间内输出的能量称为输出功率，功率的单位通常用 W 或 kW 来表示，当能量通过电机转换时，不可避免地要有一些内部损耗。例如，当电流流过导线时要引起定子绕组铜耗和转子绕组铜耗；当磁通在铁芯中变化时要引起磁滞损耗和涡流损耗；当有机械运动时会引起机械摩擦损耗，这些损耗均将化作热量而散发。因此，任一电机输出功率总比输入功率为小，设以 P_1 表示电机的输入功率，P_2 表示电机的输出功率，则其比值 $\eta = P_2/P_1$ 就称为电机的效率。

0.2.2　电机的分类

电机的种类很多，分类方法也很多，常用的分类方法有以下几种。

(1) 按照能量转换方式来分类

① 将机械能转换为电能——发电机。

② 将电能转换为机械能——电动机。

③ 将电能转换为另一种形式的电能：

a. 具有不同的电压——变压器；

b. 具有不同的频率——变频机；

c. 具有不同的相位——移相器。

④ 不以功率传递为主要职能，而在自动调节系统中起控制作用——控制电机。

(2) 按照电流性质来分类

① 应用于直流电系统的电机——直流电机。

② 应用于交流电系统的电机——交流电机。在交流电机中两个主要的类型为同步电机和异步电机。

a. 同步电机——同步电机的转速等于同步转速（同步转速决定于该电机的极数和频率，同步转速的确切意义将在后文说明）。同步电机通常主要用作发电机运行。

b. 异步电机——异步电机又称为感应电机。作为电动机运行时，转速恒小于同步转速，作为发电机运行时，转速恒大于同步转速。异步电机通常主要用作电动机运行，也可以作为发电机使用，但工作性能较差。因此，异步发电机仅用于要求不高的农村小型发电设备中。

(3) 按照旋转速度分类

① 电机的转速 n 恒等于同步转速 n_S（n_S 为电机气隙中旋转磁场的转速，$n_S = \dfrac{60f}{p}$，即 n_S 与电流的频率 f 成正比；n_S 与电机的极对数 p 成反比）——同步电机。

② 电机的转速 n 不等于同步转速 n_S（作为电动机运行时，$n < n_S$；作为发电机运行时，

$n>n_S$）——异步电机。

③ 电机没有固定的同步转速——直流电机。

④ 电机的转速可以在宽广的范围内随意调节——交流换向器电机。

⑤ 静止电气设备——变压器。

上述各电机中，除变压器是静止的电气设备外，其余均为旋转电机。旋转电机通常分为直流电机和交流电机，后者又分为异步电机和同步电机。这种分类方法可以归纳如下。

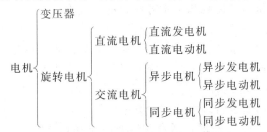

注意：在电机学中，从工作原理的角度将变压器归入静止电机，但实际上变压器与电机在结构、工艺、生产、归口行业等方面都是不同的。因此，通常将变压器单独列出，与电机并列讲述。

应该指出，从基本原理上看，发电机和电动机只不过是电机的两种运行方式，它们本身是可逆的。即在任何电机中功率的转换是可逆的。如在电机的轴上外施机械功率，通过电机的磁场可把机械功率转换为电功率。反之，如在电机电路的端点送入电功率，通过电机的磁场可把电功率转换为机械功率。也就是说，任何电机既可以作为发电机运行，又可以作为电动机运行。这一性质称为电机的可逆原理。但在实用上有所偏重，例如，实用的交流发电机以同步电机为最多；实用的交流电动机以异步电机为最多。同一品种的电机，也将根据它在正常情况下用作发电机或者电动机，而在设计上和制造上提出不同的要求。

0.3　电机学课程的性质和学习方法

0.3.1　电机学课程的性质

电机学是电气工程及其自动化专业的一门重要的技术基础课。它与电工基础课的性质不同，电工基础所研究的问题总是理想化的和单纯的，而在电机学中要求运用理论来解决实际问题。但是在实际问题中，情况往往既是复杂的又是综合的。因此在分析时，就需要将问题简化，找出主要矛盾，运用理论加以解决。这样所得的结果有一定的近似性，但能够正确反映客观规律。所以，电机学是一门理论性和实践性都很强的课程。

0.3.2　电机学课程的学习方法

电机学主要研究的是电机稳态运行时的有关问题。电机学中既有理论问题又有实际问题、既有分析又有计算，而且电机的类型很多，电路的问题、磁路的问题、力学问题及热学问题等交织在一起，情况比较复杂，在学习中应抓住基本理论，既要了解每一种电机的特殊问题，又要注意它们的共性问题，找出它们的内在联系，掌握它们的普遍规律。

在学习这门课时，要从实际出发，牢牢掌握分析和研究电机的三种基本方法，即基本方程式、等效电路（又称等值电路）和相量图。不仅要了解公式中数量上的关系，更重要的是从公式中看到它们所表达的物理概念。

(1) 分析和研究电机的一般步骤

① 分析电机在空载和负载运行时电机内部的物理情况（即磁动势和电动势）。

② 列出电机的电动势、磁动势、功率和转矩平衡方程式。

③ 求解基本方程，进而分析电机的各种运行性能。对于发电机来说，外特性最为重要；对于电动机来说，机械特性最为重要。其次是电机的效率特性、功率因数特性、启动性能、调速性能和过载能力等。

(2) 分析和研究电机内部磁场和基本方程式的一般方法

① 不计磁路饱和时，常采用叠加原理分析电机的各个磁场和气隙合成磁场及与磁场对应的电动势；考虑饱和时，常把主磁通和漏磁通分开处理，主磁通用合成磁动势和主磁通的磁化曲线来确定，漏磁通则以等效漏抗压降方式处理，在列写电动势平衡方程式时考虑。

② 用等效电路来表示电机时，需要采用归算法（又称折算法），对于变压器需要进行绕组归算；对于交流电机需要进行绕组归算和频率归算。

③ 分析交流电机的稳态运行时，常利用等效电路和相量图。

④ 分析交流电机的不对称运行时，常采用双旋转磁场理论和对称分量法。

⑤ 研究凸极电机时，常采用双反应理论。

电机学还是一门实践性很强的课程，要求学习中一定要重视实验课，应熟练掌握各种电机的基本实验，努力提高实验操作技能，学会使用仪器测量电机性能和参数的方法。

第1章

磁路

1.1 磁路的基本知识

1.1.1 磁场

(1) 磁场和磁力线

人们通过长期的探索和研究，发现当两个互不接触的磁体靠近时，它们之间之所以会发生相斥或相吸，是因为在磁体周围存在着一个作用力的空间，这一作用力的空间称为磁场。

微课：1.1

磁体周围的磁场可以用磁力线（又称磁感应线）来形象描述，如图1-1所示。磁力线的方向就是磁场的方向，可用小磁针在各点测知。用磁力线来描述磁场时，磁力线具有以下特点。

① 磁力线在磁体外部总是由N极指向S极，而在磁体内部则是由S极指向N极，磁力线出入磁体总是垂直的。

② 磁力线上任意一点的切线方向就是该点的磁场方向，即小磁针N极的指向。

③ 磁力线的疏密程度反映了磁场的强弱。磁力线越密，表示磁场越强；磁力线越疏，表示磁场越弱。

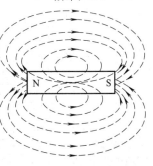

图1-1　条形磁铁磁力线

④ 因为磁铁的N极和S极总是成对出现，而且磁场中任何一点，小磁针只能受到一个磁场力的作用，所以磁力线是一些互不相交的闭合曲线。

⑤ 磁力线均匀分布而又相互平行的区域称为均匀磁场，如图1-2所示；反之则称为非均匀磁场。

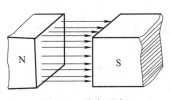

图1-2　均匀磁场

磁铁并不是磁场的唯一来源。把一根导线平行放在磁针的上方，给导线通电，磁针就发生偏转，当电流停止时，磁针又恢复原来位置。电流对磁针的这种作用说明了通电导线的周围存在着磁场，电与磁是有密切联系的。

(2) 通电直导线周围的磁场

用一根长直导体垂直穿过水平玻璃板或硬纸板。在板上

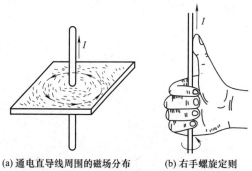

(a) 通电直导线周围的磁场分布　(b) 右手螺旋定则

图 1-3　通电直导线产生的磁场

撒一些铁屑，使电流通过这个垂直导体，并用手指轻敲玻璃板，振动板上的铁屑，这时铁屑在电流磁场的作用下排成磁力线的形状，如图 1-3（a）所示。再将小磁针放在玻璃板上，可以确定磁力线的方向。如果改变电流的方向，则磁力线的方向也随之改变。

通电直导线产生的磁力线方向与电流方向之间的关系可用右手螺旋定则来说明，如图 1-3（b）所示。用右手握住通电直导线，并把拇指伸出，让拇指指向电流方向，则四指环绕的方向就是磁力线的方向。

（3）通电螺线管的磁场

如果把导线制成螺线管，通电后磁力线的分布情况如图 1-4（a）所示。在螺线管内部的磁力线绝大部分是与管轴平行的，而在螺线管外面就逐渐变成散开的曲线。每一根磁力线都是穿过螺线管内部，再由外部绕回的闭合曲线。

将通电螺线管作为一个整体来看，管外的磁力线从一端发出，到另一端回进，其表现出来的磁性类似一个条形磁体，一端相当于 N 极，另一端相当于 S 极。如果改变电流的方向，它的 N 极、S 极也随之改变。

通电螺线管产生的磁力线方向与电流方向之间的关系也可用右手螺旋定则来说明，如图 1-4（b）所示。用右手握住螺线管，使弯曲的四指指着电流的方向，则伸直的拇指所指的方向就是螺线管内部磁力线的方向。也就是说，拇指所指的是螺线管的 N 极。

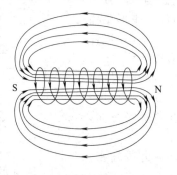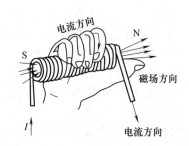

(a) 通电螺线管周围的磁场分布　　(b) 右手螺旋定则

图 1-4　通电螺线管的磁场

1.1.2　磁路常用物理量

（1）磁通

磁场在空间的分布情况可以用磁力线的多少和疏密程度来形象描述，但它只能定性分析。磁通这一物理量的引入可用来定量描述磁场在一定面积上的分布情况。

通过与磁场方向垂直的某一面积上的磁力线的总数称为通过该面积的磁通量，简称磁通，用字母 Φ 表示。磁通的单位名称是韦伯，简称韦，用符号 Wb 表示。当面积一定时，通过该面积的磁通越大，则磁场就越强。

（2）磁感应强度

磁感应强度（又称磁通密度）是用来表示磁场中各点强弱和方向的物理量。磁感应强度用字母 B 表示。磁感应强度的单位名称是特斯拉，简称特，用符号 T 表示。

在均匀磁场中，磁感应强度可表示为

$$B = \frac{\Phi}{A} \tag{1-1}$$

式中，B 为磁感应强度，T；Φ 为磁通量，Wb；A 为与磁感应强度方向垂直的某一截面积，m^2。

式（1-1）表明磁感应强度 B 等于单位面积的磁通量，所以，有时磁感应强度也称为磁通密度。

磁感应强度是一个矢量，其方向为该磁场中的小磁针的 N 极所指的方向。

（3）磁导率

磁场中各点磁感应强度 B 的大小不仅与电流的大小以及通电导体的形状有关，而且还与磁场中的媒介质的性质有关，这一点可以通过下面的实验来验证。

用一个插入铁棒的通电线圈去吸引铁钉，然后把通电线圈中的铁棒换成铜棒再去吸引铁钉，便会发现两种情况下的吸引力大小明显不同，前者比后者大得多。这表明不同的媒介质对磁场的影响是不同的，影响的程度与媒介质的导磁性质有关。

磁导率（又称导磁系数）就是一个用来表示媒介质导磁性能的物理量，不同的媒介质有不同的磁导率。

磁导率用希腊字母 μ 表示，其单位为亨/米，用符号 H/m 表示。

由实验测得，真空中的磁导率是一个常数，用 μ_0 表示，$\mu_0 = 4\pi \times 10^{-7}$ H/m。一般把任一媒介质的磁导率与真空中磁导率的比值称为相对磁导率 μ_r，即

$$\mu_r = \frac{\mu}{\mu_0} \tag{1-2}$$

式中，μ_r 为相对磁导率，它是一个无量纲的量；μ 为任一媒介质的磁导率，H/m；μ_0 为真空磁导率，H/m。

相对磁导率只是一个比值，它表示其他条件相同的情况下，媒介质中的磁导率相对真空磁导率的倍数。

根据物质相对磁导率 μ_r 的不同，可把物质分成三类。一类叫顺磁物质，其 μ_r 稍大于1；另一类叫反磁物质，其 μ_r 稍小于1。顺磁物质与反磁物质一般被称为非铁磁物质，如空气、铜、铝、木材、橡胶等。还有一类叫铁磁物质，如铁、钴、镍、硅钢、坡莫合金、铁氧体等，其相对磁导率 μ_r 远大于1，可达几百甚至数万以上，且不是一个常数。铁磁物质可用来制作电机、变压器、电磁铁等的铁芯。

（4）磁场强度

磁场中各点磁感应强度的大小与媒介质的性质有关，这就使磁场的计算显得比较复杂。因此，为了消除磁场中的媒介质对计算磁场强弱的影响，引入磁场强度这一物理量。磁场中任一点的磁场强度的大小只与产生磁场的电流大小和通电导体的几何形状有关，而与媒介质的性质无关。

磁场强度用字母 H 表示，它也是一个矢量，其方向和所在点的磁感应强度 B 的方向相同。磁场强度的单位为安/米，用符号 A/m 表示。

磁场强度的大小定义为磁场中某点的磁感应强度 B 与媒介质磁导率 μ 的比值，即

$$H = \frac{B}{\mu} \tag{1-3}$$

式中，H 为磁场强度，A/m；B 为磁感应强度，T；μ 为磁导率，H/m。

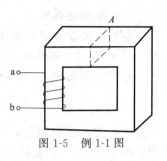

【例 1-1】　在图 1-5 所示的均匀磁场中，已知铁芯的横截面积 $A = 30\text{cm}^2$，磁感应强度 $B = 0.6\text{T}$，求通过铁芯截面中的磁通。

解

已知：$A = 30\text{cm}^2 = 30 \times 10^{-4}\text{m}^2$

通过铁芯中的磁通

$$\varPhi = AB = 30 \times 10^{-4} \times 0.6 = 1.8 \times 10^{-3}\ (\text{Wb})$$

图 1-5　例 1-1 图

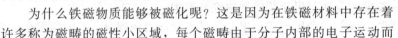

1.2 常用的铁磁材料及其特性

1.2.1 铁磁材料的磁化曲线

微课：1.2

(1) 铁磁物质的磁化

使原来没有磁性的物质具有磁性的过程称为磁化。只有铁磁物质才能被磁化，而非铁磁物质是不能被磁化的。

为什么铁磁物质能够被磁化呢？这是因为在铁磁材料中存在着许多称为磁畴的磁性小区域，每个磁畴由于分子内部的电子运动而呈现磁性，就像一块小磁铁一样。在没有外磁场的作用时，磁畴的排列是杂乱无序的，取向任意，它们的磁性相互抵消，整个铁磁材料对外不呈磁性，如图 1-6（a）所示。当外磁场作用时，原来与外磁场方向不一致的磁畴，就会顺着外磁场方向转向，使磁畴取向与外磁场趋于一致，如图 1-6（b）所示。这样就产生一个很强的与外磁场同向的附加磁场，叠加在外磁场上，使合成磁场大为增强。有些铁磁材料在去掉外磁场以后，磁畴的一部分或大部分仍然保持取向一致，对外仍显示磁性，这就成了永久磁铁。

各种铁磁材料，由于其内部结构不同，磁化后的磁性各有差异，下面通过分析磁化曲线来了解各种铁磁材料的特性。

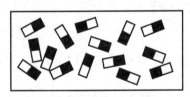

(a) 未磁化

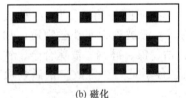

(b) 磁化

图 1-6　磁畴

(2) 起始磁化曲线

铁磁材料的磁感应强度（即磁通密度）B 随磁场强度 H 而变化的曲线称为磁化曲线 $B = f(H)$，又称 B-H 曲线。

在非铁磁材料中，磁感应强度 B 与磁场强度成正比（$B = \mu_0 H$），它们之间呈线性关系，直线的斜率就等于 μ_0。铁磁材料的 B 与 H 之间的关系则不是线性的，即 $B = f(H)$ 为一曲线。将一块尚未磁化的铁磁材料进行磁化，当磁场强度 H 由零逐渐增大时，磁感应强度 B 将随之增大，曲线 $B = f(H)$ 就称为铁磁材料的起始磁化曲线，如图 1-7 所示。

起始磁化曲线基本上可分为四段。

① Oa 段，开始磁化时，外磁场较弱，由于磁畴的惯性，随着 H 的增加，B 缓慢增加，因而曲线较平缓，但这一段很短，称为起始磁化段。

② ab 段，随着外磁场的增强，材料内部大量磁畴开始转向，越来越多地趋向于外磁场方向，此时 B 值增加得很快，曲线较陡，几乎是直线上升，为线性段。

③ bc 段，由于大部分磁畴已趋向外磁场方向，可转向的磁畴越来越少，随着 H 增加，只有少数磁畴继续转向，因而 B 增加变慢，曲线变缓而形成膝部段。

④ c 点以后，由于磁畴几乎全部转向 H 方向，逐步趋于饱和，随着 H 增加，B 几乎不增加，因而曲线更平缓，为饱和段。这时称铁磁材料已达到饱和状态。

磁饱和是铁磁材料在磁化过程中表现出来的一种重要特性。初始磁化曲线中的 a 点一般称为拐点，b 点称为膝点，而 c 点则称为饱和点。

由于铁磁材料的磁化曲线不是一条直线，所以铁磁材料的磁导率 μ_{Fe} 也随磁场强度 H 的变化而变化，图 1-7 同时示出了曲线 $\mu_{Fe}=f(H)$。

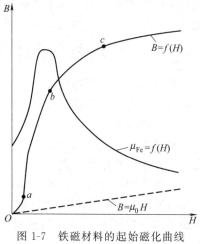

图 1-7 铁磁材料的起始磁化曲线和 $\mu_{Fe}=f(H)$ 曲线

(3) 磁滞回线

若将铁磁材料进行周期性磁化，B 和 H 之间的变化关系就会变成如图 1-8 所示。由图可见，当 H 开始从零增加到 H_m 时，B 相应地沿曲线 Oa 从零增到 B_m，以后逐渐减小磁场强度 H，B 不是沿曲线 aO 下降，而是沿着另一条曲线 ab 变化。当 H=0 时，B 值并不等于零，而等于 B_r。这种去掉外磁场后铁磁材料内仍保留的磁感应强度 B_r 称为剩余磁感应强度（又称剩余磁通密度），简称剩磁。要使 B 值从 B_r 减小到零，必须加上相应的反向外磁场，此反向外磁场强度称为矫顽力，用 H_c 表示。B_r 和 H_c 是铁磁材料的两个重要参数。铁磁材料所具有的这种磁感应强度 B 的变化滞后于磁场强度 H 变化的现象称为磁滞。由于存在磁滞现象，铁磁材料的磁化过程是不可逆的。呈现磁滞现象的 B-H 闭合回线称为磁滞回线，如图 1-8 中 abcdefa 所示。磁滞现象是铁磁材料的另一个特性。

磁滞现象的产生是由于铁磁材料中的磁畴在外磁场作用下，发生倒转时，彼此之间产生的摩擦。由于这种摩擦的存在，当外磁场停止作用后，磁畴中与外磁场方向一致的排列便被保留下来，不能恢复原状，因此形成了磁滞现象和剩磁。

(4) 基本磁化曲线

同一铁磁材料在不同的 H_m 值下有不同的磁滞回线，因此用不同的 H_m 值可测出许多大小不同的磁滞回线，如图 1-9 所示。把所有磁滞回线的顶点连接起来所得到的曲线称为铁

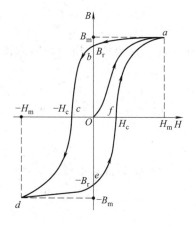

图 1-8 铁磁材料的磁滞回线

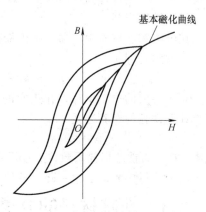

图 1-9 基本磁化曲线

磁材料的基本磁化曲线或平均磁化曲线，工程上所用的磁化曲线就是这种磁化曲线。基本磁化曲线不是起始磁化曲线，但差别不大。

1.2.2　铁磁材料的损耗

铁磁材料的损耗包括磁滞损耗和涡流损耗，在电机和变压器中，通常把磁滞损耗和涡流损耗合在一起，称为铁芯损耗，简称铁耗。

(1) 磁滞损耗

将铁磁材料置于交变磁场中时，铁磁材料在交变磁场的作用下而反复磁化过程中，磁畴之间不停地互相摩擦，消耗能量，因此引起损耗，这种损耗称为磁滞损耗。磁滞回线的面积越大，磁滞损耗越大。因此，试验表明，交流磁化时，磁滞损耗 p_h 与磁场交变的频率 f、铁磁材料的体积 V 和磁滞回线的面积成正比。对同一铁芯，磁感应强度的最大值 B_m 越大，则磁滞回线的面积越大，通常此面积与 B_m 的 n 次方成正比，故磁滞损耗 p_h 可用下式表示。

$$p_h = C_h f B_m^n V \tag{1-4}$$

式中，C_h 为磁滞损耗系数，其大小取决于铁磁材料的性质；对一般电工钢片，$n = 1.6 \sim$

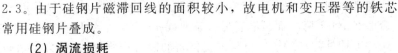

2.3。由于硅钢片磁滞回线的面积较小，故电机和变压器等的铁芯常用硅钢片叠成。

(2) 涡流损耗

因为铁磁材料是导电的，故当通过铁磁材料中的磁通随时间变化时，根据电磁感应定律，铁磁材料中将产生感应电动势，并引起环流。这些环流在铁磁材料内部围绕磁通做旋涡状流动，称为涡流，如图 1-10 所示。涡流在铁磁材料中引起的损耗称为涡流损耗。

磁通变化频率 f 越高，磁感应强度 B_m 越大，感应电动势就越大，涡流损耗 p_e 也越大。进一步分析表明，对电工钢片，涡流损耗 p_e 还与钢片厚度 d 的平方成正比，故得

涡流

图 1-10　硅钢片中的涡流

$$p_e = C_e d^2 f^2 B_m^2 V \tag{1-5}$$

式中，C_e 为涡流损耗系数，其大小取决于材料的电阻率。

从式 (1-5) 可见，为了减小涡流损耗，首先应减小钢片厚度，所以电工钢片的厚度制成 0.5mm 和 0.35mm；其次是增加涡流回路的电阻，所以电工钢片中常加入 4% 左右的硅，变成硅钢片，用以提高电阻系数。

(3) 铁芯损耗

在电机和变压器中，通常把磁滞损耗和涡流损耗合在一起，称为铁芯损耗，简称铁耗，用 p_{Fe} 表示，即

$$p_{Fe} = p_h + p_e = C_h f B_m^n V + C_e d^2 f^2 B_m^2 V \tag{1-6}$$

对于一般的电工钢片，在正常的工作磁通密度范围内（$1T < B_m < 1.8T$），由式 (1-6) 可得计算铁耗的经验公式

$$p_{Fe} = C_{Fe} f^\beta B_m^2 G \tag{1-7}$$

式中，C_{Fe} 为铁芯损耗系数；β 为频率系数，在 1.2 ~ 1.6 之间；G 为铁芯重量。

由上式可以看出，恒定磁通的磁路无铁耗。

1.2.3　铁磁材料的分类

不同的铁磁材料具有不同的磁滞回线，其剩磁和矫顽力是不相同的，因而其特性以及在

工程上的用途也不相同。通常根据矫顽力的大小一般把铁磁材料分为两大类。

（1）软磁材料

软磁材料的磁滞回线狭窄，如图 1-11（a）所示，具有较小的剩磁和矫顽力，磁导率高，磁滞现象不显著，易磁化也易去磁。由于软磁材料的磁滞回线包围的面积小，因而在交变磁场中，磁滞损耗小，适用于制造电机、变压器、继电器等的铁芯。常用的软磁材料有铸钢、硅钢片、坡莫合金等。

（2）硬磁材料

硬磁材料的磁滞回线较宽，如图 1-11（b）所示，具有较大的矫顽力，剩磁也大，磁滞现象

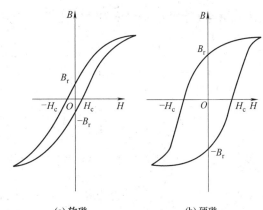

(a) 软磁　　　　　　(b) 硬磁
图 1-11　不同铁磁性材料的磁滞回线

显著，磁滞回线包围面积大。硬磁材料经外磁场充磁后，能保留较强的磁性，且不易消失，适用于制造永久磁铁。常用的硬磁材料有铝镍钴合金、铁氧体、钨钢、钴钢、钕铁硼等。

1.3　磁路的基本定律

1.3.1　全电流定律

设空间有 n 根载流导体，导体中的电流分别为 $\dot{I}_1$，$\dot{I}_2$，$\dot{I}_3$，$\cdots$，$\dot{I}_n$，则沿任何一条闭合路径 l，磁场强度 $\boldsymbol{H}$ 的线积分 $\oint_l \boldsymbol{H} \cdot \mathrm{d}\boldsymbol{l}$ 值恰好等于该闭合路径所包围的导体电流的代数和，即

微课：1.3+1.4

$$\oint_l \boldsymbol{H} \cdot \mathrm{d}\boldsymbol{l} = \sum \dot{I} \tag{1-8}$$

这就是全电流定律。$\sum \dot{I}$ 是闭合回路所包围的全电流。在式（1-8）中，若导体的电流的方向与积分回路的绕行方向符合右手螺旋关系，该电流取正号，反之取负号。对图 1-12 所示的电流方向，$\dot{I}_1$ 和 $\dot{I}_3$ 应取正号，而 $\dot{I}_2$ 应取负号。

应用全电流定律时应注意：无论线积分路径的长度和形状如何，只要被闭合路径包围的全电流相同，积分的结果就必然相等。例如在图 1-12 中，虽然 l' 的积分路径长，但它距离载流导体较远，磁场强度 $\boldsymbol{H}'$ 较弱，所以

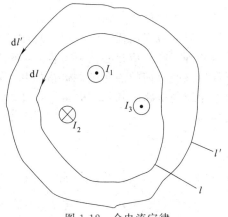

图 1-12　全电流定律

$$\oint_{l'} \boldsymbol{H}' \cdot \mathrm{d}\boldsymbol{l}' = \oint_l \boldsymbol{H} \cdot \mathrm{d}\boldsymbol{l}$$

1.3.2　磁路的欧姆定律

图 1-13 是一个具有铁芯的无分支磁路的示意图。铁芯上绕有 N 匝线圈，线圈中通有电流 i，产生的沿铁芯闭合的主磁通为 Φ。设铁芯的截面积为 A，平均磁路长度为 l，铁芯的磁导率为 μ（μ 不是常数，随磁感应强度 B 变化），若不计漏磁通 Φ_σ（即令 $\Phi_\sigma = 0$），并且

认为磁路 l 上的磁场强度 H 处处相等，于是，根据全电流定律有

$$\oint_l H \cdot dl = Hl = Ni \qquad (1-9)$$

由于 $H = B/\mu$，而 $B = \Phi/A$，故可由式 (1-9) 推得

$$\Phi = \frac{Ni}{l/(\mu A)} = \frac{F}{R_m} = \Lambda_m F \qquad (1-10)$$

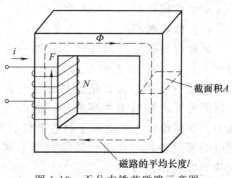

图 1-13　无分支铁芯磁路示意图

式中，$F = Ni$ 为磁动势，A；$R_m = \dfrac{l}{\mu A}$ 为磁阻，

A/Wb；$\Lambda_m = \dfrac{1}{R_m} = \dfrac{\mu A}{l}$ 为磁导，Wb/A 或 H。

式（1-10）即为磁路的欧姆定律。它表明，当磁路尺寸和材料一定时，磁路磁阻 R_m 就一定，此时磁动势 F 越大，磁路的磁通 Φ 会越大；当线圈的匝数和电流一定时，磁路的磁动势 F 就一定，此时磁阻 R_m 越大，磁路的磁通 Φ 将会越小。磁路的磁阻与磁导率成反比，由于空气的磁导率 μ_0 远远地小于铁磁材料的磁导率 μ_{Fe}，所以空气的磁阻 R_{m0} 远远地大于铁磁材料的磁阻 R_{mFe}，故有时分析时可以忽略漏磁通 Φ_σ。

磁路的欧姆定律与电路的欧姆定律 $I = \dfrac{U}{R} = UG$ 是一致的，并且磁通 Φ 与电流 I、磁动势 F 与电动势 E、磁阻 R_m 与电阻 R、磁导 Λ_m 与电导 G 保持一一对应的关系。

1.3.3　磁路的基尔霍夫第一定律

图 1-14 是一个有分支的铁芯磁路，若完全忽略各部分的漏磁作用，设各条支路的主磁通如图 1-14 所示，在主磁通 Φ_1、Φ_2 和 Φ_3 的汇合处作一个闭合面，令穿出闭合面的磁通为正、进入闭合面的磁通为负，根据磁通连续性定律，就有

$$-\Phi_1 - \Phi_2 + \Phi_3 = 0$$

或

$$\sum \Phi = 0$$

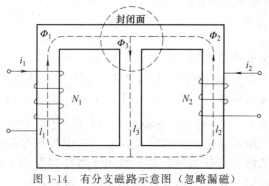

图 1-14　有分支磁路示意图（忽略漏磁）

这就是磁路的基尔霍夫第一定律。该定律表明，进入或穿出任一闭合面的总磁通量的代数和等于零，或穿入任一闭合面的磁通等于穿出该闭合面的磁通量。磁路的基尔霍夫第一定律与电路的基尔霍夫第一定律具有相同的形式。

1.3.4　磁路的基尔霍夫第二定律

把全电流定律应用到具有多个线圈的多段闭合磁路时，全电流定律可改写成

$$\sum_{k=1}^{n} H_k l_k = \sum_{k=1}^{n} N_k I_k = F \qquad (1-11)$$

式中，H_k 为第 k 段磁路的磁场强度，A/m；l_k 为第 k 段磁路的平均长度，m；$H_k l_k$ 为第 k 段磁路的磁压降，A；N_k 为第 k 个线圈的匝数；I_k 为第 k 个线圈中的电流，A；$N_k I_k$ 为第 k 个线圈产生的磁动势，A。注意：当某线圈中的电流的正方向与该磁路中磁通的正方向符合右手螺旋关系时，则该线圈产生的磁动势 $N_k I_k$ 取正号；反之，$N_k I_k$ 取负号。F 为总

磁动势，A。

式（1-11）说明，一个闭合磁路中的总磁压降等于作用在该闭合磁路的总磁动势，这就是磁路的基尔霍夫第二定律。

磁路的基尔霍夫第二定律表明，任一闭合回路的磁动势的代数和恒等于磁压降的代数和，这与电路的基尔霍夫第二定律 $\sum e = \sum u$ 在意义上也是一样的。

1.3.5 电磁感应定律

(1) 电磁感应现象

在磁场的基本知识中已经知道电流能产生磁场，这是电流的磁效应。那么，磁会不会也能产生电呢？英国科学家法拉第通过大量实验发现，当导体相对于磁场运动而切割磁力线，或者线圈中的磁通发生变化时，在导体或线圈中都会产生感应电动势。若导体或线圈构成闭合回路，则导体或线圈中将有电流流过。这种由磁感应产生的电动势称为感应电动势。由感应电动势产生的电流称为感应电流，其方向与感应电动势的方向相同。这种磁感应出电的现象称为电磁感应。

在此需说明的是：只有导体（或线圈）构成闭合回路时，导体（或线圈）中才会有感应电流的存在，而感应电动势的存在与导体（或线圈）是否构成闭合回路无关。

(2) 直导体的感应电动势

将一根直导体放入均匀磁场内，当在外力作用下，导体做切割磁力线运动时，该导体中就会产生感应电动势。

如果磁场是恒定的（即不随时间变化），而感应电动势是由于导体（或线圈）和磁场之间有相对运动，因而引起和线圈交链（又称匝链）的磁通发生变化而产生，则这种感应电动势称为运动电动势或速率电动势。

① 感应电动势的大小。如果直导体的运动方向是与磁力线垂直的，那么感应电动势的大小与该导体的有效长度 l、该导体的运动速度 v、磁感应强度 B 有关，即感应电动的表达式为

$$e = Blv \qquad (1-12)$$

式中，e 为导体中的感应电动势，V；B 为磁场的磁感应强度，T；l 为导体切割磁力线的有效长度，m；v 为导体切割磁力线的线速度，m/s。

如果直导体的运动方向不与磁力线垂直，而是成一角度 α，如图 1-15 所示，则此时感应电动势的大小为

$$e = Blv\sin\alpha \qquad (1-13)$$

② 感应电动势的方向。直导体中感应电动势的方向可以用右手定则来判定，如图 1-16 所示。将右手伸平，使拇指与其他四指垂直，将掌心对着磁场的 N 极，即让磁力线从手心垂直穿过，使拇指指向导体运动的方向，那么，四指的指向就是导体内感应电动势的方向。

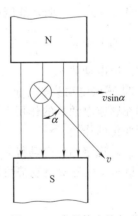

图 1-15　直导体在均匀磁场中的运动方向

(3) 线圈中的感应电动势

设有一个匝数为 N 的线圈放在磁场中，不论什么原因，例如线圈本身的移动或转动、磁场本身发生变化等，造成了和线圈交链的磁通 Φ 随时间发生变化，线圈内都会产生感应电动势。

若线圈与磁场相对静止，如变压器的情况一样，则感应电动势纯粹是由于和线圈交链的磁通本身随时间变化而产生，这种感应电动势称为变压器电动势。

如图 1-17 所示，匝数为 N 的线圈交链着磁通 Φ，当 Φ 变化时，线圈 AX 两端将产生感应电动势 e。

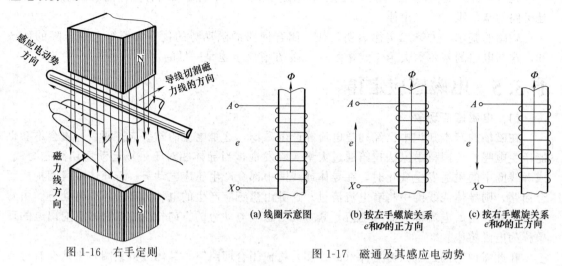

图 1-16　右手定则　　　　　　　　　图 1-17　磁通及其感应电动势

① 感应电动势的大小。线圈中感应电动势 e 的大小与线圈匝数 N 及通过该线圈的磁通变化率成正比。这一定律就称为电磁感应定律。

设通过线圈的磁通变化率为 $\dfrac{\mathrm{d}\Phi}{\mathrm{d}t}$，则线圈中产生的感应电动势为

$$|e| = \left| N\,\frac{\mathrm{d}\Phi}{\mathrm{d}t} \right| \tag{1-14}$$

式中，e 为在线圈内产生的感应电动势，V；N 为线圈的匝数；$\dfrac{\mathrm{d}\Phi}{\mathrm{d}t}$ 为通过线圈的磁通变化率。

式 (1-14) 表明，线圈中感应电动势的大小取决于线圈中磁通的变化率，而与线圈中磁通本身的大小无关。$\dfrac{\mathrm{d}\Phi}{\mathrm{d}t}$ 越大，则 e 越大。当 $\dfrac{\mathrm{d}\Phi}{\mathrm{d}t}=0$ 时，即使线圈中的磁通 Φ 再大，也不会产生感应电动势 e。

② 感应电动势的方向。线圈中感应电动势的方向可由楞次定律确定。楞次定律指出，如果在感应电动势的作用下，线圈中流过感应电流，则该感应电流产生的磁通起着阻碍原来磁通变化的作用。

如果规定感应电动势 e 的参考方向与磁通 Φ 的参考方向符合右手螺旋关系，如图 1-17 (c) 所示，则感应电动势可用下式表示。

$$e = -N\,\frac{\mathrm{d}\Phi}{\mathrm{d}t} \tag{1-15}$$

当磁通增加时，$\dfrac{\mathrm{d}\Phi}{\mathrm{d}t}$ 为正值，而由式 (1-15) 可知，e 为负值，即 e 的实际方向与图 1-17 (c) 中所标注的参考方向相反，因此在该瞬间，图 1-17 (c) 中线圈内的感应电流应从 X 端流向 A 端，其产生的磁通将阻碍原磁通的增加。而当磁通减少时，$\dfrac{\mathrm{d}\Phi}{\mathrm{d}t}$ 为负值，而由式 (1-15) 可知，e 为正值，即 e 的实际方向与图 1-17 (c) 中所标注的参考方向相同，因此在该瞬间，图 1-17 (c) 中线圈内的感应电流应从 A 端流向 X 端，其产生的磁通将阻碍原磁通的减少。

【例1-2】 已知均匀磁场的磁感应强度 $B=4T$，直导体的有效长度 $l=0.15m$，导体在垂直于磁力线方向上的运动速度 $v=3m/s$。试求该导体中产生的感应电动势的大小。

解

$$e=Blv=4\times0.15\times3=1.8（V）$$

1.3.6 电磁力定律

(1) 磁场对载流直导体的作用（电磁力定律）

在均匀磁场中悬挂一根直导体，并使导体垂直于磁力线。当导体中未通电流时，导体不会运动。如果接通直流电源，使导体中有电流通过，则通电直导体将受到磁场的作用力而向某一方向运动。若改变导体中电流的方向（或改变均匀磁场的磁极极性），则载流直导体将会向相反的方向运动。我们把载流导体在磁场中所受的作用力称为电磁力，用 F 表示。

① 电磁力的大小。试验证明，电磁力 F 的大小与导体中电流 i 的大小成正比，还与导体在磁场中的有效长度 l 及载流导体所在位置的磁感应强度 B 成正比，即

$$F=Bli \tag{1-16}$$

式中，B 为均匀磁场的磁感应强度，T；i 为导体中的电流，A；l 为导体在磁场中的有效长度，m；F 为导体受到的电磁力，N。

若载流直导体 l 与磁感应强度 B 方向成 α 角（如图1-18所示），则导体在与 B 垂直方向的投影 $l_{\perp}$ 为导体的有效长度，即 $l_{\perp}=l\sin\alpha$，因此导体所受的电磁力为

$$F=Bil\sin\alpha \tag{1-17}$$

从式（1-17）可以看出，当导体垂直于磁感应强度 B 的方向放置时，$\alpha=90°$，$\sin90°=1$，导体所受到的电磁力最大；导体平行于磁感应强度 B 的方向放置时，$\alpha=0°$，$\sin0°=0$，导体受到的电磁力最小，为零。

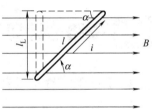

② 电磁力的方向。载流直导体在磁场中的受力方向可以用左手定则来判定，如图1-19所示。将左手伸平，使拇指与其他四指垂直，将掌心对着磁场的 N 极，即让磁力线从手心垂直穿过，使四指指向电流的方向，则拇指所指的方向就是导体所受电磁力的方向。

图1-18 载流直导体在均匀磁场中的位置

(2) 磁场对通电线圈的作用

磁场对通电线圈也有作用力。如图1-20所示，将一个刚性（受力后不变形）的矩形载流线圈放入均匀磁场中，当线圈在磁场中处于不同位置时，磁

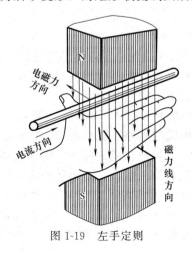

图1-19 左手定则

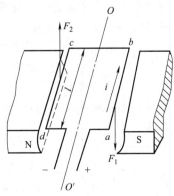

图1-20 磁场对通电线圈的作用

场对线圈的作用力大小和方向也不同。

从图 1-20 可以看出，线圈 $abcd$ 可以看成是由 ab、bc、cd、da 四根导体所组成的。当线圈平面与磁力线平行时，可以根据电磁力定律判定各导体的受力情况。

在图 1-20 中，导体 bc 和导体 da 与磁力线平行，不受电磁力作用；而导体 ab 和导体 cd 与磁力线垂直，受电磁力作用，设导体长度 $ab=cd=l$，线圈中的电流为 i，均匀磁场的磁感应强度为 B，则导体 ab 和导体 cd 所受电磁力的大小为 $F_1=F_2=Bli$，且 F_1 向下，F_2 向上。这两个力大小相等、方向相反、互相平行，这就构成了一个力偶矩（又称电磁转矩），使线圈以 OO' 为轴，沿顺时针方向偏转。

如果改变线圈中电流的方向（或改变磁场的方向），则线圈 $abcd$ 将以 OO' 为轴，沿逆时针方向偏转。

在图 1-20 中，当线圈 $abcd$ 沿顺时针（或逆时针）方向旋转 90°时，电磁力 F_1 与 F_2 大小相等、方向相反，但是作用在同一条直线上，因此这两个力产生的电磁转矩为零，线圈静止不动。

综上所述，把通电的线圈放到磁场中，磁场将对通电线圈产生一个电磁转矩，使线圈绕转轴转动。常用的电工仪表，如电流表、电压表、万用表等指针的偏转，就是根据这一原理实现的。

【例 1-3】　把 25cm 长的通电直导线放入均匀磁场中，导线中的电流 $i=2A$，磁场的磁感应强度 $B=1.4T$。求导线方向与磁场方向垂直时，导线所受的电磁力 F。

解

因为导线与磁力线垂直，导线长度 $l=25cm=0.25m$

所以导线所受的电磁力 $F=Bli=1.4\times0.25\times2=0.7$（N）

1.4 磁路的计算

1.4.1 磁路计算的方法步骤

磁路计算是电机分析和电机设计过程中的一项重要工作。磁路计算有两种类型：一种是先给定磁路中的磁通 Φ 和磁路的尺寸，然后计算产生该磁通 Φ 所需的磁动势 F；另一种是先给定磁动势 F 和磁路的尺寸，求该磁动势 F 所产生的磁通 Φ。电机和变压器设计中的磁路计算通常属于第一种类型，这是本书讨论的重点。对于第二种类型的问题，由于磁路的非线性，一般需要用迭代法才能得到解答。

下面介绍对于无分支磁路，给定磁通求磁动势的计算方法和步骤。

① 将磁路分为 k 段。为了保证磁路的均匀性，分段的原则是每段磁路的材料应该相同、截面积相等、通过的磁通也应相等。即将材料相同、截面积相等、通过的磁通也相等的磁路分为一段。

② 计算各段磁路的截面积 A_k 和各段磁路的平均长度 l_k。对于用铁磁材料构成的磁路，截面积 A_k 按实际尺寸计算；对于空气隙或非铁磁材料构成的磁路，由于磁场的边缘效应，使气隙的有效截面积 $A_{\delta(有效)}$ 要比气隙的实际截面积 A_δ 大，如图 1-21 所示，故实际计算时要采用有效截面积 $A_{\delta(有效)}$，计算有效截面积 $A_{\delta(有效)}$ 时，一般将各边长增加一个气隙 δ 的长度，即如果 $A_\delta=a\times b$，则 $A_{\delta(有效)}=(a+\delta)\times$

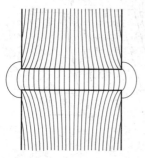

图 1-21　气隙磁场的边缘效应

$(b+\delta)$。

③ 根据给定的磁通 Φ 和各段磁路的截面积 A_k，确定各段磁路内的平均磁感应强度 B_k（通称磁通密度，简称磁密），$B_k=\dfrac{\Phi}{A_k}$。

④ 根据磁通密度 B_k，确定各段磁路的磁场强度 H_k（对于用铁磁材料构成的磁路，需由磁化曲线或相应的表格查取磁场强度 H_k；对于空气隙或非铁磁材料构成的磁路，统一由 $H_\delta=\dfrac{B_\delta}{\mu_0}$ 计算，式中 μ_0 为真空磁导率，$\mu_0=4\pi\times10^{-7}$）。

⑤ 计算各段磁路的磁压降 H_kl_k。

⑥ 根据磁路的基尔霍夫第二定律，计算总磁动势 $F=\sum H_kl_k$。

⑦ 根据磁动势 $F=NI$，若已知线圈匝数 N，则可以求出所需通过的电流 I；反之，若已知导线中可以通过的电流 I，则可以求出所需的线圈匝数 N。

当磁路中有多个线圈时，磁动势 $F=N_kI_k$，但是应注意 N_kI_k 的正负号的确定，此时应先选定磁路中磁通的正方向，当某线圈中的电流的正方向与磁通的正方向符合右手螺旋关系时，则该线圈产生的磁动势 N_kI_k 取正号；反之，当某线圈中的电流的正方向与磁通的正方向不符合右手螺旋关系时，则该线圈产生的磁动势 N_kI_k 取负号。

1.4.2　磁路计算实例

【例 1-4】 一个无分支磁路如图 1-22 所示，所用材料为 DR530 硅钢片，铁芯柱和铁轭的宽度 $a=0.02\mathrm{m}$，铁芯的厚度 $b=0.03\mathrm{m}$，铁芯部分的平均磁路长度 $l_{\mathrm{Fe}}=0.4\mathrm{m}$，气隙的长度 $\delta=0.0005\mathrm{m}$，线圈匝数 $N=400$ 匝，试求产生磁通 $\Phi=6.6\times10^{-4}\mathrm{Wb}$ 时所需的励磁磁动势 F 和励磁电流 I。

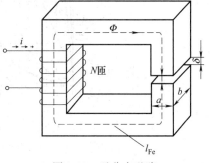

解

（1）将磁路分为铁芯部分和气隙部分两段

（2）计算各段磁路的截面积 A_k 和各段磁路的平均长度 l_k

① 铁芯部分的磁路截面积为

$A_{\mathrm{Fe}}=a\times b=0.02\times0.03=6\times10^{-4}(\mathrm{m}^2)$

图 1-22　无分支磁路

② 气隙部分的磁路截面积为

$A_\delta=(a+\delta)\times(b+\delta)=(0.02+0.0005)\times(0.03+0.0005)=6.2525\times10^{-4}(\mathrm{m}^2)$

③ 铁芯部分的平均磁路长度 $l_{\mathrm{Fe}}=0.4\mathrm{m}$

④ 气隙部分的磁路长度 $\delta=0.0005\mathrm{m}$

（3）计算各段磁路的磁通密度 B_k

① 铁芯部分的磁通密度

$$B_{\mathrm{Fe}}=\frac{\Phi}{A_{\mathrm{Fe}}}=\frac{6.6\times10^{-4}}{6\times10^{-4}}=1.1(\mathrm{T})$$

② 气隙部分的磁通密度

$$B_\delta=\frac{\Phi}{A_\delta}=\frac{6.6\times10^{-4}}{6.2525\times10^{-4}}=1.0556(\mathrm{T})$$

（4）确定各段磁路的磁场强度 H_k

① 查 DR530 硅钢片的磁化曲线（图 1-23），当 $B_{Fe}=1.1T$ 时，铁芯部分磁场强度 $H_{Fe}=450A/m$。

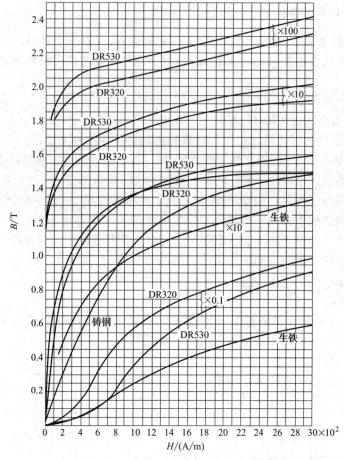

图 1-23　电机中常用铁磁材料的基本磁化曲线

（图中的 ×0.1、×10、×100 等分别表示把横坐标的读数乘 0.1、乘 10、乘 100）

② 气隙部分磁场强度为

$$H_\delta = \frac{B_\delta}{\mu_0} = \frac{1.0556}{4\pi \times 10^{-7}} = 8.4045 \times 10^5 (\text{A/m})$$

（5）计算各段磁路的磁压降 $H_k l_k$

① 铁芯部分的磁压降

$$H_{Fe} l_{Fe} = 450 \times 0.4 = 180(\text{A})$$

② 气隙部分的磁压降

$$H_\delta \delta = 8.4045 \times 10^5 \times 0.0005 = 420.225(\text{A})$$

（6）计算总磁动势 $F = \sum H_k l_k$

$$F = H_{Fe} l_{Fe} + H_\delta l_\delta = 180 + 420.225 = 600.225(\text{A})$$

（7）计算励磁电流 I

$$I = \frac{F}{N} = \frac{600.225}{400} = 1.50(\text{A})$$

思考题与习题

习题微课：第1章

1-1　说明磁通、磁通密度、磁场强度和磁导率等物理量的定义、单位和相互关系。

1-2　磁路的基本定律有哪几个？当铁芯磁路上有几个磁动势同时作用时，磁路计算能否用叠加原理？

1-3　试比较磁路和电路的相似点和不同点。

1-4　基本磁化曲线与初始磁化曲线有何区别？计算磁路时用的是哪一种磁化曲线？

1-5　什么是软磁材料？什么是硬磁材料？各有什么用途？

1-6　铁芯中的磁滞损耗和涡流损耗是什么原因引起的？它们的大小与哪些因素有关？

1-7　变压器电动势和运动电动势产生的原因有什么不同？其大小与哪些因素有关？

1-8　什么是磁饱和现象？

1-9　电机和变压器的磁路通常采用什么材料制成，这些材料有哪些主要特性？

1-10　在图 1-24 中标出电流产生的磁场方向或电源的极性。

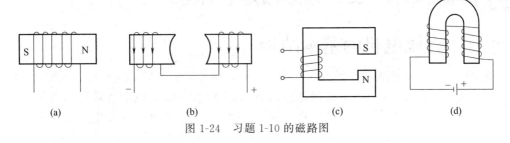

图 1-24　习题 1-10 的磁路图

1-11　在图 1-25 所示的磁路中，两个线圈都接在直流电源上，已知 $I_1 = 100A$，$I_2 = 60A$，$N_1 = 200$ 匝，$N_2 = 100$ 匝，请回答下列问题：

(1) 该磁路中的总磁动势是多少？

(2) 若将 I_2 反向，则该磁路总磁动势是多少？

(3) 电流方向如图 1-25 所示，若在 a、b 处切开形成一空气隙 δ，则该磁路总磁动势是多少？

(4) 在铁芯截面积均匀和不计漏磁时，试分析 (3) 和 (1) 两种情况下铁芯中的磁通密度 B 和磁场强度 H。[(1) $F = 14000A$；(2) $F = 26000A$]

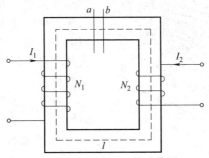

图 1-25　习题 1-11 的磁路图

第2章

直流电机

2.1.1 直流电机的基本结构

直流电机主要由两大部分组成，①静止部分，称为定子，主要用来产生磁通；②旋转部分，称为转子（通称电枢），是机械能转换为电能（发电机），或电能转换为机械能（电动机）的枢纽。在定子与转子之间留有一定的间隙，称为气隙。直流电机的结构如图 2-1 所示。

(1) 静止部分
静止部分主要由主磁极、换向极、机座、端盖、轴承和电刷装置等部件组成。

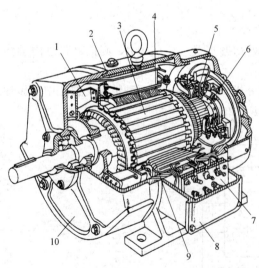

图 2-1　直流电机结构图
1—风扇；2—机座；3—电枢；4—主磁极；5—刷架；
6—换向器；7—接线板；8—出线盒；
9—换向极；10—端盖

① 主磁极。主磁极简称主极，它的作用是建立主磁场，由主极铁芯和套在铁芯上的励磁绕组两部分组成，如图 2-2 所示。主极铁芯通常用 1.0～1.5mm 厚的钢板冲片叠压而成。主极铁芯靠近电枢一端的扩大部分称为极靴，它的作用是使气隙中的磁感应强度按照规定要求分布，并使励磁绕组牢固地固定在主极铁芯上。主磁极总是成对的。各主磁极上的励磁绕组可串联，也可并联，但连接时应使相邻的主磁极的极性呈 N 极、S 极交替排列。

对于小功率直流电机常用永久磁铁产生磁场。

② 换向极。换向极是用来改善换向的，换向极也由铁芯和套在铁芯上的绕组组成，如图 2-3 所示。中小型直流电机的换向极铁芯，由整块钢制成。对换向要求高的电机，

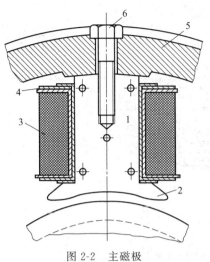

图 2-2　主磁极
1—主磁极铁芯；2—极靴；3—励磁绕组；
4—绕组绝缘；5—机座；6—固定螺栓

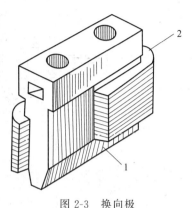

图 2-3　换向极
1—换向极铁芯；2—换向极绕组

其换向极铁芯用 1.0～1.5mm 厚的钢片叠压而成。换向极绕组与电枢绕组串联，由于需要通过较大电流而用截面大、匝数少的矩形截面的导线绕制。换向极装在两相邻主磁极之间，用螺栓固定在机座上。换向极的数目一般与主磁极的数目相等。在功率很小的直流电机中，有的电机装置的换向极的数目只为主磁极数目的一半，或不装换向极。

③ 机座。机座有两个作用：作为主磁路的一部分；用来固定主磁极、换向极和端盖等部件。机座中有磁通经过的部分称为磁轭。机座一般用铸钢或厚钢板焊接而成，以保证良好的导磁性能和机械强度。

④ 电刷装置。电刷装置的作用是通过固定不动的电刷与旋转的换向器之间的滑动接触，将外部直流电源与直流电机的电枢绕组连接起来。电刷装置由电刷、刷握、刷杆、刷杆座等组成，如图 2-4 所示。电刷放在刷握内，用弹簧将电刷压紧在换向器上。刷握固定在刷杆上，刷杆装在可移动的刷杆座上，以便调整电刷位置。刷杆与刷杆座间要加以绝缘。中小型电机的刷杆座装在端盖或轴承内盖上，大中型电机的刷杆座则固定在机座上。

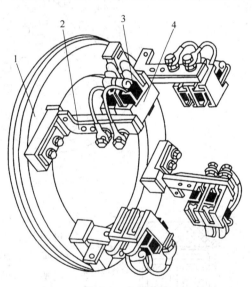

图 2-4　电刷装置
1—刷杆座；2—刷杆；3—电刷；4—刷握

(2) 旋转部分

直流电机的旋转部分又称电枢，它由电枢铁芯、电枢绕组、换向器等组成。如图 2-5 所示。

① 电枢铁芯。电枢铁芯的作用：作为电机的磁路；嵌放电枢绕组。为了减少磁滞和涡流损耗，电枢铁芯一般用 0.5mm 厚的硅钢片叠压而成，电枢铁芯冲片如图 2-6 所示。为了加强通风冷却，有的电枢铁芯冲有轴向通风孔（如图 2-6 中部小圆孔）。对于较大功率的电

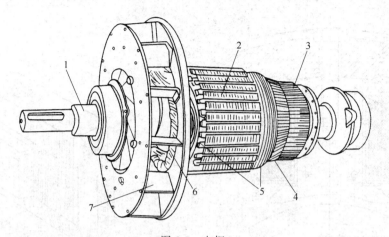

图 2-5　电枢
1—转轴；2—电枢铁芯；3—换向器；4—电枢绕组；
5—镀锌钢丝；6—电枢绕组；7—风扇

机，把电枢铁芯沿轴向分成数段，每段 4～10cm，段与段之间空出 8～10mm 作为径向通风道。

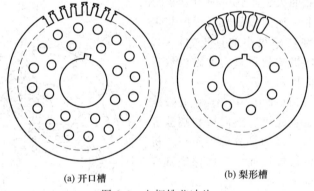

(a) 开口槽　　　　　　　　　　(b) 梨形槽

图 2-6　电枢铁芯冲片

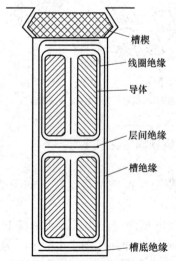

槽楔

线圈绝缘

导体

层间绝缘

槽绝缘

槽底绝缘

图 2-7　电枢绕组在槽中绝缘情况

② 电枢绕组。电枢绕组的作用是产生感应电动势、通过电流、产生电磁转矩、传送电磁功率，使电机实现能量转换。电枢绕组由许多用绝缘导线绕制的线圈（又称元件）组成。各线圈以一定的规律焊接到各换向片上而连接成一个整体。小型直流电机的电枢绕组用圆截面的导线绕制，并嵌放在梨形槽中；较大容量的电机的电枢绕组则用矩形截面的导线绕制，并嵌放在开口槽中。绕组嵌入槽后，用槽楔压紧，线圈与铁芯之间及上下层线圈之间均要妥善绝缘，如图 2-7 所示。为防止电枢旋转时将导线甩出，绕组伸出槽外的端接部分用无纬玻璃丝带或非磁性钢丝扎紧。

③ 换向器。换向器是直流电机的重要部件之一。在发电机中，换向器能使元件中的交变电动势变换为电刷间的直流电动势；在电动机中，它能使外加直流电流变为元件中的交变电流，产生恒定方向的电磁转矩。换向器由许多

相互绝缘的换向片构成，它有多种结构形式。

图 2-8（a）所示为一种常见的形式，它由许多鸽尾形的换向片排成一个圆筒，片与片之间用云母垫片绝缘，两端再用两个 V 形环夹紧而构成。每个电枢元件的首端和尾端，分别焊接在相应的换向片上。小型电机常用塑料换向器，如图 2-8（b）所示。这种换向器用换向片排成圆筒，再用塑料通过热压成形，简化了换向器的制造工艺，节省了材料。

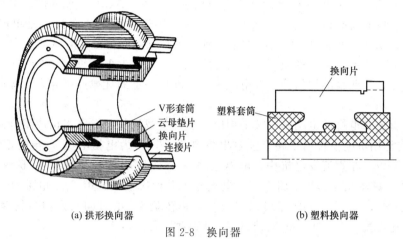

(a) 拱形换向器　　　　　　　　　　　　(b) 塑料换向器

图 2-8　换向器

2.1.2　直流发电机的工作原理

图 2-9 所示是最简单的直流发电机的物理模型。在两个空间固定的永久磁铁之间，有一个铁制的圆柱体（称为电枢铁芯）。电枢铁芯与磁极之间的间隙称为空气隙。图中两根导体 ab 和 cd 连接成为一个线圈，并敷设在电枢铁芯表面上。线圈的首、尾端分别连接到两个圆弧形的铜片（称为换向片）上。换向片固定于转轴上，换向片之间及换向片与转轴都互相绝缘。这种由换向片构成的整体称为换向器。整个转动部分称为电枢。为了把电枢和外电路接通，特别装置了两个电刷 A 和 B。电刷在空间上是固定不动的，其位置如图 2-9 所示。当电枢转动时，电刷 A 只能与转到上面的一个换向片接触，而电刷 B 则只能与转到下面的一个换向片接触。

当原动机拖动电枢以恒定的转速 n 沿逆时针方向旋转时，根据电磁感应定律，每一根

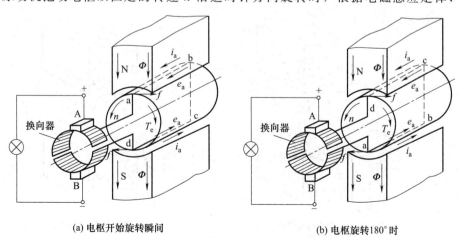

(a) 电枢开始旋转瞬间　　　　　　　　　　(b) 电枢旋转180°时

图 2-9　直流发电机的物理模型

导体均产生感应电动势。其方向可用右手定则确定。在图 2-9（a）所示瞬间，线圈 abcd 中感应电动势 e_a 的方向如图所示，这时电刷 A 呈正极性，电刷 B 呈负极性。当电刷逆时针旋转 180°，如图 2-9（b）所示时，导体 cd 位于 N 极下，ab 位于 S 极下，各导体中感应电动势都分别改变了方向。但是，由于换向片随着线圈一起旋转，原来与电刷 B 相接触的那个换向片，现在却与电刷 A 接触了；原来与电刷 A 相接触的换向片，现在却与电刷 B 接触了，显然这时电刷 A 仍呈正极性；电刷 B 仍呈负极性。可见，A、B 电刷间的电动势为直流电动势。若把 A、B 电刷接到负载（例如电灯）上去，则流过负载的电流就是单向的直流电流了。不过，在图 2-9 所示的简单的模型中，其电压和电流都有很大的脉动。

为了使电动势的脉动程度减低，在实际电机中，电枢上不是只有一个线圈，而是根据需要有许多线圈，这些线圈均匀分布在电枢表面，并按一定的规律连接起来，构成了所谓的电枢绕组。

如果在直流发电机的电刷两端接上用电负载，负载将与电枢绕组构成闭合回路，在电枢电动势 e_a 的作用下电枢绕组中将会流过电枢电流 i_a，因为电枢电流 i_a 与电枢电动势 e_a 的方向相同，所以，在直流发电机中，电枢电动势 e_a 为原动势。电枢导体 ab 和 cd 中的电枢电流 i_a 与主极磁场相互作用，将会产生电磁力 f 并形成电磁转矩 T_e，电磁力 f 和电磁转矩 T_e 的方向如图 2-9 所示，从图中可以看出，电磁转矩 T_e 的方向与发电机转速 n 的方向相反，因此，在直流发电机中，电磁转矩 T_e 是制动性质的转矩。

2.1.3 直流电动机的工作原理

如果把图 2-9 中的原动机撤去，将电刷 A、B 接直流电源，于是电枢线圈中就会有电流通过。假设由直流电源产生的直流电流从电刷 A 流入，经导体 ab、cd 后，从电刷 B 流出，如图 2-10（a）所示，根据电磁力定律，载流导体 ab、cd 在磁场中就会受到电磁力的作用，其方向可用左手定则确定。在图 2-10（a）所示瞬间，位于 N 极下的导体 ab 受到的电磁力 f，其方向是从右向左；位于 S 极下的导体 cd 受到的电磁力 f，其方向是从左向右，因此电枢上受到逆时针方向的力矩，称为电磁转矩 T_e。在该电磁转矩 T_e 的作用下，电枢将按逆时针方向转动。当电枢转过 180°，如图 2-10（b）所示时，导体 cd 转到 N 极下，导体 ab 转到 S 极下。由于直流电源产生的直流电流方向不变，仍从电刷 A 流入，经导体 cd、ab 后，从电刷 B 流出。可见这时导体中的电流改变了方向，但产生的电磁转矩 T_e 的方向并未改变，电枢仍然为逆时针方向旋转。

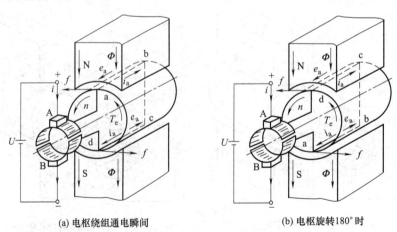

(a) 电枢绕组通电瞬间   (b) 电枢旋转180°时

图 2-10 直流电动机的物理模型

与直流发电机一样，实际的直流电动机中，电枢上也不是只有一个线圈，而是根据需要有许多线圈。但是，不管电枢上有多少个线圈，产生的电磁转矩始终是单一的作用方向，并使电动机连续旋转。

在直流电动机中，因为电枢电流 i_a 是由电枢电源电压 U 产生的，所以电枢电流 i_a 与电源电压 U 的方向相同。由于直流电动机的电枢是在电磁转矩 T_e 的作用下旋转的，所以，电动机转速 n 的方向与电磁转矩 T_e 的方向相同，即在直流电动机中，电磁转矩 T_e 是驱动性质的转矩。当电动机旋转时，电枢导体 ab、cd 将切割主极磁场的磁力线，产生感应电动势 e_a，感应电动势 e_a 的方向如图 2-10 所示，从图中可以看出，感应电动势 e_a 的方向与电枢电流 i_a 的方向相反，因此，在直流电动机中，感应电动势 e_a 为反电动势。改变直流电动机旋转方向的方法是将电枢绕组（或励磁绕组）反接。

2.1.4 直流电机的励磁方式

励磁绕组的供电方式称为励磁方式。由于不同励磁方式的直流电机的运行性能有较大的差别，所以直流电机通常按照励磁方式分类。

直流电动机的励磁方式分为他励、并励、串励和复励四类。图 2-11 为直流电动机各种励磁方式的接线图，图中 I 为直流电动机的电流（即电源向电动机输入的电流）、I_a 为电枢电流、I_f 为励磁电流。

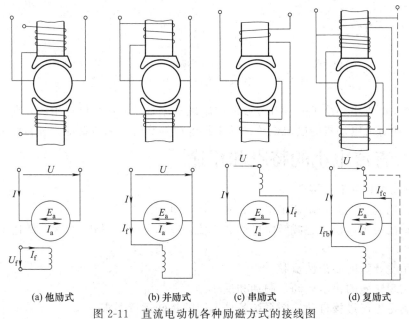

| (a) 他励式 | (b) 并励式 | (c) 串励式 | (d) 复励式 |

图 2-11　直流电动机各种励磁方式的接线图

① 他励式。他励式直流电动机的励磁绕组由其他电源（称为励磁电源）供电，励磁绕组与电枢绕组不相连接，其接线如图 2-11（a）所示，永磁式直流电动机亦归属这一类，因为永磁式直流电动机的主磁场由永久磁铁建立，与电枢电流无关。在他励式直流电动机中 $I_a = I$；I_f 与 I_a 无关，I_f 等于励磁电压 U_f 除以励磁回路的总电阻 R_f，即 $I_f = \dfrac{U_f}{R_f}$。

② 并励式。励磁绕组与电枢绕组并联的就是并励式。并励直流电动机的接线如图 2-11（b）所示。这种接法的直流电动机的励磁电流与电枢两端的电压有关。在并励式直流电动机中 $I_a = I - I_f$。

③ 串励式。励磁绕组与电枢绕组串联的就是串励式。串励直流电动机的接线如图 2-11 (c) 所示。在串励式直流电动机中 $I_a = I = I_f$。

④ 复励式。复励式直流电机既有并励绕组又有串励绕组，两种励磁绕组套在同一主极铁芯上。这时，并励和串励两种绕组的磁动势可以相加，也可以相减，前者称为积复励，后者称为差复励。复励直流电动机的接线图如图 2-11 (d) 所示。图中并励绕组接到电枢绕组的方法可按实线接法或虚线接法，前者称为短复励，后者称为长复励。事实上，长、短复励直流电动机在运行性能上没有多大差别，只是串励绕组的电流大小稍微有些不同而已。

一般直流发电机的主要励磁方式是他励、并励和复励。图 2-12 为直流发电机各种励磁方式的接线图，图中 I 为直流发电机的电流（即发电机向负载输出的电流）、I_a 为电枢电流、I_f 为励磁电流。在他励直流发电机中，$I = I_a$；I_f 与 I_a 无关，I_f 等于励磁电压 U_f 除以励磁回路的总电阻 R_f，即 $I_f = \dfrac{U_f}{R_f}$。在并励直流发电机中，$I = I_a - I_f$。

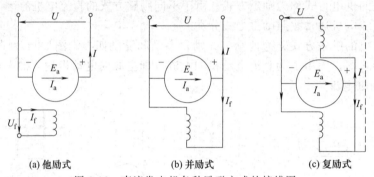

(a) 他励式　　　　　　(b) 并励式　　　　　　(c) 复励式

图 2-12　直流发电机各种励磁方式的接线图

在直流发电机中，由于并励和复励时的励磁电流是发电机自己供给的，所以又总称为自励发电机。而直流电动机的励磁电流都是由外电源供给的，无所谓他励和自励之分。

2.1.5　直流电机的特点和用途

直流电动机具有下列特点。

① 优良的调速性能，调速平滑、方便，调速范围广。

② 过载能力大，短时过载转矩可达 2.5 倍，高的可达 10 倍，并能在低速下连续输出较大转矩。

③ 能承受频繁的冲击性负载。

④ 可实现频繁的快速启动、制动和反转。

⑤ 能满足生产过程自动控制系统各种不同的特殊运行要求。

直流电动机广泛用于需要宽广、精确调速的场合和要求有特殊运行性能的自动控制系统，如冶金矿山、交通运输、纺织印染、造纸印刷以及化工与机床等工业；还可用于蓄电池电源供电的工业、交通传动系统。

直流发电机适用于实验室设备及要求广泛范围内调压的大型电机，也可作为同步电机的励磁机、蓄电池的充电电源等。由于大功率可控整流技术发展很快，直流发电机有逐步被替代的趋势。

直流电机可按转速、电压、用途、功率、工作制、防护等级、结构、安装型式和通风冷却方式等进行分类。但按励磁方式分类则更有意义。因为不同励磁方式的直流电机的特性有明显的区别，便于我们顾名思义地了解其特点。通常按励磁方式分类有：永磁、他励、并励、串励、复励等几种。

2.1.6 直流电机的型号和额定值

(1) 直流电机的型号

直流电动机的型号包括系列代号、机座号、铁芯长度代号等内容，例如，常用中小型直流电机的型号如下。

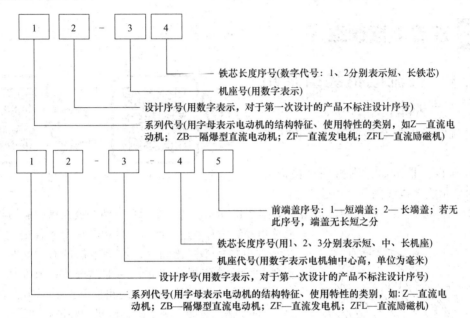

直流电动机的型号示例如下。

Z2-21——表示直流电动机，第二次系列设计，2号机座、1号铁芯长。

Z4-180-31——表示直流电动机，第四次系列设计，轴中心高为180mm，长机座，短端盖。

(2) 直流电机的额定值

直流电机的额定值主要有下列几项。

① 额定功率 P_N：指电机在长期运行时所允许的输出功率，单位为瓦（W）或千瓦（kW）。对发电机而言，额定功率为出线端输出的电功率；对电动机而言，额定功率为转轴上输出的机械功率。

② 额定电压 U_N：指在额定状态下发电机电枢绕组两端的输出电压或电动机电枢回路两端的输入电压，单位为伏（V）。

③ 额定电流 I_N：发电机的额定电流是指发电机在长期连续运行时，允许供给负载的电流；电动机的额定电流是指电动机在长期连续运行时，允许从电源输入的电流，单位为安（A）。

而对于短时工作制的电机来说，则由于连续运行的时间不同而有几个允许电流值。

④ 额定转速 n_N：指在额定电压、额定输出功率运转时，电机转子的旋转速度，单位为转/分（r/min）。

⑤ 额定励磁电压 U_{fN}：指加在励磁绕组两端的额定电压，单位为伏（V）。

⑥ 额定励磁电流 I_{fN}：指在保证额定励磁电压值时，励磁绕组中的电流，单位为安（A）。

⑦ 额定工作方式（又称工作制）：指电机在正常使用时的持续时间，它分为连续、断续周期与短时三种。

⑧ 额定温升：指电机在额定工况下所允许的温升，单位为开尔文（K）〔或摄氏度（℃）〕。

还有一些额定值，如额定效率 η_N、额定转矩 T_N 等，不一定标在铭牌上。

发电机的额定功率 $P_N=U_NI_N$；电动机的额定功率 $P_N=U_NI_N\eta_N$。

2.2 直流电枢绕组

2.2.1 直流电枢绕组常用术语

直流电机电枢绕组的有关术语主要如下。

① 元件：指两端分别与两个换向片连接的单匝或多匝线圈。

微课：2.2（上）　　　微课：2.2（下）

② 元件边：元件在槽内的放置，如图 2-13 所示。每一个元件有两个放在槽中能切割磁通、感应电动势的有效边，称为元件边。每个元件的两个元件边嵌在电枢的不同槽内，放在槽下层的有效边称为下层元件边，画绕组展开图时，用虚线表示；放在槽上层的有效边称为上层元件边，画绕组展开图时用实线表示。

③ 实槽与虚槽：为了改善电机的性能，往往希望用较多的元件来组成电枢绕组。但是，由于工艺等原因，电枢铁芯有时不便开太多的槽，故只能在每个槽的上、下层各放置若干个元件边，如图 2-14 所示。这时，为了确切说明每一个元件所处的具体位置，引入了"虚槽"的概念。设槽内每层有 u 个元件边，则把每一个实际的槽看作包含 u 个"虚槽"，每个虚槽的上、下层各有一个元件边。在一般情况下，实际的槽数 Z 与虚槽数 Z_u 的关系如下

$$Z_u=uZ \qquad (2-1)$$

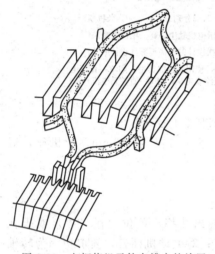

图 2-13　电枢绕组元件在槽内的放置

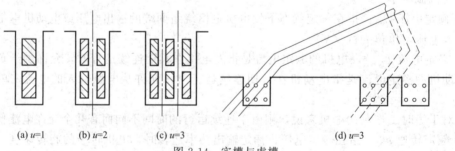

(a) $u=1$　　(b) $u=2$　　(c) $u=3$　　　　　(d) $u=3$

图 2-14　实槽与虚槽

在说明元件的空间安排情况时，就一律以虚槽来编号，用虚槽数作为计算单位。因为每一个元件有两个元件边，而每个虚槽的上、下层各有一个元件边，显然元件数 S 和虚槽数 Z_u 相等。因为每个元件的头尾分别接到不同的两个换向片上，而每一个换向片都同时接有

一个元件的上层元件边的出线端和另一个元件的下层元件边的出线端,所以元件数 S 一定与换向片数 K 相等,即

$$S = K = Z_u \tag{2-2}$$

④ 极距:每个磁极在电枢铁芯的外圆上所占的范围称为极距,用 τ 表示。极距可以用虚槽数或对应的圆弧长度量度,即

$$\tau = \frac{Z_u}{2p} \text{ 或 } \tau = \frac{\pi D_a}{2p} \tag{2-3}$$

式中,Z_a 为电枢的虚槽数;D_a 为电枢铁芯外径;p 为电机的极对数。

⑤ 第一节距:元件的两条有效边在电枢表面上所跨的距离称为第一节距,用 y_1 表示。第一节距的大小通常用所跨的虚槽数计算,如图 2-15 和图 2-16 所示。因为元件边放置在槽内,所以 y_1 一定要为整数,否则无法嵌线。为了得到较大的感应电动势,y_1 最好等于或者接近于一个极距,即

$$y_1 = \frac{Z_u}{2p} \pm \varepsilon = \tau \pm \varepsilon \tag{2-4}$$

式中,ε 是为使 y_1 凑成整数的一个小数。当 $y_1 = Z_u/(2p)$ 时,第一节距 y_1 恰好等于极距 τ,称为整距绕组;当 $y_1 < Z_u/(2p)$ 时,称为短距绕组;当 $y_1 > Z_u/(2p)$ 时,称为长距绕组。短距绕组端接线较短,故应用较广。

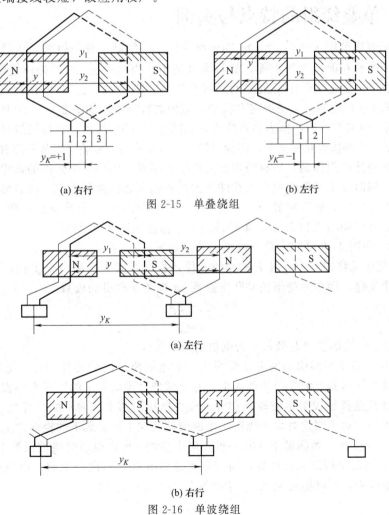

(a) 右行   (b) 左行

图 2-15 单叠绕组

(a) 左行

(b) 右行

图 2-16 单波绕组

⑥ 第二节距：利用同一个换向片串联起来的两个元件中，第一个元件的下层元件边与第二个元件的上层元件边之间在电枢表面上所跨的距离，称为第二节距，用 y_2 表示。第二节距也用虚槽数计算。

⑦ 合成节距：相串联的两个元件的对应边在电枢表面所跨的距离，称为合成节距，用 y 表示。合成节距也用虚槽数计算。各种类型的电枢绕组之间的差别，主要表现在合成节距上。

⑧ 换向器节距：同一个元件的两个出线端所接的两个换向片之间在换向器表面所跨的距离，称为换向器节距，用 y_K 表示。换向器节距的大小用换向片数计算。

由于元件数等于换向片数，每连接一个元件时，元件边在电枢表面前进的距离，应当等于其出线端在换向器表面所前进的距离，所以换向器节距应当等于合成节距，即

$$y_K = y \tag{2-5}$$

2.2.2　直流电机电枢绕组的分类

直流电机的电枢绕组有叠绕组、波绕组和混合绕组（又称蛙形绕组）三种类型。叠绕组中又有单叠绕组和复叠绕组之分。波绕组中也有单波绕组和复波绕组之分。

单叠绕组和单波绕组是电枢绕组的基本型式。复叠绕组、复波绕组分别是单叠绕组、单波绕组的组合。混合绕组则是叠绕组和波绕组的组合。

2.2.3　单叠绕组的特点与实例

叠绕组是合成节距 $y = y_K = \pm m$ 的一种绕组。在绕制这种绕组时，任何两个串联的元件都是后一个紧叠在前一个的上面，故称为叠绕组。当 $m = \pm 1$ 时，为单叠绕组；当 $m > 1$ 时，为复叠绕组，复叠绕组用得最多的是双叠绕组，即 $m = \pm 2$。在单叠绕组中，如果 $y = y_K = +1$，则绕组在绕制时，绕组向右移动，称为右行绕组，如图 2-15 (a) 所示。如果 $y = y_K = -1$，则绕组向左移动，称为左行绕组，如图 2-15 (b) 所示。左行绕组每一个元件接到换向片的两根出线端接线互相交叉，用铜量较多，很少采用，故叠绕组常采用右行绕组。

单叠绕组的连接规律是，所有的相邻元件依次串联，即后一个元件的首端与前一个元件的尾端相连。同时每个元件的两个出线端依次连接到相邻的换向片上，最后形成一个闭合回路。所以单叠绕组的合成节距等于一个虚槽，换向节距等于一个换向片，即 $y = y_K = \pm 1$。单叠绕组的展开图如图 2-17 所示，单叠绕组的电路图如图 2-18 所示。

由图 2-17 和图 2-18 可知，单叠绕组的特点如下。

① 单叠绕组是将同一个磁极下相邻的元件依次串联起来构成一个支路，所以对应一个磁极就有一个支路，即单叠绕组的并联支路数 $2a$ 应等于电机的极数 $2p$，即

$$2a = 2p \tag{2-6}$$

或

$$a = p$$

式中，a 为电枢绕组的支路对数；p 为电机的极对数。

② 为使正、负电刷间引出的电动势最大，被电刷所短路的元件的感应电动势应当等于零。电刷应放在换向器上的几何中性线上，并常常把"换向器上的"五个字省略掉。换向器上的几何中性线是指轴线与主极轴线重合的元件所接的两个换向片的分界线，如图 2-17 所示。从图中可知，对于端接对称的绕组，电刷应该放在主极轴线下的换向片上。

③ 对应一个主极，换向器上便有一根几何中性线，所以电刷的组数恒等于极数 $2p$。

④ 极性相同的电刷因电位相等，可以用汇流线并联后引向外电路。电机的出线端电动势等于支路电动势，而电枢总电流 I_a 等于各支路电流 i_a 之和，即

$$I_a = 2a i_a \tag{2-7}$$

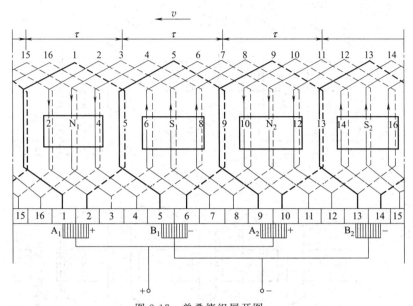

图 2-17 单叠绕组展开图

$2p=4$；$Z_u=S=K=16$；$y=y_K=+1$

2.2.4 单波绕组的特点与实例

波绕组是合成节距 $y=y_K=(K\pm m)/p$ =整数的一种绕组。在绕制这种绕组时，每个元件的两个出线端所接的两个换向片相隔较远，$y_K>y_1$，两元件串联形成图 2-16 所示的波浪形，故称为波绕组。当 $m=1$ 时，为单波绕组；当 $m>1$ 时，为复波绕组。在单波绕组中，若合成节距 y 的表达式中取负号，称为左行绕组，如图 2-16（a）所示；若取正号，称为右行绕组，如图 2-16（b）所示。右行绕组的端接部分交叉，且比左行绕组的端接线略长，故波绕组常采用左行绕组。

单波绕组的连接规律是，从某一换向片出发，把相隔约为一对极距的同极性磁极下对应位置的所有元件串联起来，直到沿电枢

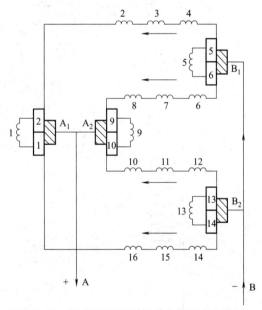

图 2-18 图 2-17 所示瞬间单叠绕组的电路图

和换向器绕过一周后，恰好回到原来出发的那个换向片的相邻的一片上；然后再从此换向片出发，继续再绕第二周、第三周……一直把全部元件连完，最后回到最初出发的换向片，构成一个闭合回路为止。单波绕组的展开图如图 2-19 所示。单波绕组的电路图如图 2-20 所示。

由图 2-19 和图 2-20 可知，单波绕组的特点如下。

① 从图 2-20 可见，组成单波绕组每条支路的元件包含了同一种极性下的所有元件。所以，无论电机是多少极，单波绕组只有两条支路，即支路对数 $a=1$。

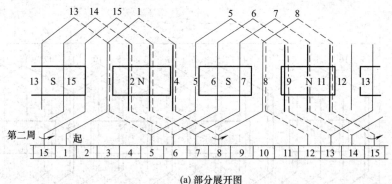

(a) 部分展开图

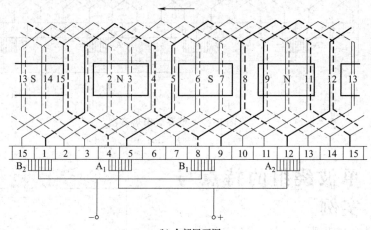

(b) 全部展开图

图 2-19　单波绕组展开图

$$2p=4; \quad Z_\mathrm{u}=S=K=15; \quad y=y_K=\frac{K-1}{p}$$

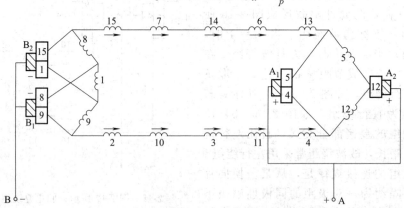

图 2-20　图 2-19 所示瞬间单波绕组的电路图

② 和单叠绕组一样，当元件端接对称时，电刷也应放在主磁极轴线下的换向片上。

③ 由于单波绕组只有两条并联支路，理论上只需放置两组电刷，即一正一负电刷便可以工作，故如去掉一对电刷 A_2、B_2，不会影响支路数和电刷间的电动势的大小。但当电枢电流一定时，电刷少，则每个电刷的电流密度将增大；刷宽一定时，要加大电刷的面积，只能增加电刷长度，同时也增加了换向器的长度，且被电刷短路的换向元件从并联变为串联，对换向不利。所以一般单波绕组的电刷组数仍为磁极数，称为全额电刷。

④ 由于单波绕组只有两条并联支路，因此，在一定的绕组元件数下，每个支路串联的

元件数较多，因而可得到较高的电压。增加极数不能增加波绕组的支路数。若要增加波绕组的支路数，可采用复波绕组。

2.3 空载和负载时直流电机的磁场

2.3.1 空载时直流电机的磁场

在直流电机中，各主磁极在圆周上的位置必须是均匀对称的，每个主磁极的宽度一般等于（$0.6\sim0.7$）τ。两个主磁极之间的分界线称为几何中性线。空载时，电枢电流 $I_a=0$，或者很小，气隙磁场仅由主磁极绕组通以直流电流 I_f（称为励磁电流）建立。从此

微课：2.3.1＋2.3.2

分界线处进入电枢表面的主磁通密度为零，故称为电枢上的几何中性线。当某一个电枢绕组元件轴线与主磁极轴线重合时，该元件中的感应电动势便为零，则该元件所接的两个换向片的分界线就称为换向器上的几何中性线。各种几何中性线的位置如图 2-21 和图 2-22 所示。

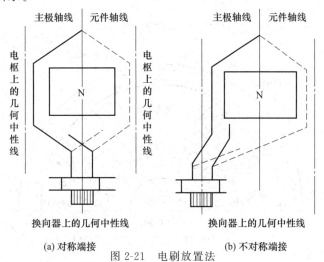

(a) 对称端接　　　　　　　　(b) 不对称端接

图 2-21　电刷放置法

直流电机空载时，气隙磁场仅由励磁电流 I_f 产生的主磁极励磁磁动势 F_f 所建立，称为主极磁场（简称主磁场），主极磁场分布如图 2-22 所示。从图中可见，空载时，几何中性线处主极磁场为零，而电机磁场为零的位置通称物理中性线。因此，直流电机空载时，物理中性线与几何中性线重合。

图 2-23 为一台四极直流电机在忽略端部效应时的空载磁场分布示意图。下面结合该示意图讨论直流电机空载磁场的基本特点。

(1) 空载时，主磁极的磁通分为主磁通 Φ_0 和主极漏磁通 $\Phi_{f\sigma}$ 两部分

① 同时匝链励磁绕组和电枢绕组的磁通称为主磁通 Φ_0，主磁通 Φ_0 通过气隙，并形成气隙磁场（又称主磁场）。由图 2-23 可知，主磁通经过的路径为两个主极铁芯、两个气隙、两个电枢齿、一个定子磁轭和一个电枢磁轭。

② 仅匝链主极绕组的磁通称为主极漏磁通 $\Phi_{f\sigma}$，主极漏磁通 $\Phi_{f\sigma}$ 的路径是主极铁芯和空气，由于空气部分的磁路较长，所以漏磁路的磁阻非常大，因此主极漏磁通 $\Phi_{f\sigma}$ 的数值远远地小于主磁通 Φ_0。

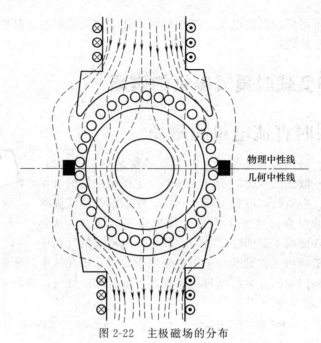

图 2-22　主极磁场的分布

图 2-23　一台四极直流电机中的空载磁场分布

（2）空载时，直流电机的气隙磁场分布为平顶波

在主极极靴 b_p 范围内，气隙较小，故极靴下沿电枢圆周各点的主磁场较强；在极靴范围以外，气隙较大，主磁场显著减弱，到两极之间的几何中性线处，磁场等于零。不计电枢表面齿、槽的影响时，空载气隙磁场的分布如图 2-24 所示，图中 τ 为极距，用长度表示时，$\tau = \pi D_a/(2p)$，D_a 为电枢外径。

（3）直流电机空载时，物理中性线与几何中性线重合。

2.3.2　负载时直流电机的磁场

直流电机空载时，气隙磁场仅由主磁极的励磁磁动势 F_f 所建立。当电机有负载时，电枢绕组中有电枢电流 I_a 通过，产生了另一磁动势，称为电枢磁动

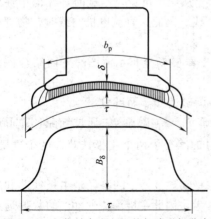

图 2-24　空载时直流电机的气隙磁场分布

势 F_a。电枢磁动势建立的磁场，称为电枢磁场。电刷放在几何中性线上时，电枢磁场的分布如图 2-25（a）所示（因为电刷放在几何中性线上意味着电刷与处于几何中性线的导体接触，所以图中未画出换向片，而直接把电刷画成与导体接触，这从原理上来说，与有换向片存在时一样）。

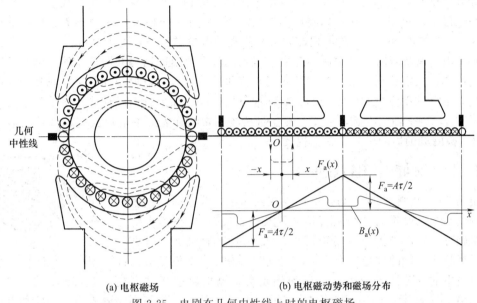

(a) 电枢磁场   (b) 电枢磁动势和磁场分布

图 2-25 电刷在几何中性线上时的电枢磁场

下面研究电枢磁动势的大小和磁场的分布情况。为此，将电枢沿左侧几何中性线处展开成直线，以主极轴线与电枢表面的交点为坐标原点 0，如图 2-25（b）所示。在一极距范围内，取距原点为 $+x$ 及 $-x$ 的两点形成一闭合回线，如图中所示，根据全电流定律，则被此回线包围的电枢导体总电流数 $2xNi_a/\pi D_a$（式中，N 为电枢总导体数；i_a 为电枢支路电流，即电枢导体中的电流；D_a 为电枢外径），即为消耗在这回路各段磁路的总磁动势 $F_a(x)$。为简化计算，铁磁材料中的磁压降忽略不计，则上述总磁动势只消耗在两个气隙上，因此在 x 点处的电枢磁动势为

$$F_a(x) = \frac{1}{2}\left(\frac{2xNi_a}{\pi D_a}\right) = \frac{Ni_a}{\pi D_a}x = Ax \quad (\text{A/极}) \tag{2-8}$$

式中，$A = \dfrac{Ni_a}{\pi D_a}$ 称为电枢的线负载（或线负荷），表示沿电枢表面每单位圆周长度上的安培导体数。当 i_a 一定时，A 是常数。

在 $-\tau/2 \leqslant x \leqslant \tau/2$ 之间运用式（2-8），可以画出电枢磁动势 $F_a(x)$ 沿电枢表面的分布，如图 2-25（b）下部的粗实线所示。图中规定磁场方向以磁力线从电枢指向主磁极为正，反之为负。由图可见，电枢磁动势 $F_a(x)$ 沿空间的分布呈三角形。在正负两电刷之间的中心点处（即主极轴线处）为零，而在电刷处（即几何中性线处）达到最大值。此最大值为

$$F_a = \frac{1}{2}A\tau \tag{2-9}$$

由于主极下的气隙不均匀，并且相邻两主极间的气隙很大，因此磁通密度的分布如图 2-25（b）下部的细实线所示的马鞍形。

可见，当电刷放在几何中性线上时，电枢磁动势的轴线在几何中性线上，恰与主极轴线

正交（空间上相差 90°电角度），故称这种电枢磁动势为交轴电枢磁动势，其最大值记作 F_{aq}。所以，当电刷位于几何中性线上时

$$F_{aq} = F_a = \frac{1}{2} A\tau \tag{2-10}$$

如果电刷不放在几何中性线上时，电枢磁动势的轴线也不在几何中性线上，电枢磁动势不再与主极轴线正交。此时可以将电枢磁动势 F_a 分解为交轴电枢磁动势 F_{aq} 和直轴电枢磁动势 F_{ad}（与主极轴线平行的电枢磁动势称为直轴电枢磁动势）两个分量。

直流电机有负载时，气隙磁通是由主极磁动势和电枢磁动势共同建立的。由此可知，在直流电机中，从空载到负载，其气隙磁场是变化的，这表明电枢磁动势对空载时的主极磁场有影响，电枢磁动势对主极磁场的影响称为电枢反应。如果电枢磁动势有交轴分量 F_{aq} 和直轴分量 F_{ad}，则交轴电枢磁动势 F_{aq} 对主极磁场的影响称为交轴电枢反应；直轴电枢磁动势 F_{ad} 对主极磁场的影响称为直轴电枢反应。

2.3.3 交轴电枢反应

由图 2-22 和图 2-25 可知，电刷放在几何中性线上时，电枢磁场的轴线与主极磁场的轴线垂直相交（又称正交），电枢磁动势全部为交轴分量（即与主极磁场轴线垂直的分量），直轴分量（即与主极磁场轴线平行的分量）为零，因此这时只有交轴电枢反应。此时，电机中的气隙磁场应由主极磁动势和交轴电枢磁动势共同建

微课：2.3.3＋2.3.4

立，如图 2-26 所示。图中规定各磁场方向均以磁力线从电枢指向主磁极为正，反之为负。由图可见曲线 $B_0(x)$ 为空载时主极磁动势所建立的磁场沿电枢表面的分布图形；曲线 $B_a(x)$ 为交轴电枢磁动势单独建立的磁场沿电枢表面的分布图形。根据叠加原理，把曲线 $B_0(x)$ 与曲线 $B_a(x)$ 叠加，便得到负载后气隙合成磁场沿电枢表面的分布曲线 $B_\delta(x)$（实线）。

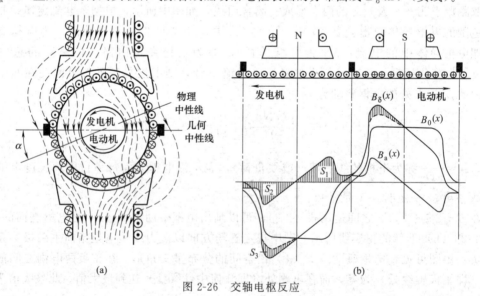

图 2-26 交轴电枢反应

从图 2-26 中可以看出，交轴电枢磁动势对气隙磁场的影响（即交轴电枢反应的性质）如下。

(1) 使气隙磁场发生畸变

每个主极下的磁场，一半被削弱，另一半被加强。以发电机为例，前极尖（电枢转动时进入的极尖）被削弱，后极尖（电枢转动时离开的极尖）被加强。对电动机来说，前极尖被

加强，后极尖被削弱，与发电机的情况相反。

（2）使物理中性线偏离几何中性线一个角度 α

对发电机来说，顺着电枢旋转的方向移过 α 角，如图 2-26（a）所示；对电动机来说，则逆着电枢旋转的方向移过 α 角。

（3）当磁路饱和时有去磁作用

在磁路未饱和的情况下，每个主极下的磁场，一半被削弱，但另一半被加强，主极磁场被电枢反应削弱的数量恰好等于被电枢反应加强的数量，因此每极总磁通 Φ 不变，如图 2-26（b）中曲线 $B_\delta(x)$ 的实线部分。电枢电动势和电磁转矩也不会改变。

但实际上磁路有饱和现象，这时情况就不同了。当磁路饱和时，磁路的磁阻不是常数，它随着磁通密度的不同而变化，因此不能采用线性叠加合成。对被削弱的一半来说，波形与不计饱和时相同；但对被加强的一半，由于实际磁路中铁磁材料的饱和影响，磁密曲线会下降，因此，每极磁通量也会减少［减少部分为图 2-26（b）中面积 S_3］。这时主极磁场被电枢反应加强的数量小于被电枢反应削弱的数量，气隙合成磁场沿电枢表面的分布曲线 $B_\delta(x)$ 为图 2-26（b）中的虚线所示。

因此，在磁路饱和的情况下，负载时的每极合成磁通以及与此相应的电枢绕组电动势和电磁转矩都比空载时要减小一些。

2.3.4 直轴电枢反应

当电刷离开几何中性线时，将同时出现交轴电枢反应和直轴电枢反应。其中交轴电枢反应的性质和前面分析过的一样，这里只研究直轴电枢反应。

假设电刷从几何中性线顺着电枢旋转的方向移动了 β 角度，在电枢表面移过一段距离 b_β，如图 2-27（a）所示。由于电枢表面导体中的电流方向总是以电刷为分界线，所以电枢磁动势亦随之移动 β 角度，这时电枢磁动势 $\boldsymbol{F}_a$ 与主极轴线不成正交。为了分析方便，可以把电枢磁动势 $\boldsymbol{F}_a$ 分解为与主极轴线垂直的交轴分量 $\boldsymbol{F}_{aq}$ 和与主极轴线平行的直轴分量 $\boldsymbol{F}_{ad}$，如图 2-27（b）和图 2-27（c）所示。

在图 2-27（c）中几何中性线两边 $2b_\beta$ 范围内的电枢导体中的电流所产生的磁动势轴线与主极轴线重合，称为直轴电枢磁动势，用 $\boldsymbol{F}_{ad}$ 表示；在图 2-27（b）中（$\tau-2b_\beta$）范围内的电枢导体中的电流所产生的磁动势轴线与主极轴线正交，称为交轴电枢磁动势，用 $\boldsymbol{F}_{aq}$ 表示。

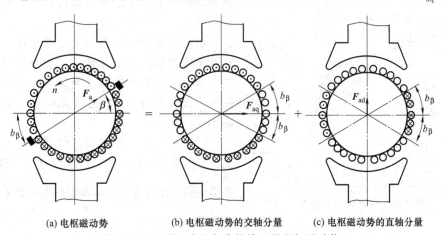

(a) 电枢磁动势　　(b) 电枢磁动势的交轴分量　　(c) 电枢磁动势的直轴分量

图 2-27　电刷不在几何中性线上的电枢磁动势

交轴电枢磁动势产生的电枢反应与电刷放在几何中性线上时的电枢反应相同；直轴电枢

磁动势 F_{ad} 的轴线与主极磁动势 F_f 的轴线重合，若 F_{ad} 与 F_f 方向相同，则起增磁作用；若 F_{ad} 与 F_f 方向相反，则起去磁作用。综合电刷移动方向和电机运行状态，可得以下结论。

① 当直流电机作为发电机运行时，若电刷从几何中性线处顺着电枢旋转方向移动，则直轴电枢反应起去磁作用，如图 2-28（a）所示；若电刷逆着电枢旋转方向移动，则直轴电枢反应起增磁作用，如图 2-28（b）所示。

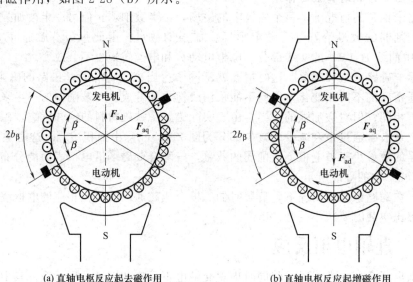

(a) 直轴电枢反应起去磁作用   (b) 直轴电枢反应起增磁作用

图 2-28　电刷不在几何中性线上时的电枢反应

② 当直流电机作为电动机运行时，则恰好与发电机运行时的结论相反。

2.4 电枢感应电动势和电磁转矩

2.4.1　电枢的感应电动势

电枢电动势是指直流电机正、负电刷之间的感应电动势，它等于一条支路内各导体感应电动势的总和，电机负载运行时，电机的空气隙磁密分布如图 2-29 所示。

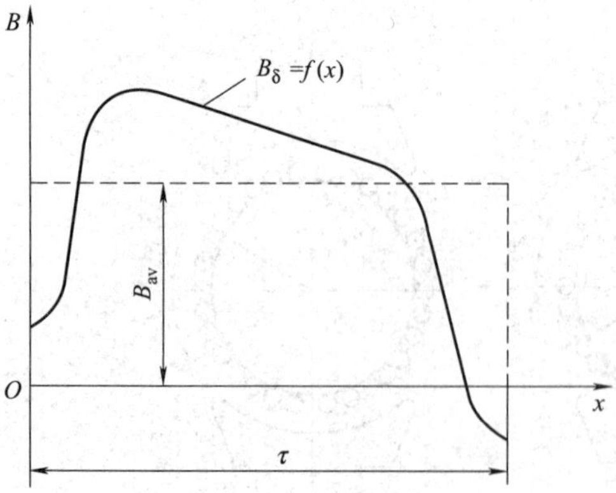

电枢旋转时，就某一个元件来说，它一会儿在这个支路里，一会儿在另一个支路里，其感应电动势的大小和方向都在变化着。但是，各个支路所含元件数量相等，各支路的电动势相等且方向不变。

设电枢采用整距绕组，电刷放在几何中性线上，电枢总导体数为 N，支路数为 $2a$，则每条支路中串联的导体数为 $\dfrac{N}{2a}$，可得电枢电动势 E_a 为

图 2-29　气隙磁密的分布

$$E_a = \sum_{1}^{\frac{N}{2a}} e_x = \frac{N}{2a} e_{av} \tag{2-11}$$

式中，e_{av} 为一根导体的平均电动势，即

$$e_{av} = B_{av} l v \tag{2-12}$$

式中，B_{av} 为气隙磁场的平均磁密；l 为导体的有效长度；v 为电枢的表面线速度。

如果每极磁通 Φ 已知，则从 $\Phi = B_{av} l \tau$ 可求得气隙平均磁密

$$B_{av} = \frac{\Phi}{\tau l} \tag{2-13}$$

式中，τ 为电枢表面的极距。

若电枢铁芯的直径为 D_a，主极数为 $2p$，则电枢表面周长 $\pi D_a = 2p\tau$。如果电枢的转速 n 为每分钟转数，则电枢表面线速度

$$v = 2p\tau \frac{n}{60} \tag{2-14}$$

将式（2-12）～式（2-14）代入式（2-11）中，可得

$$E_a = \frac{N}{2a} \frac{\Phi}{\tau l} l \, 2p\tau \frac{n}{60} = \frac{pN}{60a} \Phi n = C_e \Phi n \tag{2-15}$$

式中，$C_e = \dfrac{pN}{60a}$ 是一个常数，称为电动势常数。

如果每极磁通 Φ 的单位为 Wb，转速 n 的单位为 r/min，则感应电动势 E_a 的单位为 V。

由式（2-15）可知：

① 对已制成的电机，电枢电动势 E_a 正比于每极磁通 Φ 及转速 n；

② E_a 与每极磁通 Φ 值有关，而和磁场分布的形状无关，如果磁场分布的形状变化，而每极磁通量 Φ 保持不变，则每个电枢绕组元件的感应电动势大小虽有变化，但电枢电动势 E_a 大小保持不变。

2.4.2 直流电机的电磁转矩

直流电机的电磁转矩是指电枢全部导体受到的电磁力与电枢半径的乘积。

设电枢电流为 I_a，绕组每一支路中（即每一导体中）流过的电流为 $i_a = \dfrac{I_a}{2a}$，则绕组中每一导体在磁场中受到的电磁力 f_x 为

$$f_x = B_x l i_a = B_x l \frac{I_a}{2a} \tag{2-16}$$

式中，B_x 为导体所在处的磁密；l 为导体的有效长度；a 为电枢绕组并联支路对数。

由图 2-29 可知，气隙磁密在一个极距 τ 范围内各点的数值都不相等（即 B_x 不相等），因此各导体所受的电磁力 f_x 也不相等，为了便于计算，引入气隙磁场的平均磁密 B_{av}。这样就可计算出作用在电枢每一根导体上的电磁力的平均值为

$$f_{av} = B_{av} l \frac{I_a}{2a} \tag{2-17}$$

一根导体受的平均电磁力 f_{av} 乘以电枢的半径 $\dfrac{D_a}{2}$ 为一根导体受的电磁转矩，设电枢绕组总导体数为 N，则作用在电枢上总的电磁转矩 T_e 为

$$T_e = N f_{av} \frac{D_a}{2} = N B_{av} l \frac{I_a}{2a} \times \frac{2p\tau}{2\pi} = \frac{pN}{2\pi a} B_{av} l\tau I_a = \frac{pN}{2\pi a} \Phi I_a = C_T \Phi I_a \tag{2-18}$$

式中，$D_a = \dfrac{2p\tau}{\pi}$ 是电枢的直径；$C_T = \dfrac{pN}{2\pi a}$ 是一个常数，称为转矩常数。

如果每极磁通 Φ 的单位为 Wb，电枢电流 I_a 的单位为 A，则电磁转矩 T_e 的单位为

N·m。

式（2-18）表明，直流电机制成后，它的电磁转矩的大小正比于每极磁通 Φ 和电枢电流 I_a。转矩常数 C_T 与电动势常数 C_e 之间有着固定的比值关系

$$\frac{C_T}{C_e}=\frac{\dfrac{pN}{2\pi a}}{\dfrac{pN}{60a}}=9.55$$

即 $C_T=9.55C_e$。同理 $C_T\Phi=9.55C_e\Phi$。

【例 2-1】 已知一台直流电动机，$2p=4$，电枢为单叠绕组，电枢总导体数 $N=378$ 根，额定转速 $n_N=1500\text{r/min}$，每极磁通 $\Phi=2.2\times10^{-2}\text{Wb}$。试求：

① 此电动机电枢绕组感应电动势；

② 当电枢电流 $I_a=500\text{A}$ 时，能产生多大电磁转矩？

解　单叠绕组 $a=p=2$

① 电动机电枢绕组感应电动势

电动势常数　$C_e=\dfrac{pN}{60a}=\dfrac{2\times378}{60\times2}=6.3$

感应电动势　$E_a=C_e\Phi n=6.3\times2.2\times10^{-2}\times1500=207.9\,(\text{V})$

② 当 $I_a=500\text{A}$ 时，能产生的电磁转矩

转矩常数　$C_T=9.55C_e=9.55\times6.3=60.165$

电磁转矩　$T_e=C_T\Phi I_a=60.165\times2.2\times10^{-2}\times500=661.815\,(\text{N}\cdot\text{m})$

2.5 直流发电机

2.5.1 直流发电机的基本方程式

直流发电机的基本方程式是指电系统中的电压平衡方程式（又称电动势平衡方程式）、机械系统中的转矩平衡方程式和反映机电能量转换关系的功率平衡方程式。下面以并励直流发电机为例分别予以讨论。

(1) 电压平衡方程式

当原动机向直流发电机的转轴上施以转矩 T_1 时，直流发电机在原动机驱动下以恒定转速 n 逆时针旋转，此时电枢绕组切割气隙磁场产生感应电动势，其方向可用右手定则确定，如图 2-30（a）所示。

由直流发电机的工作原理可知，电枢电流 I_a 与电枢电动势 E_a 的方向相同、电磁转矩 T_e 与发电机的旋转方向相反，因此可以标出并励直流发电机原理图与电路图中各个物理量，如图 2-30 所示。

设电枢回路总电阻为 R_a（包括电枢绕组电阻 r_a、串励绕组电阻、换向极绕组电阻、补偿绕组电阻和电刷接触电阻 r_b，其中 $r_b=\dfrac{2\Delta U}{I_a}$，$2\Delta U$ 为一对电刷下的接触压

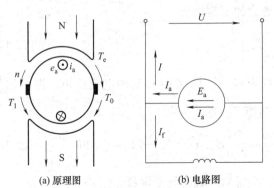

(a) 原理图　　(b) 电路图

图 2-30　直流发电机的感应电动势和电磁转矩

降），根据图 2-30（b）中电枢端电压 U、电枢电流 I_a、电枢电动势 E_a 的正方向和基尔霍夫第二定律，可得电枢回路电压平衡方程式为

$$E_a = U + I_a r_a + 2\Delta U = U + I_a R_a \tag{2-19}$$

式中，U 为电枢端电压；$I_a r_a$ 为电枢绕组电阻的电压降；ΔU 为正电刷或负电刷的接触压降，通常可认为 ΔU 为常数，一般对石墨电刷，取 $\Delta U = 1V$。

在并励直流发电机中，励磁电流 I_f 由发电机本身供给，故

$$I_a = I + I_f \tag{2-20}$$

(2) 转矩平衡方程式

当直流发电机以转速 n 稳定运行时，作用在发电机轴上的转矩有三个：原动机输入的转矩 T_1；发电机的电磁转矩 T_e；电机的机械摩擦、风阻以及铁损耗引起的转矩，称为空载转矩，用 T_0 表示。空载转矩 T_0 是一个制动性质的转矩，即永远与转速 n 的方向相反。根据图 2-30（a）所示各转矩的正方向，可以写出直流发电机稳定运行时的转矩平衡方程式为

$$T_1 = T_e + T_0 \tag{2-21}$$

在发电机中，$T_1 > T_e$，电磁转矩 T_e 与原动机的转矩 T_1 方向相反，电机的转向由 T_1 决定。

(3) 功率平衡方程式

① 直流发电机的功率与损耗。

a. 原动机的输入功率 P_1。输入功率 P_1 等于原动机的转矩 T_1 与电枢的机械角速度 Ω 的乘积，即

$$P_1 = T_1 \Omega \tag{2-22}$$

b. 空载损耗 p_0。空载损耗 p_0 是克服空载转矩 T_0 所产生的空载功率，它等于铁损耗 p_{Fe} 与机械摩擦损耗 p_Ω 之和，即

$$p_0 = p_{Fe} + p_\Omega \tag{2-23}$$

c. 铁损耗 p_{Fe}。铁损耗 p_{Fe} 是指电枢铁芯在磁场中旋转时，硅钢片中的磁滞损耗和涡流损耗。这两种损耗与磁通密度的大小以及磁通交变的频率有关。当电机的励磁电流和转速不变时，铁芯损耗也几乎不变。

d. 机械损耗 p_Ω。机械损耗 p_Ω 包括轴承摩擦、电刷与换向器表面摩擦，电机旋转部分与空气的摩擦以及风扇所消耗的功率。这个损耗与电机转速有关。当转速一定时，它几乎也是常数。

e. 杂散损耗 p_Δ。杂散损耗 p_Δ 又称附加损耗。杂散损耗主要是由于电枢有齿槽存在，当电枢转动时，气隙磁通在主极和电枢铁芯中产生脉振损耗以及在主极表面左右摆动而引起的表面损耗加上其他额外损耗等。杂散损耗一般不易计算，对于无补偿绕组的直流电机，按额定功率的 1% 估算；对于有补偿的直流电机，按额定功率的 0.5% 估算。

f. 电枢回路的铜损耗 p_{Cua}。电枢回路的铜损耗 p_{Cua} 是电枢电流 I_a 在电枢回路总电阻 R_a 上产生的损耗，即

$$p_{Cua} = I_a^2 R_a \tag{2-24}$$

g. 励磁回路的铜损耗 p_{Cuf}。励磁回路的铜损耗 p_{Cuf} 是励磁电流 I_f 在励磁回路总电阻 R_f 上产生的损耗，即

$$p_{Cuf} = I_f^2 R_f = U_f I_f \tag{2-25}$$

h. 直流发电机输出功率 P_2。直流发电机输出功率 P_2 是指直流发电机电刷两端的输出电压与输出电流的乘积，即

$$P_2 = UI \tag{2-26}$$

② 直流电机的电磁功率 P_e。

直流电机负载运行时，电枢绕组的感应电动势 E_a 和电枢电流 I_a 的乘积，称为电磁功率，用 P_e 表示，即

$$P_e = E_a I_a \tag{2-27}$$

电磁功率 P_e 还可以表示为

$$P_e = E_a I_a = \frac{pN}{60a} \Phi n I_a = \frac{pN}{60a} \Phi n I_a \times \frac{2\pi}{2\pi} = \frac{pN}{2\pi a} \Phi I_a \times \frac{2\pi n}{60} = T_e \Omega \tag{2-28}$$

式（2-28）说明，对于直流发电机，$T_e \Omega$ 是原动机为克服电磁转矩而输入电枢的机械功率，$E_a I_a$ 为电枢发出的电功率，由于能量守恒，两者相等；对于直流电动机，$E_a I_a$ 为电枢中的感应电动势从电源吸收的电功率，$T_e \Omega$ 为作用在电枢上的电磁转矩对机械负载所作的机械功率，两者也相等。所以，在直流电机中电磁功率是能量转换过程中电能转换为机械能或机械能转换为电能的转换功率。

③ 功率平衡方程式。

根据直流发电机电动势平衡方程式和转矩平衡方程式，可以导出功率平衡方程式。把转矩平衡方程式两边乘以电枢的机械角速度 Ω，可得

$$T_1 \Omega = T_e \Omega + T_0 \Omega \tag{2-29}$$

于是，上式可改写为

$$P_1 = P_e + p_0 = P_e + p_{Fe} + p_\Omega \tag{2-30}$$

若计及杂散损耗 p_Δ，则

$$P_1 = P_e + p_{Fe} + p_\Omega + p_\Delta \tag{2-31}$$

把电压平衡方程式两边乘以电枢电流 I_a，并考虑到并励直流发电机中 $I_a = I + I_f$，可得

$$E_a I_a = U I_a + I_a^2 R_a = U I + U I_f + I_a^2 R_a \tag{2-32}$$

于是，式（2-32）可改写为

$$P_e = P_2 + p_{Cuf} + p_{Cua} \tag{2-33}$$

式（2-33）说明，并励直流发电机电枢绕组中获得的电磁功率 P_e，其中一小部分消耗于电枢回路的总电阻 R_a 中，另外一小部分消耗于励磁回路的总电阻 R_f 中，所余功率即是发电机的输出功率 P_2。

综合以上功率关系，可得并励直流发电机的功率平衡方程式

$$\begin{aligned} P_1 &= P_e + p_{Fe} + p_\Omega + p_\Delta = P_2 + p_{Cuf} + p_{Cua} + p_{Fe} + p_\Omega + p_\Delta \\ &= P_2 + \sum p \end{aligned} \tag{2-34}$$

式中，$\sum p = p_{Cuf} + p_{Cua} + p_{Fe} + p_\Omega + p_\Delta$ 是并励直流发电机的总损耗。

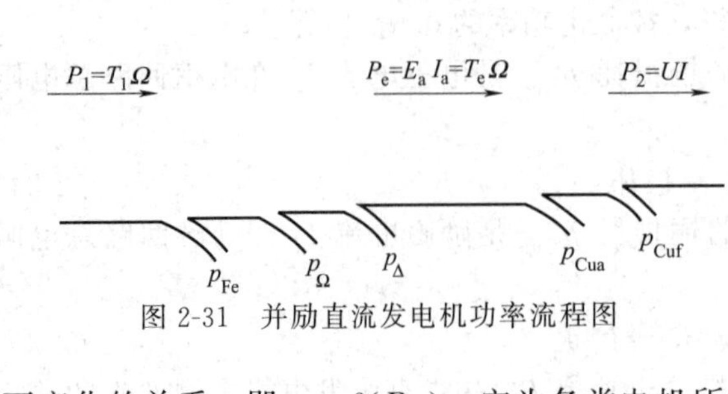

图 2-31 是对应于并励直流发电机功率平衡方程式的功率流程图。对于他励直流发电机，励磁损耗 p_{Cuf} 由其他直流电源供给。

图 2-31 并励直流发电机功率流程图

2.5.2 直流发电机的效率特性

直流发电机的效率特性是指 $n = n_N$、$U = U_N$ 时，发电机的效率 η 随负载变化而变化的关系，即 $\eta = f(P_2)$，它为各类电机所共有。效率为输出功率与输入功率之比。即

$$\eta = \frac{P_2}{P_1} = \frac{P_1 - \sum p}{P_1} = 1 - \frac{\sum p}{P_2 + \sum p} \tag{2-35}$$

由式（2-35）可知，在一定输出功率情况下，效率的高低取决于总损耗。在这些损耗

中，按性质可分为两大类，即一类与负载电流无关，称为不变损耗，它包括机械损耗 p_Ω、铁芯损耗 p_{Fe} 以及并励或他励直流电机的励磁损耗 p_{Cuf}。另一类损耗随负载电流的变化而变化，称为可变损耗，它包括电枢回路总铜耗 p_{Cua}（与电流的平方成正比）。

　　直流发电机的效率特性曲线如图 2-32 所示。从图中可见，直流发电机的效率并不是固定不变的，它随着输出功率（或负载电流）的变化而变化，可以证明，当电机中的可变损耗等于不变损耗时，电机的效率达到最大值。这个结论具有普遍性，对其他电机也适用。

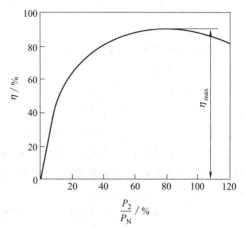

图 2-32　直流发电机的效率特性曲线

　　电机效率特性曲线具有典型的形状。当负载较小时，电枢电流 I_a 很小，不变损耗占主要部分，负载增加时，总损耗增加不多，而输出功率 $P_2 = UI$ 将随电流成正比增加，故效率随负载的增加而迅速上升。负载继续增大，可变损耗在总损耗中所占比例上升，当可变损耗等于不变损耗时，效率出现最大值。一般情况下，电机的额定电流即处于最大效率点附近。也就是说，设计电机时一般让最大效率发生在 $(3/4 \sim 1) P_N$ 范围内。在负载电流超过额定电流后，可变损耗所占比重超过不变损耗，可变损耗起主要作用。在可变损耗中，主要是与 I_a^2 成正比的电枢回路总铜耗，而输出功率则与 I_a 成正比地增加，因此，电机效率将随负载电流的增加而有所下降。

2.5.3　他励直流发电机的运行特性

　　对于任何设备，要想正确地选择与使用它，了解其运行特性是十分重要的。

　　决定直流发电机的运行特性的物理量是：电枢端电压 U、负载电流 I、励磁电流 I_f 以及转速 n。在直流发电机的运行特性中，转速 n 是不变的。因此在其他三个物理量中，保持一个物理量不变，另外两个物理量之间的变化关系就成为直流发电机的一种运行特性。

　　他励直流发电机的励磁电流由其他的直流电源供给，所以电枢电流 I_a 等于负载电流 I，即 $I_a = I$，此外，励磁电流不随负载的变化而变化。

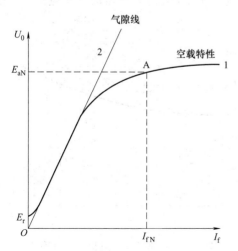

图 2-33　他励直流发电机的空载特性

(1) 空载特性

　　他励直流发电机的空载特性是指 $n = n_N =$ 常数，$I = 0$ 时，空载电压 U_0 与励磁电流 I_f 之间的关系曲线，即 $U_0 = E_a = f(I_f)$。空载特性可以通过磁路计算获得，也可以通过空载试验获得。

　　由于 $U_0 = E_a = C_e \Phi n$，当 $n = n_N =$ 常数时，$U_0 (= E_a)$ 正比于 Φ；又由于励磁磁动势 F_f 与励磁电流 I_f 成正比，所以空载特性 $U_0 = E_a = f(I_f)$ 与电机的磁化曲线 $\Phi = f(F_f)$ 形状完全相似，它们的坐标之间仅相差一个比例常数，因此可以把空载特性看成是直流发电机的磁化曲线，即他励直流发电机的空载特性如图 2-33 所示。

　　用空载试验求取空载特性和用空载特性分析问题时应注意以下几点。

① 空载特性是指某一特定转速下的数据，通常 $n=n_N$，当转速不同时，空载特性曲线将随转速的变化而成正比的上升或下降。

② 空载试验时，调节励磁电流应单方向调节，这样作出上升与下降两条曲线（这是由于铁芯的磁滞现象造成的），取其平均值作为空载特性曲线。

③ 当励磁电流 $I_f=0$ 时，磁路中还会有剩磁 Φ_r，由此感应的电动势为剩磁感应电动势 E_r，其值为额定电压的 2%～4%。

（2）外特性

他励直流发电机的外特性是指发电机接上负载后，在保持励磁电流 I_f 不变（通常等于额定励磁电流 I_{fN}）的情况下，负载电流 I 变化时，端电压 U 的变化规律。即外特性是指 $n=n_N$、$I_f=I_{fN}$ 时，端电压 U 随负载电流 I 变化的关系曲线，即 $U=f(I)$。

他励直流发电机的外特性如图 2-34 中曲线 1 所示。它是一条略微下垂的曲线，即随着负载电流的增大，发电机的端电压将稍有下降。从直流发电机的电压平衡方程式可知，引起端电压下降的主要因素是：

① 负载增大时，电枢反应的去磁作用引起每极磁通量减少，从而使相应的电枢电动势减小；

② 电枢回路电阻上的电压降随负载电流的增大而增大，使端电压下降。

直流发电机的端电压随负载变化的程度，可用电压变化率来表示，即

$$\Delta U=\frac{U_0-U_N}{U_N}\times 100\% \tag{2-36}$$

式中，U_0 为发电机空载时的端电压；U_N 为发电机的额定电压。

一般他励直流发电机的电压变化率约为 5%～10%，可以认为是恒压源。

（3）调节特性

调节特性是指 $n=n_N$、保持发电机的端电压为定值（一般为额定值）$U=U_N$，负载变化时，励磁电流 I_f 随负载电流 I 变化的关系曲线，即 $I_f=f(I)$。

调节特性是一条负载变化时反映励磁电流变化规律的特性。从外特性可知，负载电流变化时，他励直流发电机的端电压将略有下降，为了维持他励直流发电机的端电压不变，就需要调节励磁电流，以抵消电枢反应去磁作用和电枢回路电阻压降的作用。当负载电流增大时，励磁电流也应相应地增加，才能保持端电压不变。所以调节特性是一条上升的曲线，如图 2-35 所示。当负载电流 $I=I_N$、保持发电机的端电压 $U=U_N$ 时，所需的励磁电流 I_{fN} 就称为额定励磁电流。

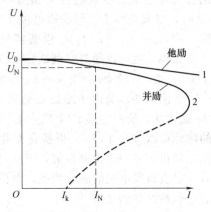

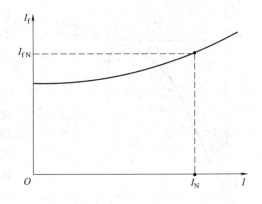

图 2-34　他励直流发电机的外特性　　　　图 2-35　他励直流发电机的调节特性

1—他励直流发电机的外特性；2—并励直流发电机的外特性

2.5.4 并励直流发电机的自励

(1) 并励直流发电机的自励过程

并励直流发电机的励磁绕组与电枢绕组并联,如图 2-36 所示,图中 R_{fj} 为串入励磁回路的调节电阻。并励直流发电机要自励和建立电压,电机的磁路中必须要有剩磁 Φ_r。

并励直流发电机的自励建压过程如图 2-37 所示,图中曲线 1 是并励直流发电机的空载特性,即发电机的空载电压 U_0(电枢感应电动势 E_a)随励磁电流 I_f 变化的关系曲线;曲线 2、3 是与不同励磁回路总电阻 R_f(R_f 为励磁绕组电阻 r_f 与励磁回路调节电阻 R_{fj} 之和)对应的励磁回路伏安特性(又称磁场电阻线或励磁电阻线),即励磁电流 I_f 随励磁电压 U_f 变化的关系曲线。

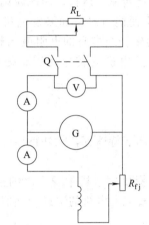

图 2-36 并励直流发电机的接线

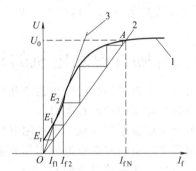

图 2-37 并励直流发电机的自励建压过程
1—空载特性 $U_0 = f(I_f)$;
2、3—励磁回路伏安特性即磁场电阻线 $U_f = f(I_f)$

设励磁回路电阻为 R_f,与之对应的励磁电阻线为图 2-37 中的曲线 2。当并励直流发电机在原动机的带动下以恒定的转速 n_N 运转时,在有剩磁 Φ_r 的条件下,电枢绕组切割剩磁,则电枢绕组中将产生剩磁感应电动势 E_r[为 $(2\% \sim 5\%) U_N$],从而在发电机电枢两端建立剩磁电压 U_r($= E_r$),该剩磁电压加在励磁绕组两端,在剩磁电压的作用下,将产生不大的励磁电流 I_{f1}(根据 E_r 在曲线 2 上查取),此励磁电流通过励磁绕组会产生磁通 Φ_1,该磁通的方向如果与剩磁 Φ_r 方向一致,则主磁通将得以加强,使电枢端电压进一步提高为 E_1(根据 I_{f1} 在曲线 1 上查取),端电压的升高,又使励磁电流增大,主磁通加强,如此反复,最终增加到两条曲线的交点 A,此时励磁电流 I_{fN} 建立的磁场所产生的电枢电压为 U_0,而该电压 U_0 加在励磁绕组两端所产生的励磁电流恰好等于 I_{fN},所以交点 A 就是自励后的稳定运行点(又称电压稳定点),这一过程如图 2-37 所示。

图 2-37 中的 A 点为空载特性曲线和励磁电阻线的交点。由于图 2-37 中的励磁电阻线 3 与空载特性曲线相切没有交点,而是相交于一条直线,所以建立的电压不稳定,故称与曲线 3 对应的励磁回路电阻为临界电阻 R_{fcr}。如果励磁回路电阻 R_f 大于临界电阻 R_{fcr},则励磁电阻线的斜率继续增大,将导致励磁电阻线与空载特性曲线的交点很低,电压仍然建立不起来。

(2) 并励直流发电机的自励条件

并励直流发电机是自励式发电机中最常用的一种。它的励磁电流不需要其他的直流电源供给,而是取自发电机本身,所以称为"自励"。并励直流发电机的自励条件如下。

① 电机的铁芯中必须有剩磁。如果发电机失去剩磁或剩磁太弱，可用临时的外加直流电源（如蓄电池等），向励磁绕组通一下电流，即可"充磁"，使电机剩磁得到恢复。

② 励磁绕组接到电枢绕组的连接方法与电枢旋转方向必须正确配合，以使励磁电流产生的磁场方向与剩磁方向一致，而起增磁作用。当剩磁方向一定时，电枢绕组两端的正、负极性决定于电枢的旋转方向，因此这里存在着一个励磁绕组接法与电枢旋转方向的配合问题。当电枢以某一方向旋转时，励磁绕组应有一个相应的正确接法，才能满足上述条件。若发现接入励磁绕组后，电枢电压不但不升高且反而下降，则表示接法不正确，此时应将励磁绕组反接或让发电机反转。

③ 励磁回路的电阻应小于与发电机运行转速相对应的临界电阻。因为对应于不同转速有不同的空载特性，因此对应于不同转速便有不同的临界电阻，所以必须指明对应于什么转速下的临界电阻，才有确切的意义。实用上，电机应在额定转速下运行，因此应调节励磁回路的电阻，使它小于对应于额定转速的临界电阻，发电机便能自励。如果发电机的转速太低，以致于此转速相对应的临界电阻 R_{fcr} 过低，而造成励磁绕组本身的电阻就已超过 R_{fcr}，则发电机不可能自励发电。这时唯一的补救办法是提高发电机的转速，从而提高其临界电阻。

2.5.5　并励直流发电机的运行特性

并励直流发电机的运行特性包括空载特性、外特性、调节特性等，除外特性外，其他特性与他励直流发电机的特性相类似。

由于并励直流发电机空载（不接用电负载）时，仍需提供发电机本身所需的励磁电流，故并励直流发电机空载时电枢电流不等于零。因此，并励直流发电机的空载特性曲线，一般是指采用他励的方法试验得出的 $U_0 = E_a = f(I_f)$ 曲线。

图 2-34 中的曲线 2 是并励直流发电机的外特性曲线。比较图 2-34 中的曲线 1 和曲线 2 可以看出，随着负载电流的增加，并励时的端电压比他励时的端电压低，即并励直流发电机的电压变化率要大得多。这是因为，在并励时，除了像他励时存在的电枢反应去磁作用和电枢回路电阻的压降外，当并励直流发电机的端电压降低时会引起发电机励磁电流的减小，还会进一步使发电机的端电压降低。并励直流发电机的电压变化率一般在 20% 左右。

当并励直流发电机稳态短路时，端电压 $U = 0$，励磁电流 $I_f = 0$，此时电枢绕组中的电流由剩磁电动势 E_r 的大小决定，即 $I_k = \dfrac{E_r}{R_a}$，由于剩磁电动势 E_r 不大，故并励直流发电机的稳态电路电流 I_k 也不大。

2.5.6　复励直流发电机的外特性

复励直流发电机具有并励和串励两套励磁绕组，并励绕组和串励绕组均安装在主磁极上。并励绕组并接在电枢绕组两端，励磁电流较小，但匝数较多；串励绕组与电枢绕组串联，其电流等于电枢电流，一般只有几匝。在复励直流发电机中，若串励磁动势与并励磁动势方向相同，称为积复励；若两者方向相反，称为差复励。

在积复励发电机中，并励绕组起主要作用，使发电机空载时能达到额定电压；串励绕组则用以补偿负载时电枢回路的电阻压降和电枢反应的去磁作用。若串励绕组的补偿作用适中，外特性基本上成为一条水平线，这种情况称为平复励；若补偿不足，则外特性略有下降，称为欠复励；若补偿有余，则外特性略向上拱，称为过复励。

在差复励直流发电机中，串励磁动势与并励磁动势的方向相反，所以它具有陡降的外特性，接近于恒流源的特性，故可用作直流弧焊发电机。

复励直流发电机的特性曲线如图 2-38 所示。

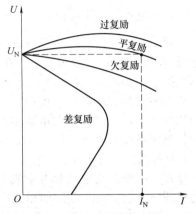

图 2-38 复励直流发电机的外特性曲线

2.6 直流电动机

2.6.1 电机的可逆原理

同一台电机在某一外界条件下，可以作为发电机运行，将机械能转换为电能；而在另一外界条件下，又可作为电动机运行，将电能转换为机械能。这就是电机的可逆原理——在不同的外界条件下，电机能量转换的方向可以改变。也就是说，同一台电机，改变其外界条件，就可以改变电机的运行状态。可逆原理是电机的一个普遍规律，无论直流电机或交流电机中都适用。下面以并励直流电机为例来说明。

设有一台并励直流电机，由原动机拖动，并接到电压 U 为常值的电网上，作为发电机运行，如图 2-39（a）所示。在原动机驱动转矩 T_1 的作用下，电机沿逆时针方向旋转。此时其电枢电动势 $E_a > U$，发电机向电网输出的电枢电流 $I_a = \dfrac{E_a - U}{R_a}$，$I_a$ 与 E_a 同方向，皆为正值，在图中以 ⊗ 表示。此时 $E_a I_a$ 为正值，它表示来自原动机的机械功率在电枢中转换为了电磁功率。另一方面，根据左手定则，可以判定电磁转矩 T_e 的方向与电机的转向相反，为制动性质的转矩。为此，原动机必须用足够的驱动转矩 T_1 来平衡电磁转矩 T_e 和空载制动转矩 T_0，以维持发电机的稳定运行。此时直流电机自原动机输入机械功率，

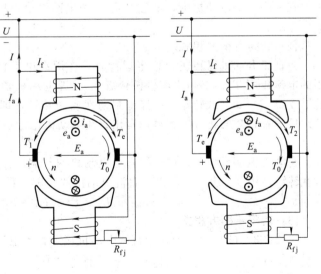

(a) 发电机状态　　(b) 电动机状态

图 2-39 并励直流电机的可逆原理

向电网输出电功率。

现在如果把原动机的转速逐渐降低，在励磁电流不变时，则随着转速降低，电枢电动势 E_a 亦随之减小，直至 $E_a = U$ 时，发电机的输出电流 $I_a = \dfrac{E_a - U}{R_a} = 0$，此时电磁转矩 $T_e = 0$，该电机变为空载运行的发电机，没有能量转换。若将原动机与电机分离，则电机的转速继续下降，于是 $E_a < U$，上式所决定的电枢电流 I_a 变为负值，在图中以 ⊙ 表示，即 I_a 与 E_a 反方向，如图 2-39（b）所示。因为主极磁场保持原方向，所以电磁转矩 T_e 随 I_a 反向而改变方向，即与电机的转向相同，变为驱动性质的转矩。此时 $E_a I_a$ 为负值，它表示电机把从电网吸收的电功率转换为轴上的机械功率，电机已由发电机运行状态转变为电动机运行状态。如果在电机轴上加上机械负载，则电机将从电网吸取更大的电流以产生更大的电磁转矩 T_e，来克服机械负载的制动转矩 T_2 及空载制动转矩 T_0。

以上所述就是电机的可逆原理。可见，发电机和电动机运行状态不是两种孤立的状态，它们是相互联系的。无论发电机或电动机，由于电磁的相互作用，电枢电动势和电磁转矩是同时存在的。当 $E_a > U$，T_e 与 n 方向相反时为发电机运行状态；当 $E_a < U$，T_e 与 n 方向相同时为电动机运行状态。

在电力拖动系统中，电机不是单一地运行于一种状态，如在制动、调速、反转过程中，两种运行状态过渡是反复进行的。因此，熟悉电机的可逆原理具有实际意义。

2.6.2　直流电动机的基本方程式

直流电动机稳态运行时的基本方程式是指电系统中的电压平衡方程式（又称电动势平衡方程式）、机械系统中的转矩平衡方程式和能量转换过程中的功率平衡方程式。下面以并励直流电动机为例分别予以讨论。

(1) 电压平衡方程式

与直流发电机一样，若以 U、E_a 和 I_a 的实际方向为正方向，如图 2-39（b）所示，根据基尔霍夫第二定律可以写出电枢回路的电压平衡方程式为

$$E_a = U - I_a r_a - 2\Delta U = U - I_a R_a \tag{2-37}$$

或

$$U = E_a + I_a R_a \tag{2-38}$$

在并励直流电动机中，励磁电流 I_f 由电网供给，故

$$I = I_a + I_f \tag{2-39}$$

(2) 转矩平衡方程式

当直流电动机以转速 n 稳定运行时，作用在电动机轴上的转矩有三个：一是起驱动作用的电磁转矩 T_e；二是生产机械转矩 T_2（即电动机轴上输出的转矩）；三是电动机的空载转矩 T_0。T_2 和空载转矩 T_0 都是制动性质的转矩，即与转速 n 的方向相反。根据图 2-39（b）所示各转矩的正方向，可以写出直流电动机稳定运行时的转矩平衡方程式为

$$T_e = T_2 + T_0 \tag{2-40}$$

在电力拖动系统中，往往把直流电动机的空载转矩 T_0 加上生产机械的转矩 T_2，称为负载转矩，用 T_L 表示。所以，直流电动机的转矩方程又可写成

$$T_e = T_2 + T_0 = T_L \tag{2-41}$$

(3) 功率平衡方程式

在图 2-39（b）中，当并励直流电动机接上直流电源时，电枢绕组中流过电流 I_a，励磁绕组中流过电流 I_f，电网向电动机输入的功率 P_1 为

$$P_1 = UI = U(I_a + I_f) = UI_a + UI_f = UI_a + p_{\text{Cuf}} \tag{2-42}$$

（忽略电刷接触电阻）

将并励直流电动机的电压平衡方程式的两边乘以 I_a 得

$$UI_a = E_a I_a + I_a^2 R_a = P_e + p_{Cua} \qquad (2\text{-}43)$$

因此可知

$$P_1 = P_e + p_{Cua} + p_{Cuf} \qquad (2\text{-}44)$$

式中，p_{Cua} 为电枢回路总损耗，即 R_a 中的损耗；p_{Cuf} 为励磁回路损耗，包括励磁绕组的铜损耗和励磁回路外串电阻中的损耗；P_e 为直流电动机的电磁功率（$P_e = E_a I_a = T_e \Omega$）。

上式说明，从电网向电动机输入的电功率中，扣除电枢回路总的铜损耗 p_{Cua} 和励磁损耗 p_{Cuf} 后，全部转换成了电动机的电磁功率 P_e。

再将直流电动机的转矩平衡方程式的两边乘以电枢机械角速度 Ω，得

$$T_e \Omega = T_2 \Omega + T_0 \Omega \qquad (2\text{-}45)$$

即

$$P_e = P_2 + p_0 = P_2 + p_{Fe} + p_\Omega \qquad (2\text{-}46)$$

式中，$P_e = T_e \Omega$ 为电磁功率；$P_2 = T_2 \Omega$ 为电动机轴上输出的机械功率；$p_0 = T_0 \Omega$ 为电动机的空载损耗，包括机械损耗 p_Ω 和铁芯损耗 p_{Fe}。

若计及杂散损耗 p_Δ，则

$$P_e = P_2 + p_{Fe} + p_\Omega + p_\Delta \qquad (2\text{-}47)$$

综合以上各式，可得并励直流电动机的功率平衡方程式为

$$P_1 = P_2 + p_{Fe} + p_\Omega + p_\Delta + p_{Cua} + p_{Cuf} = P_2 + \sum p \qquad (2\text{-}48)$$

图 2-40 是对应功率平衡方程式的并励直流电动机功率流程图。对他励直流电动机，励磁损耗由其他直流电源供给。

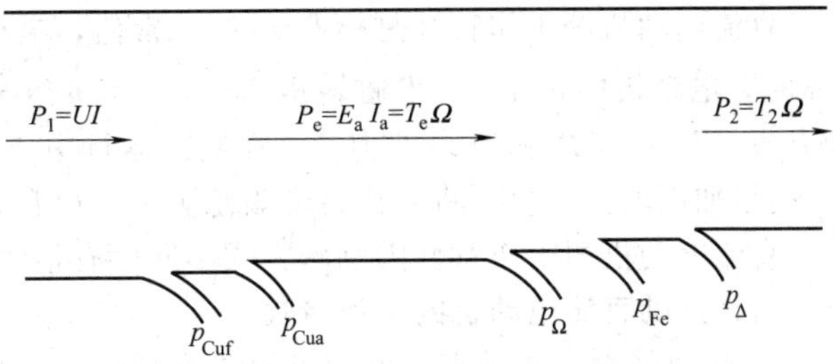

直流电动机的效率为

$$\eta = \frac{P_2}{P_1} = \frac{P_1 - \sum p}{P_1}$$

$$= 1 - \frac{\sum p}{P_2 + \sum p} \qquad (2\text{-}49)$$

图 2-40 并励直流电动机功率流程图

式中，P_2 为电动机轴上输出的机械功率；$\sum p$ 为电动机的总损耗。

他励直流电动机的总损耗为

$$\sum p = p_{Fe} + p_\Omega + p_\Delta + p_{Cua} \qquad (2\text{-}50)$$

并励直流电动机的总损耗为

$$\sum p = p_{Fe} + p_\Omega + p_\Delta + p_{Cua} + p_{Cuf} \qquad (2\text{-}51)$$

【例 2-2】 一台四极他励直流电动机，电枢采用单波绕组，电枢总导体数 $N = 372$，电枢回路总电阻 $R_a = 0.208\,\Omega$，此电机并联于 $U = 220\text{V}$ 电网运行，电机的转速 $n = 1500\text{r/min}$，气隙每极磁通 $\Phi = 1.1 \times 10^{-2}\text{Wb}$，电机的铁损耗 $p_{Fe} = 362\text{W}$，机械损耗 $p_\Omega = 204\text{W}$（忽略杂散损耗 p_Δ）。试求：

① 此电机运行于发电机状态，还是电动机状态？

② 电磁转矩、输入功率和效率各是多少？

解 ① 计算电枢电动势 E_a：已知单波绕组的并联支路对数 $a = 1$，所以

$$E_a = C_e \Phi n = \frac{pN}{60a}\Phi n = \frac{2 \times 372}{60 \times 1} \times 1.1 \times 10^{-2} \times 1500 = 204.6 \text{（V）}$$

因为 $E_a < U$，故此直流电机运行于电动机状态。

② 电枢电流 I_a：由 $U = E_a + I_a R_a$ 可知

$$I_a = \frac{U - E_a}{R_a} = \frac{220 - 204.6}{0.208} = 74 \text{(A)}$$

因为该电机是他励直流电动机，所以 $I = I_a = 74$（A）

③ 电磁转矩 T_e

$$T_e = C_T \Phi I_a = \frac{pN}{2\pi a} \Phi I_a = \frac{2 \times 372}{2\pi \times 1} \times 1.1 \times 10^{-2} \times 74 = 96.4 \text{（N·m）}$$

或者

$$T_e = \frac{P_e}{\Omega} = \frac{E_a I_a}{\frac{2\pi n}{60}} = \frac{204.6 \times 74}{\frac{2\pi \times 1500}{60}} = 96.4 \text{（N·m）}$$

④ 输入功率 P_1 $P_1 = UI = 220 \times 74 = 16280$（W）

⑤ 电磁功率 P_e $P_e = E_a I_a = 204.6 \times 74 = 15140.4$（W）

⑥ 输出功率 P_2 $P_2 = P_e - p_{Fe} - p_\Omega = 15140.4 - 362 - 204 = 14574.4$（W）

⑦ 效率 η $\eta = \frac{P_2}{P_1} \times 100\% = \frac{14574.4}{16280} \times 100\% = 89.5\%$

2.6.3 直流电动机的工作特性

直流电动机的工作特性是指 $U = U_N$ = 常值，电枢回路不串入附加电阻，励磁电流 $I_f = I_{fN}$ 时，电动机的转速 n、电磁转矩 T_e 和效率 η 等与输出功率 P_2 之间的关系曲线，即 $n = f(P_2)$、$T_e = f(P_2)$、$\eta = f(P_2)$。在实际运行中，由于电枢电流 I_a 较易测到，且 I_a 随着 P_2 的增加而增大，故可将工作特性表示为 $n = f(I_a)$、$T_e = f(I_a)$、$\eta = f(I_a)$。

直流电动机的工作特性因励磁方式不同而有很大差别。

（1）并励直流电动机的工作特性

① 转速特性。并励直流电动机的转速特性（又称速率特性）是指 $U = U_N$ = 常值，$I_f = I_{fN}$ = 常值时，$n = f(I_a)$ 的关系曲线。把公式 $E_a = C_e \Phi n$ 代入 $U = E_a + I_a R_a$ 可得直流电动机的转速表达式

$$n = \frac{U}{C_e \Phi} - \frac{R_a}{C_e \Phi} I_a \tag{2-52}$$

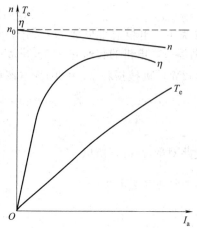

从直流电动机转速特性表达式可以看出，在 U 和 I_f 均为常值的条件下，影响电动机转速的因素有两个：电枢回路的电阻压降；电枢反应去磁的影响。如果忽略电枢反应的影响，当 I_a 增加时，转速 n 要下降。不过因 R_a 较小，转速 n 下降得不多，如图 2-41 所示。如果考虑电枢反应的去磁作用，转速 n 有可能要上升，设计电机时要注意这个问题，因为转速 n 要随电流 I_a 的增加略微下降，电动机才能稳定运行。

空载转速与额定转速之差用额定转速的百分数表示，就称为并励直流电动机的转速调整率（又称为转速变化率）Δn，即

图 2-41 并励直流电动机的工作特性

$$\Delta n = \frac{n_0 - n_N}{n_N} \times 100\% \tag{2-53}$$

并励直流电动机的转速调整率很小，约为 3%～8%，所以它基本上是一种恒速电动机。

并励（或他励）直流电动机运行时，应注意励磁绕组绝对不允许断开。如果励磁绕组断开，则主磁通将迅速下降到剩磁磁通值，电枢电动势将迅速减小，而电枢电流将迅速增大，电磁转矩 $T_e = C_T \Phi I_a$ 可能减小，也可能增大，若 T_e 减小，电动机的电磁转矩就不足以克服负载转矩，电动机就要停转，于是电枢电流将达到启动电流值，时间一长容易把电机绕组烧毁。如果 T_e 增加，则电动机的转速将迅速上升，可能大大超过电动机的额定转速，以致达到危险的高速（这种现象俗称"飞速"或"飞车"），使换向器、电枢绕组和转动部件损坏，甚至造成人身事故。

② 转矩特性。并励直流电动机的转矩特性是指 $U = U_N = $ 常值，$I_f = I_{fN} = $ 常值时，$T_e = f(I_a)$ 的关系曲线。由式 $T_e = C_T \Phi I_a$ 可见，当气隙每极磁通为常值时，电磁转矩 T_e 与电枢电流 I_a 成正比。如果考虑电枢反应去磁作用，则随着 I_a 的增大，T_e 要略微减小，如图 2-41 所示。

③ 效率特性。并励直流电动机的效率特性是指 $U = U_N = $ 常值，$I_f = I_{fN} = $ 常值时，$\eta = f(I_a)$ 的关系曲线。并励直流电动机效率特性的表达式为

$$\eta = \frac{P_2}{P_1} \times 100\% = \left(1 - \frac{\sum p}{P_1}\right) \times 100\%$$

$$= \left[1 - \frac{p_\Omega + p_{Fe} + U I_f + I_a^2 R_a + p_\Delta}{U(I_a + I_f)}\right] \times 100\% \tag{2-54}$$

利用上式，给定不同的值进行计算，即可得到图 2-41 所示的效率特性曲线。电枢电流从零开始增大时，效率逐渐增大；当并励直流电动机的可变损耗等于不变损耗时，效率达到最大值。当效率达到最大值之后，随着电枢电流的增大，效率又逐渐减小了。

(2) 串励直流电动机的工作特性

① 转速特性。串励直流电动机的转速特性（又称速率特性）是指 $U = U_N = $ 常值时，电动机的转速 n 与输出功率 P_2（或电枢电流 I_a）之间的关系，即 $n = f(P_2)$ 或 $n = f(I_a)$。

因为串励直流电动机的励磁电流 $I_f = I_a$，所以当负载较小时，可以把磁化曲线近似地用直线 $\Phi = K_f I_f = K_f I_a$ 来表示，其中 K_f 为比例常数。把 $\Phi = K_f I_a$ 代入直流电动机的转速表达式，可得串励直流电动机转速表达式

$$n = \frac{U - I_a(R_a + R_{fc})}{C_e \Phi} = \frac{U - I_a(R_a + R_{fc})}{C_e K_f I_a}$$

$$= \frac{U}{C_e K_f} \times \frac{1}{I_a} - \frac{(R_a + R_{fc})}{C_e K_f} \tag{2-55}$$

式中，R_{fc} 为串励绕组的电阻。从串励直流电动机转速表达式可知，转速 n 与电枢电流 I_a 大体成双曲线关系，如图 2-42 所示。

因为串励直流电动机的励磁电流等于电枢电流，当输出功率 P_2 增大时，电枢电流 I_a 亦增大，这一方面使 $I_a(R_a + R_{fc})$ 增大，另一方面串励磁动势和主磁场也同时增大，这两个因素都促使电动机的转速下降，所以串励直流电动机的转速随着负载的增加而迅速下降。这是串励直流电动机的特点之一，如图 2-42 所示。当输出功率 P_2 很小时，电枢电流 I_a 和主磁通 Φ 都很小，则转速将非常高，容易产生"飞速"现象，十分危险。

由此可见，串励直流电动机绝对不允许在空载或很轻的负载下运行，否则将发生"飞速"现象而使电枢遭到破坏。

鉴于上述原因，串励直流电动机的负载转矩一般不小于额定转矩的 1/4，所以串励直流电动机的转速调整率定义为

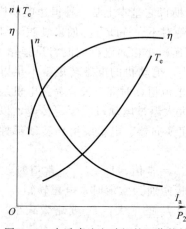

图 2-42 串励直流电动机的工作特性

$$\Delta n = \frac{n_{\frac{1}{4}} - n_N}{n_N} \times 100\% \qquad (2\text{-}56)$$

式中，$n_{\frac{1}{4}}$ 为输出功率等于 $\frac{1}{4}P_N$ 时电动机的转速；n_N 为电动机的额定转速。

② 转矩特性 $T_e = f(I_a)$。因为 $T_e = C_T \Phi I_a$，当磁路未饱和时，$\Phi \propto I_a$，因此 $T_e \propto I_a^2$，说明串励直流电动机的电磁转矩 T_e 随着输出功率 P_2（或电枢电流 I_a）的增加而迅速上升。随着输出功率 P_2（或电枢电流 I_a）的继续增加，磁路逐渐饱和，$T_e \propto I_a$，此时电磁转矩将与电枢电流成正比。如图 2-42 所示。

③ 效率特性 $\eta = f(I_a)$。串励直流电动机的效率特性与并励直流电动机的效率特性基本相似，如图 2-42 所示。

2.6.4 并励直流电动机的机械特性

并励和他励直流电动机的机械特性是指当电源电压 U＝常值、气隙每极磁通量 Φ＝常值（或励磁电流 I_f＝常值）以及电枢回路电阻为常值时，电动机的转速 n 和电磁转矩 T_e 之间的关系曲线，即 $n = f(T_e)$。在直流电动机的诸多特性中，机械特性是最重要的特性。它是选用直流电动机的依据。

由于他励和并励直流电动机仅所用励磁电源不同，其他均相同，所以他励直流电动机和并励直流电动机的机械特性相同。

直流电动机的机械特性，又可分为固有机械特性（又称自然机械特性）和人为机械特性（又称人工机械特性）。当 $U = U_N$＝常值、电枢回路不串外加电阻（又称调节电阻）R_{aj} 以及并励（或他励）直流电动机的励磁电流 $I_f = I_{fN}$＝常值时的机械特性，称为固有机械特性；当电源电压 U 或励磁电流 I_f 不是额定值，或电枢回路串入外加电阻 R_{aj} 时的机械特性，称为人为机械特性。

(1) 机械特性的一般表达式

如果考虑在直流电动机电枢回路串入调节电阻 R_{aj}，则直流电动机的转速表达式可写成

$$n = \frac{U}{C_e \Phi} - \frac{R_a + R_{aj}}{C_e \Phi} I_a \qquad (2\text{-}57)$$

将 $I_a = \dfrac{T_e}{C_T \Phi}$ 代入上式，便可得到并励直流电动机机械特性的一般表达式为

$$n = \frac{U}{C_e \Phi} - \frac{R_a + R_{aj}}{C_e C_T \Phi^2} T_e = n_0 - \beta T_e = n_0 - \Delta n \qquad (2\text{-}58)$$

式中，$n_0 = \dfrac{U}{C_e \Phi}$ 称为直流电动机的理想空载转速；$\Delta n = \beta T_e$ 称为直流电动机的转速降；$\beta = \dfrac{R_a + R_{aj}}{C_e C_T \Phi^2}$ 称为直流电动机机械特性的斜率。

(2) 固有机械特性

当并励直流电动机电枢绕组两端加额定电压 U_N、气隙每极磁通量 Φ 为额定值 Φ_N、电枢回路不串调节电阻 R_{aj} 时，即

$$U = U_N, \Phi = \Phi_N, R_{aj} = 0$$

这种情况下的机械特性，称为并励直流电动机的固有机械特性。其表达式为

$$n = \frac{U_N}{C_e \Phi_N} - \frac{R_a}{C_e C_T \Phi_N^2} T_e \qquad (2\text{-}59)$$

并励直流电动机固有机械特性曲线如图 2-43 所示。

并励直流电动机固有机械特性具有以下几个特点。

① $T_e = 0$ 时，$n = n_0 = \dfrac{U_N}{C_e \Phi_N}$ 为理想空载转速。

② $T_e = T_N$ 时，$n = n_N = n_0 - \Delta n_N$ 为额定转速，其中 $\Delta n_N = \dfrac{R_a}{C_e C_T \Phi_N^2} T_e$ 为额定转速降。

③ 斜率 $\beta = \dfrac{R_a}{C_e C_T \Phi_N^2}$，其值很小，特性较平，

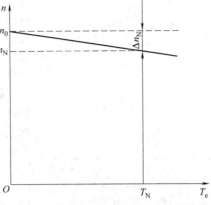

图 2-43 并励直流电动机的机械特性曲线

从空载到额定负载，转速下降不多，故属于硬特性。斜率大时的机械特性称为软特性。

④ 电磁转矩 T_e 越大，转速 n 越低，其机械特性是一条略微下降的直线。

并励直流电动机和他励直流电动机一般用于拖动要求转速变化不大的生产机械，如金属切削机床、通风机、鼓风机、印刷及印染机械等。

(3) 人为机械特性

① 电枢回路串接电阻时的人为机械特性。保持 $U = U_N$，$\Phi = \Phi_N$，电枢回路串入调节电阻 R_{aj} 时的人为机械特性如图 2-44 所示。其特点是电枢回路串入电阻后，其理想空载转速 n_0 保持不变，但机械特性的斜率 β 随 R_{aj} 的增大而增大，当 $T_e = T_N$ 时，$n < n_N$。

② 改变电枢电压时的人为机械特性。保持 $\Phi = \Phi_N$，电枢回路不串入调节电阻（$R_{aj} = 0$），改变电枢电压 U 时的人为机械特性如图 2-45 所示。其特点是改变电枢电压 U 后，其机械特性的斜率 β 保持不变，但理想空载转速 n_0 与电枢电压 U 成正比变化。当降低电枢电压 U 时，空载转速 n_0 减小。当 $T_e = T_N$ 时，$n < n_N$。

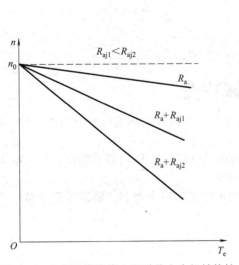

图 2-44 电枢回路串接电阻时的人为机械特性

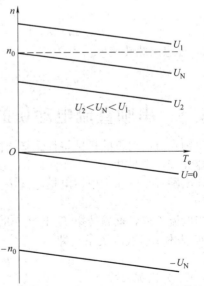

图 2-45 改变电枢电压时的人为机械特性

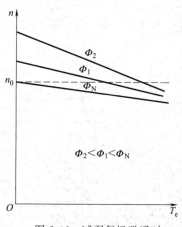

图 2-46　减弱每极磁通时
的人为机械特性

③ 减弱磁通时的人为机械特性　保持 $U=U_N$，电枢回路不串入调节电阻（$R_{aj}=0$），减弱磁通 Φ 时的人为机械特性如图 2-46 所示。其特点是减弱磁通 Φ 后，其机械特性的理想空载转速 n_0 升高、斜率 β 增大。一般情况下，随着磁通的减小，电动机的转速上升，此时称为弱磁升速。通常减弱磁通的方法是在励磁回路串接电阻，减小直流电动机的励磁电流。

【例 2-3】　一台并励直流电动机，额定功率 $P_N=$ 30kW，额定电压 $U_N=440$V，额定电流 $I_N=79$A，额定励磁电流 $I_{fN}=6.4$A，额定转速 $n_N=1000$r/min，电枢回路总电阻 $R_a=0.254\Omega$，忽略电枢反应的影响，试求：

① 额定电枢电流 I_{aN} 和额定电枢电动势 E_{aN}；
② 电动机的额定输出转矩 T_{2N} 及额定电磁转矩 T_{eN}；
③ 理想空载转速 n_0。

解　①电动机的额定电枢电流 I_{aN} 和额定电枢电动势 E_{aN}

$$I_{aN}=I_N-I_{fN}=79-6.4=72.6 \text{（A）}$$
$$E_{aN}=U_N-I_{aN}R_a=440-72.6\times0.254=421.56 \text{（V）}$$

② 电动机的额定输出转矩 T_{2N} 及额定电磁转矩 T_{eN}

因为 $P=T\Omega$，所以

$$T=\frac{P}{\Omega}=\frac{P}{\frac{2\pi n}{60}}=9.55\frac{P}{n}$$

$$T_{2N}=9.55\times\frac{P_N}{n_N}=9.55\times\frac{30\times10^3}{1000}=286.5 \text{（N·m）}$$

$$P_{eN}=E_{aN}I_{aN}=421.56\times72.6=30605.3 \text{（W）}$$

$$T_{eN}=9.55\times\frac{P_{eN}}{n_N}=9.55\times\frac{30605.3}{1000}=292.28 \text{（N·m）}$$

或

$$C_e\Phi_N=\frac{E_{aN}}{n_N}=\frac{421.56}{1000}=0.42156$$

$$C_T\Phi_N=9.55C_e\Phi_N=9.55\times0.42156=4.026$$

$$T_{eN}=C_T\Phi_N I_{aN}=4.026\times72.6=292.28 \text{（N·m）}$$

③ 理想空载转速 n_0

$$n_0=\frac{U_N}{C_e\Phi_N}=\frac{440}{0.42156}=1043.7 \text{（r/min）}$$

2.6.5　串励直流电动机的机械特性

串励直流电动机的机械特性是指当电源电压 $U=$ 常值、电枢回路电阻为常值时，电动机的转速 n 与电磁转矩 T_e 之间的关系曲线，即 $n=f(T_e)$。

在串励直流电动机中，电枢电流 I_a 也就是励磁电流 I_f，即均等于电动机输入电流 I。

$$I_a=I_f=I \tag{2-60}$$

当电流 I 或者电磁转矩 T_e 比较小时，电动机的磁路尚未饱和，励磁电流 I_f 与气隙每极磁通 Φ 基本上呈线性关系，即

$$\Phi=K_f I_f=K_f I_a \tag{2-61}$$

式中，K_f 为比例常数。

由于负载时电枢电流 I_a 是变化的，所以磁通 Φ 随着不同的电枢电流 I_a 也是变化的。把

$\Phi = K_f I_a$ 代入直流电动机的转速表达式，可得串励直流电动机的转速表达式

$$n = \frac{U - I_a(R_a + R_{aj})}{C_e \Phi} = \frac{U - I_a(R_a + R_{aj})}{C_e K_f I_a}$$

$$= \frac{U - I_a(R_a + R_{aj})}{C_e' I_a} = \frac{U}{C_e' I_a} - \frac{R_a + R_{aj}}{C_e'} \tag{2-62}$$

式中，$C_e' = C_e K_f$ 是比例常数；R_a 是电枢回路总电阻（包括串励绕组电阻）；R_{aj} 是外串电阻。

把 $\Phi = K_f I_a$ 代入直流电动机电磁转矩的计算公式，可得串励直流电动机电磁转矩

$$T_e = C_T \Phi I_a = C_T K_f I_a \cdot I_a = C_T' I_a^2 \tag{2-63}$$

式中，$C_T' = C_T K_f$ 是比例常数。

把上式代入串励直流电动机的转速表达式，可得串励直流电动机的机械特性表达式为

$$n = \frac{\sqrt{C_T'}}{C_e'} \times \frac{U}{\sqrt{T_e}} - \frac{R_a + R_{aj}}{C_e'} \tag{2-64}$$

从上式可以看出，串励直流电动机的机械特性方程式表示的曲线是一条双曲线，图 2-47 中 $T_e < T_N$ 时的曲线就是这条双曲线。

当电枢电流 I_a 和电磁转矩 T_e 比较大时，例如 $T_e > T_N$，磁路已经饱和，气隙每极磁通 Φ 基本上是个常数，不再随电枢电流的增加而增加。上式的关系就不成立，随着负载的增加，则串励直流电动机的机械特性越来越远离双曲线，如图 2-47 所示。这种情况下，串励直流电动机的机械特性接近于他励直流电动机的机械特性。

综上所述，串励直流电动机的机械特性有以下特点。

① 串励直流电动机的机械特性是一条非线性的软特性。

② 当电磁转矩 T_e 很小时，转速 n 很高，会发生"飞速"的危险。因此串励直流电动机不允许空载运行或在很轻的负载下运行。

③ 电磁转矩与电枢电流的平方成正比，因此串励直流电动机的启动转矩大、过载能力强。

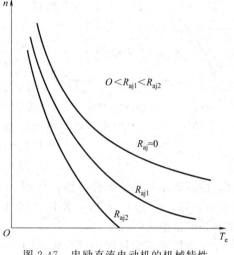

图 2-47 串励直流电动机的机械特性

2.6.6 复励直流电动机的机械特性

由于复励直流电动机既有并励绕组又有串励绕组，所以它的机械特性介于并励和串励直流电动机两者之间。积复励直流电动机的机械特性如图 2-48 所示。当复励直流电动机中并励绕组起主要作用时，它的机械特性接近于并励直流电动机，如图 2-48 中的曲线 2 所示；当复励直流电动机中的串励绕组起主要作用时，它的机械特性接近于串励直流电动机，如图 2-48 中的曲线 3 所示；但在空载或轻载时，不会发生"飞速"的危险。

差复励直流电动机的机械特性为电动机的转速

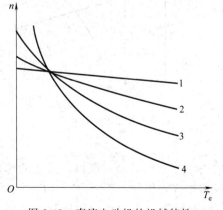

图 2-48 直流电动机的机械特性
1—并励；2—并励为主的复励机；
3—串励为主的复励机；4—串励

随负载转矩增加而上升的特性。这种特性将会引起电动机运行不稳定，故差复励直流电动机很少被采用。

2.6.7　电力拖动系统运行的稳定性

电动机和被它拖动的负载（即生产机械）一起，构成电力拖动系统。这时电动机的机械特性 $n=f(T_e)$ 和负载的机械特性 $n=f(T_L)$ 之间必须配合得当，才能使电力拖动系统稳定运行。$T_L=T_2+T_0$ 是电力拖动系统的总制动转矩。

负载的机械特性 $n=f(T_L)$ 由生产机械的性质决定，负载的机械特性大致分为三种类型。

① 恒转矩负载。恒转矩负载的特点是负载转矩与转速无关，转矩等于常数，例如起重机、卷扬机、电梯等。恒转矩负载的机械特性如图 2-49 中曲线 1 所示。

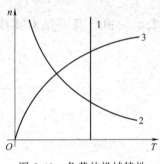

图 2-49　负载的机械特性
1—恒转矩负载；2—恒功率负载；
3—风机泵类负载

② 恒功率负载。恒功率负载的特点是负载功率等于常数，即负载转矩与负载的机械角速度的乘积等于常数。例如普通机床等。恒功率负载的机械特性如图 2-49 中曲线 2 所示。

③ 风机、泵类负载。风机、泵类负载的特点是负载转矩与转速的平方成正比。例如风扇、离心式水泵、油泵等。风机、泵类负载的机械特性如图 2-49 中曲线 3 所示。

所谓电力拖动系统的稳定问题，就是指由于某种原因（例如电网电压波动、负载转矩波动等）产生的扰动消失后，电动机能否恢复到原来的转速。若能复原，电动机的运行就是稳定的；若不能复原而引起"飞速"或停转，则为不稳定。

图 2-50 中曲线 1 和曲线 2 是两种不同的电动机的机械特性，曲线 3 是负载的机械特性，从图 2-50 可见，在曲线 1（或曲线 2）与曲线 3 的交点 A（或 B）处，由于 $T_e=T_L$，所以交点 A（或 B）应是运行点。下面分析图 2-50 中，A 点和 B 点是否是稳定运行点。

电力拖动系统稳定运行分析如图 2-51 所示，图中曲线 1 是他励直流电动机电枢电压为额定值时的机械特性，曲线 2 是负载的机械特性。当电枢电压为额定值时，系统运行在工作点 A 上，此时系统的转速 $n=n_A$，电磁转矩 T_e 与负载转矩 T_L 相等，$T_e=T_L=T_A$。如果外界干扰，使电枢电压突然下降，则电动机的机械特性立即变为曲线 $1'$，但是，由于机械惯性，该瞬间系统的转速来不及突变，系统的转速仍为 n_A，此时负载转矩 T_L 仍为 T_A，

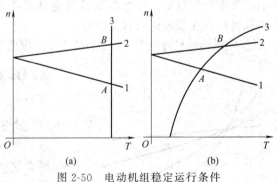

图 2-50　电动机组稳定运行条件

但是电动机的电磁转矩 T_e 变为 T_B，由于 $T_e(=T_B)<T_L(=T_A)$，所以，系统的转速开始下降，当转速下降到 n_C 时，电磁转矩 T_e 与负载转矩 T_L 相等，$T_e=T_L=T_C$，系统运行于 C 点。当外界干扰消失，电枢电压恢复为额定值的瞬间，电动机的机械特性立即变为曲线 1，但是，由于机械惯性，该瞬间系统的转速也来不及突变，系统的转速仍为 n_C，此时负载转矩 T_L 仍为 T_C，但是电动机的电磁转矩 T_e 变为 T_D，由于 $T_e(=T_D)>T_L$

（$=T_C$），所以，系统的转速开始上升，当转速上升到 n_A 时，电磁转矩 T_e 与负载转矩 T_L 相等，$T_e=T_L=T_A$，系统又运行于 A 点。即当外界干扰消失后，系统能够回到原来的工作点 A，因此，该系统可以稳定运行。

上述分析中，当外界干扰的瞬间，使系统的转速由 n_A 变为 n_C 时，转速的变化量为 $\Delta n=n_C-n_A<0$；电动机电磁转矩的变化量为 $\Delta T_e=T_D-T_A>0$；负载转矩的变化量为 $\Delta T_L=T_C-T_A<0$。由上述分析可知，当满足下列条件

$$\frac{\Delta T_e}{\Delta n}<\frac{\Delta T_L}{\Delta n} \qquad (2-65)$$

或

$$\frac{dT_e}{dn}<\frac{dT_L}{dn} \qquad (2-66)$$

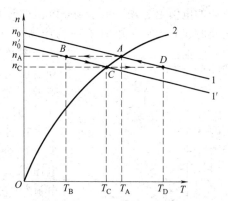

图 2-51 电力拖动系统稳定运行分析

则电力拖动系统能稳定运行。一般负载转矩 T_L 多随转速的升高而增大，或保持常数而与转速无关。因此，只要电动机具有下降的机械特性，就能满足稳定运行的条件。

反之，若电动机的机械特性如图 2-50 中的曲线 2 所示，即电动机的机械特性是一条上升的曲线，则

$$\frac{dT_e}{dn}>\frac{dT_L}{dn} \qquad (2-67)$$

因此，电力拖动系统不能稳定运行。所以，在图 2-50 中，A 点是稳定运行点，B 点不是稳定运行点。

2.6.8 直流电动机的启动

直流电动机在启动瞬间，电动机的转速 $n=0$，电枢电动势 $E_a=C_e\Phi n=0$，因此电枢电流 $I_a=\dfrac{U_N-E_a}{R_a}=\dfrac{U_N}{R_a}$ 将达到很大的数值（因为 R_a 数值很小），致使电网电压突然降低，影响电网上其他用户的正常用电，并且还使电动机绕组发热和受到很大电磁力的冲击。因此要求启动时，电流不超过允许范围。但从电磁转矩 $T_e=C_T\Phi I_a$ 来看，则要求启动时电流大些，才能获得较大的启动转矩。由此可见，上述两方面的要求是互相矛盾的。因此应对直流电动机的启动提出下列基本要求。

① 有足够大的启动转矩。

② 启动电流限制在允许范围内。

③ 启动时间短，符合生产技术要求。

④ 启动设备简单、经济、可靠。

这些要求是互相联系又互相制约的，应结合具体情况进行取舍。

直流电动机常用的启动方法以下三种：直接启动；电枢回路串电阻启动；降低电枢电源电压启动。

在任何一种启动方法中，最根本的原则是确保足够大的电磁转矩下尽量减小启动电流。为此，在每一种启动方法中，均应保证电动机的磁通达到最大值，这是因为 $T_e=C_T\Phi I_a$，在同样电枢电流 I_a 下，每极磁通 Φ 最大，则电磁转矩 T_e 最大。为此，启动过程中励磁回路的调节电阻 R_{fj} 应调节至零值，并保证励磁回路不受其他线路压降的影响。

（1）直接启动

直流电动机一般不宜直接启动。直流电动机的直接启动只用在功率很小的电动机中。直接启动就是电动机全压直接启动，是指不采取任何限流措施，把静止的电枢直接投入到额定电压的电网上启动。由于励磁绕组的时间常数比电枢绕组的时间常数大，为了确保启动时磁场及时建立，可采用图 2-52 的接线图。

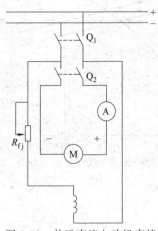

图 2-52　并励直流电动机直接
启动时的接线图

图 2-52 所示为并励直流电动机直接启动时的接线图。启动之前先合上励磁开关 Q_1，给电动机以励磁，并调节励磁电阻 R_{fj}，使励磁电流达到最大。在保证主磁场建立后，再合上开关 Q_2，使电枢绕组直接加上额定电压，电动机将启动。

在启动瞬间，电动机转速 $n \approx 0$，由电枢电动势公式可知，$E_a = C_e \Phi n \approx 0$，电枢绕组电阻 R_a 又很小，因电枢电压为额定电压 U_N，故会引起最大冲击电流 I_{st}，即通常所指的"启动电流"，它等于

$$I_{st} = \frac{U_N - E_a}{R_a} = \frac{U_N}{R_a} \tag{2-68}$$

随着电动机转速的升高，电枢电动势增大，电枢电流开始下降，相应地电磁转矩也开始变小，而转速上升变慢。这个过程一直持续到电磁转矩降到与负载转矩相等时，电动机才不再加速而稳定地匀速运行。此时电枢电流也降至稳定运行时的数值 I_a，启动过程结束。

（2）降低电枢电压启动

降低电枢电压启动（又称减压启动）是在开始启动时，将加在直流电动机电枢绕组两端的电压降低，以限制启动电流。在负载转矩 T_L 已知时，根据启动条件，可以确定启动电压；当 T_L 未知时，启动电压可从 0V 开始。为了保持启动过程中电磁转矩值较大，随着电动机转速的上升，应逐步升高电压，但启动电流应限制在一定的范围以内。直至电枢绕组两端的电压等于额定电压。

他励直流电动机降低电枢电压启动瞬间 $n \approx 0$，电枢感应电动势 $E_a = C_e \Phi n \approx 0$，由于电枢绕组两端的电压 U 很低，所以启动电流 $I_{st} = \dfrac{U}{R_a}$ 也不大，但启动转矩 T_{st} 大于负载转矩 T_L，转速开始上升。

随着转速的上升，电枢电动势 E_a 逐渐增大，电枢电流 $I_a = \dfrac{U - E_a}{R_a}$ 将逐渐减小，电磁转矩 $T_e = C_T \Phi I_a$ 也逐渐减小，转速上升也逐渐缓慢。为了加快启动过程，应逐渐升高电枢绕组两端的电压，以保持足够大的电磁转矩。但是，电枢电压升高的速度不能过快，应使电枢电流始终保持在允许值范围之内，直到电枢电压升到额定电压时，$T_e = T_L$，电动机稳定运行。

采用降压启动时，需要一套专用的直流发电机或晶闸管整流电源作为电动机电枢绕组的电源。采用专用直流发电机时，通过改变发电机的励磁电流来控制发电机的端电压；采用晶闸管整流电源时，用触发信号去控制输出电压，以达到降压的目的。

降压启动法的优点是，启动电流小，启动过程平滑，能量损耗少；缺点是启动设备投资较高。

（3）电枢回路串接电阻启动

为了限制直流电动机的启动电流，启动时可以将启动电阻 R_{st} 串入电枢回路，待转速上升后，再逐步将启动电阻切除。由于启动瞬间，转速 $n \approx 0$，电枢电动势 $E_a \approx 0$，串入电阻

后启动电流 I_{st} 为

$$I_{st}=\frac{U_N-E_a}{R_a+R_{st}}=\frac{U_N}{R_a+R_{st}} \qquad (2-69)$$

可见，只要 R_{st} 的值选择得当，就能将启动电流限制在允许范围之内。

若已知负载转矩 T_L，可根据启动条件的要求，确定串入电枢回路的启动电阻 R_{st} 的大小，以保证启动电流在允许的范围内，并使启动转矩足够大。

电枢回路串电阻启动所需设备不多，广泛地用于各种直流电动机中，但把此方法用于启动频繁的大容量直流电动机时，则启动变阻器将十分笨重，并且在启动过程中启动电阻将消耗大量电能，很不经济。因此，对于大中型直流电动机则宜采用降压启动。

2.6.9 直流电动机的调速

电动机的调速（即本书介绍的电气调速）是指，在电动机拖动的负载一定时，通过改变电动机的电气参数（如 U、R_Ω 或 Φ）来改变电动机的转速。

直流电动机具有良好的调速性能，可以在宽广的范围内平滑而经济地调速，特别适用于对调速性能要求较高的电力拖动系统中。

对直流电动机进行调速，可采取多种途径。当在直流电动机的电枢回路中串入外加调节电阻（又称调速电阻）R_Ω 时，可得直流电动机的转速表达式为

$$n=\frac{U-I_a(R_a+R_\Omega)}{C_e\Phi} \qquad (2-70)$$

从上式可见，直流电动机的调速方法有以下三种。

① 改变串入电枢回路中的调速电阻 R_Ω。

② 改变加于电枢回路的端电压 U。

③ 改变励磁电流 I_f，以改变主极磁通 Φ。

下面以他励直流电动机为例，介绍三种调速方法。

(1) 电枢回路串电阻调速

他励直流电动机拖动负载运行时，保持电枢绕组电源电压为额定电压 U_N、每极磁通为额定磁通 Φ_N，在电枢回路中串入调速电阻 R_Ω 时，电动机的机械特性方程式为

$$n=\frac{U_N}{C_e\Phi_N}-\frac{R_a+R_\Omega}{C_eC_T\Phi_N^2}T_e \qquad (2-71)$$

由上式可知，在电枢回路中串入不同的电阻 R_Ω，电动机就可运行于不同的转速，且调速电阻 R_Ω 越大，电动机的转速 n 越低。

他励直流电动机电枢回路串电阻调速时的机械特性如图 2-53 所示，图中，曲线1 为 $R_\Omega=0$ 时电动机的机械特性曲线（即固有机械特性曲线）；曲线2 和曲线3 分别为 $R_\Omega=R_{\Omega1}$ 和 $R_\Omega=R_{\Omega2}$ 时电动机的机械特性曲线（即人为机械特性曲线）；曲线4 为负载的机械特性曲线。从图中可以看出，串入不同的 R_Ω 时，电动机的理想空载转速 n_0 不变，但是电动机机械特性的斜率随 R_Ω 的增加而变大，即随着 R_Ω 的增加，电动机的机械特性变软。

这种调速方法，以调速电阻 $R_\Omega=0$ 时

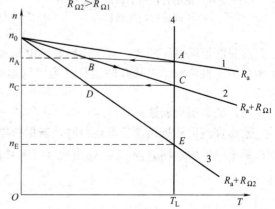

图 2-53 他励直流电动机电枢回路
串电阻调速时的机械特性

的转速为最高转速,只能"调低",不能"调高"。即只能使电动机的转速在额定转速以下调节。

在电枢回路串电阻调速,设备简单,操作方便,调速电阻又可作启动电阻用。但是,由于电阻只能分段调节,故调速不平滑,属有级调速,调速平滑性差。而且随着调速电阻的增大,电动机的机械特性变软,使得在负载变化时,引起转速波动较大,即转速对负载的变化反应敏感,机组运行的稳定性差。另外,在调速过程中,较大的电枢电流要流过电枢回路中所串联的调速电阻,将会使调速电阻上的电能损耗增大。速度越低,调速电阻串得越大,电能损耗也就越大,则电动机的效率越低。

(2)　改变电枢电压调速

他励直流电动机拖动负载运行时,若保持电动机的每极磁通为额定磁通 Φ_N,而且在电动机的电枢回路不串外接电阻,即 $R_\Omega = 0$,则他励直流电动机的机械特性方程式为

$$n = \frac{U}{C_e \Phi_N} - \frac{R_a}{C_e C_T \Phi_N^2} T_e \tag{2-72}$$

由上式可知,当改变电动机电枢绕组的端电压 U 时,电动机就可运行于不同的转速,且电压 U 越低,电动机的转速 n 越低。他励直流电动机改变电枢端电压调速时的机械特性如图 2-54 所示,图中,曲线 1～4 分别为对应于不同电枢端电压时电动机的机械特性曲线;曲线 5 为负载的机械特性曲线。从图中可以看出,改变电枢端电压后,电动机的理想空载转速 n_0 随电压的降低而下降,电动机的转速 n 也随电压的降低而下降。但是,电动机的机械特性的斜率不变,即电动机的机械特性的硬度不变。

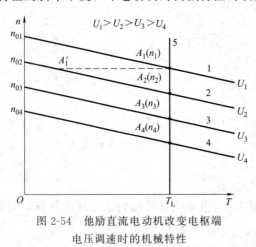

图 2-54　他励直流电动机改变电枢端电压调速时的机械特性

由于调速过程中电动机的机械特性只是平行地上下移动而不改变其斜率,因此调速时,电动机机械特性的硬度不变,这是改变电枢端电压调速的优点。而且降低电枢端电压调速的平滑性好,当电枢端电压连续变化时,转速也能连续变化,可实现无级调速,调速范围大,稳定性好。

降低电枢端电压调速的最大缺点是需用专用电源。近年来,电力电子技术发展很快,晶闸管元件的应用日趋广泛。由晶闸管组成的整流器代替他励直流发电机向直流电动机供电,即为晶闸管-电动机的直流调速系统。其主要优点是占地面积小,重量轻,无噪声。

改变电枢端电压调速,对于串励直流电动机来说,也是适用的。在电力牵引机车中,常把两台串励直流电动机从并联运行改为串联运行,以使加于每台电动机的电压从全压降为半压。

(3)　减弱磁通调速

他励直流电动机拖动负载运行时,若保持电动机电枢绕组的端电压为额定电压 U_N,电枢回路不串电阻,即 $R_\Omega = 0$,则他励直流电动机的机械特性方程为

$$n = \frac{U_N}{C_e \Phi} - \frac{R_a}{C_e C_T \Phi^2} T_e \tag{2-73}$$

由上式可见,当改变电动机的每极磁通时,电动机就可运行于不同的转速。因为直流电动机额定运行时,电动机的每极磁通 $\Phi = \Phi_N$,电动机的磁路已接近饱和,当采用改变磁通

调速时，一般采用减弱磁通的方法来调速，即调速时使 $\Phi < \Phi_N$，所以这种调速方法称为弱磁调速。

由于改变磁通调速时，一般是通过改变励磁电流 I_f 来改变磁通 Φ 的，所以这种调速方法又称为改变励磁电流调速。他励直流电动机励磁电流 I_f 的改变，是由改变串接于其励磁回路中的调节电阻 R_{fj} 来实现的。当电动机的励磁电压一定时，增大励磁回路中的调节电阻 R_{fj}，将会使直流电动机的励磁电流 I_f 减小，而电动机中的主磁通 Φ 也随之减小。由他励直流电动机的机械特性方程式可知，磁通 Φ 减小，将会使电动机的理想空载转速 $n_0 \left(= \dfrac{U_N}{C_e \Phi} \right)$ 增加，而且电动机的机械特性的斜率 $\beta \left(= \dfrac{R_a}{C_e C_T \Phi^2} \right)$ 变大，即电动机的机械特性变软。所以他励直流电动机弱磁调速时的机械特性如图 2-55 所示。

在图 2-55 中，曲线 1 为 $\Phi = \Phi_1$ 时，电动机的机械特性，因为 $\Phi_1 = \Phi_N$，所以曲线 1 为电动机的固有机械特性；曲线 2 为减弱磁通后，即 $\Phi = \Phi_2$ 时，电动机的机械特性；曲线 3 为恒转矩负载的机械特性。从图 2-55 可以看出，在负载转矩不过分大时，减弱他励直流电动机的磁通，可以使电动机的转速升高。

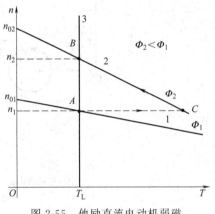

图 2-55 他励直流电动机弱磁
调速时的机械特性

弱磁调速由于是在电流较小的励磁回路进行操作，所以控制功率小，能量损耗小，而且调速范围在理论上可以很大。如果利用滑线变阻器，可以实现无级调速。但这种调速方法对于他励直流电动机来说，是以 $R_{fj} = 0$ 时的转速为最低转速，只能"调高"，不能"调低"。并且"调高"时也要受到电动机转子机械强度和换向等限制，转速太高时，转子有遭到破坏的危险，所以调速范围较小，另外，由于弱磁后，电动机的机械特性的斜率变大，特性变软，将会使电动机运行的稳定性变差。

以上分析仅就他励直流电动机而言，但是同样适用于并励直流电动机。对于复励直流电动机来说，也是一样，可在其并励回路接入调节电阻 R_{fj} 来调速。对于串励直流电动机，则不能在其串励回路串接电阻来改变励磁电流，正确的方法是采用与串励绕组并联的电阻来把电流分路，从而改变电动机的励磁电流，达到弱磁调速的目的。

2.6.10 直流电动机的制动

直流电动机的制动（即本书介绍的电磁制动）是指在电动机的轴上加一个与旋转方向相反的电磁转矩，以达到机组的快速停转，或用以限制机组的转速在一定的数值以内，如电力机车下坡、重物下放等。在他励直流电动机中，每极磁通 Φ 的大小和方向恒定不变，从电磁转矩矩 $T_e = C_T \Phi I_a$ 可知，可以用改变电枢电流 I_a 的方法来改变电磁转矩 T_e 的方向。由于 $I_a = \dfrac{U - E_a}{R_a}$，所以，有三种方法可以使电枢电流 I_a 反向。

① 切除电枢绕组的电源电压 U，并将电枢绕组经外接限流电阻（又称制动电阻）R_L，将电枢绕组构成闭合回路，即 $I_a = \dfrac{-E_a}{R_a + R_L}$，称为能耗制动。

② 将电枢电源电压 U 改变方向，并串入限流电阻 R_L，即 $I_a = \dfrac{-U-E_a}{R_a+R_L}$，称为反接制动。

③ 如果电动机的转速 n 大于直流电动机的理想空载转速 n_0，即 $n > n_0$，则电枢绕组的感应电动势 $E_a > U$，即 $I_a = \dfrac{-(E_a-U)}{R_a}$，称为回馈制动。

微课：2.6.10（1）

（1）能耗制动

以他励直流电动机拖动反抗性恒转矩负载为例，其接线图如图 2-56 所示。

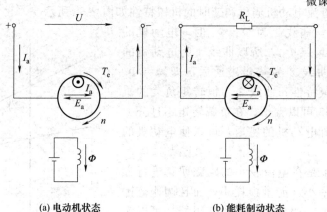

(a) 电动机状态　　　　**(b) 能耗制动状态**

图 2-56　他励直流电动机能耗制动时接线图

制动前，他励直流电机作电动机运行，其接线图、电枢绕组电源电压 U、电枢绕组感应电动势 E_a、电枢电流 I_a、电动机的电磁转矩 T_e 和电动机的转向如图 2-56（a）所示。此时，电动机的转速为额定转速 n_N。

能耗制动时的接线如图 2-56（b）所示。首先切断电枢绕组的电源，$U=0$，并立即将电枢回路经电阻 R_L 闭合。此时电机内磁场依然不变，机组储存的动能使电枢继续旋转。因为能耗制动过程中，电枢绕组的感应电动势 $E_a = C_e\Phi n > 0$，所以电枢电流的表达式为

$$I_a = \frac{U-E_a}{R_a+R_L} = -\frac{E_a}{R_a+R_L} \tag{2-74}$$

从上式可知，能耗制动时电枢电流 I_a 和电磁转矩 T_e 都与原来电动机运行状态时的方向相反，如图 2-56（b）所示。此时，电磁转矩 T_e 的方向与电枢旋转方向相反而起制动作用，加快了机组的停车，一直到把机组储存的动能完全消耗在制动电阻 R_L 和机组本身的损耗上时，机组就停止转动，故称能耗制动。

直流电动机能耗制动方法简单，操作简便，制动时利用机组的动能来取得制动转矩，电动机脱离电网，不需要吸收电功率，比较经济、安全。但制动转矩在低速时变得很小，故通常当转速降到较低时，就加上机械制动闸，使电动机更快停转。

直流电动机能耗制动时应注意以下几点。

① 对于他励或并励直流电动机，制动时应保持励磁电流大小和方向不变。切断电枢绕组电源后，立即将电枢与制动电阻 R_L 接通，构成闭合回路。

② 对于串励直流电动机，制动时电枢电流与励磁电流不能同时反向，否则无法产生制动转矩。所以，串励直流电动机能耗制动时，应在切断电源后，立即将励磁绕组与电枢绕组反向串联，再串入制动电阻 R_L，构成闭合回路，或将串励改为他励形式。

③ 制动电阻 R_L 的大小要选择适当，电阻过大，制动缓慢；电阻过小，电枢绕组中的电流将超过电枢电流的允许值。

④ 能耗制动操作简便，但低速时制动转矩很小，停转较慢。为加快停转，可加上机械制动闸。

微课：2.6.10 (2)

(2) 反接制动

电压反接制动是把正向运行的他励直流电动机的电枢绕组电压突然反接，同时在电枢回路中串入限流的反接制动电阻 R_L 来实现的，其原理接线图如图 2-57 所示。

反接制动时，突然断开正转接触器 KM_1 的主触头，再闭合反转接触器 KM_2 的主触头，直流电源电压 U_N 就反接到了电枢绕组两端，并在电枢回路中接入了制动电阻 R_L。

在反接制动瞬间，由于机械惯性，电动机的转速 n 不能突变。由于电动机的转速 n 的大小和方向都不变，而且电动机励磁电流的方向未变（即主磁通 Φ 的方向未变），因此电枢感应电动势 E_a 的大小和方向也都不变，但由于电枢绕组的电源电压 U_N 反接了，因此，电枢电流 I_a 和电磁转矩 T_e 都瞬时由正值变为负值，如图 2-57 中所示，虚线为 $+U_N$ 时的 I_a 和 T_e；实线为 $-U_N$ 时的 I_a 和 T_e，即

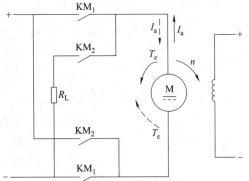

图 2-57 他励直流电动机反接制动原理接线图

$$I_a = \frac{-U_N - E_a}{R_a + R_L} = -\frac{U_N + E_a}{R_a + R_L} < 0 \tag{2-75}$$

因为 $I_a < 0$，而电动机励磁电流的方向未变（即主磁通 Φ 的方向未变），所以

$$T_e = C_T \Phi I_a < 0 \tag{2-76}$$

因为将电枢电压反接后，电动机的电磁转矩 T_e 的方向与电动运行时相反，所以 $T_e < 0$，而电动机的转向与电动运行时相同，故 $n > 0$，即 T_e 与 n 方向相反，T_e 为制动性质的转矩，所以电动机的转速 n 开始下降。

随着电动机转速 n 的下降，电枢电动势 E_a 随之逐渐减小，电枢电流 I_a 和电磁转矩 T_e 的绝对值都逐渐减小。当转速 n 下降到接近于零时，应迅速切除电源，电动机就会很快停下来。

反接制动时的电枢电流 I_a 是由电源电压 U_N 和电枢电动势 E_a 共同建立的，因此数值较大。为使制动时的电枢电流在允许值以内，反接制动时应在电枢回路中串入起限流作用的制动电阻 R_L。由于电枢绕组的额定电压 U_N 与制动瞬间的电枢电动势 E_a 近似相等，即 $U_N \approx E_a$，所以反接制动时在电枢回路中串入的制动电阻 R_L 要比能耗制动时串入的制动电阻几乎大一倍。

反接制动的优点是制动转矩大，制动时间短。缺点是制动时要由电网供给功率，电网所供给的功率和机组的动能全部消耗在电枢回路电阻及制动电阻 R_L 上，因此很不经济。而且制动过程中冲击强烈，易损坏传动零件。

直流电动机采用反接制动时应注意以下几点。

① 对于他励或并励直流电动机，制动时应保持励磁电流的大小和方向不变。将电枢绕组的电源反接时，应在电枢回路中串入制动电阻 R_L。

② 对于串励直流电动机，制动时一般只将电枢绕组反接，并串入制动电阻 R_L。如果直接将电源极性反接，则由于电枢电流和励磁电流同时反向，因而由它们产生的电磁转矩 T_e 的方向却不改变，不能实现反接制动。

③ 当电动机的转速下降到零时，必须及时切断电源，否则电动机将反转。

（3）回馈制动

他励直流电动机在运行时，由于某种客观原因，使直流电动机的转速 n 大于其理想空载转速 n_0 时，电枢电动势 E_a 则大于电枢绕组电源电压 U_N，此时直流电动机变成了直流发电机，电枢电流 I_a 的方向发生了改变，由原来与电枢电源电压 U_N 相同变为与电源电压 U_N 相反，电流 I_a 流向电网，向电网回馈（又称反馈）电能。其电磁转矩 T_e 也由于电枢电流 I_a 的反向而改变了方向，变成了制动性质的转矩，因此称为回馈制动，又称为发电制动或再生制动。

微课：2.6.10（3）

正向回馈制动运行的典型例子是电力机车下坡。

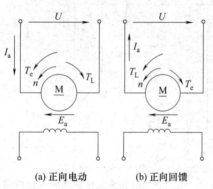

(a) 正向电动　　(b) 正向回馈

图 2-58　正向回馈制动运行时各物理量的方向

电力机车走平路时，电动机运行在正向电动运行状态；电力机车走下坡路时，电力机车的转速将逐渐上升，当电动机的转速 n 大于电动机的理想空载转速 n_0 时，电动机的电枢电动势 E_a 将大于电枢电源电压 U_N，电枢电流 I_a 将反向，电动机的电磁转矩 T_e 也随之改变方向，此时 T_e 与 n 方向相反，T_e 变为制动性质的转矩，电动机进入正向回馈制动状态，从而限制电力机车的转速继续上升。当 $T_e = T_L$ 时，电车以 $n > n_0$ 的速度稳定运行。这种回馈制动能使电车恒速下坡，故称正向回馈制动运行。正向回馈制动运行时各物理量的方向如图 2-58 所示。此时，电动机轴上所输入的机械功率是由电力机车减少位能来提供的。

2.7　直流电机的换向

2.7.1　直流电机的换向过程

直流电机电枢绕组中的感应电动势和电流是交变的，只是借助旋转着的换向器和静止的电刷配合工作，才能在正负电刷之间获得直流电压和电流。

在分析直流电机的电枢绕组时知道，当电枢旋转时，组成电枢绕组的每条支路的元件在依次地轮换，即一条支路的元件经过被电刷短路后，变为另一条支路的元件。由于流过每一条支路的电流方向是不变的，相邻支路中电流的方向对绕组的闭合回路来说是相反的，因此直流电机在工作时，绕组元件连续不断地从一条支路退出而进入另一条支路。在元件由一条支路转入另一条支路的过程中，元件里的电流要改变一次方向。这种元件内电流改变方向的过程，就是所谓换向。换向是直流电机的关键问题之一。

图 2-59 表示一单叠绕组，当电刷宽度 b_s 等于换向片宽度 b_k 时，元件 1 的换向过程。图中电刷固定不动，电枢绕组和换向器以线速度 v_k 从右向左运动。从图 2-59（a）可见，当电刷仅与换向片 1 接触时，元件 1 属于电刷右边的一条支路，元件 1 中的电流为 i_a；当电刷开始与换向片 1 和换向片 2 同时接触时〔见图 2-59（b）〕，元件 1 被电刷短路；换向过程开始进行，元件 1 中的电流 i_a 开始衰减。当电刷仅与换向片 2 相接触时〔见图 2-59（c）〕元件 1 改为属于电刷左边的支路，电流也为 i_a 但是电流方向与原来相反。可见，当电刷从换向片 1 过渡到换向片 2 时，元件 1 中的电流从 $+i_a$ 变到 $-i_a$，即发生了 $2i_a$ 的变化，电流的

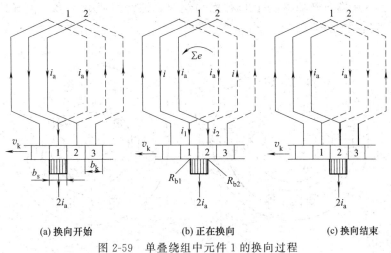

(a) 换向开始   (b) 正在换向   (c) 换向结束

图 2-59 单叠绕组中元件 1 的换向过程

这种变化过程称换向过程。

换向过程一般是很短暂的。换向过程不仅仅是一个单纯的电磁现象，还伴随着复杂的机械、化学、热力学等方面的现象，它们彼此互相影响，十分复杂，因此给换向问题的研究带来了很大的困难。不良的换向条件，将使电刷下产生火花。当火花超过一定限度时，就会烧毁换向器表面和电刷，迫使直流电动机不能正常工作。同时，电刷下的火花也是一个电磁波的来源，还会对附近无线电设备有干扰。但也不是说，一点火花也不许出现。所以，实际运行时，电刷下面的火花不应超过一定的火花等级。

2.7.2 产生火花的原因

(1) 电磁性原因

换向元件在换向过程中，电流的变化会使换向元件本身产生自感电动势，阻碍换向的进行。如果电刷宽度大于换向片宽度，同时进行换向的元件就不止一个，彼此之间会有互感电动势产生，也起着阻碍换向的作用。另外，电枢磁动势的存在，使得处在几何中性线上的换向的元件的导体中产生感应电动势，该电动势也起着阻碍换向的作用。因此，会造成换向元件出现延迟换向的现象，造成换向元件离开一条支路最后的瞬间尚有较大的能量，电刷下就会产生火花。

(2) 机械原因

产生火花的机械方面的原因很多，例如换向器偏心、换向片间绝缘凸出、换向器表面粗糙不平、电枢振动、电刷压力过大或过小、电刷与换向器接触面研磨得不好等。

(3) 化学原因

直流电机正常工作时，换向器与电刷接触的表面上有一层氧化亚铜薄膜，薄膜的电阻较大，对电机的良好换向有重大作用。当电刷压力过大或电机在高空缺乏氧气和水蒸气以及在某些化工厂工作时，氧化亚铜薄膜遭到破坏，电刷下就会产生火花。

上述产生火花的原因，只是按其根源分类。实际上形成火花的原因是综合的，情况比较复杂，要结合具体情况来分析。

2.7.3 改善换向的措施

(1) 装置换向极

装置换向极是改善换向最有效的方法。换向极安装在两个主磁极之间的几何中性线上，如图 2-60 所示。在换向极的极身上套有换向绕组，该绕组匝数不多，但导线截面积较大，换向极绕组与电枢绕组串联。

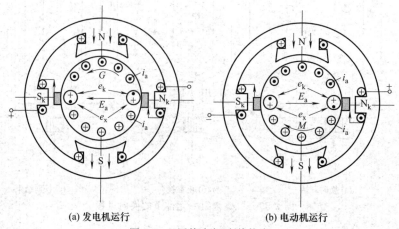

(a) 发电机运行　　　　　　　　(b) 电动机运行

图 2-60　用换向极改善换向

换向极的作用是当电机有负载时，电枢电流流过换向极绕组产生磁动势，其方向与交轴电枢磁动势 F_{aq} 相反，其大小则应除抵消换向极下交轴电枢反应磁动势外，还要在换向区内建立一个适当的外磁场，即换向磁场。通过换向磁场 B_k，使换向元件产生旋转电动势 e_k，以抵消电抗电动势 e_x，只要设计正确，就可使换向元件的总电动势接近零值，从而改善电机的换向。

从图 2-60（a）可见，在发电机中，顺着电枢旋转方向看，换向极的极性应与下面主磁极的极性一致。不难证明，在电动机中，应与下面主磁极的极性相反。但是，若某一台直流电机按照发电机确定了换向极绕组串联于电枢绕组的方向后，当该电机运行于电动机状态时，则不必改变接法，因为已同时改变了电枢电流和换向极电流的方向。

（2）移动电刷位置

若移动电刷位置使元件换向时，其有效边处于物理中性线上，可使换向元件中的旋转电动势 $e_k=0$。为进一步抵消电抗电动势 e_x，若能使旋转电动势 e_k 与电抗电动势 e_x 方向相反，则可使换向元件中的总电动势接近于零，从而改善电机的换向。

如果电刷移动的角度 β 大于物理中性线偏离几何中性线的角度 α，如图 2-61 所示，使换向元件的有效边所处气隙磁场的极性与几何中性线位置的磁场极性相反，这样可产生与电抗电动势 e_x 方向相反的旋转电动势 e_k，达到改善换向的目的。根据物理中性线偏转方向分析，为改善换向，直流发电机的电刷应从几何中性线开始，顺着电枢旋转的方向移动，而直流电动机的电刷应逆电枢旋转方向移动。

这种方法的缺点在于，当负载变化时，无法始终保持 e_k 与 e_x 相抵消。因为电枢电流增大时，电抗电动势 e_x 加大，但另一方面电枢反应增大，使物理中性线偏离几何中性线的角度 α 增大，因而旋转电动势 e_k 反而变小。其次当电机旋转方向改变时，也要改变电刷的偏转方向才能改善换向。因此，用移动电刷位置改善换向的方法具有局限性，一般在容量不大且负载变化也不大的直流电机中应用。

（3）合理选用电刷

增加电刷与换向片间的接触电阻，正确地选用电刷，对改善换向有很重要的意义。一般来说，碳-石墨电刷接触电阻最大，石墨电刷和电化石墨电刷次之，青铜-石墨电刷和紫铜-石墨电刷接触电阻最小。为减小附加换向电流，宜选用接触电阻大的电刷，但这时电刷接触压

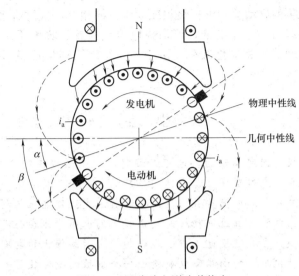

图 2-61 用移动电刷改善换向

降将增大，随之，很可能发热也增大；另一方面，接触电阻较大的电刷其允许的电流密度一般较小，因而增加了电刷的接触面积和换向器的尺寸。因此，选用电刷时应考虑接触电阻、允许电流密度和最大速度（单位为 m/s），权衡得失，参考经验，慎重处之。通常，对于换向并不困难的中、小型直流电机，多采用石墨电刷或电化石墨电刷；对于换向比较困难的直流电机，常采用接触电阻较大的碳-石墨电刷；对于低压大电流直流电机，则常采用接触电压降较小的青铜-石墨电刷或紫铜-石墨电刷。对于换向问题严重的大型直流电机，电刷的选择应以电机制造厂的长期试验和运行经验为依据。

在更换电刷时，还应注意选用同一牌号的电刷或特性尽量相近的电刷，以免造成各电刷间电流分配不均匀而产生火花。

(4) 装置补偿绕组

在直流电机中，除电磁性火花外，有时还因某些换向片的片间电压过高而产生火花，称为电位差火花。在最不利的情况下，电磁性火花与电位差火花连成一片，以至于发展到换向器上出现一圈火花，即所谓环火。克服环火最有效的方法是采用补偿绕组。

补偿绕组嵌装在主磁极的极靴上，如图 2-62 所示。补偿绕组与电枢绕组串联，其电流方向与所对应的主磁极下电枢绕组的电流方向相反，从而消除交轴电枢磁动势的影响。

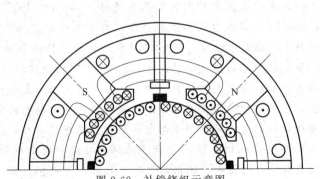

图 2-62 补偿绕组示意图

大、中容量的直流电机一般电枢电流较大，电枢反应将使气隙磁场严重畸变，从而形成换向片间的电位差火花而导致环火。如果在主磁极的极靴槽中安放补偿绕组，并和电枢绕组串联，令补偿绕组产生的磁动势与电枢绕组磁动势方向相反，从而消除交轴电枢磁动势的影响，使气隙磁场在负载时不产生畸变，可消除电位差火花，防止环火。装有补偿绕组的电机，其换向极所需磁动势可相应地减少。由于补偿绕组用铜量较多，结构复杂，因此只在大、中容量的直流电机中才采用。

● 小 结 ●

直流电机的主磁极是固定不动的，电枢是旋转的。主磁极在定子内按 N、S 交替排列，电枢元件旋转并"切割"主极磁场后，元件内感应的电动势是交流电动势，经电刷和换向器的机械整流作用，使电刷间的电动势成为直流电动势。直流发电机是利用电枢导体切割磁力线而感应电动势，发出电能；直流电动机是利用载流的电枢导体在磁场中受到电磁力的作用而旋转，带动生产机械。在直流发电机中，旋转的换向器和静止的电刷两者构成一个机械的整流装置；在直流电动机中，换向器和电刷构成一个机械的逆变装置。

直流电机的电枢绕组都是由元件通过换向片串联起来构成的闭合绕组。其形式可分为叠绕组和波绕组两大类。在叠绕组中，构成一条支路的元件的上层边处于同一个磁极下，因此支路数等于极数；在单波绕组中，构成一条支路的元件的上层边处于同一种极性的不同磁极下，因此支路数与极数无关。直流电机的电刷通常放置在几何中性线上，此时电枢绕组的合成电动势最大，电磁转矩也最大。

当电机有负载时，气隙磁场由励磁磁动势和电枢磁动势共同建立。电枢磁动势对励磁磁动势建立的主极磁场的影响称为电枢反应。当电刷位于几何中性线时，仅有交轴电枢反应，它引起气隙磁场畸变，使物理中性线偏离几何中性线。在磁路饱和时，交轴电枢反应还有去磁作用。当电刷不在几何中性线时，除了交轴电枢反应外，还有直轴电枢反应对主极磁场起去磁或增磁作用。对于直流发电机，顺电枢旋转方向移动电刷，直轴电枢反应对主极磁场起去磁作用；逆旋转向移动电刷，则起增磁作用。电动机的情况则与此相反。

直流电机的电枢电动势 $E_a = C_e n \Phi$，对已经制成的电机，E_a 的大小仅取决于每极气隙磁通量 Φ 和转速 n。直流电机的电磁转矩 $T_e = C_T \Phi I_a$，对已经制成的电机，T_e 的大小仅取决于每极气隙磁通量 Φ 和电枢电流 I_a。这两个公式对发电机和电动机都适用。就原理而言，发电机和电动机仅是一种电机的两种运行状态，两者的差别在于，电枢的感应电动势 E_a 是大于还是小于端电压 U。对发电机，$E_a > U$，电机向外供电，电枢电流 I_a 与电动势 E_a 同方向；对电动机，$U > E_a$，电枢电流由外电源输入，此时 I_a 的方向与 E_a 相反，故电动机中的 E_a 通常称为"反电动势"。从发电机转变为电动机，电枢电流 I_a 方向改变，电磁转矩 T_e 的方向和性质也随之改变。在发电机中，电磁转矩方向与转子转向相反，T_e 是制动性质的转矩；在电动机中，电磁转矩方向与转子转向相同，T_e 是驱动性质的转矩。

直流发电机可分为他励和自励两种。自励的方式主要有并励和复励。直流发电机自励必须满足下列三个条件：①电机中必须有剩磁；②励磁绕组与电枢绕组的连接和电枢旋转方向必须正确配合；③励磁回路的电阻必须小于与电机运行转速相对应的临界电阻。

直流发电机的转轴与原动机相连接，调节原动机的转速和发电机的励磁电流，即可使 $E_a > U$，使发电机向负载或电网供电；输出的电功率越大，发电机所需的驱动转矩 T_1 和输入的机械功率 P_1 也越大。

表征直流发电机运行性能的主要指标是，负载变化时端电压的电压调整率，以及负载时的效率，所以外特性、调节特性和效率特性是直流发电机的主要运行特性。其中外特性是最重要的一种特性，它表征发电机的端电压随负载电流变化的情况。外特性曲线的形状及其特点，因励磁方式不同而有较大差异。

电机的可逆原理说明，发电作用和电动作用不是孤立地存在，它们同时存在于电机中，在一定条件下它们可以互相转化。

对于直流电动机，若轴上加上机械负载，机组的转速将下降，使电枢的电动势 E_a 下降，从而使电枢电流 I_a 和电磁转矩 T_e 增大，直到电磁转矩与负载转矩相平衡时，电动机就会稳定运行。这里，建立电磁功率 P_e 的概念是很重要的，因为它是机械能和电能之间的转换功率。通过电磁功率就可以把电动势 E_a 和电枢电流 I_a 这两个电量，与电磁转矩 T_e 和机械角速度 Ω 这两个量联系起来（即 $P_e = E_a I_a = T_e \Omega$），使机、电之间的计算得以简化。

表征直流电动机工作性能的主要指标是，负载变化时电动机的转速调整率，电磁转矩的变化规律以及效率，所以机械特性和效率特性是电动机的主要特性。机械特性与电动机的励磁方式密切相关，并励、复励和他励直流电动机的机械特性属于硬特性，串励直流电动机则是软特性。除工作特性外，电动机的调速和启动性能也很重要。

直流电动机能在宽广的范围内平滑地调速，这是直流电动机突出优点。直流电动机常用的启动方法有直接启动、降低电枢电压启动和电枢回路串电阻启动；直流电动机常用的调速方法有改变电枢电压调速、改变串接于电枢回路的电阻调速和改变励磁电流（即改变磁通）调速；直流电动机常用的制动方法有能耗制动、反接制动和回馈制动。

思考题与习题

2-1　在直流电机里，电刷和换向器起了什么作用？

2-2　试判断下列情况下，直流发电机电刷两端电压的性质：

（1）磁极固定，电刷和电枢同时旋转；

（2）电枢固定，电刷和磁极同时旋转。

习题微课：第2章

2-3　直流电机有哪些励磁方式？

2-4　单叠绕组与单波绕组的连接规律有何不同，各自有什么特征？

2-5　一台四极单叠绕组的直流发电机，如果有一个元件断线，则该电机的电枢电流和端电压将会怎样变化？

2-6　并励直流发电机自励的条件是什么？

2-7　一台并励直流发电机正转时能自励，若使该发电机反转时，能否自励？为什么？应如何处理？

2-8　并励直流电动机若励磁绕组断线，会出现什么现象？

2-9　为什么串励直流电动机不能在空载下启动或运行？而并励和复励直流电动机就可以？

2-10　如何改变并励、串励、复励直流电动机的转向？

2-11　并励直流电动机正常运行时，电枢电流决定于什么？

2-12　一台并励直流电动机，作发电机和电动机两种状态运行，若电机两端电压大小和极性均相同，则它们的电流、转速、转向、电枢电动势等有何异同？

2-13　直流电动机拖动机组稳定运行的条件是什么？直流电动机直接启动时启动电流很大，为什么？可以采用哪些方法来限制启动电流？

2-14　直流电动机有哪几种调速方法？各有什么特点？

2-15　简述能耗制动、反接制动停车原理。回馈制动能否实现"停车"？它能起什么作用？

2-16　一台直流发电机，$2p=4$，当 $n=600\mathrm{r/min}$，每极磁通 $\Phi=4\times10^{-2}\mathrm{Wb}$ 时，$E_a=230\mathrm{V}$。试求：

(1) 若为单叠绕组，则电枢总导体数是多少？

(2) 若为单波绕组，则电枢总导体数是多少？[(1) $N=575$；(2) $N\approx288$]

2-17　一台四极直流电机，电枢槽数为 36，每槽导体数为 6，单叠绕组，电机的额定转速 $n_N=1500\mathrm{r/min}$，每极磁通 $\Phi=2.0\times10^{-2}\mathrm{Wb}$。试求当电枢电流为 600A 时，能产生多大电磁转矩？（$T_e=412.7\mathrm{N\cdot m}$）

2-18　一台四极并励直流发电机的额定数据为：$P_N=22\mathrm{kW}$，$U_N=230\mathrm{V}$，$n_N=1500\mathrm{r/min}$，电枢回路总电阻 $R_a=0.15\Omega$，励磁回路总电阻 $R_f=74.1\Omega$，$p_{Fe}+p_\Omega=1\mathrm{kW}$，$p_\Delta=0.01P_N$。试求额定负载下的电磁功率、电磁转矩和效率。（$P_e=24175\mathrm{W}$；$T_e=153.91\mathrm{N\cdot m}$；$\eta=86.6\%$）

2-19　一台并励直流电动机，在 $U_N=220\mathrm{V}$ 和 $I_N=80\mathrm{A}$ 的情况下运行，电枢回路总电阻 $R_a=0.09\Omega$，励磁回路总电阻 $R_f=110\Omega$，额定负载时的效率 $\eta_N=85\%$，$p_\Delta=0.01P_N$。试求：

(1) 额定输入功率 P_{1N}；　　　　　(2) 额定输出功率 P_N；

(3) 总损耗 Σp；　　　　　(4) 电枢回路铜损耗 p_{Cua} 和励磁回路铜损耗 p_{Cuf}；

(5) 机械损耗与铁损耗之和（$p_{Fe}+p_\Omega$）。

[(1) $P_{1N}=17600\mathrm{W}$；(2) $P_N=14960\mathrm{W}$；(3) $\Sigma p=2640\mathrm{W}$；(4) $p_{Cua}=547.56\mathrm{W}$；$p_{Cuf}=440\mathrm{W}$；(5) $p_{Fe}+p_\Omega=1502.84\mathrm{W}$]

2-20　一台并励直流电动机在某负载转矩时转速为 1000r/min，电枢电流为 40A，电枢回路总电阻 $R_a=0.045\Omega$，电网电压为 110V。当负载转矩增大到原来的 4 倍时，试求电枢电流及转速各为多少（忽略电枢反应）？（$I_a'=160\mathrm{A}$；$n'=950.1\mathrm{r/min}$）

2-21　一台他励直流电动机额定功率 $P_N=100\mathrm{kW}$，额定电压 $U_N=440\mathrm{V}$，额定电流 $I_N=250\mathrm{A}$，额定转速 $n_N=500\mathrm{r/min}$，电枢回路总电阻 $R_a=0.078\Omega$，忽略电枢反应的影响。试求：

(1) 理想空载转速 n_0；　　　　　(2) 固有机械特性斜率 β。

[(1) $n_0=523.19\mathrm{r/min}$；(2) $\beta=0.01155$]

2-22　一台并励直流电动机的额定数据如下：$P_N=17\mathrm{kW}$，$U_N=220\mathrm{V}$，$I_N=88.9\mathrm{A}$，$n_N=3000\mathrm{r/min}$，电枢回路总电阻 $R_a=0.114\Omega$，励磁回路总电阻 $R_f=181.5\Omega$，忽略电枢反应的影响。试求：

(1) 电动机的额定输出转矩；　　　　　(3) 额定负载时的效率；

(2) 在额定负载时的电磁转矩；　　　　　(4) 理想空载转速。

[(1) $T_{2N}=54.14\mathrm{N\cdot m}$；(2) $T_e=58.62\mathrm{N\cdot m}$；(3) $\eta_N=86.92\%$；(4) $n_0=3142.9\mathrm{r/min}$]

第3章

变压器

3.1 变压器概述

3.1.1 变压器的用途

变压器是利用电磁感应原理将一种电压等级的交流电能变换为另一种同频率且不同电压等级的交流电能的静止电气设备，它在电力系统、变电所以及工厂供配电中得到了广泛的应用。

在电力系统的电能传输过程中，通常需要电力变压器将发电厂发出的电能进行升压至高压输电电压，目的是为了减小输电线路上的电压降和功率损耗，从而也减小了输电线的截面积，降低了投资费用。但是，从电气设备的绝缘与安全使用角度出发，到用户端又需要电力变压器将高压输电电压降低为用户所需要的电压。

在工厂供配电中，电源进线电压为35kV（或110kV）的工厂，需要主变压器将其电压降为10kV（或6kV），然后经配电所分配到各个车间变电所，最后经配电变压器降为低压用电设备所需要的0.4kV及以下的电压。

除上述的变压器外，各种特殊用途的变压器也得到了广泛的应用，以提供特种电源或满足特殊场合的需要。

3.1.2 变压器的分类

变压器的种类繁多，分类方法也是多种多样的，可按照用途、绕组数目、相数、铁芯结构、绕组绝缘及冷却方式、调压方式以及容量系列等形式来划分。

按用途可分为电力变压器和特种变压器。用于电力系统升压、降压的变压器统称为电力变压器。电力变压器又可分为升压变压器、降压变压器、配电变压器、联络变压器以及厂用电变压器等。在工业生产中有特殊用途或专门用途的变压器称为特种变压器，如电炉变压器、试验变压器、中频变压器、电焊变压器、电源变压器、仪用互感器等。

按绕组数目可分为单绕组变压器（自耦变压器）、双绕组变压器、三绕组变压器和多绕组变压器。

按相数可分为单相变压器、三相变压器和多相变压器。

按铁芯结构可分为芯式变压器和壳式变压器。

按绕组绝缘及冷却方式可分为油浸式、干式和充气式等变压器，其中油浸式变压器又分为油浸自冷式、油浸风冷式、油浸水冷式和强迫油循环冷却式等。

按调压方式可分为无载调压（又称无励磁调压）和有载调压变压器。

按容量系列可分为 R8 容量系列变压器和 R10 容量系列变压器。R8 容量系列变压器是指变压器的容量等级按 $R8 = \sqrt[8]{10} \approx 1.33$ 倍递增。R10 容量系列变压器是指变压器的容量等级按 $R10 = \sqrt[10]{10} \approx 1.26$ 倍递增。

3.1.3 变压器的基本结构

变压器的结构虽然因它的类型、容量大小和冷却方式等不同而有所不同，但是变压器的主要部件是铁芯和绕组，它们构成了变压器的器身。下面以三相双绕组油浸式电力变压器为例来介绍变压器的结构，图 3-1 是三相双绕组油浸式电力变压器的外部结构示意图。其主要由以下部分组成。

$$
\text{变压器} \begin{cases} \text{器身} \begin{cases} \text{铁芯} \\ \text{绕组} \\ \text{引线和绝缘} \end{cases} \\ \text{油箱} \begin{cases} \text{油箱本体（箱盖、箱壁和箱底）} \\ \text{油箱附件（放油阀门、小车、接地螺栓、铭牌等）} \end{cases} \\ \text{调压装置——无载分接开关或有载分接开关} \\ \text{冷却装置——散热器或冷却器} \\ \text{保护装置——储油柜、油位计、安全气道、释放阀、吸湿器、测温} \\ \qquad\qquad\text{元件、气体继电器等} \\ \text{出线装置——高、低压套管，电缆出线等} \\ \text{变压器油} \end{cases}
$$

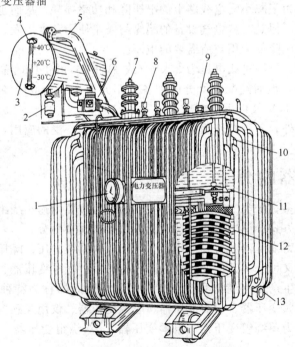

图 3-1 油浸式电力变压器的外部结构图

1—信号式温度计；2—吸湿器；3—储油柜；4—油位计；5—安全气道；6—气体继电器；
7—高压套管；8—低压套管；9—分接开关；10—油箱；11—铁芯；12—绕组；13—放油阀门

图 3-2 是油浸式电力变压器的器身装配后的外观图。它主要由铁芯和绕组两大部分组成。在铁芯和绕组之间、高低压绕组之间及绕组中各匝之间均有相应的绝缘。图中可看到高压侧的引线 A、B、C，低压侧的引线 a、b、c、N。另外，在高压侧设有调节电压用的无励磁分接开关。

（1）变压器铁芯的结构与特点

铁芯既是变压器的磁路，又是它的机械骨架。铁芯由铁芯柱和铁轭两部分组成。铁芯柱上套装绕组，铁轭将铁芯柱连接起来，使之形成闭合磁路。铁轭又分为上铁轭、下铁轭和旁铁轭（简称旁轭）。

为了减少铁芯中的磁滞损耗和涡流损耗，铁芯一般用高磁导率的硅钢片叠成。硅钢片分热轧和冷轧两种，其厚度有 0.35mm 和 0.5mm 两种。硅钢片的两面涂有绝缘漆，使片与片之间绝缘。

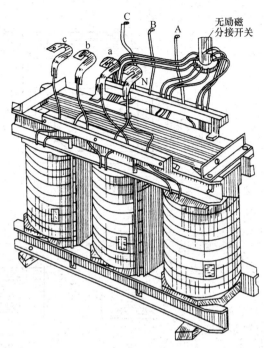

图 3-2　油浸式电力变压器的器身

根据结构型式和工艺特点，变压器铁芯可分为叠片式和渐开线式两种。

① 叠片式铁芯。叠片式铁芯又可分为芯式和壳式两类。芯式结构是铁轭靠着绕组的顶面和底面，但不包围绕组的侧面，如图 3-3 所示。壳式结构是铁轭包围绕组的顶面、底面和侧面，如图 3-4 所示。即壳式变压器的特点是既有上铁轭、下铁轭，又有旁铁轭。壳式结构的机械强度较好，但制造复杂，铁芯用材较多。芯式结构比较简单，绕组的装配及绝缘的处理也较容易。因此国产电力变压器一般采用芯式结构。

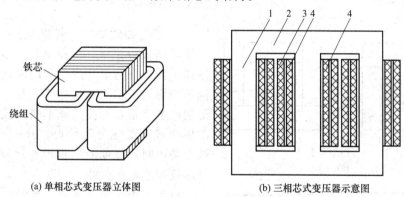

(a) 单相芯式变压器立体图　　　　(b) 三相芯式变压器示意图

图 3-3　芯式变压器

1—铁芯柱；2—铁轭；3—高压绕组；4—低压绕组

对于小容量的变压器，常采用方形或矩形截面的铁芯柱。大型变压器常采用十字形或阶梯形截面的铁芯柱。图 3-5 是各种形状铁芯柱的截面。

变压器的铁芯，一般是先将硅钢片裁成条形，然后进行叠装而成。在叠片时，为了减小接缝间隙，以减小励磁电流，一般采用交错式叠装，使上层与下层叠片的接缝互相错开，如图 3-6 所示。为了减少叠装工时，通常用 2～3 片硅钢片作一层。

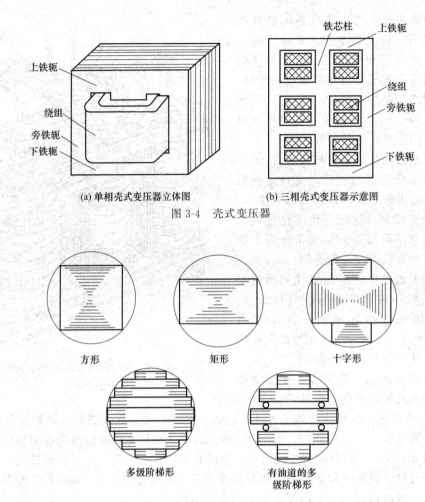

图 3-4　壳式变压器

(a) 单相壳式变压器立体图　　　(b) 三相壳式变压器示意图

图 3-5　各种形状铁芯柱的截面

方形　　　矩形　　　十字形

多级阶梯形　　　有油道的多级阶梯形

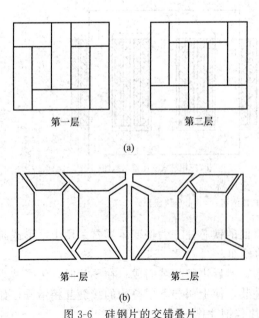

第一层　　　第二层

(a)

第一层　　　第二层

(b)

图 3-6　硅钢片的交错叠片

② 渐开线式铁芯。渐开线式铁芯由铁芯柱和铁轭两部分组成，如图 3-7 所示。铁芯柱是用同一种规格的渐开线形状的硅钢片一片一片插装而成为一个圆柱形的铁芯柱。这种渐开线形的硅钢片是在专门的成形机（或成形模）上采用冷挤压塑性变形原理一片一片轧制成的。铁轭是由同一宽度的硅钢带卷制成三角形。其铁芯柱按三角形布置。

对于三相变压器来说，渐开线式铁芯比叠片式的优势在于，三相磁路完全是对称的，而且还可节省硅钢片。

（2）变压器绕组的形式与特点

绕组是变压器的电路部分，用铜或铝绝缘扁线（或圆线）绕制而成，套装在铁芯柱上。

① 绕组的命名。接电源的绕组称为一次绕组（或原绕组），即变压器的一次侧（或原边）；

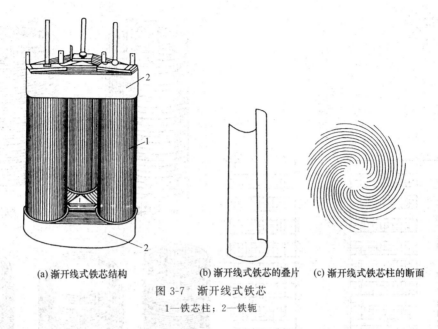

(a) 渐开线式铁芯结构　　　(b) 渐开线式铁芯的叠片　(c) 渐开线式铁芯柱的断面

图 3-7　渐开线式铁芯

1—铁芯柱；2—铁轭

接负载的绕组称为二次绕组（或副绕组），即变压器的二次侧（或副边）。一、二次绕组中电压较高的绕组称为高压绕组，电压较低的绕组称为低压绕组。高压绕组匝数多，导线细；低压绕组匝数少，导线粗。

②绕组的排列方式。变压器绕组根据高、低压绕组的形状以及在铁芯柱上排列方式的不同分为同心式绕组和交叠式绕组两种。

同心式绕组是将高、低压绕组均绕制成圆筒形并同心地套在铁芯柱上，如图 3-3 所示。为了便于绝缘，低压绕组套在里面靠近铁芯柱，高压绕组套在外面。同时考虑到绕组散热和两绕组之间的绝缘，高、低压绕组之间留有间隙作为变压器油的通道。同心式绕组结构简单、制造方便，国产电力变压器通常采用这种形式。

交叠式绕组是将高、低压绕组均制成饼式，互相交叠地放置在一起，如图 3-8 所示。为了便于绝缘，一般每组的最上层和最下层绕组为低压绕组，中间为高压绕组。交叠式绕组机械强度好，引线方便，漏电抗小，低电压、大电流的电焊变压器、电炉变压器及壳式变压器常采用这种形式。

③绕组的绕制特点。根据绕组绕制的特点，电力变压器的绕组可分为圆筒式、螺旋式、连续式、纠结式等几种主要形式。常用的变压器绕组如图 3-9 所示。

a. 圆筒式绕组：圆筒式绕组是最简单的一种绕组形式，它是由一根或几根并联的导线沿铁芯柱高度方向连续绕制而成，如图 3-9 所示。在绕完第一层后，垫上绝缘纸，再绕第二层。当层数较多时，可在层间设置 1～2 个轴向油道，以利于散热。

b. 螺旋式绕组：螺旋式绕组是由多根扁导线沿径向排列，然后沿铁芯柱轴向高度像螺纹一样，一匝跟着一匝地绕制而成。这时一个线饼就是一匝。当并联导线数太多时，可把并联导线沿轴向分成两排（或四排）绕成双螺旋式（或四螺旋式）绕组。为了使各并联导线的电阻相等，并使各导线交链的磁通相等，以免产生涡流，所以在绕制过程中，应将导线进行换位。

c. 连续式绕组：连续式绕组是由很多个线饼轴向串联绕成。但绕制时，先将若干根并联的绝缘扁导线沿铁芯柱的径向一匝接一匝地串联绕成一个线饼，然后采用特殊的"翻绕法"，使绕制连续地过渡到下一个线饼，线饼之间没有焊接头，其线匝排列如图 3-10（a）所示。

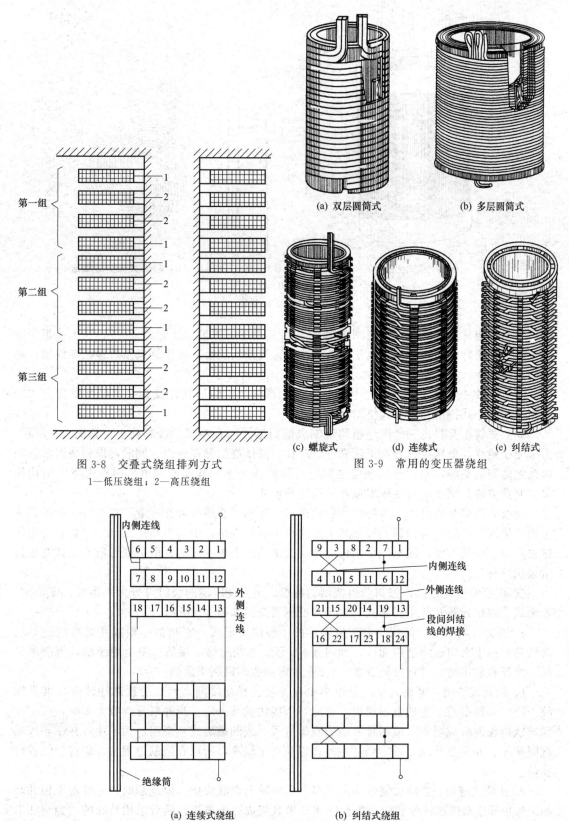

图 3-8　交叠式绕组排列方式
1—低压绕组；2—高压绕组

第一组
第二组
第三组

(a) 双层圆筒式　　(b) 多层圆筒式

(c) 螺旋式　　(d) 连续式　　(e) 纠结式

图 3-9　常用的变压器绕组

内侧连线
外侧连线
绝缘筒

内侧连线
外侧连线
段间纠结线的焊接

(a) 连续式绕组　　　　(b) 纠结式绕组

图 3-10　连续式和纠结式绕组的线匝排列示意图

d. 纠结式绕组：纠结式绕组的外形与连续式绕组相似，但焊接头较多。这种绕组的线匝不是依次排列的，而是前后纠结在一起。当绕组由一根导线组成时，先用两根导线并绕，再交叉串联成一路，其线匝排列如图3-10（b）所示。这时每两个线饼为一个单元，各单元之间再依次串联起来。

(3) 其他附件

对于油浸式电力变压器，除了器身外，还有一些其他附件，如变压器油箱、绝缘套管、储油柜以及气体继电器等，各附件的作用如下所述。

① 油箱和变压器油。变压器油箱用钢板焊接而成，一般做成椭圆形，油箱的结构与变压器的容量和发热情况有关。对于小容量变压器常采用平板式油箱；为增大油箱的散热面积，容量稍大的变压器采用排管式油箱，在油箱侧壁上焊接许多散热管，以改善散热效果。

油浸式变压器的器身浸在充满变压器油的油箱里，变压器油既保护器身不受潮，又起绝缘和散热的作用，通过变压器油受热后的对流将器身的热量带到油箱壁及散热管，再由油箱壁和散热管将热量散发到周围空气中去。

② 绝缘套管。为了保证变压器绕组的引线与油箱绝缘，当变压器绕组的引线引到油箱外部时，则需用绝缘套管，套管不仅使引线与油箱绝缘，而且还起到固定引线的作用。绝缘套管通常装在油箱盖上，中间穿有导电杆，套管下端伸进油箱与绕组引线相连接，套管上部露出油箱外，与外电路相连接。低压引线可用实心瓷套管，高压引线则用充油式或空心充气式瓷套管。

③ 储油柜。储油柜又称油枕（或称膨胀器），也就是水平固定在油箱顶部的圆筒形状的容器，储油柜通过管道与油箱相连，储油柜中的油面高度会随着变压器油的热胀冷缩而升降，从而保证油箱内充满变压器油。为了避免变压器油受潮且保持储油柜中的空气干燥，在储油柜进气管的端部装有一个吸湿器（或称呼吸器），其里面装有硅胶，可吸收空气中的水分，若发现硅胶受潮由蓝色变为红色时，应及时更换。同时还可通过储油柜侧面的油位计查看油面的高低程度。

④ 气体继电器。气体继电器又称瓦斯继电器，为反映变压器油箱内部故障而增设的非电量保护继电器，它安装在连接油箱和储油柜之间的管道上。当变压器内部发生轻微故障时，气体继电器动作并发出报警信号；当变压器内部发生严重故障时，气体继电器动作，发出报警信号且使断路器跳闸。

⑤ 分接开关。为了将变压器的输出电压控制在允许的电压偏差内，通常在变压器的高压侧装分接开关。分接开关分为无载调压（又称为无励磁调压）和有载调压两种形式。无载调压分接开关应在变压器一次侧绕组都与电网断开的情况下进行调压；有载调压分接开关可以在变压器带负载运行中进行调压。

此外，变压器还有安全气道、测温装置、放油阀门、接地螺栓以及压力释放阀等。

3.1.4 变压器的型号和额定值

变压器的铭牌数据是变压器安全、正常运行的重要依据，铭牌上标有变压器的型号、额定值、相数、接线方式以及生产日期等。

(1) 变压器的型号

电力变压器型号用字母和阿拉伯数字表示，其型号的含义如下。

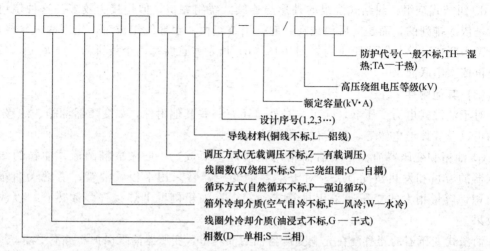

防护代号(一般不标,TH—湿热;TA—干热)

高压绕组电压等级(kV)

额定容量(kV·A)

设计序号(1,2,3…)

导线材料(铜线不标,L—铝线)

调压方式(无载调压不标,Z—有载调压)

线圈数(双绕组不标,S—三绕组圈;O—自耦)

循环方式(自然循环不标,P—强迫循环)

箱外冷却介质(空气自冷不标,F—风冷;W—水冷)

线圈外冷却介质(油浸式不标,G—干式)

相数(D—单相;S—三相)

例如：S9-1250/10 表示三相、油浸自冷、双绕组、铜线、无载调压、设计序号为9、额定容量为 1250kV·A、高压绕组额定电压为 10kV 级的电力变压器。

(2) 额定值

为确保变压器能够长期安全可靠地工作，变压器应尽量在铭牌标注的额定值下运行。铭牌上标注的额定值主要有以下几个。

① 额定电压 U_{1N} 和 U_{2N}。变压器一次侧额定电压 U_{1N} 是指变压器在绝缘强度和散热条件规定的情况下能保证其正常运行时，一次侧所允许加的电压。变压器二次侧额定电压 U_{2N} 是指变压器一次侧加额定电压，二次侧开路（或空载）时的电压。对于三相变压器，额定电压是指线电压，其单位为 V 或 kV。

② 额定电流 I_{1N} 和 I_{2N}。额定电流 I_{1N} 和 I_{2N} 是指变压器在规定的额定容量下运行，一、二次绕组长期允许通过的最大电流。对于三相变压器，额定电流是指线电流，其单位为 A 或 kA。

③ 额定容量 S_N。额定容量 S_N 是指变压器在额定条件下输出的视在功率。对于三相变压器，额定容量是指三相容量之和，其单位为 V·A 或 kV·A。

对于单相变压器，不计内部损耗时，$S_N = U_{1N}I_{1N} = U_{2N}I_{2N}$。

对于三相变压器，不计内部损耗时，$S_N = \sqrt{3}U_{1N}I_{1N} = \sqrt{3}U_{2N}I_{2N}$。

④ 额定频率 f_N。额定频率 f_N 是指变压器正常稳定工作时的频率。我国规定的标准工业用电频率为 50Hz，即：工频 50Hz。

⑤ 温升。指变压器在额定状态下运行时，所考虑部位的温度与外部冷却介质温度之差。

⑥ 阻抗电压。阻抗电压也称为短路电压，指变压器二次绕组短路（稳态），一次绕组流过额定电流时所施加的电压。

⑦ 空载损耗。指当把额定交流电压施加于变压器的一次绕组上，而其他绕组开路时的损耗，单位以 W 或 kW 表示。

⑧ 负载损耗。指在额定频率及参考温度下，稳态短路时所产生的相当于额定容量下的损耗，单位以 W 或 kW 表示。

⑨ 联结组别。指用来表示变压器各相绕组的连接方法以及一、二次绕组线电压之间相位关系的一组字母和序数。

【例 3-1】 一台三相油浸式电力变压器，额定容量 $S_N = 100$kV·A，额定电压 $U_{1N}/U_{2N} = 10/0.4$kV，Yyn 联结，忽略变压器内部损耗，试求：

① 变压器的一、二次侧绕组的额定相电压。

② 变压器的一、二次侧额定电流。

③ 变压器的一、二次绕组的额定相电流。

解：①因为该三相变压器的一次侧和二次侧均为星形接线方式，相电压＝线电压$/\sqrt{3}$。所以变压器的一次侧绕组的额定相电压为

$$U_{1N\phi} = \frac{U_{1N}}{\sqrt{3}} = \frac{10}{\sqrt{3}} \approx 5.77 \ (\text{kV})$$

变压器的二次侧绕组的额定相电压为

$$U_{2N\phi} = \frac{U_{2N}}{\sqrt{3}} = \frac{0.4}{\sqrt{3}} \approx 0.23 \ (\text{kV})$$

② 变压器的一次侧额定电流为

$$I_{1N} = \frac{S_N}{\sqrt{3} U_{1N}} = \frac{100 \times 10^3}{\sqrt{3} \times 10 \times 10^3} \approx 5.77 \ (\text{A})$$

变压器的二次侧额定电流为

$$I_{2N} = \frac{S_N}{\sqrt{3} U_{2N}} = \frac{100 \times 10^3}{\sqrt{3} \times 0.4 \times 10^3} \approx 144.34 \ (\text{A})$$

③ 因为星形接线时，相电流＝线电流。所以变压器的一次绕组的额定相电流为

$$I_{1N\phi} = I_{1N} \approx 5.77 \ (\text{A})$$

变压器的二次绕组的额定相电流为

$$I_{2N\phi} = I_{2N} \approx 144.34 \ (\text{A})$$

3.2 变压器的空载运行

当变压器的一次侧接到额定频率和额定电压的交流电源上，其二次侧开路，也就是说变压器二次侧不接任何负载，二次侧的电流为零，这种运行状态称为变压器的空载运行。为了便于分析和理解变压器的运行原理及特性，先从较简单的单相双绕组变压器入手进行分析，其分析方法和结论同样适用于三相变压器。

3.2.1　空载运行时的物理现象

图 3-11 是一台空载运行的单相变压器，图中 N_1、N_2 分别为一、二次绕组的匝数，u_1 为交流电源电压，二次侧绕组 ax 开路，此运行状态称为空载运行，u_{20} 为二次侧的空载电压。

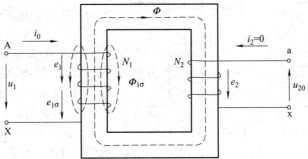

图 3-11　单相变压器的空载运行原理图

　　当变压器一次绕组 AX 接到电压为 u_1 的交流电源上时，流过一次绕组的电流，即为空载电流，用 i_0 表示。空载电流流过一次绕组产生空载磁动势 $F_0 = N_1 i_0$，并建立变压器的空载磁通，该磁通可以等效成两部分，其主要部分是沿铁芯闭合，同时与一、二次侧绕组相交链并产生感应电动势 e_1 和 e_2，该磁通称为主磁通，用 Φ 表示。Φ 是变压器传递能量的媒介，由于铁磁材料的饱和现象，主磁通 Φ 与 i_0 呈非线性关系；另外一小部分磁通，经过铁芯外面的非铁磁性材料（变压器油、空气）闭合，它仅交链于一次绕组，在一次绕组中产生漏磁感应电动势 $e_{1\sigma}$，这部分磁通称为一次绕组的漏磁通，用 $\Phi_{1\sigma}$ 表示，$\Phi_{1\sigma}$ 和 i_0 呈线性关系。漏磁通不能传递能量，只起电抗压降作用。由于变压器铁芯是用高导磁材料制成的，磁导率比空气和变压器油大得多，所以空载运行时主磁通 Φ 占总磁通的绝大部分，而漏磁通 $\Phi_{1\sigma}$ 只占很小的一部分，约为总磁通的 $0.1\% \sim 0.2\%$。

　　此外，变压器空载电流在一次绕组的电阻 R_1 上还将产生电阻压降 $i_0 R_1$。变压器空载时，由于二次绕组电流 i_2 为零，所以，二次绕组端电压 u_{20} 的大小等于感应电动势 e_2 的大小。

　　综上所述，变压器空载运行时的电磁关系如图 3-12 所示。

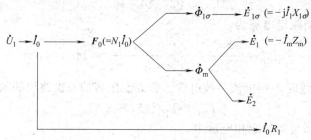

图 3-12　变压器空载运行时的电磁关系

3.2.2　变压器中各物理量正方向的规定

　　变压器中的电压、电流、磁通和感应电动势都是随时间而交变的量，要建立它们之间的关系，必须先规定各物理量的正方向。从原理上来说，它们的正方向可以任意选定。但是，正方向规定的不同，则同一电磁过程所列出的方程式的正、负号也就不同。例如按图 3-13（a）所规定的正方向，感应电动势应写成 $e_1 = -N_1 \dfrac{\mathrm{d}\Phi}{\mathrm{d}t}$，如果按图 3-13（b）所规定的正方向，感应电动势应写成 $e_1 = N_1 \dfrac{\mathrm{d}\Phi}{\mathrm{d}t}$。同理，正方向规定不同，变压器的电磁方程与相量图也将随之而异。

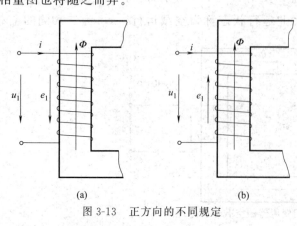

(a)　　　　　　(b)

图 3-13　正方向的不同规定

　　为了准确地表明变压器中各相量之间的相位关系，必须首先规定它们的正方向。这里采用习惯通用的正方向规定方法：将变压器一次绕组看作电网的负载，一次绕组各量正方向的规定遵循"电动机"惯例（或称"负载"惯例），即 i_0 是由 u_1 产生的（i_0 与 u_1 的正方向相同）；将变压器二次绕组看作负载的电源，二次绕组各量正方向的规定遵循"发电机"惯例（或称"电源"惯例），即 i_2 是由 e_2 产生的（i_2 与 e_2 的正方向相同）。

以图 3-11 为例，假定 u_1 的正方向是由 A 指向 X，则 i_0 的正方向亦为从 A 流向 X，即同一电路内，电压降与电流的正方向一致。磁通（Φ 和 $\Phi_{1\sigma}$）的正方向与产生它的电流之间符合右手螺旋定则，由图 3-11 中一次绕组的绕向可知，磁通的方向是由下向上。绕组中感应电动势 e_1 的正方向习惯上取与电流 i_0 的正方向一致，即这样 e_1 与 Φ 之间亦符合右手螺旋关系，则感应电动势

$$e_1 = -N_1 \frac{\mathrm{d}\Phi}{\mathrm{d}t}$$

根据感应电动势与产生它的磁通符合右手螺旋关系的惯例，由图 3-11 中二次绕组的绕向和主磁通的正方向可知，e_1 及 e_2 均由上指向下。将二次绕组电动势看作电压源，则二次绕组电流 i_2 是由二次绕组的感应电动势 e_2 产生的，由于 e_2 是负载的电源，所以对负载而言，电流 i_2 是由 x 指向 a。因为电流 i_2 是由 x 指向 a，所以二次绕组两端的 u_{20} 的正方向也是由 x 指向 a，这就是"电源"惯例。

3.2.3 变压器空载运行时各物理量之间的关系

变压器二次侧开路，一次侧接入交流电压 u_1 时，一次侧绕组中有空载电流 i_0 流过，建立空载磁动势 $F_0 = N_1 i_0$。在 F_0 作用下，在两种性质的磁路中产生两种磁通（主磁通 Φ 和一次绕组的漏磁通 $\Phi_{1\sigma}$）。

在图 3-11 所示的各物理量的正方向下，根据电磁感应定律，主磁通 Φ 在一次侧绕组（匝数 N_1）、二次侧绕组（匝数 N_2）中感应电动势的瞬时值 e_1、e_2 分别为

$$e_1 = -N_1 \frac{\mathrm{d}\Phi}{\mathrm{d}t}, \qquad e_2 = -N_2 \frac{\mathrm{d}\Phi}{\mathrm{d}t}$$

设变压器的主磁通 $\Phi = \Phi_{\mathrm{m}} \sin\omega t$，则在一次绕组中的感应电动势

$$e_1 = -N_1 \frac{\mathrm{d}\Phi}{\mathrm{d}t} = -\omega N_1 \Phi_{\mathrm{m}} \cos\omega t = \omega N_1 \Phi_{\mathrm{m}} \sin\left(\omega t - \frac{\pi}{2}\right) = E_{1\mathrm{m}} \sin\left(\omega t - \frac{\pi}{2}\right) \tag{3-1}$$

式中，Φ_{m} 为主磁通的最大值；$E_{1\mathrm{m}}$ 为一次绕组感应电动势的最大值，$E_{1\mathrm{m}} = \omega N_1 \Phi_{\mathrm{m}} = 2\pi f N_1 \Phi_{\mathrm{m}}$。

一次绕组感应电动势的有效值 E_1 为

$$E_1 = \frac{E_{1\mathrm{m}}}{\sqrt{2}} = \sqrt{2}\,\pi f N_1 \Phi_{\mathrm{m}} = 4.44 f N_1 \Phi_{\mathrm{m}} \tag{3-2}$$

正弦稳态下一次绕组感应电动势有效值的复数式为

$$\dot{E}_1 = -\mathrm{j} 4.44 f N_1 \dot{\Phi}_{\mathrm{m}} \tag{3-3}$$

同理，二次绕组感应电动势的有效值 E_2 为

$$E_2 = \frac{E_{2\mathrm{m}}}{\sqrt{2}} = \sqrt{2}\,\pi f N_2 \Phi_{\mathrm{m}} = 4.44 f N_2 \Phi_{\mathrm{m}} \tag{3-4}$$

正弦稳态下二次绕组感应电动势有效值的复数式为

$$\dot{E}_2 = -\mathrm{j} 4.44 f N_2 \dot{\Phi}_{\mathrm{m}} \tag{3-5}$$

漏磁通 $\Phi_{1\sigma}$ 在一次侧绕组中产生的漏磁感应电动势为

$$e_{1\sigma} = -N_1 \frac{\mathrm{d}\Phi_{1\sigma}}{\mathrm{d}t} = \omega N_1 \Phi_{1\sigma\mathrm{m}} \sin\left(\omega t - \frac{\pi}{2}\right) \tag{3-6}$$

式中，$\Phi_{1\sigma\mathrm{m}}$ 为一次侧漏磁通的最大值。

将式（3-6）写成复数形式

$$\dot{E}_{1\sigma} = -\mathrm{j} \frac{\omega N_1}{\sqrt{2}} \dot{\Phi}_{1\sigma\mathrm{m}} \tag{3-7}$$

将漏电感定义 $L_{1\sigma}=\dfrac{\psi_{1\sigma}}{i_0}=\dfrac{N_1\Phi_{1\sigma}}{i_0}=\dfrac{N_1\Phi_{1\sigma m}}{\sqrt{2}\,i_0}$ 代入式（3-7）可得

$$\dot{E}_{1\sigma}=-\mathrm{j}\dot{I}_0\omega L_{1\sigma}=-\mathrm{j}\dot{I}_0X_{1\sigma} \tag{3-8}$$

式（3-8）表明，在电路中，漏磁感应电动势 $\dot{E}_{1\sigma}$ 可以用漏电抗 $X_{1\sigma}$ 的压降 $-\mathrm{j}\dot{I}_0X_{1\sigma}$ 来替代。

$$L_{1\sigma}=\frac{N_1\Phi_{1\sigma}}{i_0}=\frac{N_1}{i_0}F_0\Lambda_{1\sigma}=\frac{N_1}{i_0}N_1i_0\Lambda_{1\sigma}=N_1^2\Lambda_{1\sigma} \tag{3-9}$$

式中，$F_0(=N_1i_0)$ 为空载磁动势；$\Lambda_{1\sigma}$ 为一次侧漏磁导。

因为漏磁通 $\Phi_{1\sigma}$ 所经路径的磁导率是常数，所以一次侧漏磁导 $\Lambda_{1\sigma}$、一次绕组的漏电感 $L_{1\sigma}$ 和一次绕组的漏电抗 $X_{1\sigma}$ 亦是常数。

3.2.4　变压器空载运行时的电压平衡方程式

在图 3-11 假定的正方向下，根据基尔霍夫第二定律可得一次侧电压平衡方程式

$$u_1=-e_1-e_{1\sigma}+i_0R_1 \tag{3-10}$$

式中，R_1 为一次绕组的电阻。

在正弦稳态下

$$\dot{U}_1=-\dot{E}_1-\dot{E}_{1\sigma}+\dot{I}_0R_1=-\dot{E}_1+\mathrm{j}\dot{I}_0X_{1\sigma}+\dot{I}_0R_1=-\dot{E}_1+\dot{I}_0Z_{1\sigma} \tag{3-11}$$

式中，$Z_{1\sigma}(=R_1+\mathrm{j}X_{1\sigma})$ 为一次绕组的漏阻抗，亦是常数。

在变压器中，一次绕组的感应电动势 E_1 与二次绕组的感应电动势 E_2 之比称为变比，用 k 表示，即

$$k=\frac{E_1}{E_2}=\frac{N_1}{N_2} \tag{3-12}$$

当变压器空载运行时，由于电压 $U_1\approx E_1$，二次侧空载电压 $U_{20}=E_2$，故有

$$k=\frac{E_1}{E_2}\approx\frac{U_1}{U_{20}} \tag{3-13}$$

所以变比也称为电压比。对于三相变压器，变比是指一次绕组与二次绕组的相电动势（或相电压）之比。

3.2.5　变压器的空载电流和励磁电流

产生主磁通所需要的电流称为励磁电流，用 i_m 表示；同理，产生主磁通的磁动势称为励磁磁动势，用 F_m 表示。变压器空载运行时，变压器铁芯上仅有一次绕组空载电流 i_0 所形成的磁动势 F_0，即空载电流 i_0 建立主磁通，所以空载电流 i_0 就是励磁电流 i_m，即

$$i_0=i_m \tag{3-14}$$

同理，空载磁动势 $F_0(=N_1i_0)$ 就是励磁磁动势 $F_m(=N_1i_m)$，即

$$F_0=F_m \quad \text{或} \quad N_1i_0=N_1i_m \tag{3-15}$$

因为空载时，变压器一次绕组实际上是一个铁芯线圈，空载电流的大小主要决定于铁芯线圈的电抗和铁芯损耗。铁芯线圈的电抗正比于线圈匝数的平方和磁路的磁导。因此，空载电流的大小与铁芯的磁化性能、饱和程度有密切的关系。

(1) 空载电流的波形

变压器在空载时，$u_1\approx-e_1=N_1\dfrac{\mathrm{d}\Phi}{\mathrm{d}t}$，电网电压为正弦波，铁芯中主磁通亦为正弦波。

若铁芯不饱和,此时电流 i_0 与主磁通 Φ 成正比,因此,当主磁通 Φ 按正弦规律变化时,电流 i_0 也将按正弦规律变化。而对于电力变压器,为了充分利用有效材料,变压器的磁路总是工作在饱和状态下,此时电流 i_0 与主磁通 Φ 不再是线性关系,而是电流 i_0 比主磁通 Φ 增加得快些,因此,当主磁通 Φ 按正弦规律变化时,电流 i_0 的波形将呈现尖顶波形,如图 3-14 所示。

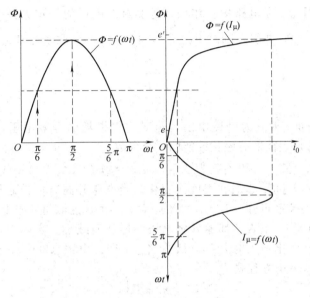

图 3-14　作图法求空载电流波形

由图 3-14 可知,空载电流 i_0(即励磁电流 i_m)呈尖顶波,除了基波 i_{01} 外,还有较强的三次谐波 i_{03} 和其他高次谐波。这些谐波电流会对变压器产生一定的影响。在变压器负载运行时,一般 $I_0 \leqslant 2.5\% I_N$,这些谐波的影响完全可以忽略,一般测量得到的 I_0 是有效值,在下面的讨论中,空载电流均指有效值。

(2) 空载电流与主磁通的相量关系

如果铁芯中没有损耗,$\dot{I}_0(\dot{I}_m)$ 与主磁通 $\dot{\Phi}_m$ 同相位。但由于主磁通在铁芯中交变,产生涡流损耗和磁滞损耗,合称为铁损耗 p_{Fe},此时 $\dot{I}_0(\dot{I}_m)$ 将领先 $\dot{\Phi}_m$ 一个角度 α_{Fe},α_{Fe} 是由铁损耗所引起的,因此称之为铁损耗角。$\dot{I}_0(\dot{I}_m)$、$\dot{\Phi}_m$、$\dot{E}_1$、$\dot{E}_2$ 相位关系如图 3-15 所示。图中,$\dot{I}_{Fe}$ 为铁耗电流,$\dot{I}_{Fe}$ 是 $\dot{I}_m$ 的有功分量;$\dot{I}_\mu$ 为磁化电流,$\dot{I}_\mu$ 是 $\dot{I}_m$ 的无功分量,用以产生铁芯中的主磁通 $\dot{\Phi}_m$。

变压器的空载损耗 p_0 包括两部分,一部分是空载电流 I_0 在一次绕组产生的电阻损耗 $p_{Cu0} = I_0^2 R_1$,另一部分是由于铁芯中磁滞和涡流引起的损耗,称为铁损耗 p_{Fe}。变压器空载运行时,因为 I_0 很小,R_1 也很小,所以空载时的铜损耗 p_{Cu0} 很小(约占 p_0 的 2%),如忽略 p_{Cu0},则空载损耗 p_0 可认为等于铁损耗 p_{Fe}。

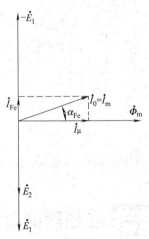

图 3-15　变压器空载时各
物理量的相位关系

对已做好的变压器，可以用空载试验的方法测量空载损耗，从而确定其铁损耗。

3.2.6 变压器空载运行时的等效电路与相量图

为了更清楚地表示变压器各物理量之间的大小和相位关系，可用相量图反映变压器空载运行时的情况。

为了描述主磁通 $\dot{\Phi}_m$ 在电路中的作用，仿照对漏磁通的处理办法，由空载电流相量图（图 3-15）及式（3-11），并引入励磁阻抗 Z_m，将 $\dot{E}_1$ 和 $\dot{I}_0$ 联系起来，即定义为

$$\left.\begin{array}{l} Z_m = -\dfrac{\dot{E}_1}{\dot{I}_0} \\[2mm] Z_m = R_m + jX_m \end{array}\right\} \tag{3-16}$$

式中，Z_m 为励磁阻抗；R_m 为励磁电阻，是对应铁损耗的等效电阻，$I_0^2 R_m$ 等于铁损耗；X_m 为励磁电抗，它是表征铁芯磁化性能的一个参数。

X_m 与铁芯线圈电感 L_m 的关系为 $X_m = \omega L_m = 2\pi f N_1^2 \Lambda_m$，$\Lambda_m$ 代表铁芯磁路的磁导。R_m、X_m 都不是常数，随铁芯饱和程度而变化。当电压升高时，铁芯更饱和。根据铁芯磁化曲线 $\Phi = f(I_0)$ 的关系可知，I_0 比 Φ 增加得快，而 Φ 近似与外施电压 U_1 成正比，故 I_0 比 U_1 增加得快，因此 R_m、X_m 都随外施电压的增加而减小。实际上，当变压器接入的电网电压在额定值附近变化不大时，可以认为 Z_m 不变。由式（3-11）、式（3-16）可得到用 $Z_{1\sigma}$、Z_m 表示的电压平衡方程式为

$$\dot{U}_1 = \dot{I}_0 Z_m + \dot{I}_0 Z_{1\sigma} \tag{3-17}$$

还可得到与式（3-17）对应的等效电路图如图 3-16 所示。等效电路表明，变压器空载运行时，它就是一个电感线圈，它的电抗值等于 $X_{1\sigma} + X_m$，它的电阻值等于 $R_1 + R_m$。由式（3-17）可以画出变压器空载运行时的相量图，如图 3-17 所示，图中 $\dot{I}_{0a}$ 是 $\dot{I}_0$ 的有功分量；$\dot{I}_{0r}$ 是 $\dot{I}_0$ 的无功分量。

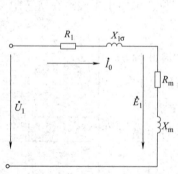

图 3-16　变压器空载时的等效电路图

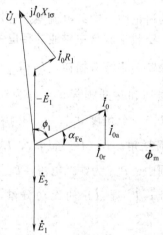

图 3-17　变压器空载运行时的相量图

3.3 变压器的负载运行

变压器一次绕组接交流电源，二次绕组接负载的运行方式，称为变压器的负载运行方

式。图 3-18 所示为单相变压器负载运行原理图，图中 Z_L 为负载阻抗。

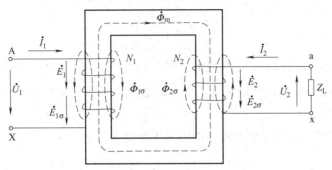

图 3-18　单相变压器的负载运行原理图

3.3.1　负载运行时的物理过程

变压器负载运行时，二次绕组接有负载阻抗 $Z_L = R_L + jX_L$，负载端电压为 $\dot{U}_2$，电流为 $\dot{I}_2$。由于一、二次绕组之间的电磁耦合关系，一次绕组电流不再是空载时的电流 $\dot{I}_0$，而是变为负载时的电流 $\dot{I}_1$。

由 3.2.1 节分析可知，变压器空载运行时，空载电流 $\dot{I}_0$ 流过一次绕组形成的磁动势 $F_0 = \dot{I}_0 N_1$ 产生主磁通 $\dot{\Phi}_m$，交变的主磁通在一、二次绕组中分别感应电动势 $\dot{E}_1$ 及 $\dot{E}_2$，在一次侧，电网电压 $\dot{U}_1$ 与电动势 $\dot{E}_1$ 平衡时，绝大部分被抵消，剩下部分用以克服一次绕组的漏阻抗压降 $\dot{I}_0 Z_{1\sigma}$，从而维持空载电流 $\dot{I}_0$ 在一次绕组中流过。此时变压器中的电磁关系处于平衡状态，各电磁量的大小均有一个确定的数值。

现在，在变压器的二次侧接入一个负载阻抗 Z_L，如图 3-18 所示。在 $\dot{E}_2$ 作用下，二次绕组中有电流 $\dot{I}_2$ 流过，形成二次绕组的磁动势 $F_2 = \dot{I}_2 N_2$，由于一次侧和二次侧磁动势都同时作用在同一磁路上，磁动势 F_2 的出现，使主磁通趋于改变，从而引起一、二次侧绕组的电动势 $\dot{E}_1$ 及 $\dot{E}_2$ 随之发生变化，在电网电压 $\dot{U}_1$ 和一次绕组漏阻抗 $Z_{1\sigma}$ 不变的情况下，$\dot{E}_1$ 的变化引起一次绕组电流的改变，即由空载时的 $\dot{I}_0$ 变为负载时的 $\dot{I}_1$。这时一次绕组的磁动势为 $F_1 = \dot{I}_1 N_1$，它一方面要产生主磁通 $\dot{\Phi}_m$，另一方面还要抵消 F_2 对主磁通的影响。或者说，一、二次绕组的电流 $\dot{I}_1$ 和 $\dot{I}_2$ 产生变压器磁路上的合成磁动势 $F_m = \dot{I}_1 N_1 + \dot{I}_2 N_2$，合成磁动势 F_m 产生变压器负载时的主磁通 $\dot{\Phi}_m$，再由 $\dot{\Phi}_m$ 感应电动势 $\dot{E}_1$ 及 $\dot{E}_2$。$\dot{E}_1$ 和 $\dot{U}_1$ 平衡而抵消 $\dot{U}_1$ 的绝大部分，剩下部分用以克服一次绕组的漏阻抗压降 $\dot{I}_1 Z_{1\sigma}$，从而维持电流 $\dot{I}_1$ 在一次绕组中流过。

$\dot{E}_2$ 在二次侧回路中克服总阻抗压降 $\dot{I}_2 (Z_{2\sigma} + Z_L)$，产生电流 $\dot{I}_2$。如此构成了变压器负载时电和磁的紧密联系，并达到负载时的平衡状态。

变压器负载时的磁场示意图如图 3-18 所示，图中主磁通 $\dot{\Phi}_m$ 是由一、二次侧绕组的合成磁动势 F_m 所产生。一次绕组磁动势 F_1 还产生仅与一次绕组交链的漏磁通 $\dot{\Phi}_{1\sigma}$，二次绕组磁动势 F_2 还产生仅与二次绕组交链的漏磁通 $\dot{\Phi}_{2\sigma}$，这两个漏磁通分别在一、二次绕组中

感应漏磁电动势 $\dot{E}_{1\sigma}$ 和 $\dot{E}_{2\sigma}$，通常，可用漏抗压降形式来表示，即

$$\dot{E}_{1\sigma}=-\mathrm{j}\dot{I}_1X_{1\sigma} \tag{3-18}$$

$$\dot{E}_{2\sigma}=-\mathrm{j}\dot{I}_2X_{2\sigma} \tag{3-19}$$

漏磁电动势的正方向和主磁通感应的电动势的方向一致，如图 3-18 所示。

在二次侧，电流 $\dot{I}_2$ 流过负载阻抗所产生的电压降即为二次侧的端电压 $\dot{U}_2$，即

$$\dot{U}_2=\dot{I}_2Z_{\mathrm{L}} \tag{3-20}$$

变压器负载运行时各物理量之间的电磁关系如图 3-19 所示。

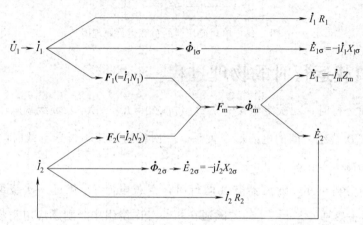

图 3-19　变压器负载运行时各物理量之间的电磁关系

3.3.2　磁动势平衡方程式

从前面对变压器负载运行时的电磁关系的分析可知，变压器负载运行时，作用于变压器磁路上有 $F_1=\dot{I}_1N_1$ 和 $F_2=\dot{I}_2N_2$ 两个磁动势。对于电力变压器，由于其一次侧绕组漏阻抗压降 $\dot{I}_1Z_{1\sigma}$ 很小，负载时仍有 $U_1\approx E_1=4.44fN_1\Phi_{\mathrm{m}}$，故变压器负载运行时铁芯中与 E_1 相对应的主磁通 $\dot{\Phi}_{\mathrm{m}}$ 近似等于空载时的主磁通，从而产生 $\dot{\Phi}_{\mathrm{m}}$ 的合成磁动势（$F_1=\dot{I}_1N_1$ 和 $F_2=\dot{I}_2N_2$ 两个磁动势的相量和）与空载磁动势 $F_0=N_1\dot{I}_0$ 近似相等，即

$$F_1+F_2=F_0=F_{\mathrm{m}} \tag{3-21}$$

$$N_1\dot{I}_1+N_2\dot{I}_2=N_1\dot{I}_0=N_1\dot{I}_{\mathrm{m}} \tag{3-22}$$

式（3-21）和式（3-22）为变压器负载运行时的磁动势平衡方程式。将式（3-22）两边同除以 N_1，得

$$\dot{I}_1+\dot{I}_2\left(\frac{N_2}{N_1}\right)=\dot{I}_0=\dot{I}_{\mathrm{m}} \tag{3-23}$$

即

$$\dot{I}_1=\dot{I}_0+\left(-\frac{\dot{I}_2}{k}\right)=\dot{I}_0+\dot{I}_{1\mathrm{L}}=\dot{I}_{\mathrm{m}}+\dot{I}_{1\mathrm{L}} \tag{3-24}$$

式中，$\dot{I}_{1\mathrm{L}}=-\dfrac{\dot{I}_2}{k}$，$\dot{I}_{1\mathrm{L}}$ 是一次侧电流的负载分量。

式（3-23）和式（3-24）为变压器负载运行时的电流平衡方程式。

式（3-24）表示，在负载运行时，变压器一次电流 $\dot{I}_1$ 有两个分量：$\dot{I}_{\mathrm{m}}$ 和 $\dot{I}_{1\mathrm{L}}$。$\dot{I}_{\mathrm{m}}$ 是

励磁电流（又称激磁电流），用于建立变压器铁芯中的主磁通 $\dot{\Phi}_m$；$\dot{I}_{1L}$ 是负载分量用于建立磁动势 $N_1\dot{I}_{1L}$ 去抵消二次侧磁动势 $N_2\dot{I}_2$，即

$$N_1\dot{I}_{1L}+N_2\dot{I}_2=0 \tag{3-25}$$

3.3.3 负载运行时的电压平衡方程式

变压器负载运行时，二次绕组中电流 $\dot{I}_2$ 产生仅与二次绕组相交链的漏磁通 $\Phi_{2\sigma}$，$\Phi_{2\sigma}$ 在二次绕组中的感应电动势 $\dot{E}_{2\sigma}$，类似于 $\dot{E}_{1\sigma}$，它也可以看成一个漏抗压降，即

$$\dot{E}_{2\sigma}=-j\dot{I}_2\omega L_{2\sigma}=-j\dot{I}_2X_{2\sigma} \tag{3-26}$$

式中，$L_{2\sigma}$ 为二次绕组的漏电感；$X_{2\sigma}=\omega L_{2\sigma}$，它是对应于二次绕组漏磁通的漏电抗。二次绕组的电阻为 R_2，则二次绕组的漏阻抗 $Z_{2\sigma}=R_2+jX_{2\sigma}$。

根据基尔霍夫第二定律，在图 3-18 假定的各物理量的正方向下，可以列出二次侧回路电压方程式。联合一次侧各电压、电流方程式列出下面方程式组，即

$$\left.\begin{array}{l} \dot{U}_1=-\dot{E}_1+\dot{I}_1Z_{1\sigma} \\[2mm] \dot{U}_2=\dot{E}_2-\dot{I}_2Z_{2\sigma} \\[2mm] \dfrac{E_1}{E_2}=k \\[2mm] \dot{I}_1+\dfrac{\dot{I}_2}{k}=\dot{I}_m \\[2mm] -\dot{E}_1=\dot{I}_mZ_m \\[2mm] \dot{U}_2=\dot{I}_2Z_L \end{array}\right\} \tag{3-27}$$

3.3.4 绕组的折算

由于变压器一、二次绕组的匝数不相等（$N_1\neq N_2$），因而 $E_1\neq E_2$，这给比较或计算变压器的性能和绘制相量图时增加了困难，尤其是当变比较大时更加突出。为了避免这些困难，应将变压器的绕组进行折算（又称归算），即设法将两个绕组折算成同样的匝数，使 $N_2=N_1$，这样，就可以把一、二次绕组连成一个等效电路，从而大大简化变压器的分析计算。折算仅仅是研究变压器的一种方法，它不应该改变变压器的电磁关系。因此折算前后变压器的磁动势、功率、损耗等都必须保持不变。

折算的方法有两种：一种是把二次绕组折算到一次侧，即用一个匝数为 N_1 的等效绕组，去代替原变压器匝数为 N_2 的二次绕组，折算后 $N_2'=N_1$；另一种是把一次绕组折算到二次侧，即用一个匝数为 N_2 的等效绕组，去代替原变压器匝数为 N_1 的一次绕组，折算后 $N_1''=N_2$。

通常是将二次绕组折算到一次侧，折算后的变压器变比 $N_1/N_2'=1$。

如果 E_2、I_2、R_2、$X_{2\sigma}$ 分别表示折算前二次绕组的电动势、电流、电阻、漏电抗，则折算后分别表示为 E_2'、I_2'、R_2'、$X_{2\sigma}'$，即在原符号的右上角加"$'$"。为了加以区别，如果 E_1、I_1、R_1、$X_{1\sigma}$ 分别表示折算前一次绕组的电动势、电流、电阻、漏电抗，则折算后分别表示为 E_1''、I_1''、R_1''、$X_{1\sigma}''$，即在原符号的右上角加"$''$"。

折算的目的在于简化变压器的计算，折算前后变压器内部的电磁过程、能量传递完全等效，也就是说，从一次侧看进去，各物理量不变，因为变压器二次侧绕组是通过 F_2 来影响

一次侧的，只要保证二次绕组磁动势 $\boldsymbol{F}_2$ 不变，则铁芯中合成磁动势 $\boldsymbol{F}_0(=\boldsymbol{F}_\mathrm{m})$ 不变，主磁通 $\dot{\Phi}$ 不变，$\dot{\Phi}$ 在一次绕组中感应的电动势 $\dot{E}_1$ 不变，一次侧从电网吸收的电流、有功功率、无功功率不变，对电网等效。显然折算的条件就是折算前后二次绕组产生的磁动势 $\boldsymbol{F}_2$ 不变。下面分别求取各物理量的折算值。

（1）二次绕组电流的折算

根据折算前后二次侧绕组磁动势 $\boldsymbol{F}_2$ 不变的原则，有

$$N_1 I_2' = N_2 I_2$$

故

$$I_2' = \frac{N_2}{N_1} I_2 = \frac{1}{k} I_2 \tag{3-28}$$

（2）二次绕组电动势的折算

由于折算前后 $\boldsymbol{F}_2$ 不变，从而铁芯中主磁通 $\dot{\Phi}$ 不变，于是折算后的二次侧绕组的感应电动势为

$$\frac{E_2'}{E_2} = \frac{N_1}{N_2} = k$$

故

$$E_2' = \frac{N_1}{N_2} E_2 = k E_2 \tag{3-29}$$

（3）二次绕组电阻的折算

根据折算前后，二次绕组的铜损耗不变的原则，可得

$$I_2'^2 R_2' = I_2^2 R_2$$

故

$$R_2' = \left(\frac{I_2}{I_2'}\right)^2 R_2 = k^2 R_2 \tag{3-30}$$

（4）二次绕组漏电抗的折算

根据折算前后，二次侧电抗的无功损耗不变的原则，可得

$$I_2'^2 X_{2\sigma}' = I_2^2 X_{2\sigma}$$

故

$$X_{2\sigma}' = \left(\frac{I_2}{I_2'}\right)^2 X_{2\sigma} = k^2 X_{2\sigma} \tag{3-31}$$

（5）二次绕组漏阻抗的折算

根据二次绕组电阻及漏电抗的折算方法，可得

$$Z_{2\sigma}' = R_2' + X_2' = k^2 (R_2 + X_{2\sigma}) = k^2 Z_{2\sigma} \tag{3-32}$$

（6）负载阻抗的折算

根据折算前后，二次侧输出的视在功率不变的原则，可得

$$I_2'^2 Z_\mathrm{L}' = I_2^2 Z_\mathrm{L}$$

故

$$Z_\mathrm{L}' = \left(\frac{I_2}{I_2'}\right)^2 Z_\mathrm{L} = k^2 Z_\mathrm{L} \tag{3-33}$$

（7）二次侧电压的折算

根据二次侧电压平衡方程式，折算后的二次侧电压值仍应等于折算后的二次绕组的感应电动势减去折算后二次侧的漏阻抗压降，即

$$\dot{U}_2' = \dot{E}_2' - \dot{I}_2' Z_{2\sigma}' = k(\dot{E}_2 - \dot{I}_2 Z_{2\sigma}) = k\dot{U}_2 \tag{3-34}$$

折算前后二次侧的功率因数也不变，例如

$$\cos\varphi_2' = \frac{R_2'}{Z_{2\sigma}'} = \frac{k^2 R_2}{k^2 Z_{2\sigma}} = \frac{R_2}{Z_{2\sigma}} = \cos\varphi_2 \tag{3-35}$$

同理，折算后变压器的输出功率也不变，即

$$U_2' I_2' \cos\varphi_2' = (kU_2)\left(\frac{1}{k}I_2\right)\cos\varphi_2 = U_2 I_2 \cos\varphi_2 \tag{3-36}$$

从上述各量的折算可知，当把二次侧各量折算到一次侧时，凡单位为伏特的各物理量（电动势、电压等）的折算值等于其原来的数值乘以 k；凡单位为欧姆的各物量（电阻、电抗、阻抗等）的折算值等于其原来的数值乘以 k^2；电流的折算值等于其原来的数值除以 k。可见，变比是变压器的重要参数之一，它对研究变压器有着重要的意义。

折算后，变压器负载运行时的方程式组（3-27）便可写成为

$$\left.\begin{aligned}
\dot{U}_1 &= -\dot{E}_1 + \dot{I}_1 Z_{1\sigma} \\
\dot{U}_2' &= \dot{E}_2' - \dot{I}_2' Z_{2\sigma}' \\
\dot{I}_m &= \dot{I}_1 + \dot{I}_2' \\
\dot{E}_1 &= \dot{E}_2' \\
-\dot{E}_1 &= \dot{I}_m Z_m \\
\dot{U}_2' &= \dot{I}_2' Z_L'
\end{aligned}\right\} \tag{3-37}$$

3.3.5　绕组折算后变压器的等效电路

当变压器空载运行时，变压器的一次侧可以用一个等效电路来表示。当变压器负载运行时，进行变压器绕组折算后，由于一、二次绕组匝数相等，故 $\dot{E}_1 = \dot{E}_2'$，一、二次绕组之间的磁动势关系亦化成等效的电流关系，所以就可以导出变压器的等效电路。

（1）T型等效电路

根据方程组（3-37）中第1、2、6式，可以画出图3-20（a）所示的电路。由于方程式

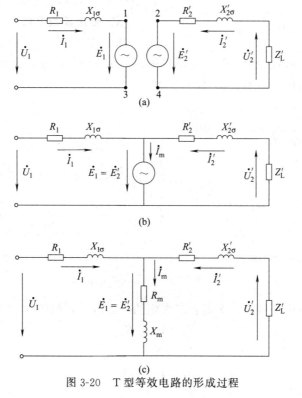

图 3-20　T型等效电路的形成过程

$\dot{E}_1 = \dot{E}'_2$，并考虑到电流平衡方程式 $\dot{I}_1 + \dot{I}'_2 = \dot{I}_m$，可将 $\dot{E}_1$ 与 $\dot{E}'_2$ 的首端（1 与 2）、尾端（3 与 4）分别对应连接，如图 3-20（b）所示。这样连接对变压器一次侧、二次侧是等效的。而且两个连接点均满足电流平衡方程式 $\dot{I}_1 + \dot{I}'_2 = \dot{I}_m$，即流过感应电动势 $\dot{E}_1$ 的电流为 $\dot{I}_m$。

由方程式 $-\dot{E}_1 = \dot{I}_m Z_m$，可以用励磁阻抗压降 $\dot{I}_m Z_m$ 替代感应电动势 $\dot{E}_1$ 的作用，得到变压器的 T 型等效电路，如图 3-20（c）所示。在此等效电路中，在励磁支路 $Z_m (= R_m + jX_m)$ 中流过励磁电流 $\dot{I}_m$，它在铁芯中产生主磁通 $\dot{\Phi}_m$，$\dot{\Phi}_m$ 在一次绕组中产生感应电动势 $\dot{E}_1$，在二次绕组中产生感应电动势 $\dot{E}_2$。在 T 型等效电路中，R_m 是励磁电阻，它所消耗的功率代表铁耗；X_m 是励磁电抗，它反映了主磁通在电路中的作用；Z_m 是励磁阻抗，它上面的电压降 $\dot{I}_m Z_m$ 代表电动势 $\dot{E}_1$。R_1 是一次绕组的电阻，它所消耗的功率 $I_1^2 R_1$ 代表变压器一次绕组的铜耗；$X_{1\sigma}$ 是一次绕组的漏电抗；$I_1^2 X_{1\sigma}$ 代表了一次侧漏磁场所消耗的无功功率。R'_2 是二次绕组电阻的折算值，它所消耗的功率 $I_2'^2 R'_2$ 代表变压器二次绕组的铜耗；$X'_{2\sigma}$ 是二次绕组的漏电抗的折算值，$I_2'^2 X'_{2\sigma}$ 代表了二次侧漏磁场所消耗的无功功率；Z'_L 是负载阻抗的折算值。

（2）Γ 型等效电路

T 型等效电路能准确地反映变压器运行时的物理情况，但它含有串联、并联支路，计算

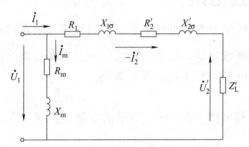

图 3-21　Γ 型等效电路

较为复杂。对于电力变压器，一般 $I_{1N} Z_{1\sigma} < 0.08 U_{1N}$，且 $\dot{I}_1 Z_{1\sigma}$ 与 $-\dot{E}_1$ 是相量相加，因此可将励磁支路前移与电源并联，得到图 3-21 所示的 Γ 型等效电路，它只有励磁支路和负载支路两个并联支路，计算简化很多，而且对 $\dot{I}_1$、$\dot{I}'_2$、$\dot{E}'_2$ 的计算不会带来多大误差。

（3）简化等效电路

对于电力变压器，由于 $I_0 < 0.03 I_{1N}$，故在变压器满载及负载电流较大时，分析中可近似认为 $I_0 = 0$，将励磁支路断开，等效电路进一步简化成一个串联阻抗，如图 3-22（a）所示。

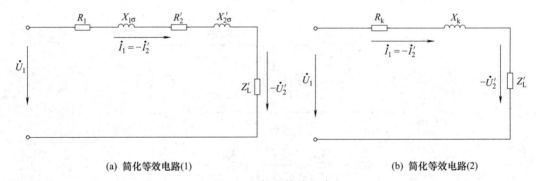

(a) 简化等效电路(1)　　　　　　　(b) 简化等效电路(2)

图 3-22　简化等效电路

在简化等效电路中，可将一次侧、二次侧的参数合并，如图 3-22（b）所示，可以得到

$$\left.\begin{array}{l} R_k = R_1 + R'_2 \\ X_k = X_{1\sigma} + X'_{2\sigma} \\ Z_k = R_k + jX_k \end{array}\right\} \qquad (3\text{-}38)$$

式中，R_k 称为短路电阻；X_k 称为短路电抗；Z_k 称为短路阻抗。

从简化等效电路可见，如果变压器发生稳态短路（即图 3-22 中 $Z'_L = 0$），短路电流 I_k（$= U_1/Z_k$）可达到额定电流的 10～20 倍。

3.3.6 绕组折算后变压器的相量图

变压器负载运行时的电磁关系，除了用基本方程式和等效电路表示外，还可以用相量图来表示。相量图是根据折算后的基本方程式画出的，其特点是可以较直观地看出变压器中各物理量的大小和相位关系。图 3-23 为变压器 T 型等效电路带电感性负载（$\varphi_2 > 0$）时的相量图。

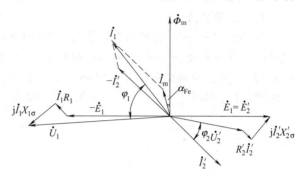

图 3-23 变压器相量图（$\cos\varphi_2$ 滞后）

画相量图前，应已知 $\dot{U}'_2$、$\dot{I}'_2$、$\cos\varphi_2$ 和变压器参数 R_1、$X_{1\sigma}$、R_2、$X_{2\sigma}$、R_m、X_m、k。具体作图步骤如下。

① 由 k、R_2、$X_{2\sigma}$ 计算得 R'_2、$X'_{2\sigma}$。

② 以 $\dot{U}'_2$ 为参考，根据 φ_2 画出 $\dot{I}'_2$ 相量，对于感性负载，$\dot{I}'_2$ 滞后 $\dot{U}'_2$ 一个 φ_2 角。

③ 再根据 $\dot{E}'_2 = \dot{U}'_2 + \dot{I}'_2(R'_2 + jX'_{2\sigma})$，求得 $\dot{E}'_2$，$\dot{E}_1 = \dot{E}'_2$。

④ 作出 $\dot{\Phi}_m$，使 $\dot{\Phi}_m$ 超前于 $\dot{E}_1$ 90° 电角度。

⑤ 作励磁电流 $I_m = \dfrac{E_1}{Z_m}$，$\dot{I}_m$ 超前 $\dot{\Phi}_m$ 一个铁耗角 α_{Fe}，

$$\alpha_{Fe} = \arctan\frac{R_m}{X_m}$$

⑥ 由 $\dot{I}_1 = \dot{I}_m + (-\dot{I}'_2)$ 求得 $\dot{I}_1$。

⑦ 由 $\dot{U}_1 = -\dot{E}_1 + \dot{I}_1(R_1 + jX_{1\sigma})$ 求得一次侧电压相量 $\dot{U}_1$，$\dot{U}_1$ 与 $\dot{I}_1$ 的夹角为 φ_1，$\cos\varphi_1$ 是从一次侧看进去的变压器的功率因数。

对应于简化等效电路的电压方程式为

$$\dot{U}_1 = \dot{I}_1(R_k + jX_k) - \dot{U}'_2 \tag{3-39}$$

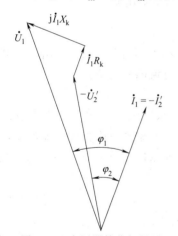

图 3-24 变压器简化相量图（$\cos\varphi_2$ 滞后）

根据简化等效电路的电压方程式，可以画出带感性负载时，变压器的简化相量图如图 3-24 所示。

基本方程式、等效电路、相量图是分析变压器运行的三种方法，其物理本质是一致的。在进行定量计算时，宜采用等效电路；定性讨论各物理量间关系时，宜采用方程式；而表示各物理量之间大小、相位关系时，相量图比较直观。

3.4 变压器的参数测定

当用基本方程式、等效电路、相量图求解变压器的运行性能时，必须知道变压器的励磁参数（又称激磁参数）Z_m、R_m、X_m 和短路参数 Z_k、R_k、X_k。这些参数在设计变

压器时可用计算方法求得，对于已制成的变压器，可以通过空载试验和短路试验求取。空载试验和短路试验是变压器试验的主要项目，通过试验可以分析故障，检查变压器的产品质量。

3.4.1　空载试验

(1) 试验目的

求变比 k、测量电压 U_1、空载电流 I_0 和空载损耗 p_0，计算励磁参数 Z_m、R_m、X_m。

(2) 试验方法

图 3-25（a）是一台单相变压器的空载试验线路。变压器二次侧开路，在一次侧加电压。试验时用调压器将电压调整到额定电压的 1.25 倍，然后将电压逐渐降低，逐点测量 U_1、U_{20}、I_0、p_0。空载试验的等效电路如图 3-25（b）所示。在试验时，注意调整外施电压应达到额定值，即 $U_1 = U_{1N}$，并记录相应 I_0 和 p_0。

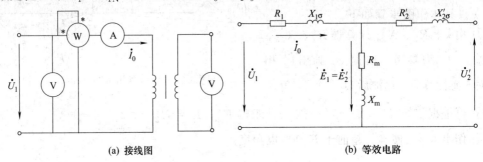

(a) 接线图　　　　　　　　　　　　　　(b) 等效电路

图 3-25　单相变压器空载试验线路

在对三相变压器进行试验时，电源电压应对称，其线电压相差不宜超过 2%。由于芯式变压器的三相磁路不对称，各相电流可能不相等，可以取三相电流的平均值。

(3) 理论分析

变压器空载时的功率（又称空载损耗）p_0 为铁耗 p_{Fe} 与空载铜耗 p_{Cu0} 之和，由于 p_{Cu0} 很小，可以忽略不计，故 $p_0 \approx p_{Fe}$。对应额定电压时的功率值和电流值，称为变压器的空载损耗和空载电流，因为此时变压器的感应电动势和铁芯中的磁通密度以及相应的铁耗都相当于变压器正常运行的数值。

(4) 试验的数据处理

依据等效电路 3-25（b）和测量结果而得到下列参数。

变压器的变比为
$$k = \frac{U_1}{U_{20}} \tag{3-40}$$

由于 $Z_m \gg Z_{1\sigma}$，可忽略 $Z_{1\sigma}$。故

励磁阻抗为
$$Z_m = \frac{U_1}{I_0} \tag{3-41}$$

励磁电阻为
$$R_m = \frac{p_0}{I_0^2} \tag{3-42}$$

励磁电抗为
$$X_m = \sqrt{Z_m^2 - R_m^2} \tag{3-43}$$

(5) 结论

① 上面计算是对单相变压器进行的，如求三相变压器的参数，必须根据一相的空载损耗、相电压、相电流来计算。也就是说，空载试验所测得的参数皆为一相的参数。

② 在额定电压附近，由于磁路饱和的原因，R_m、X_m 都随电压大小而变化，因此在空

载试验中应求出对应于额定电压的 R_m、X_m 值。

③ 空载试验可以在变压器的任何一侧做，两侧求得的值相差 k^2 倍，为了方便和安全，一般的电力变压器空载试验常在低压侧进行，然后再将参数折算到高压侧。

④ 忽略相对较小的一次绕组的铜损耗 $I_0^2 R_1$，则空载时输入功率 $p_0 \approx p_{Fe}$，即等于变压器的铁损耗，又常称为变压器的不变损耗。

【例 3-2】 一台三相电力变压器，高、低压侧均为 Y 接，$S_N = 100kV \cdot A$，$U_{1N}/U_{2N} = 6kV/0.4kV$，$I_{1N}/I_{2N} = 9.62A/144A$。在低压侧施加额定电压做空载试验，测得 $p_0 = 600W$，$I_0 = 9.37A$，试求一相的励磁参数。

解 计算高、低压侧额定相电压

$$U_{1N\phi} = \frac{6000}{\sqrt{3}} = 3464 \ (V)$$

$$U_{2N\phi} = \frac{400}{\sqrt{3}} = 230.9 \ (V)$$

变比 $\quad k = \dfrac{U_{1N\phi}}{U_{2N\phi}} = \dfrac{3464}{230.9} = 15$

空载相电流 $\quad I_{20\phi} = I_0 = 9.37 \ (A)$

每相损耗 $\quad p_{0\phi} = \dfrac{600}{3} = 200 \ (W)$

低压侧励磁阻抗 $\quad Z''_m = \dfrac{U_{2\phi}}{I_{20\phi}} = \dfrac{230.9}{9.37} = 24.64 \ (\Omega)$

低压侧励磁电阻 $\quad R''_m = \dfrac{p_{0\phi}}{I_{20\phi}^2} = \dfrac{200}{9.37^2} = 2.28 \ (\Omega)$

低压侧励磁电抗 $\quad X''_m = \sqrt{Z''^2_m - R''^2_m} = \sqrt{24.64^2 - 2.28^2} = 24.53 \ (\Omega)$

以上参数是从低压侧看进去的值，现将它们折算至高压侧，有

$$Z_m = k^2 Z''_m = 15^2 \times 24.64 = 5544 \ (\Omega)$$

$$R_m = k^2 R''_m = 15^2 \times 2.28 = 513 \ (\Omega)$$

$$X_m = k^2 X''_m = 15^2 \times 24.53 = 5519.3 \ (\Omega)$$

3.4.2 短路试验

(1) 试验目的

短路试验的目的是测量短路电压 U_k、短路电流 I_k 和短路损耗（又称负载损耗）p_k，并计算变压器的短路参数 Z_k、R_k、X_k。

(2) 试验方法

图 3-26 (a) 是一台单相变压器的短路试验线路图，将二次绕组短路，一次绕组通过调压器接到电源上，调整一次侧电压 U_k，记录短路电流 I_k，短路输入功率 p_k。在试验时，二次侧短路，当一次侧电流 $I_{1k} = I_{1N}$ 时，各方面磁动势平衡，二次侧 $I_{2k} = I_{2N}$，此时一次侧电压 $U_k = I_{1N} Z_k = U_{kN}$ 称为短路电流等于额定电流时的短路电压，$p_k = p_{kN}$ 称为短路电流等于额定电流时的短路损耗。

短路试验时应注意，短路试验电压从零开始升高，直到电流为 $1.25I_N$ 为止。变压器短路试验时，施加到变压器上的电压比额定电压低得多。

(3) 理论分析

从变压器的简化等效电路可以看出，当变压器二次侧短路（$Z'_L = 0$），而一次侧通入额

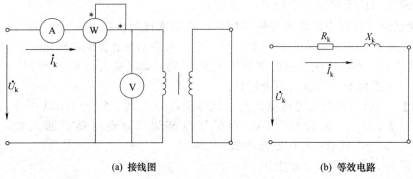

(a) 接线图   (b) 等效电路

图 3-26   单相变压器短路试验线路

定电流时，一次侧的端电压只是变压器的漏阻抗压降 $I_{1N}Z_k$，所以短路试验所加的电压 $U_k = I_{1N}Z_k$ 是很低的，U_k 约为（4%～10%）U_N。因为电压低，所以铁芯中的主磁通也很小，仅为额定工作磁通的百分之几，故变压器的励磁电流和铁芯损耗都非常小，可以忽略不计，故可以采用简化等效电路进行分析。短路试验时的输入功率完全供给了绕组的铜耗。

（4）试验的数据处理

根据测量结果，由图 3-26（b）所示的等效电路可算得下列参数。

短路阻抗为

$$Z_k = \frac{U_k}{I_k} \tag{3-44}$$

短路电阻为

$$R_k = \frac{p_k}{I_k^2} \tag{3-45}$$

短路电抗为

$$X_k = \sqrt{Z_k^2 - R_k^2} \tag{3-46}$$

（5）结论

① 对于 T 型等效电路，一般可认为 $R_1 \approx R_2' = \frac{1}{2}R_k$，$X_{1\sigma} \approx X_{2\sigma}' = \frac{1}{2}X_k$。

② 如同空载试验一样，上面的分析是对单相变压器进行的，如求三相变压器的参数时必须根据一相的负载损耗、相电压、相电流来计算。

③ 短路试验可以在一次侧做也可在二次侧做，但最后所求得的 Z_k 应是折算到高压侧的值。

④ 短路试验时，U_k 一般很低［（4%～10%）U_N］，所以变压器铁芯中主磁通很小，励磁电流完全可以忽略，铁芯中的损耗也可忽略。故从电源输入的功率 $p_k \approx p_{Cu}$，为短路损耗，常称之为可变损耗。

由于绕组的电阻随温度而变化，而短路试验一般在室温下进行，故测得的电阻值应按国家标准换算到基准工作温度时的数值。对 A、E、B 级的绝缘，其参考温度为 75℃。

若绕组为铜线绕组，电阻可按下式换算到 75℃：

$$R_{k(75℃)} = R_k \frac{234.5 + 75}{234.5 + \theta} \tag{3-47}$$

式中，θ 为试验时的室温。

对于铝线绕组，式（3-47）中的常数 234.5 应改为 228。

应当注意，短路电抗 X_k 与温度无关，不需进行换算，但是短路阻抗 Z_k 应按下式换算

$$Z_{k(75℃)} = \sqrt{R_{k(75℃)}^2 + X_k^2} \tag{3-48}$$

【例 3-3】 对例 3-2 中的三相变压器，在高压侧做短路试验。已知 $U_k = 317V$、$I_k = 9.62A$、

p_k=1920W，试验时室温 θ=25℃，变压器的绕组为铜线绕组。试求一相的短路参数。

解 相电压
$$U_{k\phi}=\frac{317}{\sqrt{3}}=183.03\ (V)$$

相电流
$$I_{k\phi}=9.62\ (A)$$

一相损耗
$$p_{k\phi}=\frac{1920}{3}=640\ (W)$$

短路阻抗
$$Z_k=\frac{U_{k\phi}}{I_{k\phi}}=\frac{183.03}{9.62}=19.03\ (\Omega)$$

短路电阻
$$R_k=\frac{p_{k\phi}}{I_{k\phi}^2}=\frac{640}{9.62^2}=6.92\ (\Omega)$$

短路电抗
$$X_k=\sqrt{Z_k^2-R_k^2}=\sqrt{19.03^2-6.92^2}=17.73\ (\Omega)$$

换算到75℃时
$$R_{k(75℃)}=R_k\frac{234.5+75}{234.5+\theta}=6.92\times\frac{234.5+75}{234.5+25}=8.25\ (\Omega)$$

$$Z_{k(75℃)}=\sqrt{R_{k(75℃)}^2+X_k^2}=\sqrt{8.25^2+17.73^2}=19.56\ (\Omega)$$

3.4.3 阻抗电压

在变压器做短路试验时，一次绕组的电流达到额定值时，一次绕组上所加的电压称为阻抗电压（又称短路电压），用 u_k 表示，通常用它与一次侧额定电压之比的百分值表示，根据等效电路，阻抗电压百分值为

$$u_k=\frac{I_{1N\phi}Z_k}{U_{1N\phi}}\times100\% \tag{3-49}$$

其有功分量、无功分量分别为

$$\left.\begin{array}{l} u_{ka}=\dfrac{I_{1N\phi}R_k}{U_{1N\phi}}\times100\% \\[2mm] u_{kr}=\dfrac{I_{1N\phi}X_k}{U_{1N\phi}}\times100\% \\[2mm] u_k=\sqrt{u_{ka}^2+u_{kr}^2} \end{array}\right\} \tag{3-50}$$

式（3-49）和式（3-50）表明，阻抗电压百分值即阻抗压降的百分值，其有功分量 u_{ka} 即电阻压降，无功分量 u_{kr} 即电抗压降。

3.5 变压器的标幺值

在电力工程的计算中，电压、电流、阻抗、功率等通常不用它们的实际值表示，而是用不具有"单位"的标幺值来表示。

标幺值是指某一物理量的实际值与选定的同一单位的固定值的比值，选定的同一单位的固定数值称为基准值（简称基值），即

$$标幺值=\frac{实际值}{基准值}$$

3.5.1 基准值的选取与标幺值的计算

在变压器的工程计算中，通常以变压器的额定值作为相应物理量的基准值，例如电压用额定电压作为基准值；电流用额定电流作为基准值；电阻、电抗和阻抗都用额定阻抗作为基准

值；有功功率、无功功率和视在功率都用额定视在功率作为基准值。另外还应注意以下几点。

① 哪一侧的物理量就应选哪一侧的额定值作为基准值。例如一次侧的电流应该用一次侧的额定电流作为基准值；二次侧的电流应该用二次侧的额定电流作为基准值。

② 对于三相变压器，一般相电压用额定相电压作为电压基准值，线电压用额定线电压作为基准值。同理，相电流用额定相电流作为电流基准值，线电流用额定线电流作为基准值。

③ 对于三相变压器，单相功率（或损耗）用单相额定视在功率作为基准值；三相功率（或损耗）用三相额定视在功率作为基准值。

④ 二次侧物理量折算到一次侧后，其基准值应取一次侧相应物理量的额定值。

标幺值是一个无量纲的相对值，一般将原来的物理量符号右上角加"＊"以表示其标幺值。当选用额定值为基准值时，一、二次侧电压、电流和阻抗的标幺值分别为

$$U_{1\phi}^* = \frac{U_{1\phi}}{U_{1N\phi}}, \quad U_{2\phi}^* = \frac{U_{2\phi}}{U_{2N\phi}} \tag{3-51}$$

$$I_{1\phi}^* = \frac{I_{1\phi}}{I_{1N\phi}}, \quad I_{2\phi}^* = \frac{I_{2\phi}}{I_{2N\phi}} \tag{3-52}$$

$$Z_{1\sigma}^* = \frac{Z_{1\sigma}}{Z_{1N}}, \quad Z_{2\sigma}^* = \frac{Z_{2\sigma}}{Z_{2N}} \tag{3-53}$$

一、二次侧阻抗的基准值为

$$Z_{1N} = \frac{U_{1N\phi}}{I_{1N\phi}}, \quad Z_{2N} = \frac{U_{2N\phi}}{I_{2N\phi}} \tag{3-54}$$

已知标幺值和基准值，就可求得实际值

$$实际值 = 基准值 \times 标幺值$$

将标幺值乘以 100% 即得以同样基准值表示的百分值

$$百分值 = 标幺值 \times 100\%$$

3.5.2　采用标幺值的优点

① 不论变压器的容量相差多大，（从几十到几千千伏·安），用标幺值表示的参数及性能数据变化很小，这就便于不同容量的变压器进行比较。例如无论变压器的容量多大，空载电流的标幺值 I_0^* 一般约为 2.5%，短路阻抗的标幺值 Z_k^* 一般约为 4%～10.5%。

② 采用标幺值时，一、二次侧各物理量不需要进行折算，即折算前后相应量的标幺值相等。例如

$$R_2^* = \frac{I_{2N\phi}R_2}{U_{2N\phi}} = \frac{kI_{1N\phi}R_2}{U_{1N\phi}/k} = \frac{k^2 R_2 I_{1N\phi}}{U_{1N\phi}} = \frac{R_2' I_{1N\phi}}{U_{1N\phi}} = R_2'^* \tag{3-55}$$

③ 用标幺值表示的物理量不分相值和线值，不分单相还是三相，即线值的标幺值和相应相值的标幺值相等。例如

$$I_0^* = I_{0\phi}^*, \quad U^* = U_\phi^*, \quad U_k^* = U_{k\phi}^*$$

三相总功率的标幺值等于各相相应的功率的标幺值。例如

$$p_0^* = p_{0\phi}^*, \quad p_k^* = p_{k\phi}^*, \quad S^* = S_\phi^*$$

④ 采用标幺值表示的基本方程式与采用实际值时的方程式在形式上保持一致。例如

$$Z_k^* = \sqrt{R_k^{*2} + X_k^{*2}}, \quad Z_m^* = \frac{U_1^*}{I_0^*} = \frac{1}{I_0^*}$$

$$R_m^* = \frac{p_0^*}{I_0^{*2}}, \quad R_k^* = \frac{p_k^*}{I_k^{*2}} = p_k^*$$

⑤ 采用标幺值后，各物理量的数值简化了，例如当电流、电压达到额定值时其标幺值

为1，因此，使计算很方便。同时，某些物理量还具有相同的数值。例如

$$Z_k^* = \frac{Z_k}{Z_{1N}} = \frac{Z_k I_{1N}}{U_{1N}} = \frac{U_k}{U_{1N}} = u_k \tag{3-56}$$

同理

$$R_k^* = u_{ka}, \quad X_k^* = u_{kr} \tag{3-57}$$

额定运行时

$$\left.\begin{array}{l} S_N^* = 1 \\ P_N^* = U_N^* I_N^* \cos\varphi_N = \cos\varphi_N \\ Q_N^* = U_N^* I_N^* \sin\varphi_N = \sin\varphi_N \end{array}\right\} \tag{3-58}$$

【例 3-4】 仍以例 3-2 中的三相变压器为例，试求该变压器的励磁参数的标幺值和短路参数的标幺值。

解 ① 一、二次侧阻抗的基值（即一、二次侧的额定阻抗）

$$Z_{1N} = \frac{U_{1N\phi}}{I_{1N\phi}} = \frac{3464}{9.62} = 360.1 \ (\Omega)$$

$$Z_{2N} = \frac{U_{2N\phi}}{I_{2N\phi}} = \frac{230.9}{144} = 1.6 \ (\Omega)$$

② 励磁参数的标幺值

$$Z_m^* = \frac{Z_m''}{Z_{2N}} = \frac{24.64}{1.6} = 15.4$$

$$R_m^* = \frac{R_m''}{Z_{2N}} = \frac{2.28}{1.6} = 1.425$$

$$X_m^* = \frac{X_m''}{Z_{2N}} = \frac{24.53}{1.6} = 15.33$$

或

$$Z_m^* = \frac{Z_m}{Z_{1N}} = \frac{5544}{360.1} = 15.4$$

$$R_m^* = \frac{R_m}{Z_{1N}} = \frac{513}{360.1} = 1.425$$

$$X_m^* = \frac{X_m}{Z_{1N}} = \frac{5519.3}{360.1} = 15.33$$

③ 短路参数的标幺值

$$Z_{k(75℃)}^* = \frac{Z_{k(75℃)}}{Z_{1N}} = \frac{19.56}{360.1} = 0.054$$

$$R_{(75℃)}^* = \frac{R_{(75℃)}}{Z_{1N}} = \frac{8.25}{360.1} = 0.023$$

$$X_k^* = \frac{X_k}{Z_{1N}} = \frac{17.73}{360.1} = 0.049$$

【例 3-5】 一台三相电力变压器铭牌数据为 $S_N = 20000 \text{kV} \cdot \text{A}$，$U_{1N}/U_{2N} = 110/10.5\text{kV}$，$p_0 = 23.7\text{kW}$，$I_0^* = 0.65\%$，Yd11 联结。试求变压器励磁参数的标幺值。

解

$$Z_m^* = \frac{U_{1N\phi}^*}{I_0^*} = \frac{1}{0.0065} = 153.85$$

$$R_m^* = \frac{p_0^*}{I_0^{*2}} = \frac{p_0/S_N}{I_0^{*2}} = \frac{23.7/20000}{0.0065^2} = 28.05$$

$$X_m^* = \sqrt{Z_m^{*2} - R_m^{*2}} = \sqrt{153.85^2 - 28.05^2} \approx 151.27$$

3.6 变压器的运行特性

从变压器的二次侧看，变压器相当于一台发电机，向负载输出电功率，所以变压器的运行特性如下。

(1) 外特性

外特性是指变压器一次侧外施额定电压和二次侧负载的功率因数 $\cos\varphi_2$ 不变时，二次侧电压 U_2 随负载电流 I_2 变化的关系，即 $U_2 = f(I_2)$。

(2) 效率特性

效率特性是指变压器一次侧外施额定电压和二次侧负载的功率因数 $\cos\varphi_2$ 不变时，变压器的效率 η 随负载电流 I_2 变化的关系，即 $\eta = f(I_2)$。

变压器运行特性的主要指标为电压变化率 $\Delta U\%$（或 Δu）和效率 η，它们体现了上述的两个特性。

3.6.1 变压器的外特性

外特性是指变压器的一次绕组接额定电压、二次侧负载的功率因数一定时，二次绕组的

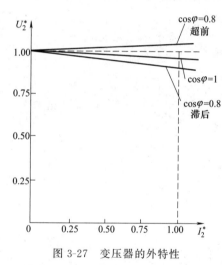

图 3-27　变压器的外特性

端电压与负载电流的关系，即 $U_1 = U_{1N}$，$\cos\varphi_2 =$ 常值时，$U_2 = f(I_2)$。外特性是一条反映变压器二次侧供电质量的特性曲线。

图 3-27 表示负载功率因数分别为 0.8（滞后）、1.0 和 0.8（超前）时，用标幺值表示的一台变压器的外特性 $U_2^* = f(I_2^*)$。从图中可见，当负载为纯电阻负载（$\cos\varphi_2 = 1$）或感性负载（$\cos\varphi_2 = 0.8$ 滞后）时，随负载电流 I_2^* 的增大，二次侧电压 U_2^* 将逐步下降；当负载为电容性负载（$\cos\varphi_2 = 0.8$ 超前）时，随着负载电流 I_2^* 的增大，二次侧电压 U_2^* 可能逐步上升。负载时二次侧电压的大小，可以用电压变化率（又称电压调整率）来衡量。

3.6.2 变压器的电压变化率

(1) 定义

由于变压器一、二次侧绕组都有漏阻抗，当有负载电流流过时必然在这些漏阻抗上产生电压降，二次侧端电压将随负载的变化而变化。为了描述这种电压变化的大小，引入电压变化率 $\Delta U\%$（或 Δu）。

$$\Delta U\% = \frac{U_{20} - U_2}{U_{2N}} \times 100\% = \frac{U_{2N} - U_2}{U_{2N}} \times 100\% = \frac{U_{1N} - U_2'}{U_{1N}} \times 100\% = 1 - U_2^* \qquad (3-59)$$

(2) 确定 $\Delta U\%$ 的方法

分析变压器的电压变化率可不计 I_0 的影响。因此，电压变化率可通过变压器的简化等效电路和相应的相量图求出。设变压器的负载为感性负载，并把 $\dot{I}_2'$ 和 $\dot{U}_2'$ 的正方向规定为图 3-28（a）所示的方向，就有

$$\dot{U}_1 = \dot{U}_2' + \dot{I}_2'(R_k + jX_k) \qquad (3-60)$$

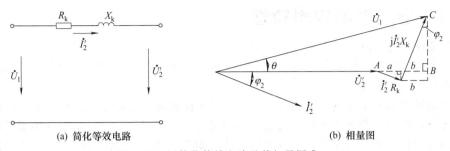

(a) 简化等效电路　　　　　　　　　(b) 相量图

图 3-28　用简化等效电路及其相量图求 Δu

与式（3-60）相应的相量图如图 3-28（b）所示。在 $\dot{U}_2'$ 的延长线上作线段 $\overline{AB}$ 及其垂线 $\overline{CB}$，当漏阻抗压降较小时，$\dot{U}_1$ 与 $\dot{U}_2'$ 之间的夹角 θ 很小，此时 $\dot{U}_1$ 和 $\dot{U}_2'$ 的算术差近似等于

$$U_1 - U_2' \approx \overline{AB} = a + b \tag{3-61}$$

其中

$$a = I_2' R_k \cos\varphi_2 , \quad b = I_2' X_k \sin\varphi_2 \tag{3-62}$$

由于 $U_1 = U_{1N}$，故

$$\Delta U\% = \frac{U_{1N\phi} - U_2'}{U_{1N\phi}} \times 100\% \approx \frac{I_2' R_k \cos\varphi_2 + I_2' X_k \sin\varphi_2}{U_{1N\phi}} \times 100\% \tag{3-63}$$

将式（3-63）的分子、分母除以 $I_{1N\phi}$，并考虑到 $\dfrac{U_{1N\phi}}{I_{1N\phi}} = Z_{1N}$ 和负载系数（也是电流的标幺值）$\beta = \dfrac{I_2}{I_{2N}} = \dfrac{I_2'}{I_{1N}} = \dfrac{I_1}{I_{1N}} = I_2^* = I_1^* = I^*$，于是式（3-63）可变为

$$\begin{aligned}
\Delta U\% &= I^* (R_k^* \cos\varphi_2 + X_k^* \sin\varphi_2) \times 100\% \\
&= \beta (R_k^* \cos\varphi_2 + X_k^* \sin\varphi_2) \times 100\%
\end{aligned} \tag{3-64}$$

(3) 影响 $\Delta U\%$ 的因素

从式（3-64）可以看出，变压器负载时影响电压变化率 $\Delta U\%$ 大小的有三个因素：一是负载系数；二是短路参数；三是负载功率因数。在电力变压器中，一般 $X_k \gg R_k$，当负载为纯电阻负载时，$\varphi_2 = 0$，$\cos\varphi_2 = 1$，$\sin\varphi_2 = 0$，$\Delta U\%$ 很小；当负载为感性负载时，$\varphi_2 > 0$〔称 $\cos\varphi_2$（滞后）〕，$\cos\varphi_2$、$\sin\varphi_2$ 均为正，$\Delta U\%$ 为正值，说明变压器二次侧端电压 U_2 随负载电流 I_2 的增大而下降；当负载为容性负载时，$\varphi_2 < 0$〔称 $\cos\varphi_2$（超前）〕，$\cos\varphi_2 > 0$，$\sin\varphi_2 < 0$，若 $|R_k^* \cos\varphi_2| < |X_k^* \sin\varphi_2|$，则 $\Delta U\%$ 为负，说明变压器二次侧端电压 U_2 随负载电流 I_2 的增加而升高。

(4) 变压器的电压调整

变压器负载运行时，二次侧端电压 U_2 随负载大小及功率因数 $\cos\varphi_2$ 的变化而变化，如果电压变化过大，将对用户产生不利影响。为了保证二次侧端电压的变化在允许范围内，通常在变压器高压侧设置分接头，并装设分接开关，用以调节高压绕组的工作匝数，从而来调节二次侧端电压 U_2。分接头之所以设置在高压侧，是因为高压绕组套在最外面，便于引出分接头，而且高压侧电流相对也较小，分接头的引线及分接开关载流部分的导体截面也小，开关触点易于制造。

中、小型电力变压器一般有三个分接头，记作 $U_1 = \pm 5\% U_{1N}$。大型电力变压器则采用五个或更多的分接头，例如 $U_1 = \pm 2 \times 2.5\% U_{1N}$ 或 $U_1 = \pm 8 \times 1.5\% U_{1N}$ 等。

分接开关有两种形式：一种只能在断电的情况下进行调节，称为无载分接开关；另一种可以在带负载的情况下进行调节，称为有载分接开关。

3.6.3　变压器的效率特性

(1) 变压器的损耗

变压器运行时将产生损耗，变压器的损耗分为铜耗和铁耗两类，每一类又包括基本损耗和杂散损耗（又称附加损耗）。

基本铜耗是指电流流过绕组时所产生的直流电阻损耗。杂散铜耗主要指漏磁场引起的电流集肤效应，使绕组的有效电阻增大所增加的损耗，以及漏磁场在结构部件中引起的涡流损耗等。杂散铜耗难于准确计算，一般采用直流电阻值乘以一个增大系数（$1.005 \sim 1.05$）的办法把它考虑进去，铜耗与负载电流的平方成正比，即 $p_{Cu} \propto I^2$。铜耗是可变损耗（即铜耗与负载的大小有关，负载发生变化时，电流随之发生变化，铜耗也随之变化），铜耗与绕组的温度有关，一般都用 75℃ 时的电阻值来计算。

基本铁耗是指变压器铁芯中的磁滞损耗和涡流损耗。杂散铁耗包括叠片之间由于绝缘损伤而引起的局部涡流损耗和主磁通在结构部件中所引起的涡流损耗等。杂散铁耗也难以准确计算，一般取基本铁耗的 $15\% \sim 20\%$。铁耗正比于 B_m^2，在已制成的变压器中，铁耗近似正比于 U_1^2，即 $p_{Fe} \propto B_m^2 \propto U_1^2$。由于变压器正常运行时，变压器的一次侧电压保持不变，故铁耗可视为不变损耗（即铁耗与负载的大小无关，负载发生变化时，电流随之发生变化，但是铁耗不会随之变化）。

变压器一次绕组的铜耗为
$$p_{Cu1} = m I_1^2 R_1 \tag{3-65}$$

式中，m 为变压器的相数。

变压器二次绕组的铜耗为 $p_{Cu2} = m I_2^2 R_2 = m I_2'^2 R_2' \approx m I_1^2 R_2' \tag{3-66}$

变压器的铜耗为
$$p_{Cu} = p_{Cu1} + p_{Cu2} = m(I_1^2 R_1 + I_2'^2 R_2') = m I_1^2 (R_1 + R_2') = m I_1^2 R_k$$
$$= m(\beta I_{1N})^2 R_k = \beta^2 p_{kN} \tag{3-67}$$

或
$$p_{Cu} = p_{Cu1} + p_{Cu2} = m(I_1''^2 R_1'' + I_2^2 R_2) = m I_2^2 (R_1'' + R_2) = m I_2^2 R_k''$$
$$= m(\beta I_{2N})^2 R_k'' = \beta^2 p_{kN} \tag{3-68}$$

式中，p_{kN} 为短路电流 I_k 等于额定电流 I_N 时，变压器的短路损耗 p_k，即
$$p_k = m I_1^2 R_k = m I_2^2 R_k'' \tag{3-69}$$
$$p_{kN} = m I_{1N}^2 R_k = m I_{2N}^2 R_k'' \tag{3-70}$$

变压器的总损耗 $\sum p$ 为
$$\sum p = p_{Fe} + p_{Cu} = p_{Fe} + \beta^2 p_{kN} \tag{3-71}$$

(2) 变压器的效率 η

变压器运行时，输出的有功功率与输入的有功功率的百分比称变压器的效率，即
$$\eta = \frac{P_2}{P_1} \times 100\% \tag{3-72}$$

式中，P_2 为输出有功功率；P_1 为输入有功功率。

(3) 确定 η 的方法

变压器的效率一般都较高，大多数在 95% 以上，大型变压器效率可达 99% 以上，因此不宜采用直接测量 P_1、P_2 的方法，工程上常采用间接法测定变压器的效率，即测出各种损耗以计算效率，所以式（3-72）可改为
$$\eta = \frac{P_2}{P_1} \times 100\% = \frac{P_1 - \sum p}{P_1} \times 100\% = \left(1 - \frac{\sum p}{P_2 + \sum p}\right) \times 100\% \tag{3-73}$$

式中，$\sum p$ 为变压器运行时总的损耗，$\sum p = p_{Cu} + p_{Fe}$。

在用式（3-73）计算效率时，作以下几个假设。

① 以额定电压下空载损耗 p_0 作为铁损耗 p_{Fe}，并认为铁损耗不随负载而变化，即

$$p_{Fe} \approx p_0 = 常数$$

② 以额定电流时的短路损耗 p_{kN} 作为额定负载电流时的铜损耗，并认为铜损耗 p_{Cu} 与负载系数的平方（β^2）成正比，即

$$p_{Cu} = \beta^2 p_{kN}$$

③ 计算 P_2 时，忽略负载运行时的二次侧端电压的变化，认为 $U_2 \approx U_{2N}$ 不变，则有

$$P_2 = mU_{2N\phi} I_2 \cos\varphi_2 = \beta mU_{2N\phi} I_{2N\phi} \cos\varphi_2 = \beta S_N \cos\varphi_2 \tag{3-74}$$

式中，m 为相数；S_N 为变压器的额定容量。

$$S_N = mU_{1N\phi} I_{1N\phi} = mU_{2N\phi} I_{2N\phi} \tag{3-75}$$

应用上述三个假设后，式（3-73）变为

$$\eta = \left(1 - \frac{p_0 + \beta^2 p_{kN}}{\beta S_N \cos\varphi_2 + p_0 + \beta^2 p_{kN}}\right) \times 100\%$$

或

$$\eta = \left(\frac{\beta S_N \cos\varphi_2}{\beta S_N \cos\varphi_2 + p_0 + \beta^2 p_{kN}}\right) \times 100\% \tag{3-76}$$

采用这些假定引起的误差不超过 0.5%，而且对所有的电力变压器都用这种方法来计算效率，可以在相同的基础上进行比较。

(4) 效率特性

由式（3-76）可知，效率 η 是负载电流 I_2 的函数。当即 $U_1 = U_{1N\phi}$，$\cos\varphi_2 =$ 常值时，效率 η 随负载电流 I_2 变化的关系 $\eta = f(I_2)$ 就称为效率特性，如图 3-29 所示。

额定负载时变压器的效率称为变压器的额定效率，用 η_N 表示。额定效率是变压器的另一个主要性能指标，通常电力变压器的额定效率 $\eta_N \approx 95\% \sim 99\%$。

(5) 最大效率 η_{max}

对于制造好的变压器，式（3-76）中 p_{kN} 及 p_0 是

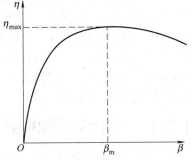

图 3-29 变压器的效率特性

一定的，变压器效率则与负载大小及负载功率因数有关。若负载功率因数给定不变，从图 3-29 中可以看出，空载时，$I_2 = 0$（即 $\beta = 0$），$P_2 = 0$，$\eta = 0$；当 β 较小时，$\beta^2 p_{kN} < p_0$，η 随 I_2（即 β）的增大而增大；当 I_2（即 β）较大时，$\beta^2 p_{kN} > p_0$，η 随 I_2（即 β）增大而下降。因此在 I_2（即 β）增加的过程中，有一个 I_2（即 β）值对应的效率达到最大，此值可用求极值的方法求得，即令 $\dfrac{d\eta}{d\beta} = 0$，可得

$$\beta_m^2 p_{kN} = p_0 \tag{3-77}$$

这说明，变压器的可变损耗等于不变损耗时，效率达到最大，此时变压器的负载系数为

$$\beta_m = \sqrt{\frac{p_0}{p_{kN}}} \tag{3-78}$$

将 β_m 代入式（3-76）便可求得最大效率 η_{max}，即

$$\eta_{max} = \frac{\beta_m S_N \cos\varphi_2}{\beta_m S_N \cos\varphi_2 + 2p_0} \times 100\% \tag{3-79}$$

　　由于电力变压器长期接在电网上运行，总有铁损耗，而铜损耗却随负载而变化。一般变压器不可能总在额定负载下运行，因此，为提高变压器运行的经济性，应设法使 β_m 在 0.6 左右，这样平均效率较高。

　　【例 3-6】　一台三相电力变压器铭牌数据为：$S_N = 20000\text{kV} \cdot \text{A}$，$U_{1N}/U_{2N} = 110\text{kV}/10.5\text{kV}$，一次侧为 Y 接，二次侧为 △ 接，$R_k^* = 0.0052$，$X_k^* = 0.105$，$p_0 = 23.7\text{kW}$，$p_{kN} = 104\text{kW}$，一次侧额定相电流 $I_{1N\phi} = 104.97\text{A}$，二次侧额定相电流 $I_{2N\phi} = 634.92\text{A}$。当该变压器一次侧施加额定电压，二次侧负载电流为 953.5A，负载功率因数 $\cos\varphi_2 = 0.9$（滞后）时，求该变压器的电压变化率、二次侧的电压和变压器的效率。

　　解　负载系数

$$\beta = \frac{I_2}{I_{2N\phi}} = \frac{953.5/\sqrt{3}}{634.92} = 0.867$$

负载功率因数

$$\cos\varphi_2 = 0.9, \ \sin\varphi_2 = 0.435$$

$$\Delta U\% = \beta(R_k^* \cos\varphi_2 + X_k^* \sin\varphi_2) \times 100\% = 4.4\%$$

二次侧的线电压

$$U_{2L} = (1 - 0.044) \times 10500 = 10038 \ (\text{V})$$

$$\eta = \left(1 - \frac{p_0 + \beta^2 p_{kN}}{\beta S_N \cos\varphi_2 + p_0 + \beta^2 p_{kN}}\right) \times 100\% = 99.4\%$$

3.7 三相变压器

　　目前电力系统均采用三相制，因而三相变压器的应用极为广泛。三相变压器对称运行时，各相的电压、电流大小相等，相位互差 120°，因此在原理分析和运行计算时，可以取三相中的一相来研究，即三相问题可以化为单相问题。于是前面导出的基本方程式和等效电路，可以直接用于三相中的任一相。下面讨论三相变压器的特殊问题，即三相变压器的磁路系统和三相变压器的电路系统（又称三相变压器的联结组别）等。

3.7.1　三相变压器的磁路系统

　　三相变压器按磁路可分为三相变压器组（又称组式变压器）和芯式变压器两类。

微课：3.7.1＋3.7.2（上）

　　三相变压器组由三台单相变压器组成，如图 3-30 所示。各相主磁通都有自己独立的磁路，互不相关联。当一次侧外加三相对称电压时，各相主磁通 $\dot{\Phi}_A$、$\dot{\Phi}_B$、$\dot{\Phi}_C$ 对称，各相空载电流也是对称的。

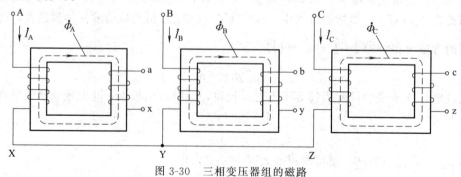

图 3-30　三相变压器组的磁路

　　三相芯式变压器的铁芯结构是从三相组式变压器铁芯演变过来的。如果把三台单相变压器铁芯合并，如图 3-31（a）所示，当三相变压器一次绕组外施对称的三相电压时，三相主磁通对称，中间铁芯柱内磁通 $\dot{\Phi}_A+\dot{\Phi}_B+\dot{\Phi}_C=0$，因此可以将中间铁芯柱省掉，变成图 3-31（b）；为了结构简单、便于制造，将三相铁芯布置在同一平面内，便得到图 3-31（c），这就是常用三相芯式变压器的铁芯。

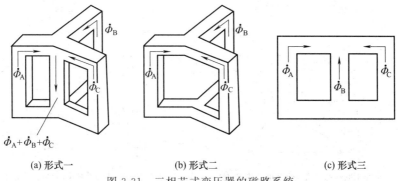

(a) 形式一　　　　　(b) 形式二　　　　　(c) 形式三

图 3-31　三相芯式变压器的磁路系统

在三相芯式变压器磁路中，磁路是彼此相关的，且三相磁路长度不相等。位于中间的 B 相磁路较短，磁阻较小；位于两边的 A、C 相磁路较长，磁阻较大。当外施三相对称电压时，三相空载电流不相等，B 相较小，A、C 相较大。但由于变压器的空载电流百分值很小（约为额定电流的 $0.6\%\sim2.5\%$），它的不对称对变压器负载运行的影响极小，可以忽略。

与三相变压器组相比较，三相芯式变压器的材料消耗少、价格便宜、占地面积也较少，维护比较简单。在目前的电力系统中，用得较多的是三相芯式变压器，部分大容量的变压器由于运输困难等原因，也有采用三相组式结构的。

微课：3.7.2（下）

3.7.2　三相变压器的电路系统

三相变压器绕组的联结不仅是构成电路的需要，还关系到一次侧、二次侧绕组电动势谐波的大小及并联运行等问题。例如多台变压器并联运行时，需要知道变压器一、二次绕组的连接方式和一、二次绕组对应的线电动势（或线电压）之间的相位关系，联结组别（又称联结组标号）就是表征上述相位差的一种标志。下面以降压变压器为例进行分析。

（1）星形联结和三角形联结

三相电力变压器广泛采用星形和三角形联结，如图 3-32 所示。

为了说明三相变压器连接方法，需要对绕组首末端的标记作以下规定。

① 变压器一次绕组的首端分别用 A、B、C（或 1U1、1V1、1W1，或 U_1、V_1、W_1）表示，一次绕组的末端分别用 X、Y、Z（或 1U2、1V2、1W2，或 U_2、V_2、W_2）表示。

② 变压器二次绕组的首端分别用 a、b、c（或 2U1、2V1、2W1，或 u_1、v_1、w_1）表示，二次绕组的末端分别用 x、y、z（或 2U2、2V2、2W2，或 u_2、v_2、w_2）表示。

③ 变压器一次绕组为星形联结时，用 Y 表示；二次绕组为星形联结时，用 y 表示。当中性点有引出线时一、二次绕组分别用 YN、yn 表示。

④ 变压器一次绕组为三角形联结时，用 D 表示；二次绕组为三角形联结时，用 d 表示。

在图 3-32（a）中一次绕组为 Y 接法。当三相绕组采用三角形联结时，有两种连接方法：一种连接次序为 AX→CZ→BY→AX（或 ax→cz→by→ax），然后从首端 A、B、C（或 a、b、c）向外引出，如图 3-32（b）所示。另一种连接次序为 AX→BY→CZ→AX（或 ax→by→cz→ax），然后从首端 A、B、C（或 a、b、c）向外引出，如图 3-32（c）所示。

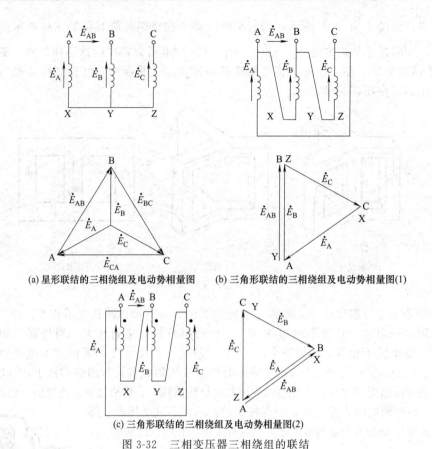

(a) 星形联结的三相绕组及电动势相量图　　(b) 三角形联结的三相绕组及电动势相量图(1)

(c) 三角形联结的三相绕组及电动势相量图(2)

图 3-32　三相变压器三相绕组的联结

(2) 时钟表示法

在电力系统中，有时需要多台变压器并联运行，并联运行的条件之一就是要求各台并联运行的变压器具有相同的联结组别，否则会损坏变压器。因此，正确地分析三相变压器的联结组别是十分必要的。

三相变压器一、二次绕组的联结方式、绕组标志的不同，都使一、二次绕组对应的线电动势之间相位差不同，联结组别是用来反映三相变压器绕组的连接方式及对应线电动势之间相位关系的。

一、二次绕组的连接方式不同、绕组标志不同，对应的线电动势相位关系也不同，但是它们总是相差 30° 的整倍数。由于时钟一周为 12h，表盘一圈为 360°，所以一个小时对应圆周角的 30°。因此可以采用时钟法来表示三相变压器绕组的联结组别和相位关系。

三相变压器的联结组别通常采用"时钟表示法"，即：将一次侧线电动势（或线电压）相量看做时钟的长针（分针）且始终指向 12 点（0 点）的位置，然后把与一次侧相对应的二次侧线电动势（或线电压）相量作为时钟的短针（时针），短针所指的钟点数就是三相变压器联结组别的组别号（即联结组标号），组别号数字乘以 30° 就是二次侧线电动势滞后于所对应的一次侧线电动势的相位角。例如：某三相变压器联结组别为"Yd1"，其含义是该三相变压器的一次侧为星形联结，二次侧为三角形联结，二次侧线电动势相量指向时钟 1 点的位置，也就是说二次侧线电动势在相位上滞后于所对应的一次侧线电动势为 1×30°=30°。

在用时钟表示法表示相位关系时，应先规定感应电动势的正方向，一般可以规定电动势的正方向从绕组的末端指向首端，也可以规定电动势的正方向从绕组的首端指向末端。下面以规定电动势的正方向从绕组的末端指向首端为例进行分析。

（3）单相变压器的联结组

为了能够正确地判断三相变压器的联结组别，便于分析三相变压器一、二侧所对应的线电势之间的相位关系，先从单相变压器的联结组别入手来分析。

单相变压器的一、二次绕组都绕在同一个铁芯柱上，它们被同一个主磁通所交链。主磁通在一、二次绕组中感应的电动势 $\dot{E}_A$、$\dot{E}_a$ 的相位关系只有两种可能：$\dot{E}_A$ 与 $\dot{E}_a$ 同相位，$\dot{E}_A$ 与 $\dot{E}_a$ 反相位。在图 3-33（a）中，从一次绕组首端 A 和二次绕组首端 a 出发，两个绕组的绕向相同，$\dot{E}_A$、$\dot{E}_a$ 与主磁通 $\dot{\Phi}_m$ 均符合右手螺旋法则，所以 $\dot{E}_A$ 与 $\dot{E}_a$ 同相位，如图 3-33（b）所示。将上述特征用接线图描述如图 3-33（c）所示（将一、二次绕组 AX，ax 画在同一条垂直线上，表示该两个绕组位于同一个铁芯柱，匝链同一个主磁通），图中用同名端表示绕向，即从同名端出发，两绕组绕向相同。

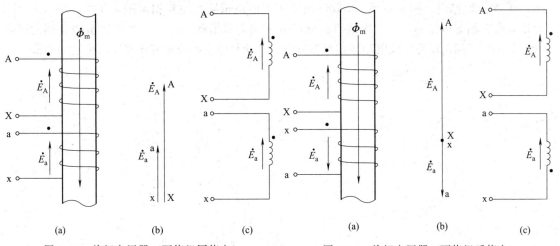

图 3-33　单相变压器（两绕组同绕向）　　　　图 3-34　单相变压器（两绕组反绕向）

在图 3-34（a）中，从首端 A、a 出发，两绕组绕向相反，$\dot{E}_A$ 与 $\dot{\Phi}_m$ 符合右手螺旋定则，$\dot{E}_a$ 与 $\dot{\Phi}_m$ 不符合右手螺旋定则，故 $\dot{E}_A$ 与 $\dot{E}_a$ 的相位相反，如图 3-34（b）所示。用接线图来描述，如图 3-34（c）所示。从这两个接线图可以得出如下规律：一、二次绕组的首端为同名端（同极性端）标记时，$\dot{E}_A$、$\dot{E}_a$ 同相位；一、二次绕组的首端为异名端（异极性端）标记时，$\dot{E}_A$、$\dot{E}_a$ 反相位。

为了区别不同的联结组，采用时钟表示法，将一次绕组电动势相量作为长针指向 0 点（即时钟的 12 点），将二次绕组电动势相量作为短针，看其指在哪一个数字上，例如图 3-33（b），短针指向 0 点，其联结组号为 0（即 0 点或 12 点），联结组为 Ii0，其 Ii 代表一、二次绕组为单相。图 3-34（b）短针指向 6 点，其联结组号为 6（即 6 点），联结组为 Ii6。

通过以上分析可知，单相变压器一、二次绕组相电动势之间相位关系只有同相和反相两种，它取决于绕组的首端是否为同名端。如果两绕组的首端为同名端，则为同相位，如果两绕组的首端为异名端，则为反相位，如图 3-35 所示。

（4）三相变压器的联结组

根据以上所述和规定，下面以"Yy 联结"和"Yd 联结"为例来分析判断三相变压器的联结组别的标号。

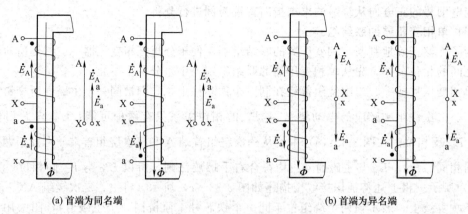

(a) 首端为同名端   (b) 首端为异名端

图 3-35   单相变压器的联结组别

① Yy0 联结组。图 3-36 为 Yy 联结组变压器的绕组接线图和相量图。在图 3-36（a）中，可以看出三相变压器的一、二次绕组的联结方式均为星形联结，一、二次绕组的首端为同名端，并标出了相电动势和线电动势的参考方向。下面具体说明确定变压器联结组别的步骤。

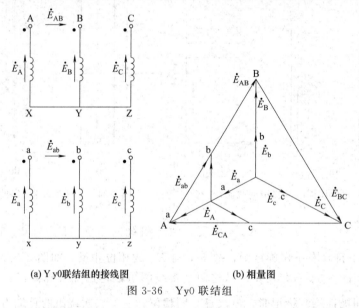

(a) Yy0联结组的接线图   (b) 相量图

图 3-36   Yy0 联结组

第一步，以相电动势 $\dot{E}_A$ 为参考相量，按正相序 A-B-C 作出一次侧相电动势 $\dot{E}_A$、$\dot{E}_B$ 和 $\dot{E}_C$ 的相量图，三个相电动势大小相等，在相位上互差 120°。该三相变压器的一次侧为星形联结，因此一次侧三个相电动势相量构成星形相量图，如图 3-36（b）所示。

第二步，根据同一铁芯柱上一、二次绕组的相位关系（同相或反相），画出二次绕组的相量图。从图 3-36（a）中可以看出，一、二侧对应相的绕组首端为同名端，则一、二侧所对应相电动势相位相同。作出二次侧相电动势 $\dot{E}_a$、$\dot{E}_b$ 和 $\dot{E}_c$，注意 $\dot{E}_a$、$\dot{E}_b$ 和 $\dot{E}_c$ 与一次侧相电动势 $\dot{E}_A$、$\dot{E}_B$ 和 $\dot{E}_C$ 分别位于同一直线上，而且各相一、二次侧相电动势相量的方向分别相同。

第三步，将二次侧 a 相绕组的电动势相量 $\dot{E}_a$ 平移，使相量 $\dot{E}_a$ 的首端 a 与相量 $\dot{E}_A$ 的首端 A 重合，（即使 a 点与 A 点重合）。

第四步，根据二次侧三相绕组之间的接线图，将相量 $\dot{E}_b$ 和相量 $\dot{E}_c$ 分别平移与已经平

移后的相量 $\dot{E}_a$ 连接。例如，在图 3-36（a）中，二次绕组的 x、y、z 端连接在一起，因此将相量 $\dot{E}_b$ 的 y 端与相量 $\dot{E}_a$ 的 x 端重合（即平移相量 $\dot{E}_b$，将相量 $\dot{E}_b$ 的 y 端与相量 $\dot{E}_a$ 的 x 端接在一起）；同理，将相量 $\dot{E}_c$ 的 z 端与相量 $\dot{E}_a$ 的 x 端重合。同样二次侧三个相电动势相量也构成星形相量图，如图 3-36（b）所示。

第五步，分别作出一、二次侧的线电动势相量 $\dot{E}_{AB}$ 和 $\dot{E}_{ab}$。将一次侧线电动势相量 $\dot{E}_{AB}$ 指向 12 点（0 点）的位置，由于二次侧线电动势相量 $\dot{E}_{ab}$ 与 $\dot{E}_{AB}$ 方向相同，也指向 0 点的位置，因此该三相变压器的联结组别标号数字为 0。

由以上分析可知，此三相变压器的联结组别是 Yy0（或 Yy12）。

如果保持图 3-36（a）中一次侧绕组的接法和各相的出线标记不变，保持二次绕组的接法也不变，仅将二次侧各相的出线标记向右推移一相，即 b 相标成 a 相，c 相标成 b 相，a 相标成 c 相，则二次侧各相的相电动势相量均滞后了 120°，同理，二次侧线电动势相量也滞后了 120°，所以时钟应滞后 4 小时，这样三相变压器的联结组别就是 Yy4。同样，把图 3-36（a）中 a、b、c 相标成 b、c、a 相，可得到 Yy8 的联结组别。

② Yy6 联结组。图 3-37 为 Yy 联结组变压器的绕组接线图和相量图。在图 3-37（a）中，可以看出三相变压器的一、二次绕组的联结方式均为星形联结，但是一、二次绕组的首端为异名端，图中标出了相电动势和线电动势的参考方向。下面具体说明确定变压器联结组别的步骤。

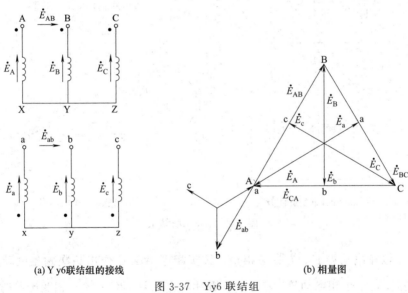

(a) Yy6联结组的接线   (b) 相量图

图 3-37　Yy6 联结组

第一步，以相电动势 $\dot{E}_A$ 为参考相量，按正相序 A-B-C 作出一次侧相电动势 $\dot{E}_A$、$\dot{E}_B$ 和 $\dot{E}_C$ 的相量图，三个相电动势大小相等，在相位上互差 120°。该三相变压器的一次侧为星形联结，因此一次侧三个相电动势相量构成星形相量图，如图 3-37（b）所示。

第二步，根据同一铁芯柱上一、二次绕组的相位关系（同相或反相），画出二次绕组的相量图。从图 3-37（a）中可以看出，一、二侧对应相的绕组首端为异名端，则一、二侧所对应相电动势相位相反。作出二次侧相电动势 $\dot{E}_a$、$\dot{E}_b$ 和 $\dot{E}_c$，注意 $\dot{E}_a$、$\dot{E}_b$ 和 $\dot{E}_c$ 与一次侧相电动势 $\dot{E}_A$、$\dot{E}_B$ 和 $\dot{E}_C$ 分别位于同一直线上，但是各相一、二次侧相电动势相量的方向分别相反。

　　第三步，将二次侧 a 相绕组的电动势相量 $\dot{E}_a$ 平移，使相量 $\dot{E}_a$ 的首端 a 与相量 $\dot{E}_A$ 的首端 A 重合，（即使 a 点与 A 点重合）。

　　第四步，根据二次侧三相绕组之间的接线图，将相量 $\dot{E}_b$ 和相量 $\dot{E}_c$ 分别平移与已经平移后的相量 $\dot{E}_a$ 连接。同样二次侧三个相电动势相量也构成星形相量图，如图 3-37（b）所示。

　　第五步，分别作出一、二次侧的线电动势相量 $\dot{E}_{AB}$ 和 $\dot{E}_{ab}$。将一次侧线电动势相量 $\dot{E}_{AB}$ 指向 12 点（0 点）的位置，由于二次侧线电动势相量 $\dot{E}_{ab}$ 与 $\dot{E}_{AB}$ 方向相反，所以 $\dot{E}_{ab}$ 滞后 $\dot{E}_{AB}$ 180°。因此该三相变压器的联结组别标号数字为 $6\left(=\dfrac{180°}{30°}\right)$。由以上分析可知，此三相变压器的联结组别是 Yy6。

　　③ Yd11 联结组。图 3-38 为 Yd 联结组变压器的绕组接线图和相量图。在图 3-38（a）中，可以看出三相变压器的一次绕组的联结方式为星形联结，二次绕组的联结方式为三角形联结。一、二次绕组的首端为同名端，并标出了相电动势和线电动势的参考方向。下面具体说明确定变压器联结组别的步骤。

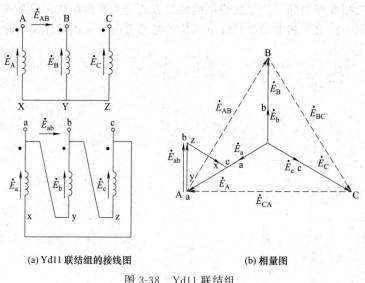

(a) Yd11 联结组的接线图　　　　　　**(b) 相量图**

图 3-38　Yd11 联结组

　　第一步，以相电动势 $\dot{E}_A$ 为参考相量，按正相序 A-B-C 作出一次侧相电动势 $\dot{E}_A$、$\dot{E}_B$ 和 $\dot{E}_C$ 的相量图，三个相电动势大小相等，在相位上互差 120°。该三相变压器的一次侧为星形联结，因此一次侧三个相电动势相量构成星形相量图，如图 3-38（b）所示。

　　第二步，根据同一铁芯柱上一、二次绕组的相位关系（同相或反相），画出二次绕组的相量图。从图 3-38（a）中可以看出，一、二侧对应相的绕组首端为同名端，则一、二侧所对应相电动势相位相同。作出二次侧相电动势 $\dot{E}_a$、$\dot{E}_b$ 和 $\dot{E}_c$，注意 $\dot{E}_a$、$\dot{E}_b$ 和 $\dot{E}_c$ 与一次侧相电动势 $\dot{E}_A$、$\dot{E}_B$ 和 $\dot{E}_C$ 分别位于同一直线上，而且各相一、二次侧相电动势相量的方向分别相同。

　　第三步，将二次侧 a 相绕组的电动势相量 $\dot{E}_a$ 平移，使相量 $\dot{E}_a$ 的首端 a 与相量 $\dot{E}_A$ 的首端 A 重合，（即使 a 点与 A 点重合）。

第四步，根据二次侧三相绕组之间的接线图，将相量 $\dot{E}_b$ 和相量 $\dot{E}_c$ 分别平移与已经平移后的相量 $\dot{E}_a$ 连接。例如，根据图3-38（a），将相量 $\dot{E}_b$ 的y端与相量 $\dot{E}_a$ 的a端重合；同理，将相量 $\dot{E}_c$ 的z端与相量 $\dot{E}_b$ 的b端重合，与此同时将相量 $\dot{E}_c$ 的c端与相量 $\dot{E}_a$ 的x端重合，这样二次侧三个相电动势相量就构成三角形相量图，如图3-38（b）所示。

第五步，分别作出一、二次侧的线电动势相量 $\dot{E}_{AB}$ 和 $\dot{E}_{ab}$。将一次侧线电动势相量 $\dot{E}_{AB}$ 指向12点（0点）的位置，由于二次侧线电动势相量 $\dot{E}_{ab}$ 滞后 $\dot{E}_{AB}330°$。因此该三相变压器的联结组别标号数字为 $11\left(=\dfrac{330°}{30°}\right)$。由以上分析可知，此三相变压器的联结组别是Yd11。

综上所述，可得三相变压器联结组别组成的规律（以指向12点钟为基准）。

① 如果A、B、C三相的相量是按顺时针绘制的，则 $\dot{E}_{ab}$ 滞后 $\dot{E}_{AB}$ 的角度，则应以 $\dot{E}_{AB}$ 为起点，顺时针方向确定 $\dot{E}_{ab}$ 与 $\dot{E}_{AB}$ 的相位差。

② 一、二次绕组的接法相同（如Yy或Dd）时，可得0、2、4、6、8、10六种偶数标号的联结组。一、二次绕组的接法不同（如Yd或Dy）时，可得1、3、5、7、9、11六种奇数标号的联结组。

③ 如果一、二次绕组的接法和所标的相号不变，仅将一、二次绕组的首端由同名端改为异名端（或将异名端改为同名端），则联结组标号在原来标号的基础上加6。

④ 如果保持一次、二次绕组的接法和一次侧所标的相号不变，将二次侧各相的标号（又称相号）向右推移一相，即原来的b相标成a相，原来的c相标成b相，原来的a相标成c相，这样三相变压器的联结组标号应在原来标号的基础上加4。（注意：在二次侧各相位置推移的过程中，二次侧的相序必须始终与一次侧相序保持一致）。

国家标准规定，同一铁芯柱上的高、低压绕组为同一相绕组，并采用相同的字母符号为端头标记。根据此规定，电力变压器有5种联结组，分别是：Yd11联结组、YNd11联结组、Yyn0联结组、YNy0联结组和Yy0联结组。最常用的联结方式是前三种。

3.7.3 三相变压器的联结方法和磁路系统对电动势波形的影响

在变压器的原理分析中可看到，当变压器的外施电压 u_1 为正弦波时，与它平衡的感应电动势 e_1 以及感应产生该电动势的主磁通 Φ 都是正弦波。但是，由于变压器铁芯具有的饱和性质，激励主磁通的电流将与主磁通波形不同，使空载电流 i_0 呈现尖顶波，即 i_0 中含有较强的三次谐波电流 i_{03}。在三相变压器中，由于一次绕组联结方法的不同，空载电流中的三次谐波分量 i_{03} 不一定能流通。在三次谐波电流无法流通的情况下，将使得主磁通成为非正弦波，这样必然会影响到感应电动势的波形，其影响与绕组的联结方法和磁路的结构有关。

(1) Yy联结的三相变压器中电动势波形

因为三次谐波电流的频率是基波电流频率的三倍，所以在三相系统中各相的三次谐波电流是同相位的，即

$$i_{03A}=I_{03m}\sin3\omega t$$
$$i_{03B}=I_{03m}\sin3(\omega t-120°)=I_{03m}\sin3\omega t$$
$$i_{03C}=I_{03m}\sin3(\omega t-240°)=I_{03m}\sin3\omega t$$

所以当三相变压器一次绕组采用无中性线的Y联结时，三次谐波电流就无法在一次绕

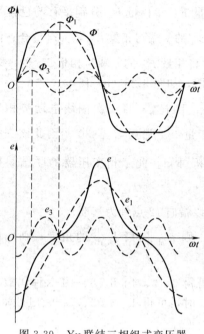

图 3-39　Yy 联结三相组式变压器
中的磁通和电动势波形

组中通过，致使励磁电流基本上为正弦波（因为还有较小的 5 次及以上各次谐波电流存在）。从而使主磁通变为平顶波，见图 3-39 所示。平顶波磁通可以用傅氏级数分解为基波和 3、5……各次谐波。如果略去较小的 5 次及以上各谐波磁通，那么主磁通就可以认为只由基波和三次谐波组成。

如果三相变压器为三相组式变压器，由于三相磁路彼此无关，各相的三次谐波磁通和基波磁通沿同一磁路闭合，再加上三次谐波磁通的频率是基波频率的 3 倍，所以由三次谐波磁通的交变在绕组中产生的三次谐波相电动势可高达基波相电动势幅值的 45% ～ 60%，结果使相电动势波形畸变，最大值升高很多，有可能将绕组绝缘击穿。但是，由于各相的三次谐波电动势 e_3 大小相等、相位相同，所以在三相线电动势中，三次谐波电动势互相抵消，三相线电动势的波形仍为正弦波。

如果三相变压器为芯式变压器，三相磁路彼此相关，各相三次谐波磁通同相位、同大小，不能沿铁芯闭合，只能借助变压器油和油箱壁形成闭合回路，如图 3-40 所示。由于这种情况下磁路磁阻较大，故三次谐波磁通很小，因此就使得主磁通基本接近正弦波，因此相电动势基本为正弦波。但三次谐波磁通会在油箱壁中产生附加的涡流损耗。

综上所述，三相组式变压器不能采用 Yy 联结，而三相芯式变压器可以采用 Yy 联结。但为了减少附加损耗，容量较大、电压较高的芯式变压器也不宜采用 Yy 联结。

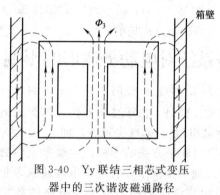

图 3-40　Yy 联结三相芯式变压
器中的三次谐波磁通路径

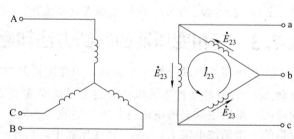

图 3-41　Yd 联结变压器二次侧的三次
谐波电动势和三次谐波电流

(2) Dy 或 Yd 联结的三相变压器中电动势波形

如果三相变压器采用 Dy 联结，一次绕组空载电流中的三次谐波分量可以流通，这就保证了主磁通是正弦的，因而由它在一、二次绕组中感应的电动势 e_1 和 e_2 也就是正弦的了。

如果三相变压器采用 Yd 联结，这时一次绕组空载电流中的三次谐波分量不能流通，因此主磁通和一、二次绕组中感应的电动势都出现了三次谐波分量。但因二次绕组为三角形联结，由于二次绕组中的三次谐波相电动势 $\dot{E}_{23}$ 大小和相位均相同，所以就在二次绕组三角形的闭合回路中产生三次谐波电流 $\dot{I}_{23}$，如图 3-41 所示。从磁势平衡关系可知，由于一次绕组中无三次谐波电流与二次绕组中的三次谐波电流相平衡，所以二次绕组中的三次谐波电流同样起着励磁电流的作用。这时的变压器中的主磁通就应该是由一次绕组中的正弦形的空载电流和二次绕组中的三次谐波电流共同建立，其效果与 Dy 联结时一样，主磁通可以接近于正弦波。而且正弦形主磁通的建立所需的三次谐波电流很小，对变压器运行无多大影响。

综上所述，无论是三相组式变压器还是三相芯式变压器，都可以采用 Dy 或 Yd 联结法来改善电动势波形，避免电动势波形发生畸变。在某些必须采用 Yy 联结的大容量变压器中，铁芯柱上装有三角形联结的第三绕组，这套绕组不承担负载电流，仅使三次谐波电流在其中流通，以保证主磁通和电动势接近于正弦波。

3.8 变压器的并联运行

3.8.1 变压器并联运行的优点

现代发电厂和变电站的容量都很大，单台电力变压器通常无法承担起全部负载，因此常采用多台电力变压器并联运行的供电方式。变压器的并联运行是指将两台或两台以上的变压器的一、二次侧绕组

微课：3.8（上）　　微课：3.8（下）

分别接到一、二次侧所对应的公共母线上的运行方式，如图 3-42 所示。

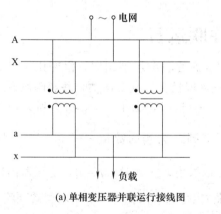 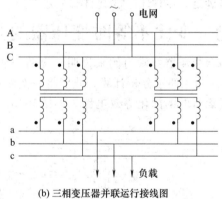

(a) 单相变压器并联运行接线图　　(b) 三相变压器并联运行接线图

图 3-42　两台变压器并联运行的接线图

现代发电厂和变电站之所以采用变压器并联运行的供电方式，是因为变压器并联运行有以下优点。

① 提高供电的可靠性。如果并联运行中的某台变压器发生故障或需要检修时，可以将它从电网上切除使其退出并联运行，其他几台变压器可继续向负载供电，不至于供电中断。

② 提高供电的经济性。如果变压器所供给的负载随昼夜或季节有较大变化时，则可根据实际负载的大小来适当地调整并联运行变压器的台数，从而可提高运行效率。

③ 减少初次投资。也就是说变压器的台数可随变电站负载的增加而适当地增加，也有利于减少总的备用容量，即减少了安装时的一次性投资。

值得注意的是，并联变压器的台数也不宜过多，否则会使总投资和安装面积增加，造成运行复杂化。

3.8.2 变压器并联运行的条件

(1) 什么是理想并联运行

变压器理想并联运行是：

① 空载时，各变压器的二次侧之间没有环流，这样，空载时各变压器二次绕组没有铜（铝）耗，一次绕组的铜（铝）耗也较小；

② 负载时各变压器所负担的负载电流按容量成比例分配，防止其中某一台变压器过载或欠载，使并联运行的各台变压器能同时达到满载状态，并使并联的各个变压器的容量得到充分利用；

③ 负载时，各变压器所分担的电流应与总负载电流同相位，这样，当总的负载电流一定时，各变压器所分担的电流为最小；如各变压器的电流一定时，则共同承担的总的负载电流为最大。

(2) 理想并联运行的条件

要达到上述理想并联运行，并联运行的各变压器需满足下列条件：

① 各变压器一、二次侧额定电压分别相等（变比相等）；

② 各变压器的联结组别必须相同；

③ 各变压器的短路阻抗标幺值 Z_k^*（或阻抗电压 u_k）要相等，阻抗角要相同。

在上述三个条件中，满足条件①、②，可以保证并联合闸后，并联运行的各变压器之间无环流，条件③决定了并联运行的各变压器承担的负载合理分配。上述三个条件中，条件②必须严格满足，条件①、③允许有一定误差。

3.8.3 变比不等时变压器的并联运行

以两台变压器并联为例来说明。设两台变压器的联结组别相同，但变比不相等，例如 $k_I < k_{II}$。为了便于分析计算，我们将一次侧各物理量折算到二次侧，并忽略励磁电流，则得到并联运行时的简化等效电路，如图 3-43 所示。这时，由于 $k_I < k_{II}$，所以一次侧电压折算到二次侧的数值 $\dfrac{U_{1N\phi}}{k_I} > \dfrac{U_{1N\phi}}{k_{II}}$。从图 3-43 可以看出，空载时（$\dot{I} = 0$）变压器内部便有环流 $\dot{I}_c$ 存在。两变压器绕组之间的环流 $\dot{I}_c$ 为

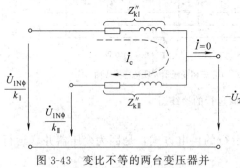

图 3-43 变比不等的两台变压器并联运行时的简化等效电路图

$$\dot{I}_c = \frac{\dfrac{\dot{U}_{1N\phi}}{k_I} - \dfrac{\dot{U}_{1N\phi}}{k_{II}}}{Z''_{kI} + Z''_{kII}} = \frac{\left(\dfrac{1}{k_I} - \dfrac{1}{k_{II}}\right) \times \dot{U}_{1N\phi}}{Z''_{kI} + Z''_{kII}}$$

$$(3-80)$$

式中，Z''_{kI}、Z''_{kII} 分别是变压器 I、II 折算到二次侧的短路阻抗的实际值。

由于变压器短路阻抗很小，所以即使变比差值很小，也能产生较大的环流。此环流同时存在于两台变压器的一、二次绕组中。对二次侧来说，环流就是上式所计算出的值。对一次侧来说，因为图 3-43 是一次侧折算到二次侧的简化等效电路，因此第一台变压器一次侧的环流为 $\dfrac{\dot{I}_c}{k_I}$，第二台变压器一次侧的环流为 $\dfrac{\dot{I}_c}{k_{II}}$。显然，由于 $k_I < k_{II}$，两台变压器一次侧的环流大小是不等的。应当注意：上述方法计算出的环流均为相电流。

从上式可以看出，当一次侧电压一定时，空载环流的大小正比于变压器变比倒数的差值，反比于两台变压器折算到二次侧的短路阻抗之和。由于一般电力变压器的短路阻抗很小，故即使变比相差不大也能引起相当大的环流。为了保证变压器并联运行时空载环流不超过额定电流的 10%，通常规定并联运行的变压器变比的差值 $\Delta k = \dfrac{k_{\text{I}} - k_{\text{II}}}{\sqrt{k_{\text{I}} k_{\text{II}}}} \times 100\%$ 不应大于 0.5%。

3.8.4 联结组别不同时变压器的并联运行

如果两台变压器的变比和短路阻抗标幺值均相等，但是联结组别不同时并联运行，其后果更为严重。因为联结组别不同，两台变压器二次侧电压的相位则不同，二次侧线电压的相位至少相差 30°，因此会产生很大的相位差。例如 Yy0 与 Yd11 并联，一次侧接入电网，二次侧电压相量的相位就差 30°，如图 3-44 所示。

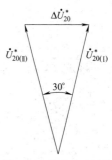

图 3-44　Yy0 与 Yd11 两变压器并联时二次侧电压相量

由图中几何关系可知，两台变压器的电压差为

$$\Delta U_{20} = 2 U_{20} \sin \frac{30°}{2} = 0.518 U_{20} = 0.518 U_{2\text{N}}$$

或

$$\Delta U_{20}^* = \frac{\Delta U_{20}}{U_{2\text{N}}} = 0.518$$

由于短路阻抗很小（例如两变压器 Z_{k}^* 均为 0.05），ΔU_{20}^* 将在两变压器绕组中产生很大的空载环流 I_{c}^*，即 $I_{\text{c}}^* = \dfrac{\Delta U_{20}^*}{2 Z_{\text{k}}^*} = \dfrac{0.518}{2 \times 0.05} = 5.18$

变压器的空载环流将到达额定电流的 5.18 倍，这是绝不允许的，因此，联结组别不同的变压器绝不能并联运行。

3.8.5 短路阻抗不等时变压器的并联运行

设两台变压器一、二次侧额定电压对应相等，联结组别相同。满足了上面两个条件，可以把变压器并联在一起。略去励磁电流，得到图 3-45 所示的等效电路。

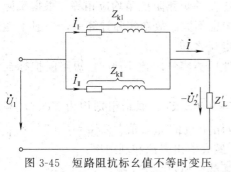

图 3-45　短路阻抗标幺值不等时变压器并联运行的简化等效电路

从图 3-45 中可以看出，Z_{kI} 是变压器 I 的短路阻抗，流过变压器 I 的相电流为 $\dot{I}_{\text{I}}$；Z_{kII} 是变压器 II 的短路阻抗，流过变压器 II 的相电流为 $\dot{I}_{\text{II}}$。由图 3-45 可得到

$$\dot{I} = \dot{I}_{\text{I}} + \dot{I}_{\text{II}} \tag{3-81}$$

两变压器阻抗压降相等

$$\dot{I}_{\text{I}} Z_{\text{kI}} = \dot{I}_{\text{II}} Z_{\text{kII}}$$

故有

$$\frac{\dot{I}_{\text{I}}}{\dot{I}_{\text{II}}} = \frac{Z_{\text{kII}}}{Z_{\text{kI}}} \tag{3-82}$$

由于并联的两变压器容量不等，故负载电流的分配是否合理不能直接从实际值来判断，而应从电流的标幺值（即负载系数 $\beta = \dfrac{I_2}{I_{2\text{N}}} = I_2^*$）来判断。将式（3-82）两边的分子同除以 I_{IN}、将式（3-82）两边的分母同除以 I_{IIN}，并考虑到 $U_{\text{IN}} = U_{\text{IIN}}$，则

$$\frac{i_{\mathrm{I}}/I_{\mathrm{IN}}}{i_{\mathrm{II}}/I_{\mathrm{II}N}}=\frac{Z_{\mathrm{kII}}\times\dfrac{1}{I_{\mathrm{IN}}}U_{\mathrm{IN}}}{Z_{\mathrm{kI}}\times\dfrac{1}{I_{\mathrm{II}N}}U_{\mathrm{II}N}}$$

故有

$$\frac{\dot{I}_{\mathrm{I}}^{*}}{\dot{I}_{\mathrm{II}}^{*}}=\frac{Z_{\mathrm{kII}}^{*}}{Z_{\mathrm{kI}}^{*}}\angle(\theta_{\mathrm{II}}-\theta_{\mathrm{I}}) \tag{3-83}$$

对于容量相差不太大的两台变压器，其幅角差异不大，因此并联运行时负载系数仅取决于短路阻抗的模

$$\frac{\beta_{\mathrm{I}}}{\beta_{\mathrm{II}}}=\frac{I_{\mathrm{I}}^{*}}{I_{\mathrm{II}}^{*}}=\frac{Z_{\mathrm{kII}}^{*}}{Z_{\mathrm{kI}}^{*}}\cdot \tag{3-84}$$

将式（3-84）等号两边同乘以 $\dfrac{U_{\mathrm{IN}}^{*}}{U_{\mathrm{II}N}^{*}}$，则可得

$$\frac{\dot{I}_{\mathrm{I}}^{*}}{\dot{I}_{\mathrm{II}}^{*}}\times\frac{U_{\mathrm{IN}}^{*}}{U_{\mathrm{II}N}^{*}}=\frac{Z_{\mathrm{kII}}^{*}}{Z_{\mathrm{kI}}^{*}}\times\frac{U_{\mathrm{IN}}^{*}}{U_{\mathrm{II}N}^{*}} \tag{3-85}$$

由于 $\dfrac{U_{\mathrm{IN}}^{*}}{U_{\mathrm{II}N}^{*}}=1$，所以式（3-85）可以写成

$$\frac{S_{\mathrm{I}}^{*}}{S_{\mathrm{II}}^{*}}=\frac{Z_{\mathrm{kII}}^{*}}{Z_{\mathrm{kI}}^{*}} \tag{3-86}$$

式（3-84）表明，并联运行的各变压器的负载电流的标幺值（负载系数）与其短路阻抗的标幺值成反比。短路阻抗标幺值小的变压器先达到满载。合理地分配负载是指各台变压器应根据其本身的能力（容量）来分担负载，即

$$I_{\mathrm{I}}^{*}=I_{\mathrm{II}}^{*} \quad 或 \quad \beta_{\mathrm{I}}=\beta_{\mathrm{II}} \quad 或 \quad S_{\mathrm{I}}^{*}=S_{\mathrm{II}}^{*}$$

这要求各台变压器短路阻抗的标幺值相等，即

$$Z_{\mathrm{kI}}^{*}=Z_{\mathrm{kII}}^{*}$$

要使变压器所分担的电流均为同相位，则各变压器的短路阻抗角均应相等。根据实际计算可知，即使各变压器的阻抗角相差 $10°\sim20°$，影响也不大。故在实际计算中，一般不考虑阻抗角的差别，并认为负载电流等于各变压器二次电流之和。

并联运行时为了不浪费设备容量，要求任两台变压器容量之比小于3，短路阻抗标幺值之差小于 10%。

【例 3-7】 两台变压器并联运行，$U_{1N}/U_{2N}=35\mathrm{kV}/6.3\mathrm{kV}$，联结组别均为 Yd11，额定容量：$S_{\mathrm{NI}}=6300\mathrm{kV\cdot A}$，$S_{\mathrm{NII}}=5000\mathrm{kV\cdot A}$。短路阻抗的标幺值：$Z_{\mathrm{kI}}^{*}=0.07$，$Z_{\mathrm{kII}}^{*}=0.075$，不计阻抗角差别。试计算并联组最大容量、最大输出电流和利用率。

解　由于变压器 I 短路阻抗标幺值小，先达到满载，所以令 $S_{\mathrm{I}}^{*}=1$

$$\frac{S_{\mathrm{I}}^{*}}{S_{\mathrm{II}}^{*}}=\frac{Z_{\mathrm{kII}}^{*}}{Z_{\mathrm{kI}}^{*}}$$

故有

$$\frac{1}{S_{\mathrm{II}}^{*}}=\frac{0.075}{0.07},S_{\mathrm{II}}^{*}=0.9333$$

两变压器并联组的最大容量

$$S_m = S_I^* S_{NI} + S_{II}^* S_{NII} = 1 \times 6300 + 0.9333 \times 5000 = 10967 \ (kV \cdot A)$$

并联组最大输出电流

$$I_{2m} = \frac{S_m}{\sqrt{3} U_{2N}} = \frac{10967}{\sqrt{3} \times 6.3} = 1005.1 \ (A)$$

并联组利用率

$$\frac{S_m}{S_{NI} + S_{NII}} = \frac{10967}{6300 + 5000} = 97.05\%$$

3.9 特殊变压器

在电力系统中，除了应用较广泛的双绕组电力变压器以外，通常还采用其他特殊用途的变压器，本节仅介绍常用的三绕组变压器、自耦变压器以及仪用互感器。

3.9.1 三绕组变压器

在电力系统中，通常需要将三个不同电压等级的电网连接起来，为了使电力系统运行更加简单经济，往往用一台三绕组变压器代替两台双绕组变压器。三绕组变压器是指在同一铁芯柱上套装着一个一次绕组和两个二次绕组（或两个一次绕组和一个二次绕组）且具有三种电压 U_1、U_2 和 U_3 的变压器。

(1) 结构、分类及用途

三绕组变压器的铁芯一般为芯式结构，每个铁芯柱上套装三个同心式绕组，即：高压、中压和低压三个绕组，如图 3-46 所示。从方便绝缘角度上考虑，通常将高压绕组放在最外边。如果中压绕组处于高压和低压绕组之间，低压绕组在最里边，这种三绕组变压器为降压变压器，如图 3-46 (a) 所示。如果低压绕组处于高压和中压绕组之间，中压绕组放在最里边且靠近铁心柱，这种三绕组变压器为升压变压器，如图 3-46 (b) 所示。这样排列绕组的目的是为了使磁场分布均匀，漏电抗分配较合理，以确保电压调整率在规定的范围内，从而提高三绕组变压器的运行性能。

三绕组变压器按所接电源的相数可以分为单相三绕组变压器和三相三绕组变压器。

三绕组变压器运行时，可将其中的一个绕组接电源，则另外两个绕组便有两个不同等级的电压输出，例如，发电厂中的三相三绕组升压变压器把发电机输出的电能升压后输送给高压和中压电网。三绕组变压器也可以将两个绕组接电源，另一个绕组接负载，从而可提高供电可靠性。例如，变电所中利用三相三绕组变压器由两个不同电压等级的系统向一个负载供电。

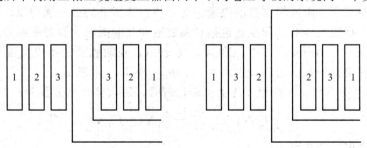

(a) 降压变压器   (b) 升压变压器

图 3-46 三绕组变压器绕组的排列

1—高压绕组；2—中压绕组；3—低压绕组

(2) 容量与联结组

双绕组变压器的一、二次绕组容量相等，三绕组变压器根据供电需要，三个绕组的容量可以相等，也可以不相等，三绕组变压器的额定容量指三个绕组中容量最大的一个绕组的额定容量。如果将额定容量作为 100%，三个绕组的容量配合可以为 100/100/100、100/100/50、100/50/100。

根据国家标准规定，三相三绕组变压器的标准联结组有 YNyn0d11 和 YNyn0y0 两种。

(3) 工作原理

为了便于分析三绕组变压器的工作原理，以一台单相三绕组变压器为例来分析，如图 3-47 和图 3-48 所示。

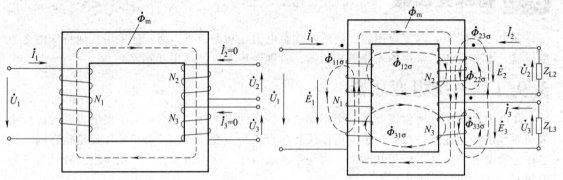

图 3-47　单相三绕组变压器空载运行原理图　　　图 3-48　三绕组变压器的磁通示意图

当单相三绕组变压器的一次绕组接到电源上，二次和三次绕组开路时，即为三绕组变压器的空载运行状态，与单相双绕组变压器的区别只是三绕组变压器有三个变比，分别为：

$$k_{12} = \frac{N_1}{N_2} = \frac{U_{1N}}{U_{2N}} \tag{3-87}$$

$$k_{13} = \frac{N_1}{N_3} = \frac{U_{1N}}{U_{3N}} \tag{3-88}$$

$$k_{23} = \frac{N_2}{N_3} = \frac{U_{2N}}{U_{3N}} \tag{3-89}$$

式中，N_1、N_2、N_3、U_{1N}、U_{2N} 和 U_{3N} 分别为三个绕组的匝数、额定电压。

当单相三绕组变压器的一次绕组接到电源上，二次和三次绕组带上负载时，即为三绕组变压器的负载运行状态，如图 3-48 所示，下面进行详细分析。

① 三绕组变压器的磁通。三绕组变压器的磁通也分为主磁通和漏磁通。三绕组变压器的主磁通是指与三个绕组同时交链的磁通。而三绕组变压器的漏磁通与双绕组变压器的漏磁通有所不同，三绕组变压器的漏磁通包括自漏磁通和互漏磁通。自漏磁通是指仅与一个绕组相交链的漏磁通，分别用 $\Phi_{11\sigma}$、$\Phi_{22\sigma}$ 和 $\Phi_{33\sigma}$ 来表示；互漏磁通是指仅交链于两个绕组而不与第三个绕组相交链的漏磁通，分别用 $\Phi_{12\sigma}$、$\Phi_{23\sigma}$ 和 $\Phi_{31\sigma}$ 来表示。

② 磁动势平衡方程。三绕组变压器负载运行时，磁动势平衡方程为

$$\dot{I}_1 N_1 + \dot{I}_2 N_2 + \dot{I}_3 N_3 = \dot{I}_0 N_1 \tag{3-90}$$

如果忽略励磁电流，上式可表示为

$$\dot{I}_1 N_1 + \dot{I}_2 N_2 + \dot{I}_3 N_3 = 0 \tag{3-91}$$

将绕组 2 与绕组 3 折算到绕组 1，有

$$\dot{I}_1 + \dot{I}'_2 + \dot{I}'_3 = 0 \tag{3-92}$$

$\dot{I}'_2 = \dfrac{\dot{I}_2}{k_{12}}$、$\dot{I}'_3 = \dfrac{\dot{I}_3}{k_{13}}$ 分别为绕组 2 和绕组 3 折算到绕组 1 的电流。

③ 电压平衡方程。根据基尔霍夫电压定律（$\sum \dot{U} = \sum \dot{E}$）列写电压平衡方程式，各物理量的正方向如图 3-48 所示，则三个绕组的电压方程式如下

$$\dot{U}_1 = \dot{I}_1(R_1 + jX_{11\sigma}) + j\dot{I}'_2 X'_{12\sigma} + j\dot{I}'_3 X'_{13\sigma} - \dot{E}_1 \tag{3-93}$$

$$-\dot{U}'_2 = \dot{I}'_2(R'_2 + jX'_{22\sigma}) + j\dot{I}_1 X'_{21\sigma} + j\dot{I}'_3 X'_{23\sigma} - \dot{E}'_2 \tag{3-94}$$

$$-\dot{U}'_3 = \dot{I}'_3(R'_3 + jX'_{33\sigma}) + j\dot{I}_1 X'_{31\sigma} + j\dot{I}'_2 X'_{32\sigma} - \dot{E}'_3 \tag{3-95}$$

式中，$\dot{I}'_2$ 和 $\dot{I}'_3$ 为折算到绕组 1 侧的电流值；R_1、R'_2 和 R'_3 分别为各绕组的电阻和电阻的折算值；$X_{11\sigma}$、$X'_{22\sigma}$ 和 $X'_{33\sigma}$ 分别为各绕组的自漏抗和自漏抗的折算值；$X'_{12\sigma}$、$X'_{23\sigma}$ 和 $X'_{31\sigma}$ 分别为各绕组的互漏抗和互漏抗的折算值，且 $X'_{12\sigma} = X'_{21\sigma}$，$X'_{23\sigma} = X'_{32\sigma}$，$X'_{31\sigma} = X'_{13\sigma}$。

$\dot{E}_1$、$\dot{E}'_2$ 和 $\dot{E}'_3$ 分别为主磁通在各个绕组内所感应的电动势和感应电动势的折算值。

折算到一次侧后，各绕组的感应电动势可表示为

$$\dot{E}_1 = \dot{E}'_2 = \dot{E}'_3 = -\dot{I}_m Z_m \tag{3-96}$$

式中，$\dot{I}_m$ 为励磁电流；Z_m 为励磁阻抗。

④ 等效电路。根据上面的电压平衡方程式和励磁方程式可画出三绕组变压器的 T 型等效电路，如图 3-49 所示。

三绕组变压器的 T 型等效电路中含有互漏抗和励磁阻抗，分析和计算三绕组变压器的各种运行情况就显得比较复杂，通常变压器的励磁电流很小，将其忽略不计，再用三个等效电抗去代替三绕组变压器的自漏抗和互漏抗，就可得到三绕组变压器的简化等效电路，如图 3-50 所示。

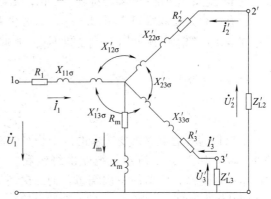

图 3-49 三绕组变压器的 T 型等效电路

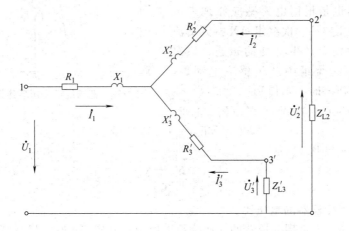

图 3-50 三绕组变压器的简化等效电路

3.9.2　自耦变压器

(1) 自耦变压器的结构

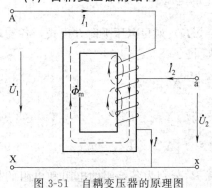

图 3-51　自耦变压器的原理图

普通双绕组变压器的一、二次绕组是单独分开，并互相绝缘的，一、二次绕组之间只有磁的耦合，没有直接电的联系。

如果在图 3-51 所示的绕组 AX 中抽出一个头 a，并以 AX 作为一次绕组，以 ax 作为二次绕组，便可得到一台降压自耦变压器。可以看出，自耦变压器的特点是：一、二次绕组之间既有磁的联系，又有电的联系。

自耦变压器可以做成单相，也可以做成三相；可以做成升压的，也可以做成降压的。

当变压器一、二次额定电压相差不大时，采用自耦变压器比采用普通双绕组变压器节省材料、降低成本、缩小变压器体积和减轻重量，有利于大型变压器的运输和安装。因此，在高电压、大容量的电力系统中，当所需电压比不大时，自耦变压器的运用越来越多。

(2) 自耦变压器的工作原理

为了便于掌握自耦变压器的特点，可采用和普通双绕组变压器对比的方式来分析自耦变压器。

设有一台普通双绕组变压器，一、二次绕组的匝数分别为 N_1 和 N_2，额定电压分别为 U_{1N} 和 U_{2N}，额定电流分别为 I_{1N} 和 I_{2N}，则此变压器的额定容量 S_N 为

$$S_N = U_{1N}I_{1N} = U_{2N}I_{2N} \tag{3-97}$$

电压比 k 为

$$k = \frac{N_1}{N_2} = \frac{U_{1N}}{U_{2N}} \tag{3-98}$$

如果保持普通双绕组变压器的两个绕组的额定电压和额定电流不变，把一、二次绕组合并在一起，如图 3-52 所示，把一次绕组和二次绕组串联起来作为新的一次绕组，而二次绕组还同时作为新的二次绕组，它的两个端点接负载阻抗 Z_L，便得到一台降压自耦变压器。

自耦变压器也是根据电磁感应原理来工作的。当自耦变压器的一次绕组 AX 接到交流电源上，铁芯中便会产生交变的磁通，该磁通分别在一、二次绕组中产生感应电动势，如果忽略漏阻抗压降时，则得到

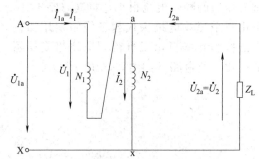

图 3-52　把双绕组变压器连接成自耦变压器

$$U_{1a} \approx E_{1a} = 4.44f(N_1 + N_2)\Phi_m \tag{3-99}$$

$$U_{2a} \approx E_{2a} = 4.44fN_2\Phi_m \tag{3-100}$$

所以自耦变压器的变比 k_a 为

$$k_a = \frac{U_{1a}}{U_{2a}} = \frac{N_1 + N_2}{N_2} = 1 + k \tag{3-101}$$

式中，k 为双绕组变压器的电压比。

$N_1 + N_2 = N_{1a}$ 为自耦变压器的一次绕组的匝数，其中 Aa 段为串联绕组，匝数为 N_1；ax 段为公共绕组（也是自耦变压器的二次绕组），匝数为 N_2。

自耦变压器负载运行时，所加电源电压为额定电压，主磁通近似为一常数，负载时总磁动势等于空载磁动势。其磁动势平衡方程式为

$$\dot{I}_1 N_1 + \dot{I}_2 N_2 = \dot{I}_m (N_1 + N_2) \tag{3-102}$$

在忽略励磁电流 $\dot{I}_m (\approx \dot{I}_0)$ 的情况下，可得

$$\dot{I}_1 N_1 + \dot{I}_2 N_2 = \dot{I}_m (N_1 + N_2) \approx 0 \tag{3-103}$$

或

$$\dot{I}_1 = -\frac{N_2}{N_1}\dot{I}_2 = -\frac{1}{k}\dot{I}_2 \tag{3-104}$$

由图 3-52 可见，$\dot{I}_{1a} = \dot{I}_1$，对于接点 a，利用基尔霍夫电流定律，可得自耦变压器的二次电流 $\dot{I}_{2a}$ 为

$$\dot{I}_{2a} = \dot{I}_2 - \dot{I}_1 \tag{3-105}$$

将式（3-104）代入式（3-105）中，可得

$$\dot{I}_{2a} = \left(1 + \frac{1}{k}\right)\dot{I}_2 \tag{3-106}$$

上式说明，对降压自耦变压器来说，$\dot{I}_{2a}$ 与 $\dot{I}_2$ 同相位，但 $I_{2a} > I_2$。就其有效值来说

$$I_{2a} = \left(1 + \frac{1}{k}\right)I_2 = I_2 + I_1 \tag{3-107}$$

即自耦变压器的输出电流 I_{2a}，等于公共绕组电流 I_2 与从一次侧经串联绕组直接流过二次侧的电流 I_1 之和。

如果式（3-107）取额定值，并乘以自耦变压器二次侧额定电压 U_{2aN}，可求得自耦变压器的额定容量为

$$S_{aN} = U_{2aN} I_{2aN} = \left(1 + \frac{1}{k}\right)U_{2N} I_{2N} = \left(1 + \frac{1}{k}\right)S_N$$

$$= S_N + \frac{U_{2N} I_{2N}}{k} = S_N + U_{2N} I_{1N} = S_N + S'_N \tag{3-108}$$

从上述可见，当把额定容量为 S_N，电压比为 k 的普通双绕组变压器改接成自耦变压器以后，自耦变压器的额定容量增加到 $\left(1 + \frac{1}{k}\right)S_N$，而自耦变压器的电压比为 k_a（$= 1 + k$）。这时自耦变压器的额定容量 S_{aN} 可以分成两部分，第一部分为 $S_N = U_{2N} I_{2N} = U_{1N} I_{1N}$，与这一部分容量对应的功率是公共绕组和串联绕组之间通过电磁感应关系传递给负载的，即通常所说的电磁功率。这一容量决定了变压器的主要尺寸和材料消耗，是变压器设计的依据，称为自耦变压器的计算容量。第二部分为 $S'_N = U_{2N} I_{1N}$，与此对应的功率是一次侧电流 I_{1N} 通过传导关系直接传递给负载的，称为传导功率。

从式（3-108）和式（3-101）可得，自耦变压器的计算容量 S_N 用它的额定容量 S_{aN} 表示时，有

$$S_N = \frac{S_{aN}}{1 + \frac{1}{k}} = \left(1 - \frac{1}{k_a}\right)S_{aN} \tag{3-109}$$

从上式可见，由于 $1 - \frac{1}{k_a} < 1$，所以自耦变压器的计算容量 S_N 比额定容量 S_{aN} 小。当 k_a 越接近 1 时，计算容量 S_N 越小，自耦变压器的优点就越显著，因此自耦变压器适用于一、二次侧电压相差不大的场合。

由式（3-108）和式（3-109）可得

$$S'_N = S_{aN} - S_N = S_{aN} - \left(1 - \frac{1}{k_a}\right)S_{aN} = \frac{1}{k_a}S_{aN} \qquad (3-110)$$

(3) 自耦变压器的特点

由于传导功率不需要增加自耦变压器的计算容量，且是双绕组变压器所没有的，所以自耦变压器比双绕组变压器有以下优点。

① 由于自耦变压器的计算容量小于额定容量，所以在同样的额定容量下，自耦变压器的主要尺寸缩小，有效材料（硅钢片和铜线）和结构材料（钢材）都相应地减少，从而降低了成本。

② 由于自耦变压器有效材料的减少，使得其铜耗和铁耗也相应减少，故自耦变压器的效率较高。

③ 由于自耦变压器的主要尺寸缩小，使其重量减轻，外形尺寸缩小，有利于变压器的运输与安装。

自耦变压器的缺点如下。

① 自耦变压器高压侧和低压侧没有电的隔离，如果高压侧发生故障就会直接影响到低压侧，给低压侧的绝缘及安全用电带来一定困难。为解决这个问题，需要采取一些措施，例如，高、低压侧均要安装避雷器，中性点必须可靠接地等。

② 由于自耦变压器的短路阻抗标幺值比双绕组变压器的小，故短路电流较大。为了提高自耦变压器承受突然短路的能力，设计时，对自耦变压器的机械强度应适当加强，必要时可适当增大短路阻抗，以限制短路电流。

自耦变压器常用于连接两个电压等级相近的电力网，作联络变压器使用。自耦变压器还常作为调压器应用于实验室。自耦变压器还可用作三相异步电动机降压启动器。

3.9.3 仪用互感器

仪用互感器包括电压互感器和电流互感器，是用来测量高电压、大电流系统中的电压和电流。

仪用互感器的主要作用：第一，使仪表、继电器等二次设备组成的测量回路与高压电网隔离，既可避免高电压直接引入测量回路，又可以防止二次设备故障影响主电路，以确保工作人员和设备的安全；第二，可以扩大仪表、继电器等二次设备的使用范围，使设备的规格统一，便于设备的批量生产。

微课：3.9.3 (1)

(1) 电压互感器

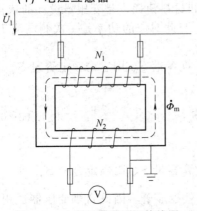

图 3-53 电压互感器原理接线图

图 3-53 是电压互感器的原理接线图，电压互感器的一次侧直接与被测的高压电路并联，二次侧与阻抗较大的测量仪表并联连接，如电压表、电能表的电压线圈等。电压互感器的一次绕组的匝数多，二次绕组的匝数少。由于二次侧所接测量仪表的内阻抗很大，因此电压互感器正常运行时，相当于一台空载运行的降压变压器。

如果忽略漏阻抗压降，则有

$$\frac{U_1}{U_2} = \frac{N_1}{N_2} = k_u \qquad 或 \qquad U_1 = k_u U_2$$

式中，k_u 为电压互感器的电压比。

通常电压互感器二次侧电压额定值为 100V 或 $100/\sqrt{3}$ V。实际使用的电压互感器总是存在误差的，根据误差的大小分为 0.2、0.5、1.0、3.0 几个等级。

① 电压互感器的特点。电压互感器从结构上讲是一种小容量、大电压比的降压变压器，因而其基本原理与变压器无任何区别。

但是，电压互感器与普通变压器毕竟有所不同，因为它是用于测量和保护的，而不是输送电能的。它有以下两个特点。

a. 电压互感器二次回路的负荷是电压表或继电器的电压线圈，阻抗大，二次侧电流小，相当于变压器的空载运行。电压互感器吸取功率小，且始终处于空载运行状态，二次电压基本上等于二次绕组的感应电动势，即二次电压只决定于恒定的一次电压，所以电压互感器能用于测量电压，且具有一定的精度。

b. 电压互感器的二次绕组不能短路。这是因为电压互感器的负荷是阻抗很大的仪表的电压线圈，短路后二次回路阻抗仅仅是二次绕组的阻抗，二次电流增大，电压互感器就有烧坏的危险。

② 电压互感器使用注意事项。使用电压互感器时必须注意以下事项。

a. 使用电压互感器时，其二次侧不允许短路，否则会产生很大的短路电流，烧毁电压互感器的绕组。因此，为防止短路，在电压互感器的一次侧和二次侧都装有熔断器。

b. 为确保安全，电压互感器的二次绕组连同铁芯一起，必须可靠接地。

c. 电压互感器二次侧不能并联过多的仪表，以免引起测量误差的增加。

(2) 电流互感器

图 3-54 是电流互感器的原理接线图，电流互感器的一次侧串联到被测电路中，二次侧与阻抗较小的测量仪表串联连接，如电流表、电能表的电流线圈等。电流互感器的一次绕组的匝数少，二次绕组的匝数多。由于二次

微课：3.9.3 (2)　　　微课：3.9.3 (3)

侧所接测量仪表的内阻抗很小，因此电流互感器正常运行时，相当于一台短路运行的升压变压器。

如果忽略励磁电流，则有

$$\frac{I_1}{I_2} = \frac{N_2}{N_1} = k_i \quad 或 \quad I_1 = k_i I_2$$

式中，k_i 为电流互感器的电流比。

通常电流互感器二次侧电流额定值为 5A 或 1A。实际使用的电流互感器总是存在误差的，根据误差的大小分为 0.2、0.5、1.0、3.0 和 10.0 几个等级。

① 电流互感器的特点。电流互感器是接近于短路运行的变压器，其基本原理与变压器没有多大差别，只是取其电流的变换罢了。

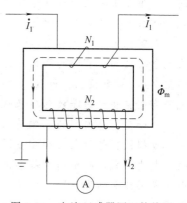

图 3-54　电流互感器原理接线图

但是，电流互感器与普通变压器毕竟有所不同，它有以下两个特点。

a. 电流互感器二次回路的负荷是电流表或继电器的电流线圈，阻抗小，相当于变压器的短路运行。而一次电流由线路的负荷决定，不由二次电流决定。因此，二次电流几乎不受二次负荷的影响，只随一次电流的改变而变化，所以能测量电流，且具有一定的精度。

b. 电流互感器二次绕组绝对不允许开路运行。这是因为二次电流对一次电流产生的磁

通是去磁的，一次电流一部分用以平衡二次电流，另一部分是励磁电流。如果二次开路，则一次电流全部是励磁电流，铁芯过饱和，产生很高的感应电动势，从而产生很高的电压，极不安全。同时铁芯损耗也增加，有烧坏互感器的可能，所以它不能开路运行。

② 电流互感器使用注意事项。使用电流互感器时必须注意以下几点。

a. 使用电流互感器时，其二次侧不允许开路。如果二次侧开路，一方面使铁损耗剧增，导致铁芯发热甚至烧毁绕组；另一方面二次侧会感应出高电压，会导致绕组绝缘击穿，从而危及工作人员以及其他设备的安全。因此，电流互感器在运行时，若需在二次侧拆装仪表，必须先将二次侧短路才能拆装。而且，在电流互感器的二次侧不允许装设熔断器。

b. 为安全起见，电流互感器的二次绕组必须可靠接地，以防止绝缘击穿后，电力系统的高电压危及二次侧工作人员和设备的安全。

● 小 结 ●

变压器是利用电磁感应原理将一种电压等级的交流电能变换为另一种同频率且不同电压等级的交流电能的静止电气设备，它在电力系统、变电所以及工厂供配电中得到了广泛的应用，以满足电能的传输、分配和使用。变压器的原理是基于电磁感应定律，因此磁场是变压器的工作媒介。

为了提高磁路的导磁性能，变压器采用了闭合铁芯；为了增加一、二次绕组之间的电磁耦合，将一、二次绕组套在同一个铁芯柱上。铁芯、绕组、油箱及绝缘套管等是变压器的主要部件，应了解这些部件的作用和构成。此外，还应注意变压器的额定容量、额定电压和额定电流的定义以及它们之间的关系。

根据变压器内部磁场的实际分布情况和所起的作用不同，把变压器的磁通分成主磁通和漏磁通两部分。主磁通沿铁芯闭合，在一、二次绕组内感应电动势 E_1 和 E_2，起传递电磁功率的媒介作用；漏磁通通过非铁磁材料闭合，只起电抗压降作用，而不直接参与能量传递。在变压器中主要存在电压平衡（又称电动势平衡）和磁动势平衡两个基本电磁关系，负载变化对一次侧的影响就是通过二次侧的磁动势起作用的。

在变压器中，既有电路问题，又有磁路问题，而且磁路和电路之间以及一次侧电路和二次侧电路之间又有磁的联系。为了把磁场的问题转化成电路问题，引入了电路参数——励磁阻抗 Z_m、漏电抗 $X_{1\sigma}$ 和 $X_{2\sigma}$，再经过折算，变压器中的电磁关系就可以用一个一、二次侧之间有电流联系的等效电路来代替。

分析变压器内部的电磁关系可采用三种方法：基本方程式、等效电路和相量图（注意，基本方程式、等效电路和相量图中的各个物理量均为相值）。基本方程式是电磁关系的一种数学表达形式，相量图是基本方程式的一种图形表示法，而等效电路是从基本方程式出发用电路来模拟实际变压器，因此，三者完全一致，知道了其中一种就可以推导出其他两种。由于解基本方程式组比较复杂，因此在实际工作中，如作定性分析可采用相量图，如作定量计算，则采用等效电路，特别是简化等效电路比较方便。

单相变压器的基本方程式、等效电路和相量图，对三相变压器对称运行同样适用，只是研究其中的一相而已。

无论列基本方程式、画相量图和等效电路，都必须首先规定各物理量的正方向。正方向规定得不同，方程式中各物理量的符号和相量图中各相量方向也不同。

励磁电抗 X_m 和漏电抗 $X_{1\sigma}$ 和 $X_{2\sigma}$ 是变压器的重要参数，电路中的每一个电抗都与磁场中的一个磁通相对应。X_m 对应于主磁通，$X_{1\sigma}$ 和 $X_{2\sigma}$ 则分别对应于一、二次绕组的漏磁通，由于主磁通沿铁芯闭合，受磁路饱和的影响，故参数 X_m 不是常数。漏磁通主要通过非铁磁性物质闭合，基本上不受铁芯饱和的影响，所以 $X_{1\sigma}$ 和 $X_{2\sigma}$ 基本上是常数。

电压变化率 $\Delta U\%$ 和效率 η 是变压器的主要性能指标。$\Delta U\%$ 的大小表明了变压器运行时副边电压的稳定性，效率 η 则表明运行的经济性。参数对 $\Delta U\%$ 和 η 有很大的影响，对已制成的变压器，参数可以通过空载试验和短路试验求取。从电压调整率的观点看，希望短路阻抗的标幺值 Z_k^* 小些，但 Z_k^* 过小，变压器短路电流过大，短路电磁力亦大，因此国家标准对各种容量变压器的 Z_k^* 都作了规定。

三相变压器的磁路系统可以分为各相磁路彼此没有关系的三相变压器组和三相磁路彼此有关系的三相芯式变压器两种。不同的磁路系统和联结方法对空载电动势波形有很大影响。

根据变压器一、二次侧的线电动势的相位差，把变压器的绕组联结分成了各种不同的联结组。不同的绕向、不同的联结和不同的标志有不同的联结组别。

三绕组变压器的工作原理与双绕组变压器一样，同样可以利用基本方程式、相量图、等效电路分析变压器的内部电磁过程。三绕组变压器内部的磁场分布比双绕组变压器更为复杂，但仍可划分为主磁通和漏磁通两类，不过漏磁通包括自漏磁通和互漏磁通两种，三绕组变压器的等效电抗是与这两种漏磁通相对应的电抗。三绕组变压器负载运行时，一个副绕组负载的变化对另一个副绕组端电压有影响。

自耦变压器的特点在于一、二次组之间不仅有磁的联系，而且还有电路上的直接联系，故从一次侧传递给二次侧的功率 S_{aN} 中，$\left(1-\dfrac{1}{k_a}\right)S_{aN}$ 是通过电磁感应关系传递的，而 $\dfrac{1}{k_a}S_{aN}$ 是通过电路上的联系直接传递的。由于通过电磁感应关系传递的功率小于变压器的额定容量，故与同容量的双绕组变压器相比，自耦变压器的计算容量小了，从而可节省材料、降低损耗，提高效率和缩小尺寸。但自耦变压器短路阻抗的标幺值较小，短路电流较大。

电流互感器和电压互感器的工作原理与变压器的相同，使用时应注意将它们的二次绕组接地，并注意电流互感器在一次侧接到电源上时，二次侧绝对不能开路，电压互感器在一次侧接到电源上时，二次侧绝对不能短路。

思考题与习题

3-1 三相油浸式电力变压器主要由哪几部分组成？各部分的作用是什么？

3-2 变压器铁芯的作用是什么？变压器的铁芯为什么要用 0.35mm 或 0.5mm 厚且表面涂有绝缘的硅钢片叠压而成，而不能用木质材料制成？

3-3 变压器有哪些主要的额定值？一次侧、二次侧额定电压的含义是什么？

习题微课：第3章

3-4 有一台 Yd 接法的三相变压器，额定容量 S_N 为 $500\mathrm{kV\cdot A}$，额定电压 U_{1N}/U_{2N} 为 $6/0.4\mathrm{kV}$，忽略变压器内部损耗，试求：

(1) 变压器的一、二次侧绕组的额定相电压。

(2) 变压器的一、二次侧额定电流。

(3) 变压器的一、二次绕组的额定相电流。

[(1) $U_{1N\phi}=3.46\mathrm{kV}$；$U_{2N\phi}=0.4\mathrm{kV}$；(2) $I_{1N}=48.1\mathrm{A}$；$I_{2N}=721.7\mathrm{A}$；(3) $I_{1N\phi}=48.1\mathrm{A}$；$I_{2N\phi}=416.7\mathrm{A}$]

3-5　变压器的主磁通与漏磁通有什么区别？在等效电路中是如何反映它们的作用的？

3-6　为了得到正弦感应电动势，当变压器铁芯不饱和时，励磁电流呈什么波形？当铁芯饱和时，励磁电流又呈什么波形？为什么？

3-7　一台 $f_N = 50Hz$，$U_N = 220V$ 的变压器，如果接到下列电源上，则变压器的励磁电流、励磁电抗、漏电抗、铁损耗和电压变化率将会有什么变化？

(1) $f = 60Hz$，$U_N = 220V$；

(2) $f = 60Hz$，$U = 5/6U_N$；

(3) $f = 25Hz$，$U = 110V$。

3-8　变压器绕组折算的原则是什么？如何将二次侧的各量折算到一次侧？

3-9　为什么变压器的空载损耗可以近似地看成是铁损耗，短路损耗可以近似地看成是铜损耗？

3-10　什么是变压器的电压变化率？它与哪些因素有关？

3-11　有一台单相变压器，额定容量 $S_N = 50kV \cdot A$，高、低压绕组均由两个线圈组成，高压侧每个线圈的额定电压为 1100V，低压侧每个线圈的额定电压为 110V。现将它们进行不同方式的连接，试问：可得几种不同的变比？每种连接时，高、低压侧的额定电流为多少？　[(1) $k = 10$，$I_{1N} = 22.73A$，$I_{2N} = 227.3A$；　(2) $k = 10$，$I_{1N} = 45.45A$，$I_{2N} = 454.5A$；　(3) $k = 20$，$I_{1N} = 22.73A$，$I_{2N} = 454.5A$；　(4) $k = 5$，$I_{1N} = 45.45A$　$I_{2N} = 227.3A$]

3-12　有一个单相变压器的铁芯，其导磁面积 $A = 120cm^2$，其磁通密度最大值 $B_m = 1.3T$，电源频率 $f_N = 50Hz$，欲制成额定电压 $U_{1N}/U_{2N} = 1000V/220V$ 的单相变压器，试计算一、二次绕组的匝数（不计漏阻抗）。[$N_1 \approx 289$；$N_2 \approx 64$]

3-13　一台 Yd 接法的三相变压器，$S_N = 750kV \cdot A$，$U_{1N}/U_{2N} = 10/0.4kV$，$f_N = 50Hz$。该变压器的空载试验在低压侧进行，额定电压时的空载电流 $I_0 = 65A$，空载损耗 $p_0 = 3.7kW$；短路试验在高压侧进行，额定电流时的短路电压 $U_k = 450V$，短路损耗 $p_k = 7.5kW$（环境温度为 25℃）。试求：

(1) 折算到变压器高压侧的参数，假设 $R_1 \approx R_2' = \frac{1}{2}R_k$，$X_{1\sigma} \approx X_{2\sigma}' = \frac{1}{2}X_k$。

(2) 绘出 T 型等效电路图，并标出各量的正方向。

[$Z_m = 2220.9\Omega$；$R_m = 182.5\Omega$；$X_m = 2213.4\Omega$；$Z_{K75℃} = 6.06\Omega$；

$R_1 \approx R_2' = \frac{1}{2}R_{k75℃} = 0.795\Omega$；$X_{1\sigma} \approx X_{2\sigma}' = \frac{1}{2}X_k = 2.925\Omega$]

3-14　有一台三相变压器，$S_N = 5600kV \cdot A$，$U_{1N}/U_{2N} = 10/6.3kV$，Yd11 联结组，变压器的空载及短路试验数据为

试验名称	线电压/V	线电流/A	三相功率/W	备注
空载	6300	7.4	6800	电压加在低压侧
短路	550	323	18000	电压加在高压侧

试求：

(1) 变压器参数的实际值及标幺值；

(2) 求满载 $\cos\varphi_2 = 0.8$（滞后）时的电压变化率 $\Delta U\%$；

(3) 求 $\cos\varphi_2 = 0.8$（滞后）时的额定效率。

[(1) $Z_m = 1237.1\Omega$；$R_m = 104.16\Omega$；$X_m = 1232.7\Omega$；$Z_k = 0.9831\Omega$；$R_k = 0.0575\Omega$；

$X_k = 0.981\Omega$；$Z_m^* = 69.31$；$R_m^* = 5.835$；$X_m^* = 69.06$；$Z_k^* = 0.0551$；$R_k^* = 0.00322$；$X_k^* = 0.055$；(2) $\Delta U\% = 3.56\%$；(3) $\eta_N = 99.45\%$]

3-15 三相组式变压器和三相芯式变压器的磁路系统各有什么特点？

3-16 三相变压器的联结组是由哪些因素决定的？

3-17 变压器并联运行时，应该满足什么条件？

3-18 如果两台容量不相等的变压器并联运行时，那么是希望容量大的变压器短路电压大一些好，还是小一些好？为什么？

3-19 根据图3-55中绕组的接线图，用相量图判断其联结组别。

[(a) Yy10；(b) Yy8；(c) Yd9；(d) Yd3]

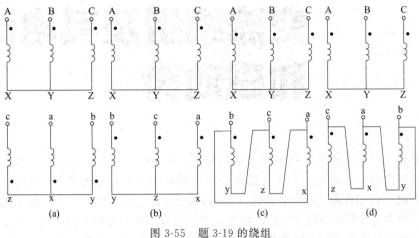

图3-55 题3-19的绕组

3-20 根据下列变压器的联结组别画出其接线图：

(1) Yy2；(2) Yd7；(3) Dy5

3-21 有两台并联运行的变压器，第一台变压器的 $S_{N\text{I}} = 1000\text{kV} \cdot \text{A}$，$U_{k\text{I}} = 6.5\%$，第二台变压器的 $S_{N\text{II}} = 2000\text{kV} \cdot \text{A}$，$U_{k\text{II}} = 7\%$，其联结组别均为 Yd11，额定电压均为 35/10.5kV。试求：

(1) 当总负载为 3000kV·A 时，每台变压器各分担多少负载？

(2) 在不允许任何一台变压器过载运行的情况下，两台并联运行的变压器输出的最大总负载是多少？设备利用率是多少？[(1) $S_{\text{I}} = 1050\text{kV} \cdot \text{A}$；$S_{\text{II}} = 1950\text{kV} \cdot \text{A}$；(2) $S_{\text{总}} = 2857.1\text{kV} \cdot \text{A}$；95.2%]

3-22 三绕组变压器等效电路中的电抗 X_1、X_2'、X_3' 与双绕组变压器的漏电抗有何不同？

3-23 什么是自耦变压器的额定容量、计算容量和传导容量？它们之间的关系是什么？

3-24 为什么电压互感器在运行时不允许二次侧短路？电流互感器在运行时不允许二次侧开路？

第4章

交流绕组及其电动势和磁动势

　　交流电机主要分为同步电机和异步电机两类。按转子结构形式不同，同步电机又分为凸极同步电机和隐极同步电机；异步电机又分为笼型异步电机和绕线型异步电机。同步电机主要用作发电机，也用作电动机和补偿机（又称调相机）；异步电机主要用作电动机，有时也用作发电机。两类电机虽然在转子结构、励磁方式和运行特性上有较大的区别，但定子结构、内部发生的电磁现象和机电能量转换原理却是基本相同的，因此存在许多共同问题，可以集中在一起进行研究，这就是本章所要研究的交流电机的定子绕组、电动势及磁动势等问题。

4.1 交流电机的基本工作原理

4.1.1 同步电机的基本工作原理

　　以三相同步发电机为例来说明。同步发电机是由定子和转子两部分组成，定、转子之间有气隙，如图 4-1 所示。定子上有 A、B、C 三相绕组（A、B、C 分别为三相绕组的首端，X、Y、Z 分别为三相绕组的末端），它们匝数相等，形状相同，在空间彼此相差 120°电角度；转子上装有励磁绕组，由直流电流励磁，设其方向如图 4-1 所示，则由其产生的磁力线由转子的 N 极出来，经气隙、定子铁芯、气隙，进入转子 S 极形成回路，如图 4-1 中的虚线所示。

　　如果用原动机拖动发电机沿顺时针方向恒速转动，则磁场的磁力线就要切割定子绕组的导体，在定子导体中产生感应电动势，设磁极磁场的磁通密度（以下简称磁密）在气隙圆周上按正弦规律分布，则导体感应电动势 e_c 随时间按正弦规律变化，即

$$e_c = blv = B_m lv \sin\omega t = E_{cm} \sin\omega t \tag{4-1}$$

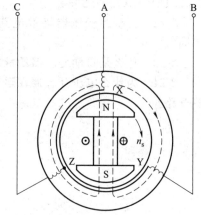

图 4-1　同步发电机的工作原理图

式中，b 为导体所在处的磁密；$E_{cm}=B_m lv$ 是导体感应电动势的最大值；B_m 为正弦波磁密的最大值；l 为导体的有效长度；v 为磁力线切割导体的线速度（或称导体切割磁力线的线速度），角速度 $\omega=2\pi f$，f 为电动势的频率。

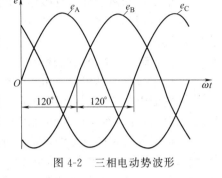

图 4-2 三相电动势波形

由于三相绕组在空间彼此相差 120°电角度，在图 4-1 所示的转向下，磁力线首先切割 A 相绕组，再切割 B 相和 C 相绕组。故在定子绕组中产生大小相同，相位互差 120°的电动势，设 A 相的初相角为零，则

$$
\left.
\begin{aligned}
e_A &= E_m\sin\omega t \\
e_B &= E_m\sin(\omega t-120°) \\
e_C &= E_m\sin(\omega t-240°)
\end{aligned}
\right\} \qquad (4\text{-}2)
$$

三相电动势的波形如图 4-2 所示。

由图 4-2 和式（4-1）及式（4-2）可见，三相交流电动势存在大小、频率、相位和对称等问题，这些内容将在后面进行讨论。

如果在图 4-1 所示的三相绕组的出线端接上三相负载，便有电能输出，也就是说发电机把机械能转换成了电能。

4.1.2 异步电机的基本工作原理

以异步电动机为例来说明：从结构上讲，异步电动机的定子结构与同步电机的结构是一样的，只是转子结构不同而已。图 4-3 为一笼型异步电动机的原理图，转子槽内有导体，导体两端用短路环连接形成一个闭合回路。当给定子绕组通上三相对称交流电流时，定子三相绕组中便产生了一个旋转的磁场（将在后面讨论），在图 4-3 中用 N、S 来表示，设定子磁场以 n_s 的速度沿顺时针方向恒速转动，则它的磁力线就要切割转子导体而产生感应电动势，其方向用图 4-3 中的 ⊕ 和 ⊙ 表示，由于转子绕组是闭合的，在感应电动势

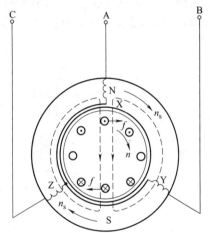

图 4-3 异步电动机的工作原理图

的作用下就要产生感应电流，其方向与感应电动势的方向相同，由于此时的导体变成了一个载流导体，载流导体在磁场中就要受到电磁力的作用，在该电磁力的作用下，使得转子沿顺时针方向转动，其方向如图 4-3 所示。若此时在轴上接上负载，电动机就带着负载转动起来，完成了将电能转换成机械能的过程。

4.2 交流绕组的基本要求和分类

(1) 对交流绕组的基本要求

交流绕组的功能是产生感应电动势、产生磁动势和进行能量转换，为使其效率高，对交流绕组的要求是：

① 在一定的导体数下，获得较大的基波电动势和基波磁动势；

② 三相绕组的基波电动势和磁动势必须对称，即三相大小相等，相位互差 120°，并且三相的阻抗也要相等；

③ 电动势和磁动势的波形尽可能接近正弦波形，幅值要大，谐波分量要小；

④ 绕组用铜量少，铜耗要小，工艺简单，便于安装检修，绝缘要可靠，机械强度高，散热条件要好。

（2）交流电机的绕组的分类

① 按相数分：单相、三相和多相。

② 按槽内层数分：单层绕组和双层绕组；单层绕组又分为同心式绕组，链式绕组和交叉式绕组；双层绕组又分为叠绕组和波绕组。

③ 按每极每相槽数是否是整数分：整数槽绕组和分数槽绕组。

交流电机绕组的种类虽然很多，但现代电机主要是采用三相双层绕组（用于 10kW 及以上电机），因为它能较好地满足上述要求，当然对 10kW 以下的电机，为嵌线方便，主要是采用单层绕组。

4.3 三相双层绕组

双层绕组的每个定子槽内放置上、下两个线圈边。每个线圈有两条嵌入槽内的直线边（称为有效导体或有效边），线圈的一条边嵌放在某一个槽的上层（称为线圈的上层边），线圈的另一条边嵌放在另一个槽的下层（称为线圈的下层边），一个线圈的两条边之间的距离相隔一个线圈节距 y_1，如图 4-4 所示，由图可见，整个绕组的线圈数正好等于槽数。

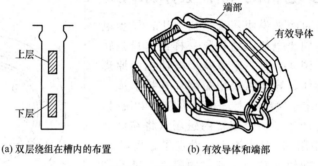

(a) 双层绕组在槽内的布置　　　(b) 有效导体和端部

图 4-4　双层绕组

三相双层绕组具有以下特点。

① 可以选取最有利的节距，同时采用分布绕组，来改善电动势和磁动势的波形，使之尽可能接近正弦波形。

② 所有的线圈具有同样的尺寸，便于制造。

③ 绕组端部形状排列整齐，有利于散热和增强机械强度。

4.3.1 槽电动势星形图

槽电动势星形图是分析绕组排列规律的一个有效方法，特别适用于分析比较复杂的绕组排列规律（如分数槽绕组，变极调速绕组等）时，概念比较清楚。

当把定子（在同步电机中又称电枢）上各槽内导体按正弦规律变化的电动势分别用相量表示时，这些相量就构成一个辐射星形图，称为槽电动势星形图。现用一台三相、四极、36槽的定子为例来说明槽电动势星形图的画法。

相邻两槽之间的距离用电角度表示时，称为槽距角，用 α 表示，由于一对磁极范围内的角度为 360°电角度，当电机有 p 对磁极时，定子圆周上就应为 $p \times 360$°电角度，故槽距角 α 为

$$\alpha = \frac{p \times 360°}{Z} \quad (电角度) \quad (4\text{-}3)$$

在本例中 $\alpha = \frac{p \times 360°}{Z} = \frac{2 \times 360°}{36} = 20°$

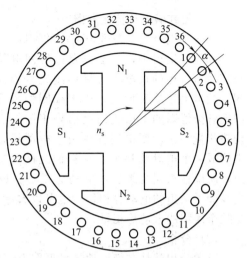

图 4-5　槽内导体沿定子周围的分布情况

式中，p 为极对数；Z 为定子槽数。在图 4-5 中，设 1 号槽的导体电动势用相量 1 表示，2 号槽的导体电动势用相量 2 表示，则在图 4-5 所示的转子转向下，2 号槽的导体电动势比 1 号槽的导体电动势滞后 20° 电角度，以后依此类推即可画出槽电动势星形图，一直到 18 号槽，完成了一对磁极下的槽电动势相量的画法；由于第 19 号槽所处的相位为：$18 \times 20° = 360°$，所以，19 号槽的电动势相量与 1 号槽的槽电动势相量相同，故二者的相位应重合，20 号槽电动势相量与 2 号槽的槽电动势相量同相位，以后仍然依此类推即可画出第二对磁极下相量图，如图 4-6 所示。一般说，如果电机有 p 对磁极，则应有 p 个重叠的槽电动势星形图。在槽电动势星形图中，每相所占的范围称为相带。按 60° 相带排列的绕组称为 60° 相带绕组，按 120° 相带排列的绕组称为 120° 相带绕组。由于 60° 相带绕组的合成电动势比 120° 相带绕组的合成电动势大，所以三相交流电机一般都采用 60° 相带绕组。故本章所介绍的交流绕组均为 60° 相带绕组。

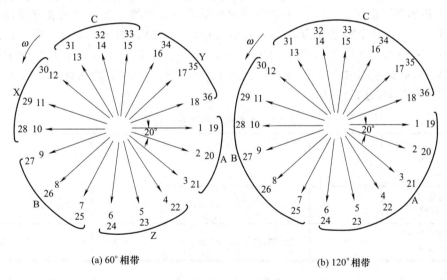

(a) 60° 相带　　　　　　　　　　　　(b) 120° 相带

图 4-6　槽电动势星形图

4.3.2　三相双层叠绕组

绕组嵌线时，相邻的两个线圈中后一个线圈紧"叠"在前一个线圈上，依次类推；然后把属于同一相的相邻线圈串联起来，这种连接的绕组称为叠绕组，图 4-7（a）为叠绕组的一个线圈。在这里仍以定子槽数 $Z = 36$，相数 $m = 3$，极数 $2p = 4$，并联支路数 $a = 1$ 的交流电机为例来说明展开图的绘制步骤。

(1) 绘制槽电动势星形图

由于本例极数、槽数与上面的相同，不再重述。

在双层绕组中，上层线圈边的槽电动势星形图与前面所叙述的槽电动势星形图完全相同，下层线圈边的槽电动势星形图取决于线圈的位置。如果我们把各个线圈的上层边的电动势相量与下层边的电动势相量相减，便得到各线圈的电动势相量，它们也构成一个电动势星形，且它们之间的夹角也为 α 角，所以在双层绕组里，电动势星形图既可以看做是线圈上层边的电动势相量，也可以看做是整个线圈的电动势相量，在下面的分析中就看做是整个线圈的电动势相量。

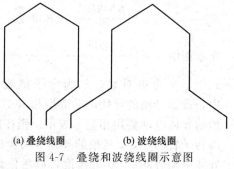

(a) 叠绕线圈　　　　(b) 波绕线圈

图 4-7　叠绕和波绕线圈示意图

(2) 分相

所谓分相就是在槽电动势星形图上划分各相所包含的槽号。分相的原则是使各相电动势最大，且三相要对称，为了使三相电动势相等，每相在每极下应占相等的槽数，该槽数称为每极每相槽数，用 q 表示

$$q = \frac{Z}{2pm} \text{（槽数/极相）} \tag{4-4}$$

在本例中

$$q = \frac{Z}{2pm} = \frac{36}{4 \times 3} = 3$$

根据分相原则和每极每相槽数 q，就可在电动势星形图上进行分相，如图 4-6 所示。

以 A 相为例，由于 $q=3$，A 相在每个磁极下应占 3 个槽，在一对磁极范围内，如果在 N 极下将 1、2、3 三个槽划分为 A 相，在旁边标以字母 A，如图 4-6（a）所示，为了使每相合成电动势最大，则应把 S 极下的 10、11、12 三个槽也划分为 A 相，标以字母 X。同样，在第二对磁极范围内，应把 19、20、21 和 28、29、30 六个槽也划分为 A 相。当然也可以用表格来表示，见表 4-1。

表 4-1　各相的槽号分配和相带

槽号　　　相带 磁极	A	Z	B	X	C	Y
第一对磁极下 （1～18 槽）	1、2、3	4、5、6	7、8、9	10、11、12	13、14、15	16、17、18
第二对磁极下 （19～36 槽）	19、20、21	22、23、24	25、26、27	28、29、30	31、32、33	34、35、36

同理为了使三相对称，B 相应落后于 A 相 120°电角度，故 B 相所包含的槽号为 7、8、9，16、17、18 和 25、26、27，34、35、36；而 C 相又落后于 B 相 120°电角度，故 C 相所包含的槽号为 13、14、15，22、23、24 和 31、32、33，4、5、6。

上述分相的特点是把每极下的电枢（定子）表面分为三等份，每相占一份，称为一个相带，而该相带的宽度为：$180°/m = 180°/3 = 60°$电角度，故称为 60°相带，如图 4-6（a）所示。如果把每对极下的电枢（定子）表面分为三等份，每相占一份，称为一个相带，而该相带的宽度为：$360°/m = 360°/3 = 120°$电角度，故称为 120°相带，如图 4-6（b）所示。三相异步电动机常用的是 60°相带绕组。120°相带绕组一般用于特殊场合（如单绕组变极多速三相异步电动机等）。

（3）绘制绕组展开图

绘制绕组展开图时应根据电动势星形图（或表 4-1）中分相的结果，把属于同一相的导体按一定的规律连接起来。绘制时首先把电枢（定子）从某一齿中心沿轴线切开，并展平在平面上，槽号的编号自左向右依次编排，编号的原则是线圈和线圈的上层边所在的槽编为同一号码，上层边用实线表示，下层边用虚线表示；把展开图上的槽分为 $2p$ 等分，每一份即为一个磁极范围内的长度，称为极距，用 τ 表示

$$\tau = \frac{Z}{2p} \text{（槽）} \tag{4-5}$$

在本例中 $\tau = \frac{Z}{2p} = \frac{36}{4} = 9$，磁极画在展开图的上面，每个线圈上层边与下层边的距离称为线圈的节距，用 y_1 表示

$$y_1 = \frac{Z}{2p} \pm \varepsilon \text{（槽／极）} \tag{4-6}$$

这里 ε 为一个真分数，引入 ε 的目的是为了使 y_1 凑成整数。当 $\varepsilon = 0$ 时，$y_1 = \tau$，称为整距绕组，当 ε 前取正号时，$y_1 > \tau$，称为长距绕组，当 ε 前取负号时，$y_1 < \tau$，称为短距绕组。在实际中，为改善电动势波形和节约材料，一般都采用短距绕组。在此若取线圈的节距 $y_1 = 7$，设 1 号线圈的一条边放在 1 号槽的上层，则另一条边应放在 8 号槽的下层。同理，2 号线圈的一条边应放在 2 号槽的上层，则另一条边应放在 9 号槽的下层，以此类推，如图 4-8 所示。

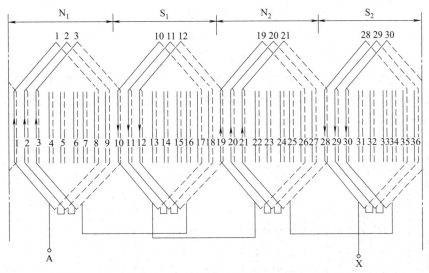

图 4-8 三相双层叠绕组中 A 相绕组的展开图

以 A 相为例，根据图 4-6（a）中 A 相带所属的线圈相量，将上层边在第一对磁极下的 1、2、3 号 3 个线圈串联起来（线圈 1 的尾端与线圈 2 的首端接在一起，其他以此类推）得到一个线圈组，同样将 X 相带的 10、11、12 号 3 个线圈，第二对磁极下 A 相带的 19、20、21 号 3 个线圈，X 相带的 28、29、30 号 3 个线圈分别串联起来，组成了四个线圈组。如图 4-8 所示。从图中可见，每个线圈组的合成电动势大小相等，相位相同或相反，故每个线圈组可以独立成为一条支路。这样对于双层绕组，如果电机有 $2p$ 个磁极，每相便有 $2p$ 个线圈组，它们既可串联，也可并联，故每相最大并联支路数 a_{man} 等于极数，即

$$a_{man} = 2p \tag{4-7}$$

对具体电机而言，各线圈组是串联还是并联，视所选的并联支路数 a 而定，在本例中若选 $a = 1$，则应将四个线圈组串联起来，为了使整个线圈组的电动势相加，线圈组串联时应采

用"头接头，尾接尾"（一般规定将绕组展开图中每个线圈左侧的引出线称为头或首端，将线圈右侧的引出线称为尾或末端）的规律，如图 4-8 所示。这时 A 相绕组所包含的 12 个线圈的连接次序如下。

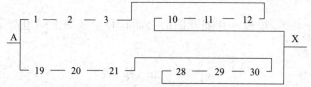

如果希望得到两条支路，即 $a=2$，此时应将第一对磁极下和第二对磁极下的线圈组分别串联起来，然后再并联即可，这时 A 相绕组所包含的 12 个线圈的连接次序如下。

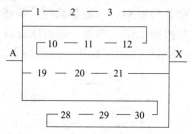

如果希望得到四条支路，即 $a=4$，此时应将四个线圈组全部并联即可，这时 A 相绕组所包含的 12 个线圈的连接次序如下。

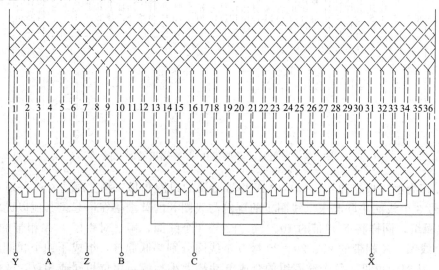

同理，按同样的规律就可以将 B 相和 C 相绕组画出来（注意：B 相绕组的首端应滞后 A 相绕组的首端 120°电角度；C 相绕组的首端应滞后 B 相绕组的首端 120°电角度），得到三相双层叠绕组的展开图，如图 4-9 所示。

图 4-9　三相双层叠绕组展开图

4.3.3　三相双层波绕组

对多极、并联导体截面较大的交流电机，为节约极间连线用铜量，常采用波绕组。图 4-7（b）为波绕组的一个线圈。

波绕组的连接特点是：两个相连接的线圈呈波浪式的前进，如图 4-10 所示，与叠绕组相比较，二者的相带划分和槽号分配完全相同，但线圈之间的连接次序和端部形状不同，波绕组的连接规律是：把所有同一种极性（如 N 极）下属于同一相的线圈按波浪形状依次连接起来，组成一组，再把另一种极性（如 S 极）下属于同一相的线圈按波

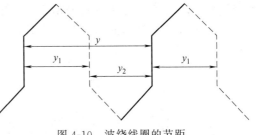

图 4-10　波绕线圈的节距

浪形状也连接起来，组成另一组，然后把它们串联或并联，构成一相绕组。

下面仍以定子槽数 $Z=36$，相数 $m=3$，极数 $2p=4$，并联支路数 $a=1$ 的交流电机为例来说明绕组展开图的画法。

(1) 槽电动势星形图和分相的结果与叠绕组相同。

(2) 求绕组的节距

① 合成节距 y：相串联的两个相邻线圈对应边之间的距离称为合成节距，用 y 表示。由于波绕组是将同极性下的两个线圈串联起来，故每次向前推进 2τ 距离，即

$$y=\frac{Z}{p}（槽）\tag{4-8}$$

这样在绕组串联 p 个线圈后（沿定子绕了一圈），绕组将回到原来出发的槽号，形成一个闭合回路而无法继续向下绕，因此为了把所有属于同一相的线圈串联起来，每绕完一圈后，必须人为地前进或后退一个槽，才能继续绕下去。在本例中

$$y=\frac{Z}{p}=\frac{36}{2}=18（槽）$$

② 第一节距 y_1：某一线圈两个有效边之间的距离称为第一节距，用 y_1 表示。为使合成电动势的波形接近于正弦波，常采用短距绕组，即 $y_1<\tau$。本例中 $\tau=\dfrac{Z}{2p}=\dfrac{36}{4}=9$（槽），所以在这里取

$$y_1=8（槽）$$

③ 第二节距 y_2：前一个线圈的下层边和与它相串联的第二个线圈的上层边之间的距离称为第二节距，用 y_2 表示。

$$y_2=y-y_1（槽）\tag{4-9}$$

在本例中，$y_2=y-y_1=18-8=10$。

仍以 A 相为例：设绕组从 3 号槽作为起点，3 号线圈的一条边放在 3 号槽的上层（用实线表示），因 $y_1=8$，所以 3 号线圈的另一条边应放在 11 号槽的下层（用虚线表示），因 $y_2=10$，所以与 3 号线圈串联的下一个线圈的一个边应放在 21 号槽的上层，而该线圈的另一条边则应放在 29 号槽的下层，第三个线圈的一个边应放在（$29+10=39=36+3$），即应放在 3 号槽上层，但这里已经放了一个线圈，不能再放了，因此无法向下进行；为继续绕下去，应将第三个线圈的一条边放到 2 号槽的上层，以后依此类推即可。这样 A 相绕组的连接次序（即线圈上层的连接次序）如下。

N_1,N_2 磁极下

A(头) —— A_1 — 3 —— 21 —— 2 —— 20 — 1 — 19 — A_2

S_1,S_2 磁极下

X(尾) —— X_1 — 30 —— 12 — 29 — 11 — 28 — 10 — X_2

为清楚起见，在图 4-11 中，只给出了 A 相绕组的展开图，要画出 B 相和 C 相绕组的展开图，只需在 A 相展开图的基础上，分别向后移 120° 和 240° 电角度就可以了。

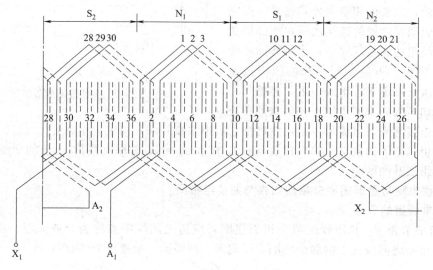

图 4-11　三相双层波绕组中 A 相绕组的展开图（$Z=36$，$2p=4$，$a=1$）

4.4 三相单层绕组

单层绕组在每个槽中只有一个线圈边，故线圈数为槽数的 1/2；嵌线方便，没有层间绝缘，实际中又采用多匝软线圈，因此槽利用率高；它的主要缺点是不能选择节距来抑制高次谐波，因此绕组中产生的电动势和磁动势的波形较差，一般用于 10kW 以下的三相异步电机中。

4.4.1　三相单层同心式绕组

特点：嵌线方便，端部重叠层数少，便于布线，散热好；但线圈大小不等，绕线不方便。主要用于两极的小型电机。

以相数 $m=3$，极数 $2p=2$，定子槽数 $Z=24$，并联支路数 $a=1$ 的交流电机为例说明。

计算每极每相槽数

$$q=\frac{Z}{2pm}=\frac{24}{2\times3}=4\text{（槽/极相）}$$

计算槽距角

$$\alpha=\frac{p\times360°}{Z}=\frac{1\times360°}{24}=15°$$

按最大电动势原则，将定子分成六个相带，如表 4-2 所示。

表 4-2　同心式绕组各相的槽号分配和相带

相带	A	Z	B	X	C	Y
槽号	23、24、1、2	3、4、5、6	7、8、9、10	11、12、13、14	15、16、17、18	19、20、21、22

画展开图的步骤如下。

① 画出 24 个槽。

② 画出磁极的宽度。极距 $\tau=\dfrac{Z}{2p}=\dfrac{24}{2}=12$ 槽/极，设在 N 极下包含 3～14 号槽，在 S

极下包含15～24号槽和1、2号槽。

③ 同心式绕组的特点是：线圈的节距不等，大线圈套着小线圈。这样做的目的是在不改变线圈有效边所在位置的前提下，缩短端部的连接部分，以达到节约铜线的目的。因此可选节距 $y_1=9$（2～11号槽，14～23号槽）组成小线圈，$y_2=11$（1～12号槽，13～24号槽）组成大线圈，并按在同一极性下，线圈有效边所流过的电流方向相同的原则将四个线圈连接起来，就组成了A相绕组。如图4-12所示。

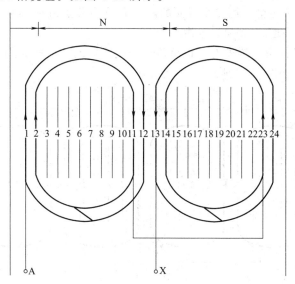

图 4-12　单层同心式绕组中A相的展开图
($Z=24$，$2p=2$，$a=1$)

④ 根据三相互差120°，画出三相绕组展开图。为清楚起见，图4-12中只画A相绕组，B、C两相绕组只需将A相绕组后移120°和240°电角度，即分别后移120°/15°＝8槽和240°/15°＝16槽即可。

4.4.2　三相单层链式绕组

特点：具有相同的节距，一环套着一环形如长链，用槽数表示时，链式线圈的节距恒为奇数。主要用于 q 为偶数的小型四极、六极感应电机中。

以相数 $m=3$，极数 $2p=4$，定子槽数 $Z=24$，并联支路数 $a=1$ 的交流电机为例说明。

计算每极每相槽数　　　　$q=\dfrac{Z}{2pm}=\dfrac{24}{4\times3}=2$（槽/极相）

计算槽距角　　　　　　　$\alpha=\dfrac{p\times360°}{Z}=\dfrac{2\times360°}{24}=30°$

将定子分成 $4\times3=12$ 个相带。每个相带内2槽。见表4-3所示。

表 4-3　链式绕组各相的槽号分配和相带

槽号＼相带　　磁极	A	Z	B	X	C	Y
N_1、S_1	1、2	3、4	5、6	7、8	9、10	11、12
N_2、S_2	13、14	15、16	17、18	19、20	21、22	23、24

画展开图的步骤。

① 画出 24 个槽。

② 画出磁极的宽度。极距 $\tau = \dfrac{Z}{2p} = \dfrac{24}{4} = 6$ 槽/极，设在 N 极下分别包含 1～6 号槽，13～18 号槽；在 S 极下分别包含 7～12 号槽，19～24 号槽。

③ 以 A 相为例，按照端部最短的原则，选取节距 $y_1 = 5 < \tau$，即第一个线圈的两个有效边分别放在 2 号槽和 7 号槽，第二个线圈的两个有效边分别放在 8 号槽和 13 号槽，以后的次序分别为 14 和 19 号槽，20 和 1 号槽。

④ 按在同一种极性下，线圈有效边所流过的电流方向相同的原则将四个线圈串联起来，就组成了 A 相绕组。如图 4-13 所示。

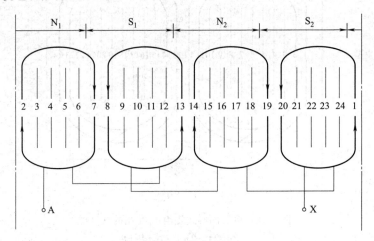

图 4-13　单层链式 A 相绕组的展开图（$Z = 24$，$2p = 4$，$a = 1$）

⑤ 为清楚起见，图中只画 A 相绕组，B、C 两相绕组只需将 A 相绕组后移 120° 和 240° 电角度，即分别后移 120°/30° = 4 槽和 240°/30° = 8 槽即可。

4.4.3　三相单层交叉式绕组

特点：①用于 q 为奇数的四极或六极三相小型异步电动机的定子绕组；②采用不等距线圈，便于布线；③线圈端部连接线短，可以节省铜线。

以相数 $m = 3$，极数 $2p = 4$，定子槽数 $Z = 36$，并联支路数 $a = 1$ 的交流电机为例说明。

计算每极每相槽数　　　$q = \dfrac{Z}{2pm} = \dfrac{36}{4 \times 3} = 3$（槽/相极）

计算槽距角　　　$\alpha = \dfrac{p \times 360°}{Z} = \dfrac{2 \times 360°}{36} = 20°$

将定子分成 $4 \times 3 = 12$ 个相带，见表 4-4。

表 4-4　交叉式绕组各相的槽号分配和相带

槽号　　　相带 磁极	A	Z	B	X	C	Y
N_1、S_1	1、2、3	4、5、6	7、8、9	10、11、12	13、14、15	16、17、18
N_2、S_2	19、20、21	22、23、24	25、26、27	28、29、30	31、32、33	34、35、36

画展开图的步骤。

① 画出 36 个槽。

② 画出磁极的宽度，$\tau = \dfrac{Z}{2p} = \dfrac{36}{4} = 9$（槽/极），设在 N 极下分别包含 1~9 号槽，19~27 号槽，在 S 极下分别包含 10~18 号槽，28~36 号槽。

③ 以 A 相为例，按照端部最短的原则，在第一对磁极下，将第一个线圈的两个有效边分别放在 2 号槽和 10 号槽，第二个线圈的两个有效边分别放在 3 号槽和 11 号槽，组成两个节距 $y = 8$（$< \tau$）的大线圈，然后再将另一个线圈的两个有效边放到 12 号槽和 19 号槽，组成一个节距 $y = 7$ 的小线圈。在第二对磁极下，两个大线圈的槽号分别为 20、28 号槽和 21、29 号槽，一个小线圈的槽号为 30、1 号槽。在两对磁极下依次按"两大一小，两大一小"交叉布置，可得 A 相绕组的展开图，如图 4-14 所示。

④ 为清楚起见图中只画 A 相，B、C 两相只需后移 120° 和 240° 电角度，即分别向后移 120°/20° = 6 槽和 240°/20° = 12 槽即可。

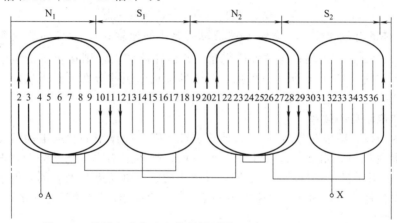

图 4-14 单层交叉式 A 相绕组展开图（$Z = 36$，$2p = 4$，$a = 1$）

4.5 正弦磁场下交流绕组的感应电动势

交流电动势有大小、频率、波形和对称等问题，要解决其大小、频率和对称问题比较容易，但要得到严格的正弦波电动势波形则比较困难，实际中只要求电动势的波形接近正弦波能够满足工程的需要就可以了；实践证明，在设计电机时，只要采取合理的措施，就能达到这个要求。在本节的讨论中就要解决这些问题。

微课：4.5（上）

微课：4.5（下）

本节的思路是首先分析一根导体的感应电动势，再求出线圈的感应电动势，然后根据线圈的连接方式，导出整个绕组的电动势。

4.5.1 导体的感应电动势

图 4-15（a）表示一台两极、单根导体的交流发电机，当原动机带动转子磁极转动后，在导体中将产生感应电动势。

设气隙磁场按正弦分布　　　　　　　　　　$b = B_{\mathrm{m}} \sin\alpha$　　　　　　　　　　（4-10）

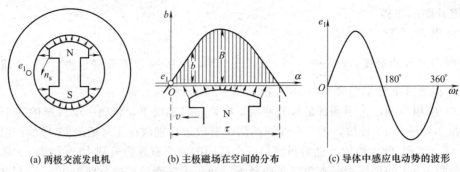

(a) 两极交流发电机　　　(b) 主极磁场在空间的分布　　　(c) 导体中感应电动势的波形

图 4-15　气隙磁场正弦分布时导体内的感应电动势

式中，B_m 为气隙磁密的最大值；α 为距离原点的电角度，坐标原点取在转子主磁极之间的分界线上，当 $t=0$ 时，导体位于原点上。设转子以 ω 的角速度沿逆时针方向旋转时，导体中感应电动势的大小为

$$e_1 = blv = B_m l v \sin\alpha = \sqrt{2} E_1' \sin\omega t \tag{4-11}$$

式中，l 为导体的有效长度；v 为转子磁场切割导体的速度；E_1' 为导体感应电动势的有效值，$E_1' = B_m l v / \sqrt{2}$，当磁场按正弦规律变化，并恒速旋转时，则在定子绕组中产生的感应电动势的波形如图 4-15（c）所示。可见：若磁场按正弦规律分布，且磁极匀速转动时，则定子导体中产生的感应电动势是随时间按正弦规律变化的。

（1）正弦电动势的频率

若电机为两极，即极对数 $p=1$，每秒转子转一圈，导体中的感应电动势变化一周，即 $f=1$；若电机为四极，则 $p=2$，每秒转子转一圈，导体中的感应电动势变化两周，即 $f=2$；若电机为 p 对磁极，每秒转子转一圈，导体中的感应电动势变化 p 周，即 $f=p$。

设转子每分钟的转速为 n_s，每秒转子旋转 $n_s/60$ 圈，感应电动势的变化频率为

$$f = \frac{p n_s}{60} \tag{4-12}$$

我国工业标准频率为 50Hz，故 $p n_s = 60f = 60 \times 50 = 3000 \text{r/min}$，式中的转速 n_s 称为同步转速。

（2）导体感应电动势的有效值

$$E_1' = \frac{B_m l v}{\sqrt{2}} = \frac{B_m l}{\sqrt{2}} \times \frac{\pi D_i n_s}{60} = \frac{B_m l}{\sqrt{2}} \times \frac{\pi D_i}{2p} \times \frac{2 p n_s}{60} = 2 \frac{B_m l}{\sqrt{2}} \tau f \tag{4-13}$$

式中，D_i 为定子铁芯内圆直径，当主磁场按正弦规律分布时，则一个磁极下的平均磁密为

$$B_{av} = \frac{2}{\pi} B_m$$

$$\Phi_1 = B_{av} l \tau = \frac{2}{\pi} B_m l \tau \tag{4-14}$$

将（4-14）代入式（4-13）得

$$E_1' = 2 \frac{B_m l}{\sqrt{2}} \tau f = \frac{2}{\sqrt{2}} f \frac{\pi \Phi_1}{2} = 2.22 f \Phi_1 \tag{4-15}$$

4.5.2　整距线圈的感应电动势

由于导体中的感应电动势是按正弦规律变化的，故可用相量来表示和计算。

在整距（$y_1 = \tau$）单匝线圈中，当一根导体处于 N 极正中央时，另一根则处于 S 极正中

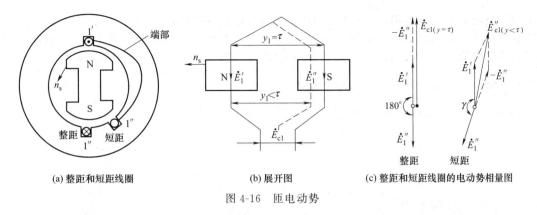

(a) 整距和短距线圈　　　　　　(b) 展开图　　　　　　(c) 整距和短距线圈的电动势相量图

图 4-16　匝电动势

央，如图 4-16（a）、（b）所示，由于两根导体中的感应电动势始终是大小相等，方向相反，但在线圈内正好相加，若把两个有效边的电动势的方向都规定为从上向下，如图 4-16（b）所示，则用相量表示［图 4-16（c）］时，两有效边的相量 $\dot{E}'_1$ 和 $\dot{E}''_1$ 方向正好相反，即它们在时间上相差 180°，根据电路定律，可得整距绕组中的感应电动势。

图 4-16 匝电动势计算

$$\dot{E}_{c1} = \dot{E}'_1 - \dot{E}''_1 = 2\dot{E}'_1 \tag{4-16}$$

所以单匝线圈电动势的有效值为

$$E_{c1(N_c=1)} = 2E'_1 = 4.44f\Phi_1 \tag{4-17}$$

若线圈的匝数为 N_c 匝，则

$$E_{c1(y_1=\tau)} = 4.44fN_c\Phi_1 \tag{4-18}$$

4.5.3　短距线圈的感应电动势和短矩系数

在 10kW 及以上电机的定子绕组中，一般都采用短矩绕组，即线圈节距 $y_1 < \tau$，用电角度表示线圈的节距时，$\gamma = \dfrac{y_1}{\tau} \times 180°$，如图 4-16（c）所示，设线圈为单匝，则两根有效边所产生的电动势 $\dot{E}'_1$ 和 $\dot{E}''_1$ 不再是正好相差 180°，它们之间相差 γ 电角度，此时

$$\dot{E}_{c1} = \dot{E}'_1 - \dot{E}''_1 = E_1 \angle 0° - E_1 \angle \gamma \tag{4-19}$$

由图 4-16（c）中的相量关系，可求出单匝短矩线圈电动势的有效值为

$$E_{c1(y_1<\tau)} = 2E'_1 \cos\frac{180° - \gamma}{2} = 2E'_1 \sin\frac{y_1}{\tau}90° = 4.44fk_{p1}\Phi_1 \tag{4-20}$$

若线圈的匝数为 N_c，则电动势的有效值为

$$E_{c1(y_1<\tau)} = 4.44fN_ck_{p1}\Phi_1 \tag{4-21}$$

式中

$$k'_{p1} = \frac{E_{c1(y_1<\tau)}}{E_{c1(y_1=\tau)}} = \sin\frac{y_1}{\tau}90° \tag{4-22}$$

k_{p1} 称为线圈的基波短距系数（又称为线圈的基波短距因数）。其含义是：线圈采用短距时所产生的感应电动势比采用整距时所产生的感应电动势小而打的折扣。

线圈采用短距时虽然会使基波电动势有些减小，但当气隙中有谐波存在时，它可以有效地抑制谐波电动势，有效地改善电动势波形，因此现在的 10kW 以上电机交流绕组都采用短距绕组。

4.5.4　分布绕组的感应电动势、分布系数和绕组系数

实际电机中，无论是双层绕组还是单层绕组，每个线圈组都是由 q 个线圈串联组成的，所以线圈组的电动势等于 q 个串联线圈电动势的相量和，由于每个线圈嵌放在不同的槽内，

线圈在空间的位置互不相同，这样就形成了分布绕组。在分布绕组中，由于每个线圈电动势的有效值相等，相位上相差 α 角（即槽距角），因此线圈组的合成电动势 E_{q1} 不能按一个线圈感应电动势的 q 倍去求，而应为这 q 个线圈电动势相量的相量和。现以 $m=3$，$2p=4$，$Z=36$ 槽的定子绕组为例进行说明。在这里 $\alpha=\dfrac{p\times360°}{Z}=\dfrac{2\times360°}{36}=20°$，$q=\dfrac{Z}{2pm}=\dfrac{36}{4\times3}=3$，据此可以用相量加法求出线圈组的电动势，如图 4-17 所示。

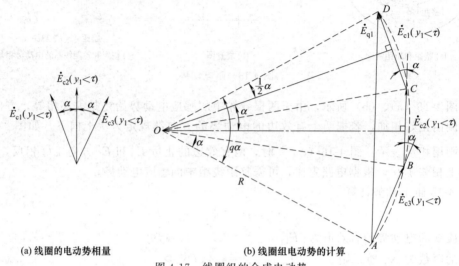

(a) 线圈的电动势相量　　　　　　　　(b) 线圈组电动势的计算

图 4-17　线圈组的合成电动势

首先画出 q 个线圈电动势的相量图 $\dot{E}_{c1}$（$y_1<\tau$）、$\dot{E}_{c2}$（$y_1<\tau$）、$\dot{E}_{c3}$（$y_1<\tau$），它们之间相差 α 角，再画出线圈电动势相量所组成的正多边形的外接圆，如图 4-17 中的虚线，并确定其圆心 O，每个线圈电动势相量所对应的圆心角均为 α，q 个线圈电动势所对应的圆心角为 $q\alpha$，从图中可见，线圈组电动势的有效值为

$$E_{q1}=\overline{AD}=2R\sin\frac{q\alpha}{2} \tag{4-23}$$

式中，R 为外接圆的半径。由图 4-17 可求得 $R=\dfrac{E_{c1(y_1<\tau)}}{2\sin\dfrac{\alpha}{2}}$，代入式（4-23）可得

$$E_{q1}=2E_{c1(y_1<\tau)}\frac{\sin\dfrac{q\alpha}{2}}{2\sin\dfrac{\alpha}{2}}=qE_{c1(y_1<\tau)}\frac{\sin\dfrac{q\alpha}{2}}{q\sin\dfrac{\alpha}{2}}=qE_{c1(y_1<\tau)}k_{d1} \tag{4-24}$$

式中

$$k_{d1}=\frac{E_{q1}}{qE_{c1(y_1<\tau)}}=\frac{\sin\dfrac{q\alpha}{2}}{q\sin\dfrac{\alpha}{2}} \tag{4-25}$$

k_{d1} 称为绕组的基波分布系数（又称分布因数）。其含义是：由于绕组分布在不同的槽内，使得 q 个分布线圈组成的线圈组的合成电动势 E_{q1} 小于 q 个集中线圈组成的线圈组的合成电动势 qE_{c1} 而打的折扣。

再将式（4-21）代入式（4-24）

$$\begin{aligned}E_{q1}&=qE_{c1(y_1<\tau)}k_{d1}=q\times4.44fN_ck_{p1}\Phi_1k_{d1}\\&=4.44f(qN_c)(k_{p1}k_{d1})\Phi_1=4.44f(qN_c)k_{w1}\Phi_1\end{aligned} \tag{4-26}$$

式中
$$k_{w1} = k_{p1}k_{d1} \tag{4-27}$$

k_{w1} 称为基波绕组系数（又称为基波绕组因数）。其含义是既考虑绕组的短距，又考虑绕组的分布时，每个线圈组的合成电动势比整距集中绕组的合成电动势小所打的总折扣。

4.5.5　相电动势和线电动势

把一相中所串联的线圈组电动势相加就得到相电动势。整个电机共有 $2p$ 个磁极，这些磁极下属于同一相的线圈组根据设计要求既可串联，也可并联，设一相绕组的串联匝数（即每相每条支路的匝数）为 N，则一相的电动势为
$$E_{\phi1} = 4.44fNk_{w1}\Phi_1 \tag{4-28}$$

上式即为求交流绕组感应电动势的基本公式。可见该式与变压器感应电动势的表达式相比，式中多了 k_{w1}，这是因为变压器中线圈绕组都是集中绕组，$k_{w1}=1$ 而已。

对单层绕组，由于每个线圈占有两个槽，故每相的线圈数等于每相所占槽数 $2pq$ 的 $1/2$：若每个线圈为 N_c 匝，则每相共有 pqN_c 匝，若绕组的并联支路数为 a，则每相的串联匝数为
$$N = \frac{p}{a}qN_c \tag{4-29}$$

对双层绕组，由于线圈数是单层绕组的 2 倍，故
$$N = \frac{2p}{a}qN_c \tag{4-30}$$

相电动势求出后，根据三相绕组的连接方法就可以求出线电动势，三角形联结时，线电动势等于相电动势，星形联结时，线电动势是相电动势的 $\sqrt{3}$ 倍。

【例 4-1】　有一台三相同步发电机，$2p=4$，同步转速 $n_s=1500\text{r/min}$，定子槽数 $Z=120$，绕组为双层，星形联结，节距 $y_1=\dfrac{5}{6}\tau$，每相串联总匝数 $N=20$，设气隙磁场为正弦分布，基波磁通量 $\Phi_1=1.48\text{Wb}$。求气隙磁场在定子绕组内感应的：①电动势的频率；②基波电动势的短距系数、分布系数和绕组系数；③相电动势和线电动势。

解　①电动势的频率
$$f = \frac{pn_s}{60} = \frac{2 \times 1500}{60} = 50 \text{（Hz）}$$

② 基波电动势的短距系数和分布系数
$$k_{p1} = \sin\frac{y_1}{\tau}90° = \sin\frac{5}{6} \times 90° = 0.966$$

$$q = \frac{Z}{2pm} = \frac{120}{4 \times 3} = 10$$

$$\alpha = \frac{p360°}{Z} = \frac{2 \times 360°}{120} = 6°$$

$$k_{d1} = \frac{\sin\dfrac{q\alpha}{2}}{q\sin\dfrac{\alpha}{2}} = \frac{\sin\dfrac{10 \times 6°}{2}}{10\sin\dfrac{6°}{2}} = 0.955$$

$$k_{w1} = k_{p1}k_{d1} = 0.966 \times 0.955 = 0.923$$

③ 相电动势和线电动势
$$E_{\phi1} = 4.44fNk_{w1}\Phi_1 = 4.44 \times 50 \times 20 \times 0.923 \times 1.48 = 6065 \text{（V）}$$

$$E_{L1} = \sqrt{3}E_{\phi1} = 6065\sqrt{3} = 10505 \text{（V）}$$

4.6 感应电动势中的高次谐波

在实际电机中，由于种种原因，主磁场在气隙中并非完全按正弦规律分布，因此定子绕组内的感应电动势也不完全是正弦波，即除了正弦波的基波外还有一系列高次谐波。

4.6.1　高次谐波电动势

(1) 谐波电动势

在凸极同步电机中，磁极磁场沿电枢表面的分布一般呈平顶形，主要是由于主磁极的外形没有进行特殊设计，再加上铁芯的饱和，致使气隙磁场在空间按非正弦规律分布。如图 4-18 中的实线所示，应用傅氏级数可将其分解为基波和一系列的高次谐波，由于主磁场的分布以磁极中心线对称分布，且在 N 极下和在 S 极下磁场的分布是对称的，故磁密的空间谐波中只有奇次谐波，即 $\nu =$ 1，3，5，…。ν 为谐波次数，为清楚起见，在图中只画出了基波、3 次和 5 次谐波，如图 4-18 中的虚线所示。

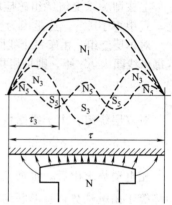

图 4-18　凸极同步电机的主极磁场（实线为实际分布，虚线为基波和 3 次、5 次谐波）

由图 4-18 中可见，ν 次谐波磁场的极对数 p_ν 为基波磁场极对数 p 的 ν 倍，而极距 τ_ν 则为基波的 $1/\nu$，即

$$p_\nu = \nu p \qquad \tau_\nu = \frac{1}{\nu}\tau \qquad (4\text{-}31)$$

由于谐波磁场也因转子的旋转而形成旋转磁场，其转速等于转子转速，即 $n_\nu = n_s$，但因 $p_\nu = \nu p$，故在定子绕组内感应出的高次谐波电动势的频率为

$$f_\nu = \frac{p_\nu n_\nu}{60} = \frac{\nu p}{60} n_s = \nu f_1 \qquad (4\text{-}32)$$

式中，$f_1 = \dfrac{p n_s}{60}$ 为基波的频率，根据式 (4-28) 的类似推导，可得谐波电动势的有效值为

$$E_{\phi\nu} = 4.44 f_\nu N k_{w\nu} \Phi_\nu \qquad (4\text{-}33)$$

式中，Φ_ν 是 ν 次谐波的每极磁通量。用 ν 次谐波磁场的幅值 $B_{\nu m}$、极距 τ_ν 和线圈有效长度 l 表示时

$$\Phi_\nu = \frac{2}{\pi} B_{\nu m} \tau_\nu l \qquad (4\text{-}34)$$

$k_{w\nu}$ 为 ν 次谐波的绕组系数，与基波绕组系数类似，等于 ν 次谐波的短距系数 $k_{p\nu}$ 和分布系数 $k_{d\nu}$ 的乘积，即

$$k_{w\nu} = k_{p\nu} k_{d\nu} \qquad (4\text{-}35)$$

对基波来说，短距角和槽距角分别为 γ 和 α 电角度，对 ν 次谐波来说，由于极对数是基波的 ν 倍，所以短距角和槽距角也应分别为 $\nu\gamma$ 和 $\nu\alpha$ 电角度，由此可得 ν 次谐波的短距系数 $k_{p\nu}$ 和分布系数 $k_{d\nu}$ 为

$$k_{p\nu} = \sin\nu \frac{y_1}{\tau} 90° \qquad k_{d\nu} = \frac{\sin\nu \dfrac{q\alpha}{2}}{q\sin\nu \dfrac{\alpha}{2}} \qquad (4\text{-}36)$$

(2) 齿谐波电动势

现代交流电机的定子铁芯的内圆上均开有开口槽或半开口槽，其目的有二：一是将定子

绕组嵌放在槽内，以便固定；二是与无槽的定子铁芯相比，可以减小气隙，在保证一定磁通的情况下可以减小磁动势和励磁电流，提高交流电机的功率因数。

定子铁芯开槽后，在一个齿距范围内磁场的分布情况如下：对应于槽口位置气隙较大，磁密较小，磁导率较小；而对应于齿部气隙较小，磁密较大，磁导率较大。因此开槽以后气隙磁场的分布，相当于在不开槽时气隙磁导率的基础上又叠加了一个与定子齿数相对应的周期性磁导分量，从而导致气隙磁场的分布发生变化。

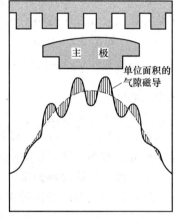

实际经验表明：对于交流电机，当定子开槽后，由于周期性齿磁导的作用，将在定子绕组中产生齿谐波电动势。它与基波电动势相加，使交流电机电动势的波形在正弦波的基础上出现明显的齿谐波波纹，如图4-19所示。

（3）考虑谐波电动势时的相电动势和线电动势

各次谐波电动势的有效值算出后，就可计算出相电动势的有效值为

$$E_\phi = \sqrt{E_{\phi 1}^2 + E_{\phi 3}^2 + E_{\phi 5}^2 + \cdots} = E_{\phi 1}\sqrt{1 + \left(\frac{E_{\phi 3}}{E_{\phi 1}}\right)^2 + \left(\frac{E_{\phi 5}}{E_{\phi 1}}\right)^2 + \cdots}$$

$$(4-37)$$

图4-19 定子开槽后单位面积下的气隙磁导

三相绕组既可以接成星形联结，也可以接成三角形联结，接成星形联结时：由于三相的 3 次及 3 的倍数次谐波电动势大小相等，相位相同，相互抵消，所以发电机的输出端不存在 3 次及 3 的倍数次谐波电动势。即

$$E_{LY} = \sqrt{3}\sqrt{E_{\phi 1}^2 + E_{\phi 5}^2 + E_{\phi 7}^2 + \cdots}$$

$$(4-38)$$

若接成三角形联结，因为 3 次及其倍数次谐波电动势大小相等、相位相同，但由于三相绕组本身形成了一个闭合的电路，会在其中产生较大的三次谐波环流 $\dot{I}_{c3}$

$$\dot{I}_{c3} = \frac{3\dot{E}_{\phi 3}}{3Z_3}$$

$$(4-39)$$

式中，Z_3 为每相定子绕组的 3 次谐波阻抗。由于 $\dot{E}_{\phi 3}$ 完全消耗于环流的阻抗压降 $\dot{I}_{c3}Z_3$，所以线电压中不会出现三次谐波电压。但是，由于谐波电流的存在，会使发电机产生较大的损耗，效率下降，温升增高，所以现代的交流发电机一般不采用三角形联结。

（4）谐波的危害

高次谐波电动势的存在，使发电机的电动势波形变坏，供电质量变差，效率降低，温升增高。高次谐波电流产生的电磁场，还会对邻近的电信电路产生干扰；因此应设法消除或减弱。

4.6.2 削弱谐波电动势的方法

由谐波电动势公式 $E_{\phi\nu} = 4.44 f_\nu N k_{w\nu} \phi_\nu$ 可见，当减小 $k_{w\nu}$、ϕ_ν 时即可减小 $E_{\phi\nu}$；具体方法如下。

（1）采用短距绕组

适当地选取线圈的节距，使某一谐波的短距因数等于或接近零，即可达到消除或削弱该谐波的目的。由 $k_{p\nu} = \sin\nu\dfrac{y_1}{\tau}90° = 0$ 可知

$$\nu\frac{y_1}{\tau}90° = k \times 180° \qquad \text{或} \qquad y_1 = \frac{2k}{\nu}\tau \qquad (k = 1,2,3,\cdots) \qquad (4-40)$$

从削弱谐波的观点看，k 可取任何数，但从尽可能不削弱基波的角度考虑，应尽可能接近整距，即 $2k=\nu-1$，此时有

$$y_1=\left(1-\frac{1}{\nu}\right)\tau \tag{4-41}$$

式（4-41）说明为消除 ν 次谐波，应使线圈的节距比基波节距短 ν 分之一，即：对 3 次谐波可通过三相绕组适当的联结（Y 或 △）来消除；为消除 5 次谐波所选的节距应比基波节距短 1/5，如图 4-20 所示。为消除 7 次谐波所选的节距应比基波节距短 1/7，实际中一个绕组不可能既短 1/5，又短 1/7。故一般取短 $\frac{1}{6}\tau$，即取 $y_1=\frac{5}{6}\tau$。这样可以同时削弱 5 次和 7 次谐波电动势。

（2）采用分布绕组

由式（4-36）可知，每极每相槽数 q 越多，抑制谐波电动势的效果就越好，但 q 越多，定子槽数就越多，这将使电机的成本提高；且 $q>6$ 时，效果已不明显，一般取 $q\leqslant6$。

（3）改善主极磁场分布

尽可能使气隙磁场接近正弦波，为此在凸极同步发电机中，极靴的宽度与极距之比在 0.7～0.75 之间。最大气隙与最小气隙之比为 1.5。在隐极同步发电机中，应使励磁绕组的嵌线部分与磁极之比通常在 0.7～0.8 范围内。

以上办法主要是消除或削弱齿谐波以外的高次谐波。

（4）采用斜槽

采用斜槽主要是用来消除齿谐波。

由图 4-19 可知，在一个齿距内齿谐波变化一次，为消除齿谐波可采用斜槽，并且使斜过的距离恰好等于一个齿距，如图 4-21，这样在一个导体内的两段中所产生的齿谐波电动势的方向相反，互相抵消，就可以消除齿谐波，当然对基波也有一定的削弱作用，但并不明显。

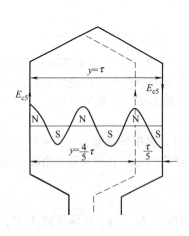

图 4-20　短距绕组消除
谐波电动势原理图

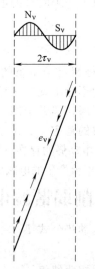

图 4-21　用斜槽来消除
ν 次谐波电动势

（5）其他措施

在多极低速同步电机中，常采用分数槽绕组来削弱谐波电动势，特别是齿谐波电动势；在小型电机中常采用半闭口槽，在大、中型电机中采用磁性槽楔来减弱齿谐波。

4.7 通有正弦电流时单相绕组的磁动势

交流绕组中有电流通过时，将产生磁动势和磁场。若交流绕组在定子边，则绕组连接时，应使它所形成的定子磁极数与转子磁极数相等，以使电机的平均电磁转矩不等于零，电机才能正常工作。

在分析中，本着由浅入深，由简到繁的原则，先分析整距线圈产生的磁动势，再分析整距分布绕组产生的磁动势，其次分析短距分布绕组产生的磁动势，最后分析单相绕组产生的磁动势；为分析方便，设：①绕组中的电流随时间按正弦规律变化；②槽内的电流集中在槽中心处，槽开口的影响忽略不计；③定、转子之间的气隙均匀；④定、转子铁芯的磁导率 $\mu_{Fe}=\infty$，即铁芯中的磁压降可忽略不计。

4.7.1　整距线圈的磁动势

在一个匝数为 N_c 的整距线圈内通入交流电流，如图 4-22（a）所示，设在某时刻电流 i_c 从线圈边的 X 端流入（用 $\otimes$ 表示），从 A 端流出（用 $\odot$ 表示），由右手螺旋关系可知，磁力线从定子下方的内圆流出（为 N 极），经气隙、转子、气隙，从定子内圆的上端流入（为 S 极），再经定子铁芯形成回路，因此产生的磁场为两极磁场，由于磁路的对称关系，在电机中磁场的分布如图 4-22（a）中的虚线所示。由于铁芯内的磁压降可以忽略不计，所以线圈所产生的磁动势全部降落在两个气隙中，若气隙是均匀的，则气隙各处的磁动势大小均为 $N_c i_c/2$，若以 N 极下线圈的轴线为坐标原点，考虑到磁场的极性，用公式表示时，一个磁极下的磁动势 f_c 应为

$$f_c = \frac{N_c i_c}{2}, \quad -\frac{\pi}{2} < \theta_s < \frac{\pi}{2}$$

$$f_c = -\frac{N_c i_c}{2}, \quad \frac{\pi}{2} < \theta_s < \frac{3\pi}{2}$$

(4-42)

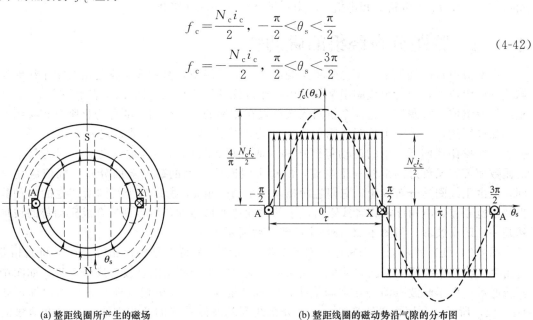

(a) 整距线圈所产生的磁场　　　　　　　(b) 整距线圈的磁动势沿气隙的分布图

图 4-22　一个整距线圈的磁动势（$2p=2$）

图 4-22（b）表示将定子铁芯从线圈边 A 处切开并展开后，线圈所产生的磁动势在空间的分布图，从图可见，若槽内的线圈为整距集中线圈，则它在气隙内所产成的磁动势波为一正一负、并按矩形分布，其幅值等于 $N_c i_c/2$，且磁动势在经过线圈边时，将发生 $N_c i_c$ 的跳变。

图 4-23 表示定子上有两组整距线圈形成 4 极磁场时所产生的磁动势的情况，从图 4-23 可见，此时磁动势波形仍为周期性矩形波，峰值仍为 $N_c i_c/2$，只是其极距变成了定子内圆周长的 1/4。

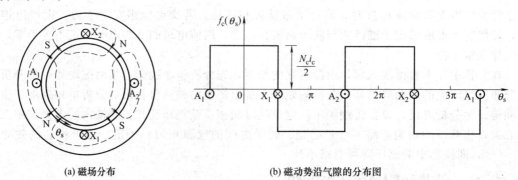

(a) 磁场分布　　　　　　　　(b) 磁动势沿气隙的分布图

图 4-23　两组整距载流线圈形成的 4 极磁场（$y_1 = \tau = \pi D_i/4$）

整距线圈所产生的周期性变化的矩形波磁动势可以分解成基波和一系列的高次谐波磁动势，其基波磁动势的幅值为矩形波磁动势幅值的 $\dfrac{4}{\pi}$ 倍，如图 4-22（b）所示，若仍以线圈轴线处作为坐标原点，则整距线圈产生的基波磁动势 f_{c1} 可以写成

$$f_{c1} = \frac{4}{\pi} \times \frac{N_c i_c}{2} \cos\theta_s \qquad (4\text{-}43)$$

式中，θ_s 为空间电角度；i_c 为流过线圈的电流，即交流电机电枢（定子）绕组的支路电流，所以 $i_c = \dfrac{I_\phi}{a}$，I_ϕ 为电机的相电流，a 为定子绕组的并联支路数。

4.7.2　整距分布绕组的磁动势

在交流电机的绕组中，无论是单层绕组还是双层绕组，每相绕组都是由若干个线圈组串联或并联组成的，而每个线圈组又都是由 q 个线圈串联组成的，图 4-24 表示一个由 $q=3$ 的整距线圈组成的线圈组，这 3 个线圈依次放置在相邻的 3 个槽内，故称为整距分布绕组。

如前所述，由于每个整距线圈所产生的磁动势都是一个矩形波，把 q（在图 4-24 中为 $q=3$）个整距线圈所产生的磁动势逐点相加便可得到线圈组的合成磁动势，因为每个线圈的匝数相等，又流过的是同一个电流，故每个线圈所产生的磁动势的分布及幅值应完全相同，但由于线圈是分布放置，它们之间相差一个槽距角 α，所以各个线圈所产生的磁动势在空间上也相差 α 电角度，将各线圈所产生的磁动势波形相加，所得到的合成磁动势的波形仍然是一个阶梯波形，如图 4-24（a）中的粗实线所示。

图 4-24（b）所示为三个整距线圈的基波磁动势，其特点是幅值相等，在空间上相差 α 电角度，将三个线圈的基波磁动势逐点相加，便可求得线圈组的基波合成磁动势，如图中粗实线所示。由于基波磁动势在空间上按余弦规律变化，故可用相量进行表示和运算，如图 4-24（c）所示。利用相量运算时，由于分布线圈基波磁动势的合成方法与基波电动势的合成方法完全相似；因此也可以引用分布系数 k_{d1} 以计及线圈分布的影响，当坐标原点取在线圈组的轴线位置时，可得单层整距分布绕组的基波合成磁动势 f_{q1} 为

$$f_{q1} = (q f_{c1}) k_{d1} = \frac{4}{\pi} \times \frac{q N_c i_c}{2} k_{d1} \cos\theta_s \qquad (4\text{-}44)$$

式中，$q N_c$ 为 q 个线圈的总匝数，对于双层绕组，上式应乘以 2，考虑到单层绕组每相串联

匝数 $N=\dfrac{pqN_c}{a}$，双层绕组每相串联匝数 $N=\dfrac{2pqN_c}{a}$，同时考虑到 $ai_c=i_\phi$，其中 N 为每相的串联匝数，a 为支路数，i_ϕ 为相电流，于是式（4-44）也可改写成

$$f_{q1}=\frac{4}{\pi}\times\frac{Nk_{d1}}{2p}i_\phi\cos\theta_s \tag{4-45}$$

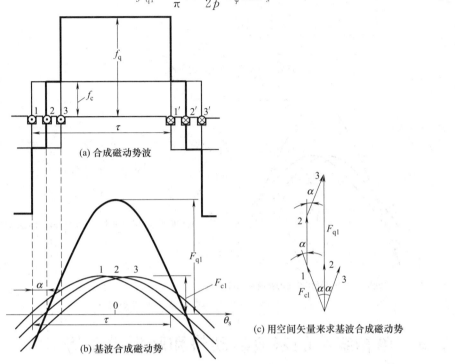

(a) 合成磁动势波

(b) 基波合成磁动势

(c) 用空间矢量来求基波合成磁动势

图 4-24　整距分布绕组的磁动势（$q=3$）

4.7.3　短距分布绕组的磁动势

以 $q=3$，线圈节距 $y_1=8$（$\tau=9$）的双层短距分布绕组为例，图 4-25（a）为在一对磁极下同属于一相的两个线圈组分布图。由前面的分析可知，对于确定的绕组而言，磁动势的大小和波形仅取决于有效边的分布位置以及线圈中电流的大小，而与各个线圈边端部的连接次序无关，为简化分析，可把短距线圈组的上层边看成一个 $q=3$ 的单层整距绕组，把短距线圈组的下层边看成另一个 $q=3$ 的单层整距绕组，再将这两个单层整距绕组所产生的磁动势相加即可。由于这两个整距绕组在空间上相差 $\varepsilon\left(\varepsilon=\dfrac{\tau-y_1}{\tau}\times180°\right)$ 电角度。在图 4-25（b）中画出了上层和下层整距分布绕组产生的基波磁动势 $F_{q1(上)}$ 和 $F_{q1(下)}$ 的幅值，其大小相等，在空间相差 ε 电角度，将其逐点相加便可得到双层分布绕组的合成基波磁动势，由于基波磁动势按余弦规律变化，故可按空间相量图求其合成基波磁动势，如图 4-25（c）所示。于是，双层短距分布绕组的基波磁动势 f_{q1} 为

$$f_{q1}=2f_{q1(上)}\cos\frac{\varepsilon}{2}=2\times\frac{4}{\pi}\times\frac{qN_ci_c}{2}k_{d1}\cos\theta_s k_{p1}=\frac{4}{\pi}\times\frac{Nk_{w1}}{2p}i_\phi\cos\theta_s \tag{4-46}$$

式中，$k_{w1}=k_{d1}k_{p1}$，$k_{p1}=\cos\dfrac{\varepsilon}{2}=\cos\left(\dfrac{\tau-y_1}{2\tau}\right)\times180°=\sin\dfrac{y_1}{\tau}\times90°$；$f_{q1(上)}$ 为单层绕组整距绕组的基波合成磁动势，见式（4-44）；N 为双层绕组的每相串联匝数。

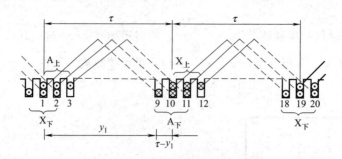

(a) 双层短距分布绕组在槽内的布置

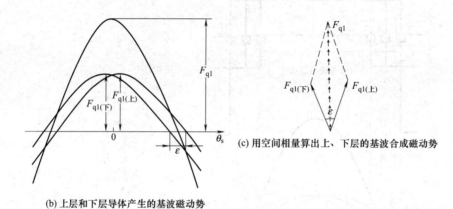

(b) 上层和下层导体产生的基波磁动势

(c) 用空间相量算出上、下层的基波合成磁动势

图 4-25　双层短距分布绕组的磁动势

4.7.4　单相绕组的基波磁动势和脉振磁动势

由于各对磁极下的磁动势和磁阻组成一个对称的分支磁路，所以一相绕组的磁动势就等于一个线圈组的磁动势，即

$$f_{\phi 1} = f_{q1} = \frac{4}{\pi} \times \frac{N k_{w1}}{2p} i_\phi \cos\theta_s \tag{4-47}$$

上式说明，单相绕组的基波磁动势在空间上随 θ_s 角按余弦规律变化，其幅值正比于每极下每相的有效串联匝数 $N k_{w1}/2p$ 和相电流 i_ϕ。

设 $i_\phi = \sqrt{2} I_\phi \cos\omega t$，则式（4-47）可改写成

$$f_{\phi 1} = \frac{4}{\pi} \times \frac{\sqrt{2} N k_{w1}}{2p} I_\phi \cos\theta_s \cos\omega t = F_{\phi 1} \cos\theta_s \cos\omega t \tag{4-48}$$

式中，$F_{\phi 1}$ 为单相绕组所产生的基波磁动势的幅值，其大小为

$$F_{\phi 1} = \frac{4}{\pi} \times \frac{\sqrt{2} N k_{w1}}{2p} I_\phi = 0.9 \frac{N k_{w1}}{p} I_\phi \tag{4-49}$$

式（4-48）表明：单相绕组的基波磁动势在空间上随 θ_s 角按余弦规律分布，在时间上随 ωt 按余弦规律脉振。这种从空间上看轴线固定不动，从时间上看其大小不断地随电流的交变而在正、负幅值之间脉振的磁动势（磁场），称为脉振磁动势（磁场）。脉振磁动势的脉振频率取决于电流的频率。

4.7.5　单相绕组的谐波磁动势

由前面的分析可知，在单相绕组中通入交流电流时，所产生的磁动势为一矩形波磁动

势，由傅氏级数对其进行分解可知：除了基波磁动势外，还有一系列的高次（奇次）谐波磁动势，其中 ν 次谐波磁动势分量为

$$f_{c\nu} = \frac{1}{\nu} \times \frac{4}{\pi} \times \frac{\sqrt{2}N_c i_c}{2p} \cos\nu\theta_s \tag{4-50}$$

按照与基波磁动势同样的处理方法，把 q 个线圈以及双层绕组上、下层线圈所产生的谐波磁动势叠加，即可得出单相绕组的 ν 次谐波磁动势 $f_{\phi\nu}$ 为

$$f_{\phi\nu} = \frac{1}{\nu} \times \frac{4}{\pi} \times \frac{Nk_{w\nu}}{2p}\sqrt{2}I_\phi \cos\omega t \cos\nu\theta_s = F_{\phi\nu}\cos\omega t \cos\nu\theta_s \tag{4-51}$$

式中，$k_{w\nu}$ 为 ν 次谐波的绕组系数，$F_{\phi\nu}$ 为 ν 次谐波磁动势的幅值，其大小为

$$F_{\phi\nu} = \frac{1}{\nu} \times \frac{4}{\pi} \times \frac{Nk_{w\nu}}{2p}\sqrt{2}I_\phi = \frac{1}{\nu} \times 0.9\frac{Nk_{w\nu}}{p}I_\phi \tag{4-52}$$

式（4-51）表明，谐波磁动势从空间上看，是一个在空间上随 $\nu\theta_s$ 角按余弦规律分布，从时间上看，仍在时间上随 ωt 按余弦规律脉振的脉振磁动势。

通过以上分析，可得下述结论。

① 单相绕组所产生的磁动势是一个脉振磁动势，该磁动势沿气隙圆周按矩形分布，可分解为基波磁动势和一系列高次谐波磁动势，每个磁动势都是空间位置不变，但波幅按同一频率变化。

② 无论双层绕组还是单层绕组，由于构成相绕组的 $2p$ 或 p 个线圈组在定子圆周上对称分布，相绕组磁动势只包含极对数为 p 的基波和极对数为 νp 的 ν 次奇次谐波，其振幅为 $F_{\phi\nu} = 0.9\dfrac{Nk_{w\nu}}{\nu p}I_\phi$ 安/极。

③ 谐波磁动势的绕组系数与谐波电动势的绕组系数相同，这反映了电动势计算和磁动势计算的相似性，时间波和空间波的统一性，显然，由于谐波磁动势在空间位置不同，大小不同，方向不同；同时又随时间而脉动，因此它既是空间的函数又是时间的函数。

④ 对正常接法的绕组，相绕组磁动势的基波波幅必在相绕组的轴线（即构成相绕组的线圈组的中心线）上，而在各高次谐波中，各个高次谐波磁动势均必有一个波幅也落在该相绕组的轴线上。

⑤ 为改善电机性能，应设法削弱高次谐波磁动势，使气隙磁动势波接近正弦波，与削弱电动势中的谐波方法相似，可采取短距绕组和分布绕组来削弱高次谐波磁动势。

4.8　通有对称三相电流时三相绕组的磁动势

由于现代电力系统都是三相制，所以同步发电机和异步电机通常也是三相的，因此分析三相绕组的磁动势是研究交流电机的基础。本节是在分析了单相绕组磁动势的基础上，把 A、B、C 三个单相绕组所产生的磁动势逐点相加，就可以得到三相绕组的合成磁动势。

微课：4.8.1

4.8.1　三相绕组的基波合成磁动势

图 4-26 表示一台三相交流电机的定子绕组示意图，为分析方便，设三相绕组为集中绕组，且在空间上互差 120°电角度，虚线为各相绕组的轴线。若在三相绕组中通以对称正序正弦波电流，设

$$i_A = I_{\phi m}\cos\omega t$$
$$i_B = I_{\phi m}\cos(\omega t - 120°)$$ \qquad (4-53)
$$i_C = I_{\phi m}\cos(\omega t - 240°)$$

则各相绕组所产生的脉振磁动势在时间上也将互差120°电角度，把A、B、C三个单相基波脉振磁动势相加，即可得到三相绕组的基波合成磁动势。

以A相绕组的轴线为坐标原点，结合式(4-48)可得各相绕组产生的基波磁势为

$$\begin{cases} f_{A1} = F_{\phi1}\cos\theta_s\cos\omega t \\ f_{B1} = F_{\phi1}\cos(\theta_s - 120°)\cos(\omega t - 120°) \\ f_{C1} = F_{\phi1}\cos(\theta_s - 240°)\cos(\omega t - 240°) \end{cases}$$
$$(4-54)$$

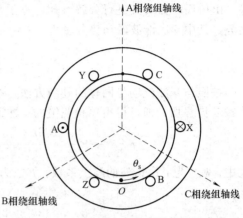

图 4-26　三相交流电机的定子绕组示意图

由于三相绕组的基波磁动势为正弦波，故也可用相量 F_A、F_B、F_C 来表示。为分析方便，设某相电流为正时，电流从该相绕组的尾端流入，首端流出。若某相电流为负时，电流从该相绕组的首端流入，尾端流出。

(1) 当 $\omega t = 0°$ 时，由式(4-53)可知

$$i_A = I_{\phi m}, \ i_B = -\frac{1}{2}I_{\phi m}, \ i_C = -\frac{1}{2}I_{\phi m}$$

可见此时A相电流为正的最大，电流从X端流入（用⊗表示），从A端流出（用⊙表示），故A相绕组产生的磁动势 F_A 也达到最大值 $F_{\phi1}$，由右手螺旋定则可知，其方向指向A相绕组轴线方向；而B相电流为最大值的1/2，由于为负值，电流从B端流入（用⊗表示），Y端流出（用⊙表示），故B相绕组产生的磁动势 F_B 大小为 $F_{\phi1}/2$，由右手螺旋定则可知，其方向为B相线圈轴线的反方向，即落后A相磁动势 F_A 60°；同理C相电流从C端流入（用⊗表示），从Z端流出（用⊙表示），C相磁动势 F_C 大小为 $F_{\phi1}/2$，其方向超前A相60°；将 F_A、F_B、F_C 相加，可得三相合成磁动势 F_1，如图4-27(a)所示。可见 F_1 的大小等于 $\frac{3}{2}F_{\phi1}$，方向恰好与A相绕组的轴线重合。

(2) 当 $\omega t = 60°$ 时，由式(4-53)可知

$$i_A = \frac{1}{2}I_{\phi m}, \ i_B = \frac{1}{2}I_{\phi m}, \ i_C = -I_{\phi m}$$

此时磁动势 F_A、F_B 的大小均为 $F_{\phi1}/2$，磁动势 F_C 达到负的最大值 $F_{\phi1}$；由于C相电流为负值，故从C端流入，Z端流出，由右手螺旋定则可知，磁动势 F_C 方向指向C相绕组轴向的反方向，而A相电流从X端流入，A端流出，B相电流从Y端流入，B端流出，磁动势 F_A、F_B 分别落后和超前 F_C 60°；将 F_A、F_B、F_C 相加，可得三相合成磁动势 F_1，如图4-27(b)所示。可见 F_1 的大小等于 $\frac{3}{2}F_{\phi1}$，方向恰好与C相绕组的轴线反方向重合。即经过 t 时间后，电流变化了60°电角度，磁动势在空间上也旋转了60°电角度。

(3) 当 $\omega t = 120°$ 时，由式(4-53)可知

$$i_A = -\frac{1}{2}I_{\phi m}, \ i_B = I_{\phi m}, \ i_C = -\frac{1}{2}I_{\phi m}$$

根据同样的方法可得三相合成磁动势相量 F_1 的大小仍为 $\frac{3}{2}F_{\phi1}$，方向则与B相绕组的

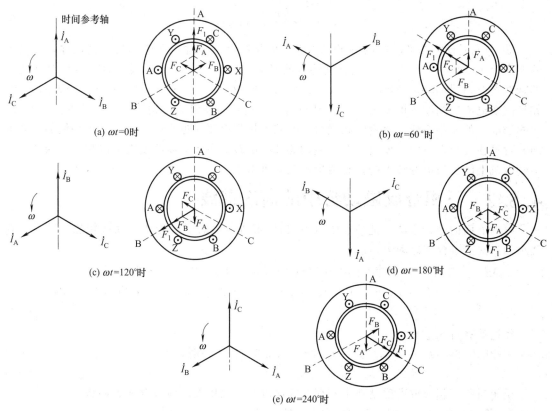

图 4-27　不同瞬间时的三相基波合成磁动势（左边为电流的时间相量图，右边为磁动势的空间矢量图）

轴线重合，如图 4-27（c）所示。即此时又经过 t 时间后，电流又变化了 $60°$ 电角度，磁动势在空间上又旋转了 $60°$ 电角度。

当 $\omega t = 180°$ 时和当 $\omega t = 240°$ 时的情况，分析方法相同，不再赘述，如图 4-27（d）和图 4-27（e）所示。

可见，电流在时间上变化多少度，合成磁动势波在空间上就转过同样数值的电角度。在整个圆周上，若磁场的极对数 p 为 1（即 2 极磁场），当电流变化 1 个周期时，合成磁动势波旋转 1 圈，当电流变化 2 个周期时，合成磁动势波旋转 2 圈，如果电流的频率为 f，则合成磁动势波将每秒钟旋转 f 圈，可见合成磁动势波的转速与电源的频率 f 成正比；若磁场的极对数 p 为 2（即 4 极磁场），当电流变化 1 个周期时，合成磁动势波也将转过 1 对极距的距离，即旋转 $1/2$ 圈，当电流变化 2 个周期时，合成磁动势波转过 2 对极距的距离，即旋转 1 圈，以此类推，可见合成磁动势波的转速与磁场的极对数 p 成反比。用公式表示时

$$n_s = \frac{60f}{p} \text{（r/min）} \tag{4-55}$$

式中：n_s 称为同步转速，r/min。

通过以上分析，可得如下结论。

① 当在对称的三相绕组中通以频率为 f 的三相对称电流时，三相合成磁动势的基波沿空间按正弦规律变化，其波幅为每相脉振磁动势波振幅的 $\frac{3}{2}$ 倍，即

$$F_1 = \frac{3}{2} F_{\phi 1} = \frac{3}{2} \times 0.9 \frac{N k_{w1}}{p} I_\phi = 1.35 \frac{N k_{w1}}{p} I_\phi \text{（安/极）} \tag{4-56}$$

② 合成磁动势的转速，即同步转速为

$$n_s = \frac{60f}{p} \ (\text{r/min})$$

③ 合成磁动势波的转向取决于三相电流的相序和三相绕组在空间的排列次序,当电流的相序为 A→B→C→A 时,合成磁动势的波幅首先与 A 相绕组的轴线重合,再与 B 相绕组的轴线重合,最后与 C 相绕组的轴线重合,即合成磁动势波按 A→B→C→A 的方向旋转,如果改变电流的相序,即变为 A→C→B→A 时,合成磁动势波的旋转方向也就发生了改变。同样当电流的相序不变,改变三相绕组在空间的排列次序时也会改变合成磁动势波的旋转方向。可见在交流电机中,要改变合成磁动势波的旋转方向,只需改变电流的相序,为此可把接到电机上的三根电源线中的任意两根对调就可以了。

4.8.2　三相合成磁动势中的高次谐波

根据上面的分析方法,把 A、B、C 三相绕组所产生的 ν 次谐波磁动势相加,可得三相绕组的 ν 次谐波合成磁动势,即

$$f_\nu(\theta_s, t) = f_{\nu A}(\theta_s, t) + f_{\nu B}(\theta_s, t) + f_{\nu C}(\theta_s, t) = F_{\phi\nu} \cos\nu\theta_s \cos\omega t$$
$$+ F_{\phi\nu} \cos\nu(\theta_s - 120°)\cos(\omega t - 120°) + F_{\phi\nu}\cos\nu(\theta_s - 240°)\cos(\omega t - 240°)$$

$$(4\text{-}57)$$

经过运算可知

① 当 $\nu = 3k$ ($k = 1, 3, 5, \cdots$),即 $\nu = 3, 9, 15, \cdots$时,

$$f_\nu(\theta_s, t) = 0 \qquad\qquad (4\text{-}58)$$

说明对称三相合成的磁动势中不存在 3 次以及 3 的倍数次谐波合成磁动势。

② 当 $\nu = 6k + 1$ ($k = 1, 2, 3, \cdots$),即 $\nu = 7, 13, 19, \cdots$时,

$$f_\nu(\theta_s, t) = \frac{3}{2} F_{\phi\nu} \cos(\omega t - \nu\theta_s) \qquad\qquad (4\text{-}59)$$

此时合成磁动势是一个正向旋转(与基波合成磁动势的旋转方向相同),转速为 n_s/ν,幅值为 $\frac{3}{2} F_{\phi\nu}$ 的旋转磁动势。

③ 当 $\nu = 6k - 1$ ($k = 1, 2, 3, \cdots$),即 $\nu = 5, 11, 17, \cdots$时,

$$f_\nu(\theta_s, t) = \frac{3}{2} F_{\phi\nu} \cos(\omega t + \nu\theta_s) \qquad\qquad (4\text{-}60)$$

此时合成磁动势是一个反向旋转(与基波合成磁动势的旋转方向相反),转速为 n_s/ν,幅值为 $\frac{3}{2} F_{\phi\nu}$ 的旋转磁动势。

谐波磁动势的存在,使同步电机的转子表面产生涡流损耗,引起转子发热,效率降低,并产生振动和噪声等不良现象;对异步电动机还会引起附加转矩,使电动机的启动性能变坏,有时会使电机根本不能启动或达不到正常转速。因此设计电机时应尽量削弱高次谐波磁动势,采用短距绕组,分布绕组,改变主磁极的形状等措施是达到这个目的的重要途径。

----------------------------● 小　结 ●----------------------------

三相绕组的构成和连接规律、感应电动势和磁动势是交流电机的共性理论之一,也是研究同步电机和异步电机的基础。

在同步电机和异步电机中,只要磁场和绕组发生相对运动,就会在绕组内产生交变电动

势，三相电动势的大小、频率、波形和对称问题是研究交流绕组电动势的四个主要问题。

三相绕组的构成原则是力求获得较大的基波电动势，尽量削弱谐波电动势，并保证三相电动势对称，同时还应考虑节约材料和工艺简单。

槽电势星形图和表格法是分析三相绕组的一种基本分析方法，利用该方法来划分各相所属的槽号，然后按电动势相加的原则连接成绕组。为得到尽可能大的基波电动势和磁动势，一般都采用 $60°$ 相带，为使三相绕组对称，在放置三相绕组时，应使 B 相和 C 相分别滞后 A 相绕组 $120°$ 和 $240°$ 电角度。交流绕组的形式很多，有单层绕组，也有双层绕组；单层绕组又分为同心式绕组、链式绕组和交叉式绕组，它们的优点是槽利用率高，嵌线方便，当采用软线圈时尤为明显，主要用于 10kW 以下的小型电机中。双层绕组又分为叠绕组和波绕组，尽管二者的连接规律有区别，但材料的利用率基本相同，其优点可以利用短距绕组和分布绕组来改善电动势和磁动势的波形，使电机具有较好的电磁性能，主要用于 10kW 以上的大、中型电机。

在正弦分布磁场下相绕组电动势的计算公式和变压器绕组电动势的计算公式类似，只不过在电机中由于采用短距绕组和分布绕组，公式中多了一个绕组系数 k_{w1} 而已。

当气隙磁场不是按正弦规律分布时，磁场中的高次谐波将在定子绕组内感应出相应的谐波电动势，为了削弱谐波电动势，可采用短距绕组、分布绕组，以及采用改善凸极极靴外形和隐极励磁绕组的分布等措施。由于三相绕组采用星形联结或三角形联结时线电压中已经消除了 3 次及 3 的倍数次谐波，所以选择绕组节距时主要考虑削弱 5 次和 7 次谐波电动势，为此通常取 $y_1 \approx \dfrac{5}{6}\tau$。

分析交流绕组的磁动势时，要注意磁动势的性质、大小和空间分布，它既是时间函数，也是空间函数，单相绕组所产生的磁动势是脉振磁动势，三相绕组所产生的磁动势则是旋转磁动势，无论是脉振磁动势还是旋转磁动势，其幅值均与每相的有效安匝数 Nk_{w1} 成正比；在对称的三相绕组中通以对称的三相电流时产生的合成基波磁动势是一个圆形磁动势，当电流不对称时，将会产生一个椭圆形磁动势。

最后需指出，在研究交流绕组的磁动势时，应当注意和电动势对比，就是说，要注意它们的共性和特性，电动势和磁动势既然是同一绕组中发生的电磁现象，那么绕组的短距、分布将同样地影响电动势和磁动势的大小与波形，这是共性。但不论是导体电动势或相电动势，仅是时间的函数（即大小随时间变化）；而磁动势既是时间的函数又是空间函数，这是交流绕组磁动势的特性。

思考题与习题

4-1　在交流电机中，哪类电机称为同步电机，哪类电机称为异步电机，它们的工作原理和励磁方式有什么不同？

4-2　有一双层三相绕组，$Z=24$，$2p=4$，$a=2$，试绘出：

(1) 槽电动势星形图，并标出 $60°$ 相带分相情况；

(2) 叠绕组展开图。

4-3　试分别绘制：

(1) $Z=24$，$2p=4$，$a=1$ 的三相单层链式绕组展开图；

(2) $Z=24$，$2p=2$，$a=1$ 的三相单层同心式绕组展开图；

(3) $Z=18$，$2p=2$，$a=1$ 的三相单层交叉式绕组展开图。

4-4　交流电机的极数，频率，同步转速之间有什么关系，试求下列电机的同步转速或

习题微课：第 4 章

极数。

(1) 三相汽轮发电机：$f = 50\text{Hz}$，$2p = 2$，$n_s = ?$

(2) 三相水轮发电机：$f = 60\text{Hz}$，$2p = 32$，$n_s = ?$

(3) 三相同步电动机：$f = 50\text{Hz}$，$n_s = 750\text{r/min}$，$2p = ?$

4-5 以三相绕组所产生的合成磁动势为例，说明为什么交流绕组产生的磁动势既是时间的函数，又是空间的函数。

4-6 脉振磁动势和旋转磁动势有哪些不同，产生脉振磁动势和旋转磁动势各需什么条件？

4-7 简述谐波电动势和齿谐波电动势产生的原因。

4-8 简述抑制谐波（包括齿谐波）电动势的方法。

4-9 短距系数和分布系数的含义是什么，为什么大、中型三相交流电机的定子绕组都采用短距绕组和分布绕组？

4-10 在三相交流发电机输出的线电压中，是如何消除 3 次、5 次和 7 次谐波的？

4-11 有一台三相同步发电机，$2p = 2$，转速 $n_s = 3000\text{r/min}$，定子槽数 $Z = 72$，绕组为双层叠绕组，星形联结，节距 $y_1 = \dfrac{5}{6}\tau$，并联支路数 $a = 1$，每相串联总匝数 $N = 36$，设气隙磁场为正弦分布，基波磁通量 $\varPhi_1 = 1.42\text{Wb}$。求气隙磁场在定子绕组内感应的：(1) 电动势的频率；(2) 基波电动势的短距系数、分布系数和绕组系数；(3) 相电动势和线电动势。（$f = 50\text{Hz}$；$k_{p1} = 0.966$，$k_{d1} = 0.955$；$k_{w1} = 0.923$，$E_{\phi 1} = 10475\text{V}$，$E_L = 18142\text{V}$）

4-12 一台 3000kW 的三相两极发电机，50Hz，$U_N = 10.5\text{kV}$，星接，$\cos\varphi = 0.9$，定子为双层叠绕组，$Z = 72$ 槽，每个线圈 1 匝，$y_1 = 30$，$a = 2$。试求当定子电流为额定值时，三相合成磁动势的基波的幅值。（$F_1 = 2740.7\text{A}$）

4-13 设有一对称三相双层绕组叠绕组，已知 $2p = 4$，定子槽数 $Z = 36$，$q = 3$，每个线圈匝数 $N_c = 40$，线圈节距 $y_1 = \dfrac{7}{9}\tau$，每相的各个线圈均为串联连接，并联支路数 $a = 1$，若通入电流的频率 $f = 50\text{Hz}$，电流的有效值 $I = 10\text{A}$，试求：合成磁动势中的基波、5 次谐波、7 次谐波分量的幅值和转速。（$F_1 = 2922.48\text{A}$，$n_1 = 1500\text{r/min}$；$F_5 = 24.3\text{A}$，$n_5 = -300\text{r/min}$；$F_7 = 62.76\text{A}$，$n_7 = 214.3\text{r/min}$）

4-14 试分析星形联结的三相对称绕组在下列情况下是否会产生旋转磁动势，其转向如何，说明理由。

(1) 通以三相正序电流（A—B—C）或通以三相负序电流（A—C—B）；

(2) 在绕组内有一相断线的情况下，通以三相正序电流。

第5章

异步电机

5.1 异步电机的结构和运行状态

5.1.1 异步电机的基本结构

三相异步电动机主要由两大部分组成，一个是静止部分，称为定子；另一个是旋转部分，称为转子。转子装在定子腔内，为了保证转子能在定子内自由转动，定、转子之间必须有一定的间隙，称为气隙。此外，在定子两端还装有端盖等。笼型三相异步电动机的结构如图5-1所示，绕线转子三相异步电动机的结构如图5-2所示。

微课：5.1.1

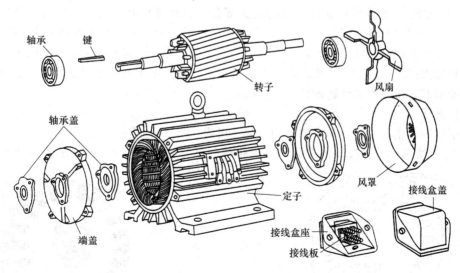

图5-1 笼型三相异步电动机的结构

(1) 定子

定子主要由机座、定子铁芯、定子绕组三部分组成。

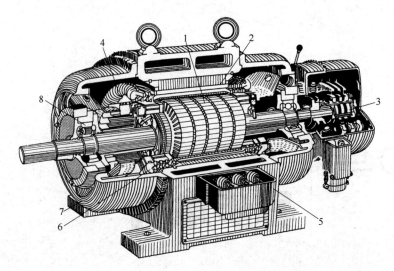

图 5-2　三相绕线式异步电动机的结构图

1—转子；2—定子；3—集电环；4—定子绕组；5—出线盒；6—转子绕组；7—端盖；8—轴承

① 机座。机座是电动机的外壳和支架，它的作用是固定和保护定子铁芯及定子绕组并支撑端盖。中小型异步电动机的机座一般都采用铸铁铸成，小机座也有用铝合金铸成的。大型异步电动机的机座大多采用钢板焊接而成。机座上设有接线盒，用以连接绕组引线和接入电源。为了便于搬运，在机座上面还装有吊环。

② 定子铁芯。定子铁芯是电动机磁路的一部分，一般用 0.5mm 厚的硅钢片叠压而成。定子硅钢片的表面涂有绝缘漆或硅钢片经氧化处理表面形成氧化膜，使片间相互绝缘，以减小交变磁通引起的涡流损耗。定子铁芯直径小于 1m 时，用整圆硅钢冲片；定子铁芯直径大于 1m 时，用扇形冲片拼成。在定子冲片的内圆均匀地冲有许多槽，用以嵌放定子绕组。定子铁芯与定子冲片如图 5-3 所示。

③ 定子绕组。定子绕组是电动机的电路部分。三相异步电动机有三个独立的绕组（即三相绕组），每相绕组包含若干线圈，每个线圈又由若干匝构成。中小型电动机的线圈一般采用高强度漆包圆铜线绕制而成，大中型电动机一般采用外层包有绝缘的扁铜线做成成型线圈。三相绕组按照一定的规律依次嵌放在定子槽内，并与定子铁芯之间绝缘。定子绕组通以三相交流电时，便会产生旋转磁场。

(2) 转子

转子由转子铁芯、转子绕组和转轴三部分组成。

① 转子铁芯。转子铁芯也是电动机磁路的一部分，一般用 0.5mm 厚的硅钢片叠压而

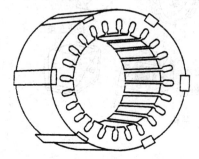

图 5-3　定子铁芯

图 5-4　转子铁芯

成，在硅钢片的外圆上均匀地冲有许多槽，如图5-4所示，用以浇铸铝条或嵌放转子绕组。转子铁芯压装在转轴上。

② 转子绕组。转子绕组分为笼型和绕线型两种。

a. 笼型转子绕组。该绕组是由插入每个转子铁芯槽中的裸导条与两端的环形端环连接组成。如果去掉铁芯，整个绕组就像一只笼子，故称为笼型转子绕组，如图5-5所示。中小型异步电动机的笼型转子绕组，一般都用熔化的铝液浇入转子铁芯槽中，并将两个端环与冷却用的风扇翼浇注在一起，如图5-5（a）所示。对于容量较大的异步电动机，由于铸铝质量不易保证，常用铜条插入转子槽中，再在两端焊上端环，如图5-5（b）所示。

b. 绕线型转子绕组。绕线型转子绕组与定子绕组相似，也是把绝缘导线嵌入槽内，接成三相对称绕组，一般采用星形（Y）联结，三根引出线通过转轴内孔分别接到固定在转轴上的三个铜制的互相绝缘的集电环（俗称滑环）上，转子绕组可以通过集电环和电刷与外接

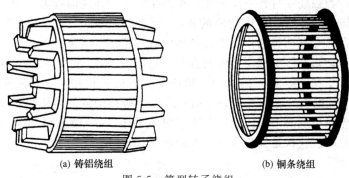

(a) 铸铝绕组　　　　　　　　　(b) 铜条绕组

图 5-5　笼型转子绕组

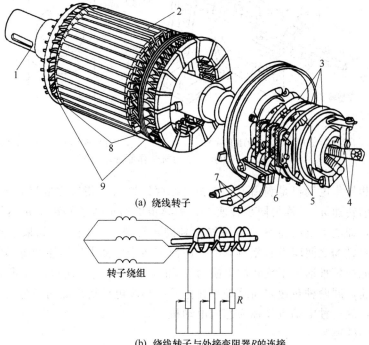

(a) 绕线转子

(b) 绕线转子与外接变阻器R的连接

图 5-6　绕线转子及其与外接变阻器的连接

1—转轴；2—转子铁芯；3—集电环；4—转子绕组引出线头；5—电刷；
6—刷架；7—电刷外接线；8—三相转子绕组；9—镀锌钢丝箍

变阻器相连，用以改善电动机的启动性能或调节电动机的转速。绕线转子如图 5-6（a）所示。绕线转子绕组与外加变阻器的连接，如图 5-6（b）所示。

③ 转轴。转轴一般由中碳钢制成，它的作用主要是支承转子，传递转矩，并保证定子与转子之间具有均匀的气隙。气隙也是电机磁路的一部分，气隙越小，功率因数越高，空载电流越小。中小型异步电动机的气隙为 0.2～1mm。气隙太小，会使定子铁心与转子铁心发生"扫膛"现象，并给装配带来困难，因此电动机的气隙量是经过周密计算的。

5.1.2　三相异步电机的工作原理

三相异步电动机工作原理的示意图如图 5-7 所示。在一个可旋转的马蹄形磁铁中，放置一个可以自由转动的笼型绕组，如图 5-7（a）所示。当转动马蹄形磁铁时，笼型绕组就会跟着它向相同的方向旋转。这是因为磁铁转动时，它的磁场与笼型绕组中的导体（即导条）之间产生相对运动，若磁场顺时针方向旋转，相当于转子导体逆时针方向切割磁力线，根据右手定则可以确定转子导体中感应电动势的方向，如图 5-7（b）所示。由于导体两端被金属端环短路，因此在感应电动势的作用下，导体中就有感应电流流过，如果不考虑导体中电流与电动势的相位差，则导体中感应电流的方向与感应电动势的方向相同。这些通有感应电流的导体在磁场中会受到电磁力 f 的作用，导体受力方向可根据左手定则确定。因此，在图 5-7（b）中，N 极范围内的导体受力方向向右，而 S 极范围内的导体的受力方向向左，这是一对大小相等、方向相反的力，因此就形成了电磁转矩 T_e，使笼型绕组（转子）朝着磁场旋转的方向转动起来。这就是异步电动机的简单工作原理。

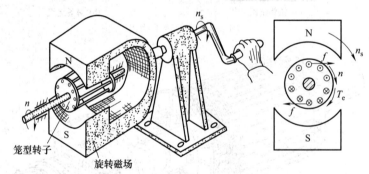

(a) 异步电动机的物理模型　　　　　　　　(b) 异步电动机的电磁关系

图 5-7　三相异步电动机工作原理示意图

实际的三相异步电动机是利用定子三相对称绕组通入三相对称电流而产生旋转磁场的，这个旋转磁场的转速 n_s 又称为同步转速。三相异步电动机转子的转速 n 不可能达到定子旋转磁场的转速，即电动机的转速 n 不可能达到同步转速 n_s。因为，如果达到同步转速，则转子导体与旋转磁场之间就没有相对运动，因而在转子导体中就不能产生感应电动势和感应电流，也就不能产生推动转子旋转的电磁力 f 和电磁转矩 T_e，所以，异步电动机的转速总是低于同步转速，即两种转速之间总是存在差异，异步电动机因此而得名。由于转子电流是由感应产生的，故这种电动机又称为感应电动机。

旋转磁场的转速为

$$n_s = \frac{60 f_1}{p}$$

（5-1）

可见，旋转磁场的转速 n_s 与电源频率 f_1 和定子绕组的极对数 p 有关。

例如，一台三相异步电动机的电源频率 $f_1=50\mathrm{Hz}$，若该电动机是四极电机，即电动机的极对数 $p=2$，则该电动机的同步转速 $n_\mathrm{s}=\dfrac{60f_1}{p}=\dfrac{60\times50}{2}=1500\mathrm{r/min}$，而该电动机的转速 n 应略低于 $1500\mathrm{r/min}$。

5.1.3 异步电机的运行状态

由三相异步电动机的工作原理可知，异步电动机的转速（转子旋转速度）n 总是略低于旋转磁场的转速（同步转速）n_s，旋转磁场的转速 n_s 与转子转速 n 之差称为转差，用 Δn 表示。转差 Δn 与同步转速 n_s 的比值称为转差率，用字母 s 表示，即

$$s=\frac{\Delta n}{n_\mathrm{s}}=\frac{n_\mathrm{s}-n}{n_\mathrm{s}} \tag{5-2}$$

通常用百分数表示转差率，则

$$s=\frac{n_\mathrm{s}-n}{n_\mathrm{s}}\times100\% \tag{5-3}$$

转差率是异步电动机的重要参数之一，在分析异步电动机的运行状态时非常有用。当三相异步电动机在额定负载下运行时，转差率 s 约为 $2\%\sim5\%$。电动机功率越大，效率越高，转差率越小。

根据上式可写出 $n=(1-s)n_\mathrm{s}$ 的关系式。所以，只要知道旋转磁场的同步转速，或者电动机的极数，便可估算出电动机的转速。

【例 5-1】 一台三相异步电动机的电源频率 $f=50\mathrm{Hz}$，若该电动机是四极电机、额定转差率 $s_\mathrm{N}=0.02$，试求该电动机的同步转速和电动机的额定转速。

解 因为该电动机为四极电机，即电动机的极对数 $p=2$，所以该电动机的同步转速为

$$n_\mathrm{s}=\frac{60f}{p}=\frac{60\times50}{2}=1500（\mathrm{r/min}）$$

而该电动机的额定转速为

$$n_\mathrm{N}=(1-s_\mathrm{N})n_\mathrm{s}=(1-0.02)\times1500=1470（\mathrm{r/min}）$$

转差率是表征感应电机运行状态和运行性能的一个基本变量。不难看出，当转子转速 $n=0$ 时，转差率 $s=1$；当转子转速等于同步转速时，转差率 $s=0$。

异步电机的负载变化时，转子的转速 n 和转差率 s 将随之而变化，使转子导体中的电动势、电流和作用在转子上的电磁转矩发生相应的变化，以适应负载的需要。按照转差率的正负和大小，异步电机有电动机、发电机和电磁制动三种运行状态，如图 5-8 所示。

分析异步电机的运行状态时还应注意：一般情况下，当异步电机的定子电流的有功分量 $i_{1\mathrm{a}}$ 的方向与定子感应电动势 e_1 的方向相同时，说明 $i_{1\mathrm{a}}$ 由 e_1 产生，电机向电网输出电能，故该电机为发电机运行状态。反之，当 $i_{1\mathrm{a}}$ 的方向与 e_1 的方向相反时，说明 $i_{1\mathrm{a}}$ 由电源电压 u_1 产生，电机从电网吸收电能，故该电机为电动机运行状态。另外，当电机的转速 n 的方向与电机的电磁转矩 T_e 的方向相同时，说明 n 由 T_e 产生，电机向外输出机械能，故该电机为电动机运行状态。反之，当 n 的方向与 T_e 的方向相反时，说明电机的转速 n 由输入转矩 T_1 产生，电机吸收机械能，故该电机为发电机运行状态。如果，感应电机既从电网吸收电能，又吸收机械能，而且电磁转矩 T_e 为制动性质时，则该电机为电磁制动状态。

(1) 电动机运行状态

当转子转速 n 低于旋转磁场的转速 n_s（$n_\mathrm{s}>n>0$）时，转差率 $0<s<1$。若定子三相电流所产生的气隙旋转磁场（用 N 和 S 表示）为逆时针旋转，由于转子的转速低于旋转磁场的转速，相当于转子导体向相反方向切割磁力线，根据右手定则，即可确定转子导体"切

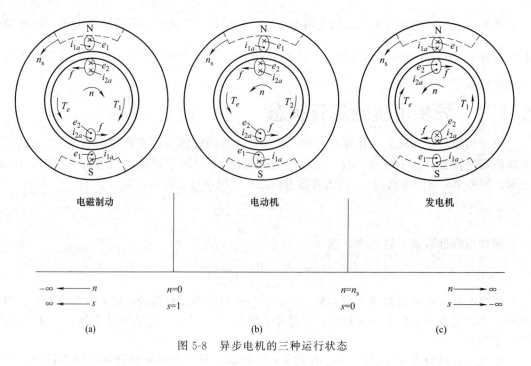

图 5-8　异步电机的三种运行状态

割"气隙磁场后导体内感应电动势 e_2 的方向，如图 5-8（b）所示。由于转子绕组是短路的，转子导体中便有电流流过，转子电流的有功分量 i_{2a} 应与转子感应电动势 e_2 同相，即转子上部的导体为流入（用 $\otimes$ 表示），转子下部的导体为流出（用 $\odot$ 表示）。i_{2a} 与气隙磁场相互作用，将产生电磁力 f 和电磁转矩 T_e。根据左手定则，此时电磁转矩 T_e 的方向将与转子转向相同，即电磁转矩 T_e 为驱动性质的转矩，电机向负载输出机械功率，如图 5-8（b）所示。另一方面，由于定子是静止的，旋转磁场在定子导体中产生感应电动势 e_1，其方向如图 5-8（b）所示。而且根据变压器的原理分析可知，一次电流与二次电流的相量差近似为 $180°$，所以定子电流的有功分量 i_{1a} 与转子电流的有功分量 i_{2a} 的相位差应相差 $180°$（即 i_{1a} 的方向与 i_{2a} 的方向相反），故根据 i_{2a} 的方向，可以确定与之对应的定子导体中的电流 i_{1a} 的方向，如图 5-8（b）所示。可见此时 i_{1a} 的方向与 e_1 的方向相反，即定子电流 i_{1a} 是由电源电压 u_1 产生的，所以电机从电网吸收电功率，通过电磁感应，由转子输出机械功率，异步电机处于电动机运行状态。

（2）发电机运行状态

若电机用原动机驱动，使转子转速 n 高于旋转磁场转速 n_s（即 $n > n_s$），则转差率 $s < 0$。此时转子导体"切割"气隙磁场的方向将与电动机运行时相反，故转子导体中的感应电动势 e_2 以及转子电流的有功分量 i_{2a} 也将与电动机状态时相反，即转子上部的导体为流出，转子下部的导体为流入，因此电磁转矩 T_e 的方向将与转子转速 n 的方向相反，如图 5-8（c）所示，此时电磁转矩 T_e 成为制动性质的转矩。为使转子持续以高于旋转磁场的转速旋转，原动机的驱动转矩 T_1 必须克服制动的电磁转矩 T_e。同理，根据 i_{1a} 的方向与 i_{2a} 的方向相反，可以确定与 i_{2a} 对应的定子导体中的电流 i_{1a} 方向，如图 5-8（c）所示。可见此时 i_{1a} 的方向与 e_1 的方向相同，定子电流 i_{1a} 是由定子感应电动势 e_1 产生的，电机向电网输出电功率，即电机的转子从原动机吸收机械功率，通过电磁感应由定子输出电功率，异步电机处于发电机运行状态。

（3）电磁制动运行状态

若由机械原因或其他外因，使转子逆着旋转磁场方向反向旋转（$n < 0$），则转差率将变

成 $s > 1$。此时转子导体"切割"气隙磁场的相对速度方向与电动机状态时相同，故转子导体中的感应电动势 e_2 和转子电流的有功分量 i_{2a} 与电动机状态时同方向，如图5-8（a）所示，电磁转矩方向 T_e 也与电动机状态时相同，但由于转子的转向改变，故对转子而言，此电磁转矩 T_e 表现为制动转矩。同理，根据 i_{1a} 的方向与 i_{2a} 的方向相反，可以确定与 i_{2a} 对应的定子导体中的电流 i_{1a} 方向，如图5-8（a）所示。可见此时 i_{1a} 的方向与 e_1 的方向相反，说明电机从电网输出吸收电功率。即异步电机处于电磁制动状态，它一方面从轴上吸收机械功率，同时又从电网吸收电功率，两者都变成电机内部的损耗。

5.1.4 异步电动机的型号和额定值

（1）异步电动机的型号

国产三相异步电动机（又称三相感应电动机）的型号一律采用大写印刷体的汉语拼音字母和阿拉伯数字来表示。三相异步电动机的型号一般由三部分组成，排列顺序及含义如下。

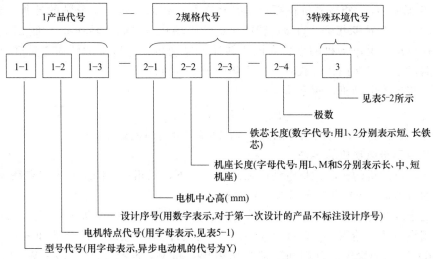

注：大型异步电动机的规格代号由功率(kW)、极数、定子铁芯外径(mm)三个小节组成。

表 5-1 常用异步电动机的特点代号

特点代号	汉字意义	产品名称	产品代号
—	—	笼型异步电动机	Y
R	绕	绕线转子异步电动机	YR
Q	启	高启动转矩异步电动机	YQ
H	滑	高转差率(滑差)异步电动机	YH
D	多	变极多速异步电动机	YD
Z	重	起重冶金用笼型异步电动机	YZ
ZR	重绕	起重冶金用绕线转子异步电动机	YZR

表 5-2 特殊环境代号

特殊环境条件	代 号	特殊环境条件	代 号
高原用	G	热带用	T
船用	H	湿热带用	TH
户外用	W	干热带用	TA
化工防腐用	F		

三相异步电动机的型号示例：

Y100L2-4——表示三相异步电动机，中心高为100mm、长机座、2号铁芯长、4极。

Y2-132S-6——表示三相异步电动机，第二次系列设计、中心高为 132mm、短机座、6 极。

YZR630-10/1180——表示大型起重冶金用绕线型异步电动机，功率为 630kW、10 极、定子铁芯外径为 1180mm。

（2）异步电动机的额定值

① 额定功率 P_N。异步电动机的额定功率，又称额定容量，指电动机在铭牌规定的额定运行状态下工作时，从转轴上输出的机械功率。单位为瓦（W）或千瓦（kW）。

② 额定电压 U_N。指电动机在额定运行状态下，定子绕组应接的线电压。单位为伏（V）或千伏（kV）。

③ 额定电流 I_N。指电动机在额定运行状态下工作时，定子绕组的线电流，单位为安（A）。

④ 额定频率 f_N。指电动机所使用的交流电源频率，单位为赫兹（Hz）。我国规定电力系统的工作频率为 50Hz。

⑤ 额定转速 n_N。指电动机在额定运行状态下工作时，转子每分钟的转数，单位为转/分（r/min）。一般异步电动机的额定转速比旋转磁场转速（同步转速 n_s）低 2%～5%，故从额定转速也可知道电动机的极数和同步转速。电动机在运行中的转速与负载有关。空载时，转速略高于额定转速；过载时，转速略低于额定转速。

对于三相异步电动机，额定功率 P_N 为

$$P_N = \sqrt{3}\,U_N I_N \cos\varphi_N \eta_N \tag{5-4}$$

式中，$\cos\varphi_N$ 为额定运行时的功率因数；η_N 为额定运行时的效率。

（3）三相异步电动机的接法

三相异步电动机的接法是指电动机在额定电压下，三相定子绕组 6 个首末端头的连接方法，常用的有星形（Y）和三角形（△）两种。

三相定子绕组每相都有两个引出线头，一个称为首端，另一个称为末端。按国家标准规定，第一相绕组的首端用 U_1 表示，末端用 U_2 表示；第二相绕组的首端和末端分别用 V_1 和 V_2 表示；第三相绕组的首端和末端分别用 W_1 和 W_2 表示（U_1、V_1、W_1 和 U_2、V_2、W_2 分别对应于三相绕组展开图中的 A、B、C 和 X、Y、Z）。这 6 个引出线头引入接线盒的接线柱上，接线柱标出对应的符号，如图 5-9 所示。

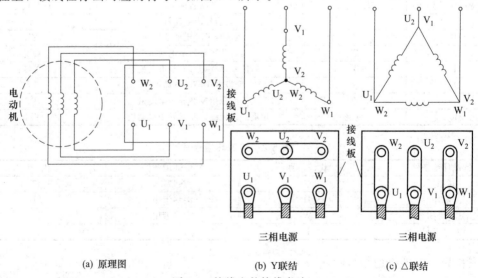

(a) 原理图　　　　(b) Y联结　　　　(c) △联结

图 5-9　接线盒的接线方法

三相定子绕组的 6 根端头可将三相定子绕组接成星形（Y）或三角形（△）。星形联结是将三相绕组的末端连接在一起，即将 U_2、V_2、W_2 接线柱用铜片连接在一起，而将三相绕组的首端 U_1、V_1、W_1 分别接三相电源，如图 5-9（b）所示。三角形联结是将第一相绕组的首端 U_1 与第三相绕组的末端 W_2 连接在一起，再接入一相电源；将第二相绕组的首端 V_1 与第一相绕组的末端 U_2 连接在一起，再接入第二相电源；将第三相绕组的首端 W_1 与第二相绕组的末端 V_2 连接在一起，再接入第三相电源。即在接线板上将接线柱 U_1 和 W_2、V_1 和 U_2、W_1 和 V_2 分别用铜片连接起来，再分别接入三相电源，如图 5-9（c）所示。一台电动机是接成星形或是接成三角形，应视生产厂家的规定而进行，可从铭牌上查得。

三相定子绕组的首末端是生产厂家事先预定好的，绝不能任意颠倒，但可以将三相绕组的首末端一起颠倒，例如将 U_2、V_2、W_2 作为首端，而将 U_1、V_1、W_1 作为末端。但绝对不能单独将一相绕组的首末端颠倒，如将 U_1、V_2、W_1 作为首端，将会产生接线错误。

5.2　三相异步电动机的基本方程、等效电路和相量图

三相异步电动机正常运行时，转子总是旋转的。但是，为了便于理解，一般先从转子不转时进行分析，然后再分析转子旋转时的情况。在下面分析中，先讨论绕线转子三相异步电动机，再讨论笼型三相异步电动机。

5.2.1　转子绕组开路时的异步电动机

设有一台绕线转子三相异步电动机，其转子绕组开路，没有电流通过，因此转子是静止不动的，此时的异步电动机和变压器空载运行是相似的。异步电动机的定子绕组相当于变压器的一次绕组，而异步电动机的转子绕组相当于变压器的二次绕组。

微课：5.2.1

（1）主磁通与定子漏磁通

当三相异步电动机对称的三相绕组接至三相对称电源时，在定子绕组中将有对称的三相空载电流 $\dot{I}_{10}$ 通过，若不计谐波磁动势，三相对称的空载电流 $\dot{I}_{10}$ 将产生三相合成基波旋转磁动势 F_0。

由于转子绕组是开路的，转子绕组中没有电流，当然也不会有转子磁动势。这时作用在磁路上的只有定子基波磁动势 F_0，于是 F_0 就要在电机的磁路中产生主磁通 $\dot{\Phi}_m$。为此，F_0 近似等于励磁磁动势（又称激磁磁动势）F_m，空载电流 $\dot{I}_{10}$ 近似等于励磁电流（又称激磁电流）$\dot{I}_m$。

作用在磁路上的励磁磁动势产生的磁通如图 5-10 所示。与变压器相似，我们把通过气隙同时与定子绕组和转子绕组交链的磁通称为主磁通（即气隙中每极主磁通量），主磁通用 Φ_m 表示。主磁通 Φ_m 经过的磁路（称为主磁路）包括两个气隙、两个定子齿、一个定子轭、两个转子齿、一个转子轭等，如图 5-8（a）中虚线所示。把仅与定子绕组交链而不交链转子绕组的磁通称为定子绕组漏磁通，简称定子漏磁通，用 $\Phi_{1\sigma}$ 表示。由于漏磁通所走的路径不同，定子漏磁通又分为三部分，即槽漏磁通、端部漏磁通和谐波漏磁通。

上述把异步电动机中的磁通分为主磁通 Φ_m、漏磁通 $\Phi_{1\sigma}$ 的方法和变压器相同。但应注意，在变压器中，主磁通是脉振磁通，在数值上 Φ_m 表示该磁通的最大值；而在一般电动机中，主磁通是旋转磁通，其气隙磁密波 B_δ 是沿气隙圆周按正弦规律分布并以同步转速 n_s

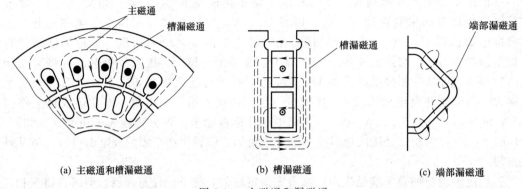

(a) 主磁通和槽漏磁通　　　(b) 槽漏磁通　　　(c) 端部漏磁通

图 5-10　主磁通和漏磁通

旋转，在数值上 Φ_m 表示气隙中每极主磁通量，即

$$\Phi_m = B_{av}\tau l = \frac{2}{\pi}B_\delta \tau l \tag{5-5}$$

式中，B_δ 为按正弦规律分布的气隙磁通密度最大值；$B_{av} = \frac{2}{\pi}B_\delta$ 为气隙平均磁通密度；τ 为定子的极距；l 为电机（定子铁芯）轴向的有效长度。

（2）感应电动势

由第 4 章可知，气隙中的主磁场 B_δ 以同步转速 n_s 旋转时，主磁通 $\dot{\Phi}_m$ 将在定子绕组中产生感应电动势 $\dot{E}_1$（$\dot{E}_1$ 为对称三相电动势，现取其中 A 相来分析）。定子绕组感应电动势为

$$\dot{E}_1 = -j4.44 f_1 N_1 k_{w1} \dot{\Phi}_m \tag{5-6}$$

式中，N_1 为定子绕组每相串联匝数；k_{w1} 为定子绕组系数；f_1 为定子绕组感应电动势的频率。

由于转子是静止的，因此主磁通 $\dot{\Phi}_m$ 也将在转子绕组中产生感应电动势 $\dot{E}_2$。而且又由于定子绕组和转子绕组与旋转磁场的相对运动速度相同，所以转子绕组感应电动势的频率 f_2 等于定子绕组感应电动势的频率 f_1，故转子绕组感应电动势为

$$\dot{E}_2 = -j4.44 f_2 N_2 k_{w2} \dot{\Phi}_m = -j4.44 f_1 N_2 k_{w2} \dot{\Phi}_m \tag{5-7}$$

式中，N_2 为转子绕组每相串联匝数；k_{w2} 为转子绕组系数；f_2 为转子绕组感应电动势的频率。

电动势 $\dot{E}_1$ 和 $\dot{E}_2$ 在相位上滞后气隙每极主磁通 $\dot{\Phi}_m$ 以 90°电角度，即滞后 $\dot{B}_m$ 以 90°电角度。

定、转子每相感应电动势之比称为电压变比 k_e

$$k_e = \frac{E_1}{E_2} = \frac{N_1 k_{w1}}{N_2 k_{w2}} \tag{5-8}$$

或

$$E_1 = k_e E_2 \tag{5-9}$$

定子绕组的漏磁通 $\dot{\Phi}_{1\sigma}$ 是交变磁通，$\dot{\Phi}_{1\sigma}$ 在定子相绕组中产生漏磁感应电动势，用 $\dot{E}_{1\sigma}$ 表示。由于漏磁通经过的大部分是空气，因此漏磁通本身比较小，其漏磁磁路的磁阻可认为是常数，定子漏磁感应电动势 $\dot{E}_{1\sigma}$ 与定子电流 $\dot{I}_{10}$ 成正比。用在变压器分析中学过的方法，可以把定子漏磁感应电动势看成是定子电流在定子漏电抗 $X_{1\sigma}$ 上的压降，在时间相位上，$\dot{E}_{1\sigma}$ 滞后于定子电流 $\dot{I}_{10}$ 90°电角度，于是

$$\dot{E}_{1\sigma} = -\mathrm{j}\dot{I}_{10}X_{1\sigma} \tag{5-10}$$

式中，$X_{1\sigma} = \dfrac{E_{1\sigma}}{I_{10}} = 2\pi f_1 L_{1\sigma}$ 称为定子漏磁电抗，简称定子漏电抗，其中 $L_{1\sigma}$ 为定子漏电感。

式（5-10）右边不带负号，即 $\mathrm{j}\dot{I}_{10}X_{1\sigma}$ 就是电流 $\dot{I}_{10}$ 在定子漏电抗 $X_{1\sigma}$ 上的压降。但应注意，$X_{1\sigma}$ 虽然是定子绕组一相的漏电抗，但是它所对应的漏磁通却是由三相电流共同产生的。

（3）励磁电流

由于气隙磁密与定子、转子都有相对运动，所以在定子、转子铁芯中产生磁滞和涡流损耗，即铁耗。与变压器一样，这部分铁耗是电源送入的，因此励磁电流 $\dot{I}_m$ 也由铁耗电流 $\dot{I}_{Fe}$ 和磁化电流 $\dot{I}_\mu$ 两个分量组成。$\dot{I}_{Fe}$ 提供铁耗，是有功分量；$\dot{I}_\mu$ 建立磁动势产生磁通 $\dot{\Phi}_m$，是无功分量。因此

$$\dot{I}_m = \dot{I}_{Fe} + \dot{I}_\mu \tag{5-11}$$

有功分量很小，因此 $\dot{I}_m$ 领先 $\dot{I}_\mu$ 一个不大的角度 α_{Fe}，α_{Fe} 称为铁损耗角。$\dot{I}_\mu$ 与 $\dot{\Phi}_m$ 相位相同，如图 5-11 所示。

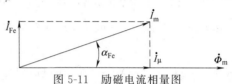

图 5-11 励磁电流相量图

（4）电压方程式和相量图

异步电动机转子开路且静止时，在定子绕组中，除了主磁通在定子绕组中所感应的电动势 $\dot{E}_1$、电流 $\dot{I}_{10}$ 产生定子漏抗压降 $\mathrm{j}\dot{I}_{10}X_{1\sigma}$ 之外，电流 $\dot{I}_{10}$ 在定子绕组电阻 R_1 上还将产生压降 $\dot{I}_{10}R_1$。令异步电动机各物理量的正方向均按变压器惯例，图 5-12 给出了三相异步电动机转子绕组开路且静止时，其中一相的定、转子电路的各物理量的正方向，设定子每相的端电压为 $\dot{U}_1$，根据基尔霍夫第二定律，可以列出电动机转子开路且静止时定子绕组一相回路的电压方程式为

$$\begin{aligned}
\dot{U}_1 &= -\dot{E}_1 + \dot{I}_{10}R_1 - \dot{E}_{1\sigma} = -\dot{E}_1 + \dot{I}_{10}R_1 + \mathrm{j}\dot{I}_{10}X_{1\sigma} \\
&= -\dot{E}_1 + \dot{I}_{10}(R_1 + \mathrm{j}X_{1\sigma}) = -\dot{E}_1 + \dot{I}_{10}Z_{1\sigma}
\end{aligned} \tag{5-12}$$

式中，$Z_{1\sigma}$ 称为定子的漏阻抗，$Z_{1\sigma} = R_1 + \mathrm{j}X_{1\sigma}$。

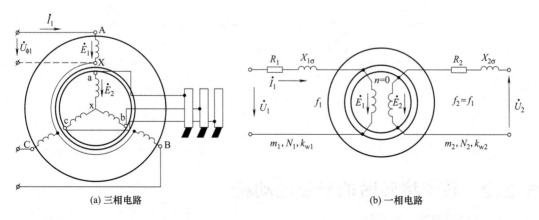

(a) 三相电路　　　　　　　　　　　　(b) 一相电路

图 5-12 转子绕组开路时定、转子电路各物理量的正方向

上式如用相量图表示时，可画成相量图如图 5-13 所示。

三相异步电动机转子绕组开路时的电压方程式以及相量图，与三相变压器二次绕组开路

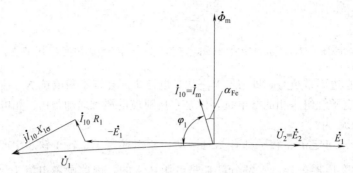

图 5-13　转子绕组开路时的相量图

时的情况相似。

(5) 等效电路

与三相变压器空载运行时一样，也能找出转子绕组开路时三相异步电动机的等效电路，如果用励磁电流 $\dot{I}_m$（或 $\dot{I}_{10}$）在参数 Z_m 上的压降表示 $-\dot{E}_1$，则

$$-\dot{E}_1 = \dot{I}_m(R_m + jX_m) = \dot{I}_m Z_m \tag{5-13}$$

式中，$Z_m = R_m + jX_m$ 为励磁阻抗；R_m 为励磁电阻，它是反映铁耗的等效电阻；X_m 为励磁电抗，它是定子每相绕组与主磁通对应的电抗。

于是，定子一相电压方程式为

$$\dot{U}_1 = -\dot{E}_1 + \dot{I}_{10}(R_1 + jX_{1\sigma}) = \dot{I}_m(R_m + jX_m) + \dot{I}_{10}(R_1 + jX_{1\sigma}) = \dot{I}_m Z_m + \dot{I}_{10} Z_{1\sigma} \tag{5-14}$$

转子一相回路电压方程为

$$\dot{U}_2 = \dot{E}_2 \tag{5-15}$$

根据式（5-14）可得三相异步电动机转子绕组开路时，定子一相绕组的等效电路，如图 5-14 所示。

从上述电磁过程的分析可得三相异步电动机转子开路时的电磁关系示意图，如图 5-15 所示。

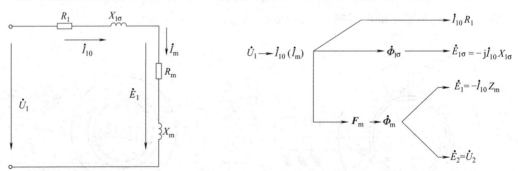

图 5-14　转子绕组开路时定子回路的等效电路　　　　图 5-15　转子开路时的电磁关系

5.2.2　转子堵转时的异步电动机

(1) 主磁通与转子漏磁通

把绕线转子三相异步电动机的三相转子绕组短路起来，并且将转子堵住不转，当定子绕组接到三相对称的电源上时，转子绕组中的感应电动势 $\dot{E}_2$ 便产生三相对称电流，每相转子电流的有效值用 I_2 表示。此时，除了定子绕组有电流产生定子基波磁动势 F_1 外，转子电

流流过转子的三相对称绕组时也要产生转子基波磁动势 F_2。因为转子堵住不转时，定、转子电流的频率是相同的。因此定、转子基波旋转磁动势 F_1 和 F_2 沿气隙圆周同转向、同转速旋转，同时作用在同一个电机的磁路上，共同产生主磁通。

转子绕组短路时，也要产生转子绕组漏磁通，它也是由前述三种漏磁通（转子槽漏磁通、转子端部漏磁通和谐波漏磁通）所组成。

（2）定、转子磁动势的合成

由于定、转子绕组的极对数相同，定、转子电流的频率也相同（$f_1 = f_2$），且定、转子绕组的相对位置相同，转子电流 $\dot{I}_2$ 和定子电流 $\dot{I}_1$ 又都是由同一个气隙磁通产生的，所以定、转子电流的相序也完全相同。由此可见，转子不动时，转子基波磁动势 F_2 与定子基波磁动势 F_1 的转向相同、转速也相同，即 $n_2 = \dfrac{60f_2}{p} = \dfrac{60f_1}{p} = n_s$。换句话说，定子磁动势 F_1 与转子磁动势 F_2 在空间上彼此是相对静止的。因此，定子磁动势 F_1 与转子磁动势 F_2 可以合成，共同产生电动机的主磁通。

转子磁动势 F_2 与定子磁动势 F_1 作用在同一条磁路上，它倾向于改变主磁通 $\dot{\Phi}_m$ 及感应电动势 $\dot{E}_1$，破坏定子侧的电压平衡关系。从式（5-12）可以看出，在电源电压 $\dot{U}_1$ 不变的情况下，随着感应电动势 $\dot{E}_1$ 的改变，定子电流 $\dot{I}_1$ 必然发生变化。此时，定子侧会自动增加一个电流分量，用以产生磁动势来抵消转子磁动势的作用。使定子侧的电压关系重新得到平衡。这就是当转子有了电流以后，定子电流会自动增加的原因。

（3）磁动势平衡方程式

以上分析可知，转子堵转时，电动机的定子电流由 $\dot{I}_{10}$ 增大到 $\dot{I}_1$，但是由于定子回路的漏阻抗 $Z_{1\sigma}$ 非常小，所以由式（5-12）可看出，异步电动机从转子开路到转子堵转时，定子漏抗压降从 $\dot{I}_{10}Z_{1\sigma}$ 增大为 $\dot{I}_1Z_{1\sigma}$，但是由于定子漏抗压降占电源电压 $\dot{U}_1$ 的比例非常小，所以定子感应电动势 $\dot{E}_1$ 近似不变。因此根据式（5-6）可以得出结论，异步电动机从转子开路到转子堵转时，主磁通 $\dot{\Phi}_m$ 近似不变，所以电动机转子堵转时电动机的合成磁动势（$F_1 + F_2$）应该近似等于转子开路时电动机的磁动势 $F_m(= F_0)$，由此可得此时异步电动机的磁动势平衡方程式为

$$F_1 + F_2 = F_m \tag{5-16}$$

或

$$F_1 = F_m + (-F_2) \tag{5-17}$$

（4）电流平衡方程式

由第4章可知，定子电流 $\dot{I}_1$ 产生的定子基波磁动势 F_1 的幅值为

$$F_1 = \frac{m_1}{2} \times 0.9 \frac{N_1 k_{w1}}{p} \dot{I}_1 \tag{5-18}$$

式中，m_1 为定子绕组的相数；N_1 为定子绕组每相串联匝数；k_{w1} 为定子绕组因数；p 为电动机的极对数。

同理，可知转子电流 $\dot{I}_2$ 产生的转子基波磁动势 F_2 的幅值为

$$F_2 = \frac{m_2}{2} \times 0.9 \frac{N_2 k_{w2}}{p} \dot{I}_2 \tag{5-19}$$

式中，m_2 为转子绕组的相数；N_2 为转子绕组每相串联匝数；k_{w2} 为转子绕组因数；p 为电动机的极对数。

因为励磁电流 $\dot{I}_{\mathrm{m}}$ 流过定子绕组，所以励磁电流 $\dot{I}_{\mathrm{m}}$ 产生的励磁磁动势 $\mathbf{F}_{\mathrm{m}}$ 的幅值为

$$\mathbf{F}_{\mathrm{m}} = \frac{m_1}{2} \times 0.9 \frac{N_1 k_{\mathrm{w1}}}{p} \dot{I}_{\mathrm{m}} \tag{5-20}$$

将式（5-18）～式（5-20）代入式（5-16）可得异步电动机的电流平衡方程式为

$$\frac{m_1}{2} \times 0.9 \frac{N_1 k_{\mathrm{w1}}}{p} \dot{I}_1 + \frac{m_2}{2} \times 0.9 \frac{N_2 k_{\mathrm{w2}}}{p} \dot{I}_2 = \frac{m_1}{2} \times 0.9 \frac{N_1 k_{\mathrm{w1}}}{p} \dot{I}_{\mathrm{m}}$$

即

$$\dot{I}_1 + \frac{m_2 N_2 k_{\mathrm{w2}}}{m_1 N_1 k_{\mathrm{w1}}} \dot{I}_2 = \dot{I}_{\mathrm{m}} \tag{5-21}$$

(5) 电压平衡方程式

图 5-16 是三相异步电动机转子堵转时，其中一相的定、转子电路图，设定子每相的端电压为 $\dot{U}_1$，根据基尔霍夫第二定律，可以列出电动机转子绕组短路且转子堵转时定、转子绕组一相回路的电压方程式为

$$\dot{U}_1 = -\dot{E}_1 + \dot{I}_1 (R_1 + \mathrm{j}X_{1\sigma}) \tag{5-22}$$

$$\dot{E}_2 = \dot{I}_2 (R_2 + \mathrm{j}X_{2\sigma}) = \dot{I}_2 Z_{2\sigma} \tag{5-23}$$

式中，R_2 为转子绕组的电阻；$X_{2\sigma}$ 为转子绕组的漏电抗；$Z_{2\sigma}(= R_2 + \mathrm{j}X_{2\sigma})$ 为转子绕组的漏阻抗。

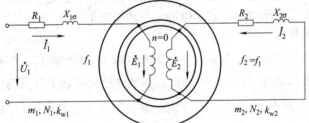

图 5-16　转子绕组短路且转子堵转时的定、转子电路各物理量的正方向

(6) 转子绕组的归算

异步电动机定、转子之间没有电路上的直接联系，只有磁路的联系，定、转子绕组完全类似于变压器的一、二次侧绕组。为了得到一个异步电动机的等效电路，可以仿照变压器的分析方法，对转子绕组进行归算（又称折算），即假设把实际相数为 m_2，每相串联匝数为 N_2，绕组系数为 k_{w2} 的转子抽出来，换上一个新转子，其相数为 m_1，每相串联匝数为 N_1，绕组系数为 k_{w1}。新换的转子每相感应电动势为 E_2'，电流为 I_2'，转子漏阻抗为 $Z_{2\sigma}' = R_2' + \mathrm{j}X_{2\sigma}'$，但是新换的转子产生的转子基波磁动势与原转子一样，即保持转子绕组具有同样的磁动势（同幅值、同相位）。从定子侧感觉不到什么差别。根据归算前后异步电动机的电磁关系、功率关系保持不变的原则，我们可以找出归算前后各物理量之间的关系。

① 转子电流的归算。根据归算前后转子磁动势保持不变的原则，可得

$$\frac{m_1}{2} \times 0.9 \frac{N_1 k_{\mathrm{w1}} I_2'}{p} = \frac{m_2}{2} \times 0.9 \frac{N_2 k_{\mathrm{w2}} I_2}{p} \tag{5-24}$$

所以 I_2' 应为

$$I_2' = \frac{m_2 N_2 k_{\mathrm{w2}}}{m_1 N_1 k_{\mathrm{w1}}} I_2 = \frac{I_2}{k_i} \tag{5-25}$$

式中，k_i 称为电流变比

$$k_i = \frac{I_2}{I_2'} = \frac{m_1 N_1 k_{\mathrm{w1}}}{m_2 N_2 k_{\mathrm{w2}}} \tag{5-26}$$

② 转子电动势的归算。绕组归算后，转子的有效匝数已变换成定子的有效匝数。因为

归算前后主磁通 $\dot{\Phi}_{\mathrm{m}}$ 不变，所以电动势与绕组的有效匝数成正比，即

$$\frac{E_2'}{E_2}=\frac{N_1 k_{\mathrm{w1}}}{N_2 k_{\mathrm{w2}}}=k_{\mathrm{e}} \tag{5-27}$$

所以 E_2' 应为

$$E_2'=\frac{N_1 k_{\mathrm{w1}}}{N_2 k_{\mathrm{w2}}}E_2=k_{\mathrm{e}}E_2=E_1 \tag{5-28}$$

式中，k_{e} 称为电压比

$$k_{\mathrm{e}}=\frac{N_1 k_{\mathrm{w1}}}{N_2 k_{\mathrm{w2}}} \tag{5-29}$$

③ 转子电阻的归算。根据归算前后转子绕组的铜损耗不变，可得

$$m_1 I_2'^2 R_2'=m_2 I_2^2 R_2 \tag{5-30}$$

所以 R_2' 应为

$$R_2'=\frac{m_2 I_2^2}{m_1 I_2'^2}R_2=k_{\mathrm{e}}k_{\mathrm{i}}R_2 \tag{5-31}$$

④ 转子漏电抗的归算。根据归算前后转子绕组的无功损耗不变，可得

$$m_1 I_2'^2 X_{2\sigma}'=m_2 I_2^2 X_{2\sigma} \tag{5-32}$$

所以 $X_{2\sigma}'$ 应为

$$X_{2\sigma}'=\frac{m_2 I_2^2}{m_1 I_2'^2}X_{2\sigma}=k_{\mathrm{e}}k_{\mathrm{i}}X_{2\sigma} \tag{5-33}$$

⑤ 转子漏阻抗的归算。根据式（5-31）、式（5-33），可得归算后的转子漏阻抗 $Z_{2\sigma}'$ 为

$$Z_{2\sigma}'=R_2'+\mathrm{j}X_{2\sigma}'=k_{\mathrm{e}}k_{\mathrm{i}}R_2+k_{\mathrm{e}}k_{\mathrm{i}}X_{2\sigma}=k_{\mathrm{e}}k_{\mathrm{i}}(R_2+\mathrm{j}X_{2\sigma})=k_{\mathrm{e}}k_{\mathrm{i}}Z_{2\sigma} \tag{5-34}$$

⑥ 转子漏阻抗角的归算

根据上述归算前后各物理量之间的关系，可得归算后的转子漏阻抗角 ψ_2' 为

$$\psi_2'=\arctan\frac{X_{2\sigma}'}{R_2'}=\arctan\frac{k_{\mathrm{e}}k_{\mathrm{i}}X_{2\sigma}}{k_{\mathrm{e}}k_{\mathrm{i}}R_2}=\arctan\frac{X_{2\sigma}}{R_2}=\psi_2 \tag{5-35}$$

即归算后转子漏阻抗的阻抗角 ψ_2' 等于归算前转子漏阻抗的阻抗角 ψ_2。因为归算前后转子漏阻抗的阻抗角没有改变，所以归算前后转子侧的功率因数没有改变。

根据定、转子磁动势的关系，将式（5-25）代入式（5-21），可得电流平衡方程式为

$$\dot{I}_1+\dot{I}_2'=\dot{I}_{\mathrm{m}} \tag{5-36}$$

从式（5-36）看出，经过上述的归算，把异步电动机定、转子之间存在的磁动势的联系变为了电流之间的联系。

(7) 绕组归算后的基本方程式、等效电路和相量图

三相异步电动机进行绕组归算后，可列出电动机转子绕组短路且转子堵转时的五个基本方程式

$$\dot{U}_1=-\dot{E}_1+\dot{I}_1(R_1+\mathrm{j}X_{1\sigma}) \tag{5-37}$$

$$-\dot{E}_1=\dot{I}_{\mathrm{m}}(R_{\mathrm{m}}+\mathrm{j}X_{\mathrm{m}}) \tag{5-38}$$

$$\dot{E}_1=\dot{E}_2' \tag{5-39}$$

$$\dot{E}_2'=\dot{I}_2'(R_2'+\mathrm{j}X_{2\sigma}') \tag{5-40}$$

$$\dot{I}_1+\dot{I}_2'=\dot{I}_{\mathrm{m}} \tag{5-41}$$

根据以上五个基本方程式，可以画出三相异步电动机转子绕组短路且转子堵转时的等效电路，如图 5-17 所示。

图 5-18 是根据上述五个基本方程式画出的三相异步电动机转子绕组短路且转子

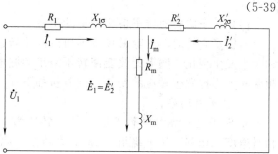

图 5-17　转子绕组短路且转子堵转时的等效电路

堵转时的相量图。

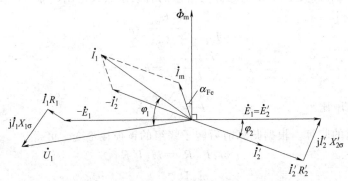

图 5-18 转子绕组短路且转子堵转时的相量图

从上述电磁过程的分析可得三相异步电动机转子绕组短路且转子堵转时的电磁关系示意图，如图 5-19 所示。

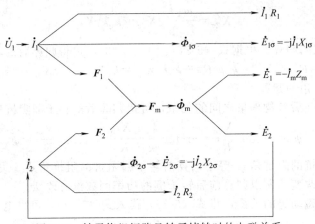

图 5-19 转子绕组短路且转子堵转时的电磁关系

5.2.3 转子旋转时的异步电动机

由三相异步电动机的工作原理可知，当三相异步电动机的转子绕组短路时，转子感应电动势将在转子绕组中产生电流 $\dot{I}_2$，转子电流 $\dot{I}_2$ 与气隙磁场相互作用，将产生电磁转矩 T_e。如果把堵住转子的机构松开，由于电磁转矩的作用，转子将旋转起来。在一定的机械转矩下，异步电动机的转子将以某一转速 n 沿旋转磁场的转向稳定运行。

下面在上一节的基础上，分析转子旋转时（即电动机正常运行时）电动机内部的电磁过程。

(1) 转子旋转对转子各物理量的影响

当转子旋转时，气隙磁场将不再以同步转速切割转子绕组，因而导致转子电动势的频率和大小发生变化。频率的改变使转子绕组的漏电抗跟着改变。这些变化的结果使转子电流的频率和大小也发生相应的变化。现分析如下。

① 转子电动势。

a. 转子电动势的频率 f_2。设转子转速为 n，则气隙旋转磁场将以 $\Delta n = n_s - n = s n_s$ 的相对速度"切割"转子绕组，Δn 称为转差。此时转子绕组的感应电动势和电流的频率（简称转子频率）f_2 应为

$$f_2 = \frac{p \Delta n}{60} = \frac{p n_s}{60} s = s f_1 \tag{5-42}$$

b. 转子电动势的有效值。转子旋转时，转子感应电动势 E_{2s} 的有效值为

$$E_{2s} = 4.44 f_2 N_2 k_{w2} \Phi_m = 4.44 s f_1 N_2 k_{w2} \Phi_m = s E_2 \tag{5-43}$$

式中，E_{2s} 为转子转动后的转子电动势（即转子频率为 $f_2 = s f_1$ 的转子电动势）；E_2 为转子静止不动时的转子电动势（即转子频率为 $f_2 = f_1$ 的转子电动势）。

上式还说明，当转子旋转时，转子绕组每相感应电动势与转差率 s 成正比。

② 转子漏电抗和转子电阻。由于电抗与频率成正比，转子旋转时的转子漏电抗 $X_{2\sigma s}$ 是对应于转子旋转时的转子频率的漏电抗（即 $X_{2\sigma s}$ 是对应于转子频率为 $f_2 = s f_1$ 的漏电抗）；而转子不转时的转子漏电抗 $X_{2\sigma}$ 是对应于转子不转时的转子频率的漏电抗（即 $X_{2\sigma}$ 是对应于转子频率为 $f_2 = f_1$ 的漏电抗）。$X_{2\sigma s}$ 与 $X_{2\sigma}$ 的关系为

$$X_{2\sigma s} = 2\pi f_2 L_{2\sigma} = 2\pi s f_1 L_{2\sigma} = s 2\pi f_1 L_{2\sigma} = s X_{2\sigma} \tag{5-44}$$

可见，转子以不同的转速旋转时，转子漏电抗 $X_{2\sigma s}$ 是个变量，它与转差率 s 成正比。

正常运行时的异步电动机，$X_{2\sigma s} \ll X_{2\sigma}$。

如果不考虑集肤效应及温度变化对转子电阻 R_2 的影响，则可以认为转子电阻 R_2 与转子转速 n 的大小无关，即 R_2 为常数。

③ 转子电流。转子电流 I_{2s} 是由转子电动势 E_{2s} 产生的，显然 I_{2s} 的频率为 $f_2 = s f_1$。由于转子绕组自行短路，所以只有转子漏阻抗限制转子电流 I_{2s}，故得

$$I_{2s} = \frac{E_{2s}}{\sqrt{R_2^2 + X_{2\sigma s}^2}} \tag{5-45}$$

转子电路的功率因数为

$$\cos\varphi_2 = \frac{R_2}{\sqrt{R_2^2 + X_{2\sigma s}^2}} \tag{5-46}$$

(2) 转子旋转时的转子磁动势

图 5-20 是三相异步电动机定、转子磁动势转速示意图，它表示了定、转子磁动势转速之间的相互关系。图

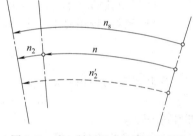

图 5-20　定、转子磁动势转速示意图

中 n_1 为定子磁动势 $\boldsymbol{F}_1$ 相对于定子铁芯的转速，n_1 决定于定子电流的频率 f_1，即

$$n_1 = \frac{60 f_1}{p} = n_s \tag{5-47}$$

图 5-20 中 n_2 为转子磁动势 $\boldsymbol{F}_2$ 相对于转子铁芯的转速，n_2 决定于转子电流的频率 f_2，即

$$n_2 = \frac{60 f_2}{p} = \frac{60 s f_1}{p} = s n_1 = n_1 - n \tag{5-48}$$

图 5-20 中 n 为转子的转速（电动机的转速），即转子相对于定子的转速。由于转子以转速 n 旋转，所以，转子磁动势 $\boldsymbol{F}_2$ 相对于定子的转速 n_2' 为

$$n_2' = n_2 + n = s n_1 + n = (n_1 - n) + n = n_1 = n_s \tag{5-49}$$

由式（5-49）可知，转子旋转与转子堵住不转时比较，转子转速 n 所增加的数值，恰好等于转子磁动势 $\boldsymbol{F}_2$ 相对于转子的转速 n_2 所减少的数值。也就是说，无论转子转速 n 如何变化，$\boldsymbol{F}_2$ 相对于定子的转速 n_2' 与 $\boldsymbol{F}_1$ 相对于定子的转速 n_1 是相同的，均为同步转速 n_s，即 $\boldsymbol{F}_2$ 与 $\boldsymbol{F}_1$ 在空间没有相对运动，总是相对静止。这是一切电机能够正常运行的条件，因为只有这样，才能产生恒定的平均电磁转矩，从而实现机电能量的转换。

　　如上所述，由于 F_2 永远与 F_1 在空间同步，于是可以把作用在电动机磁路上的 F_2 与 F_1 相叠加起来得到一个合成磁动势 F_m，仍用 $F_1 + F_2 = F_m$ 表示。如果把转子绕组进行归算，同样也能得到电流平衡方程式 $\dot{I}_1 + \dot{I}_2' = \dot{I}_m$。可见，转子旋转与转子堵住不转时比较，其磁动势平衡方程式和电流平衡方程式在形式上是一样的。但需要指出，这种情况下（转子旋转时）的合成磁动势 F_m 与前面介绍过的两种情况下（转子开路时和转子短路且转子堵转时）的合成磁动势 F_m，就其性质来说虽然都一样，都是产生气隙每极主磁通 $\dot{\Phi}_m$ 的磁动势。但就其磁动势的大小来说，由于定子电流和定子磁动势不同，所以三种情况下的合成磁动势 F_m 和对应的励磁电流 $\dot{I}_m$ 是不同的。

　　【例 5-2】 有一台三相异步电动机，极数 $2p = 4$，额定频率 $f_N = 50\text{Hz}$，额定转差率 $s_N = 0.04$，拖动额定负载运行。试求：

　　① 电动机的同步转速 n_s 和额定转速 n_N；

　　② 转子电流的频率 f_2；

　　③ 转子磁动势相对于转子的转速 n_2；

　　④ 转子磁动势相对于定子（空间）的转速 n_2'。

　　解　① 电动机的同步转速 n_s 和额定转速 n_N

$$n_s = \frac{60 f_1}{p} = \frac{60 \times 50}{2} = 1500 \ (\text{r/min})$$

$$n_N = n_s(1 - s_N) = 1500 \times (1 - 0.04) = 1440 \ (\text{r/min})$$

　　② 转子电流的频率 f_2　　$f_2 = s f_1 = 0.04 \times 50 = 2 \ (\text{Hz})$

　　③ 转子磁动势相对于转子的转速 n_2

$$n_2 = \frac{60 f_2}{p} = \frac{60 \times 2}{2} = 60 \ (\text{r/min})$$

　　④ 转子磁动势相对于定子（空间）的转速 n_2'

$$n_2' = n_2 + n = 60 + 1440 = 1500 \ (\text{r/min})$$

即为同步转速。

　　(3) 转子频率的归算

　　以上分析可知，转子电流频率的大小仅仅影响 F_2 相对于转子本身的转速。F_2 相对于定子的转速永远为 n_s，而与 f_2 的大小无关。所以，定、转子之间的磁的联系，只要保持 F_2 的大小不变即可，至于转子电流的频率是多少是无关紧要的。根据这个概念，把式 (5-45) 进行如下变换

$$I_{2s} = \frac{E_{2s}}{\sqrt{R_2^2 + X_{2\sigma s}^2}} = \frac{s E_2}{\sqrt{R_2^2 + (s X_{2\sigma})^2}} = \frac{E_2}{\sqrt{\left(\dfrac{R_2}{s}\right)^2 + X_{2\sigma}^2}} = I_2 \tag{5-50}$$

$$\psi_2 = \arctan \frac{s X_{2\sigma}}{R_2} = \arctan \frac{X_{2\sigma}}{\dfrac{R_2}{s}} = \psi_2' \tag{5-51}$$

式中，E_{2s}、I_{2s}、$X_{2\sigma s}$ 分别为异步电动机转子旋转时转子绕组一相的电动势、电流和漏电抗；E_2、I_2、$X_{2\sigma}$ 则分别为异步电动机的转子不转时转子绕组一相的电动势、电流和漏电抗。尽管转子电流 I_{2s} 和 I_2 的有效值大小相等、相位相同，但物理意义不同，前者是对应于转子旋转时的情况，其频率为 $f_2 = s f_1$，后者对应于转子不动时的情况，其频率为 $f_2 = f_1$。由于两个频率不同而有效值相等的电流产生的磁动势 F_2 相对于定子的转速是一样的，所以从定子侧看磁动势 F_2 没有任何变化。这种把实际旋转的电机转子看成不转的转子，从

而把转子电路中的电动势的频率由 f_2 变成 f_1 的方法称为频率归算。

频率归算后，转子电阻由原来的 R_2 变成 $\dfrac{R_2}{s}$。把 $\dfrac{R_2}{s}$ 分成两部分，即

$$\frac{R_2}{s}=R_2+\frac{1-s}{s}R_2 \tag{5-52}$$

其中第一项 R_2 就是转子本身的电阻，第二项 $\dfrac{1-s}{s}R_2$ 则是使转子电流的有效值和相位保持不变时转子中应加入的附加电阻。在附加电阻 $\dfrac{1-s}{s}R_2$ 中将消耗功率，而在实际转子中并不存在这项电阻损耗，但却产生机械功率；由于静止转子和旋转转子等效，有功功率应当相等，因此消耗在此电阻中的功率 $m_2 I_2^2 \dfrac{1-s}{s}R_2$ 将代表实际电机中所产生的总机械功率，这就是电阻 $\dfrac{1-s}{s}R_2$ 的物理意义。电阻 $\dfrac{1-s}{s}R_2$ 与转差率 s 有关，在电动机状态下，轴上的负载增大时，转差率 s 也增大，$\dfrac{1-s}{s}R_2$ 就减小，意味着转子电流将增大，这与实际情况相符合。

图 5-21 表示频率归算后，感应电动机定、转子的等效电路图，图中定子和转子的频率均为 f_1，转子电路中出现了一个表征机械负载的等效电阻 $\dfrac{1-s}{s}R_2$。

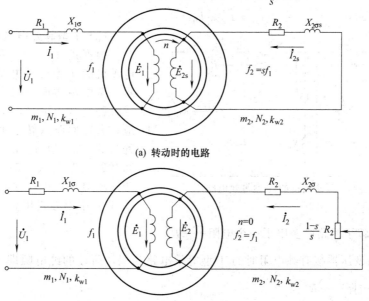

(a) 转动时的电路

(b) 频率归算后的电路

图 5-21　转子转动后的异步电机定、转子电路图

（4）转子频率和绕组归算后的基本方程

异步电动机转子进行频率和绕组归算后，则转子回路的电压平衡方程式变为

$$\dot{E}'_2=\dot{I}'_2\left(\frac{R'_2}{s}+\mathrm{j}X'_{2\sigma}\right) \tag{5-53}$$

图 5-22 为归算前后的转子等效电路。

异步电动机转子旋转时与转子绕组短路且转子堵转时相比较，在基本方程式中，只有转子回路的电压平衡方程式有所差别，其他几个方程式都一样。可见用式（5-53）代替式

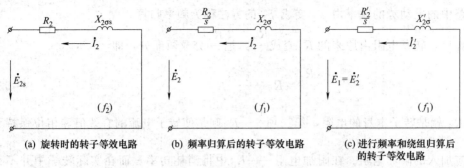

(a) 旋转时的转子等效电路　　(b) 频率归算后的转子等效电路　　(c) 进行频率和绕组归算后的转子等效电路

图 5-22　归算前后异步电机转子的等效电路

（5-40），就能得到经过归算，异步电动机定、转子电路的频率都变成 f_1，定、转子的相数和有效匝数都变成 m_1 和 $N_1 k_{w1}$ 以后，异步电动机转子旋转时的基本方程式为

$$
\left.
\begin{aligned}
\dot{U}_1 &= -\dot{E}_1 + \dot{I}_1 (R_1 + jX_{1\sigma}) \\
\dot{E}_2' &= \dot{I}_2' \left(\frac{R_2'}{s} + jX_{2\sigma}' \right) \\
\dot{E}_1 &= \dot{E}_2' \\
-\dot{E}_1 &= \dot{I}_m (R_m + jX_m) \\
\dot{I}_1 + \dot{I}_2' &= \dot{I}_m
\end{aligned}
\right\}
\tag{5-54}
$$

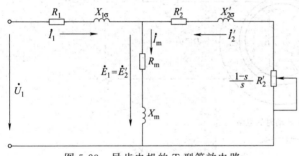

图 5-23　异步电机的 T 型等效电路

(5) T 型等效电路和简化等效电路

根据式（5-54），可画出三相异步电动机的 T 型等效电路，如图 5-23 所示。图中左边回路（定子回路）的电压方程与式（5-54）中的第一式相对应；右边回路（转子回路）的电压方程与式（5-54）的第二式相对应；中间激磁支路与式（5-54）中第三和第四式相对应；电路中的电流关系与式（5-54）中第五式相对应。图 5-23 与图 5-17 相比较，转子回路中多串了一个电阻 $\frac{1-s}{s} R_2'$。

图 5-23 与变压器接有纯电阻时的 T 型等效电路相似，所接的纯电阻即为异步电动机机械功率的等效电阻 $\frac{1-s}{s} R_2'$。

由该等效电路可分析以下几种情况。

① 启动瞬间，$n=0$，$s=1$，$\frac{1-s}{s} R_2' = 0$，转子和定子电流都很大。

② 空载时，转子转速 n 接近于同步转速 n_s，$s \approx 0$，$\frac{1-s}{s} R_2' \to \infty$，转子相当于开路；此时转子电流接近于零，定子电流基本上是励磁电流。

③ 当电动机加上机械负载时，转子转速 n 将略微下降，转差率 s 将增大，$\frac{1-s}{s} R_2'$ 将减小，使转子和定子电流增大。

图 5-23 是一个混联电路，计算起来比较复杂，因此实际应用中，有时把励磁支路移到输入端而得到近似等效电路，如图 5-24 所示，使电路变成一个简单的并联电路。计算工作可以更为简化。当然它与实际情况有些差别，会引起一些误差，但对于一般容量较大的异步电动机而言，这个误差很小，能够满足工程上所要求的精度。

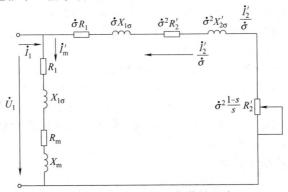

图 5-24　异步电机的近似等效电路

图 5-24 中，$\dot{\sigma}$ 称为修正系数，是个复数，表示式为

$$\dot{\sigma}=1+\frac{Z_1}{Z_m}=1+\frac{R_1+jX_{1\sigma}}{R_m+jX_m} \qquad (5\text{-}55)$$

实际异步电动机中，由于 $R_1 < X_{1\sigma}$，$R_m \ll X_m$，如果略去 R_1 和 R_m，则式（5-55）便变成实数，即

$$\sigma=1+\frac{X_{1\sigma}}{X_m} \qquad (5\text{-}56)$$

容量较大的三相异步电动机，因为 $X_{1\sigma} \ll X_m$，所以 $\sigma \approx 1$，故可得到异步电动机的简化等效电路如图 5-25 所示。

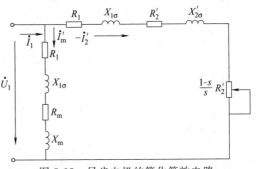

图 5-25　异步电机的简化等效电路

（6）相量图

根据上述五个基本方程式可以画出三相异步电动机的相量图，如图 5-26 所示，它与三相变压器接有纯电阻负载时的相量图相似。

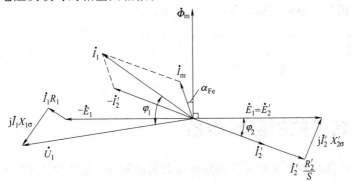

图 5-26　异步电动机相量图（$0 < n < n_1$）

从等效电路和相量图可见，异步电动机的定子电流 $\dot{I}_1$ 总是滞后于电源电压 $\dot{U}_1$，这是因为产生气隙中的主磁场和定、转子的漏磁场都要从电源输入一定的感性无功功率。励磁电流越大，同样的负载下电动机所需的无功功率就越大，电机的功率因数则越低。

三相异步电动机对称运行时,其中任意一相都可以代表整个电机的运行情况,图 5-23、图 5-24 和图 5-25 所表示的等效电路和相量图以及基本方程式都是对应于一相的值。必须指出的是:由等效电路算出的所有定子侧的量均为电机中的实际值;由等效电路算出的转子电动势、转子电流则为归算值,如果要得到实际值,需要重新归算回去。由于归算是在功率不变的条件下进行的,所以用归算值计算出的转子功率、损耗和转矩均与实际值相同。

既然三相异步电动机稳态运行可用一个等效电路表示,那么,已知电动机的参数时,就可以用等效电路来计算电动机的运行性能。

【例 5-3】 一台三相四极异步电动机,额定功率 $P_N=4kW$,额定电压 $U_N=380V$,额定频率 $f_N=50Hz$,额定转速 $n_N=1440$ r/min,定子绕组为△接法,定子电阻 $R_1=4.47\Omega$,定子漏电抗 $X_{1\sigma}=6.7\Omega$,转子电阻归算值 $R_2'=3.29\Omega$,转子漏电抗归算值 $X_{2\sigma}'=9.85\Omega$,励磁电阻 $R_m=11.9\Omega$,励磁电抗 $X_m=188\Omega$,试求额定运行时的定子电流及功率因数。

解 利用 T 型等值电路来求解

① 定子电流 先求同步转速

$$n_s=\frac{60f}{p}=\frac{60\times50}{2}=1500\ (\text{r/min})$$

额定转差率

$$s_N=\frac{n_s-n_N}{n_s}=\frac{1500-1440}{1500}=0.04$$

定子阻抗

$$Z_{1\sigma}=R_1+jX_{1\sigma}=(4.47+j6.7)(\Omega)$$

转子阻抗

$$Z_2'=\frac{R_2'}{s_N}+jX_{2\sigma}'=\frac{3.29}{0.04}+j9.85=(82.25+j9.85)\ (\Omega)$$

励磁阻抗

$$Z_m=R_m+jX_m=(11.9+j188\ )(\Omega)$$

根据 T 型等值电路,以电压为参考相量,则定子相电流 $I_{1\phi}$ 为

$$\dot{I}_{1\phi}=\frac{\dot{U}}{Z_1+\dfrac{Z_2'Z_m}{Z_2'+Z_m}}=\frac{380\angle0°}{(4.47+j6.7)+\dfrac{(82.25+j9.85)(11.9+j188)}{(82.25+j9.85)+(11.9+j188)}}$$
$$=4.84\angle-31.55°\ (A)$$

因为定子绕组为三角形连接,所以定子线电流 I_{1l} 为

$$I_{1l}=\sqrt{3}\,I_{1\phi}=\sqrt{3}\times4.84=8.38\ (A)$$

② 功率因数

因为 $\varphi_1=31.55°$,所以功率因数为

$$\cos\varphi_1=\cos31.55°=0.852$$

5.3 笼型转子的极数和相数

以上虽然是用绕线转子来分析三相异步电动机的原理,但所得结论完全适用于笼型三相异步电动机。由于笼型转子由两个端环并联了许多导条,本身无明显的极数,相数也不一定是三相,下面要分别进行分析。

5.3.1 笼型转子的极数

任何电机的定子和转子应有相同的极数。如果定、转子极数不同,平均电磁转矩就等于

零，电机就无法工作。绕线型转子的极数，在设计时通过转子绕组的适当连接，使其与定子的极数相同。笼型转子与绕线型转子结构不同，其极数、相数和参数的归算具有自己的特点，下面对此作出说明。

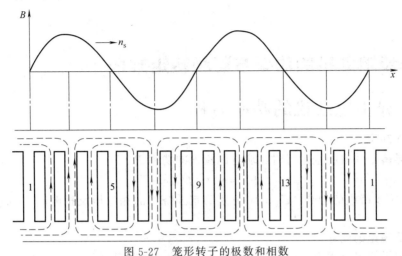

图 5-27 笼形转子的极数和相数

图 5-27 表示一台笼型转子处于四极气隙磁场里的情况。根据 $e = Blv$，每根导条的电动势瞬时值，应当正比于该瞬间导条所"切割"的气隙磁通密度值 B。设气隙磁场为正弦分布，并以同步速度正向推移，则各根导条中感应电动势的方向如图 5-27 所示。此时导条 3 和导条 11 中的感应电动势将分别达到正最大值，而导条 7 和导条 15 中的感应电动势将分别达到负最大值。由于导条和端环具有的电阻和漏电抗非常小，所以导条电流应滞后于导条电动势一个非常小的阻抗角 ψ_2，即要等气隙磁场向前推进了 ψ_2 角以后，导条 3 和导条 11 中的电流才达到最大值，如图 5-27 所示（图中忽略了阻抗角 ψ_2，所以导条中的电流方向与导条的感应电动势方向相同，图中的虚线表示导条中的电动势和电流方向，一个导条中有两个电流表示此瞬间该导条中的电流大）。从图 5-27 可见，转子导条电流瞬时值的空间分布取决于气隙主磁场的分布，所以笼型转子电流所产生转子磁动势的极数，总是与感生它的气隙磁场的极数相同（即转子磁动势和定子磁动势有相同的极数），且转子磁动势波在空间的推移速度始终为同步速度。

5.3.2 笼型转子的相数和绕组因数

笼型转子的相数，取决于一对极下有多少根不同相位的导条。设 Z_2 为转子的导条数（即转子槽数），则相邻导条的电动势相量之间将互差 α_2 角，$\alpha_2 = \dfrac{p \times 360^\circ}{Z_2}$。若 $\dfrac{Z_2}{p}$ 为整数，说明在各对磁极内，均有处于相同位置的导条，而这些处于相同位置的导条的感应电动势的相位相同，所以这些导条属于同一相。因此一对极下导条的电动势相量将组成一个均匀分布的相量星形。这说明笼型绕组是一个对称的多相绕组，其中每对极下的每根导条就构成一相，所以相数 $m_2 = \dfrac{Z_2}{p}$；各对极下占有相同位置的导条，则是每相的并联导条，即每相有 p 根并联导条。

如果 $\dfrac{Z_2}{p} \neq$ 整数，则所有导条在每对磁极下所处的位置均不同，因此各个导条中的感应电动势的相位均不相同，有多少根导条就有多少相，所以 $m_2 = Z_2$。

由于一根导条相当于半匝，所以每相串联匝数 $N_2 = 1/2$。因为每相仅有一根导体，不存在"短距"或"分布"问题，故笼型绕组的节距因数和分布因数都等于1。归纳起来，对笼型绕组有

$$m_2 = \frac{Z_2}{p}(\text{或 } m_2 = Z_2), \quad N_2 = \frac{1}{2}, \quad k_{w2} = 1 \tag{5-57}$$

5.4 异步电动机的功率方程和转矩方程

5.4.1 异步电动机的功率方程

(1) 输入功率

当三相异步电动机稳定运行时，从电源输入的功率 P_1 为

$$P_1 = m_1 U_1 I_1 \cos\varphi_1 \tag{5-58}$$

式中，m_1 为定子绕组的相数；U_1、I_1 分别为定子绕组的相电压及相电流；$\cos\varphi_1$ 为电动机的功率因数。

(2) 定子绕组的铜耗

消耗于定子绕组电阻 R_1 上的功率，称为定子绕组铜损耗 p_{Cu1}，其值为

$$p_{Cu1} = m_1 I_1^2 R_1 \tag{5-59}$$

式中，I_1 为定子绕组的相电流；R_1 为定子绕组的相电阻。

(3) 铁耗

消耗于电动机铁芯中的功率，称为铁芯损耗 p_{Fe}，其值为

$$p_{Fe} = m_1 I_m^2 R_m \tag{5-60}$$

式中，I_m 为电动机励磁电流（相值）；R_m 为励磁电阻（相值）。

(4) 电磁功率

从 T 型等效电路可见，异步电动机从电源输入的电功率 P_1，其中一小部分将消耗于定子绕组的电阻而变成定子铜耗 p_{Cu1}，一小部分将消耗于定子铁芯变为铁耗 p_{Fe}，余下的大部分功率将借助于气隙旋转磁场的作用，从定子通过气隙传送到转子，这部分功率称为电磁功率，用 P_e 表示。写成方程式时有

$$P_e = P_1 - p_{Cu1} - p_{Fe} \tag{5-61}$$

从等效电路可知，电磁功率 P_e 为

$$P_e = m_1 E_2' I_2' \cos\psi_2' = m_1 I_2'^2 \frac{R_2'}{s} \tag{5-62}$$

式中，$\cos\psi_2'$ 为转子的内功率因数，$\psi_2' = \arctan\dfrac{X_{2\sigma}'}{R_2'/s}$。

(5) 转子铜耗

消耗于转子绕组电阻上的功率，称为转子绕组铜损耗 p_{Cu2}，其值为

$$p_{Cu2} = m_1 I_2'^2 R_2' = m_2 I_2^2 R_2 \tag{5-63}$$

式中，I_2、I_2' 分别为转子绕组的相电流的实际值和归算值；R_2、R_2' 为转子绕组的相电阻的实际值和归算值；m_1 为定子绕组的相数；m_2 为转子绕组的相数。

(6) 总机械功率

异步电动机正常运行时，电动机的转差率 s 很小，转子铁芯中磁通的变化率很低，通常仅 $1\sim 3$Hz，所以转子铁耗很小，可略去不计。因此，从传送到转子的电磁功率 P_e 中扣除转子铜耗 p_{Cu2} 后，可得转换为机械能的总机械功率（即转换功率）P_Ω，如图 5-28 所示，其中

$$P_\Omega = P_e - p_{Cu2} = m_1 I_2'^2 \frac{1-s}{s} R_2' \tag{5-64}$$

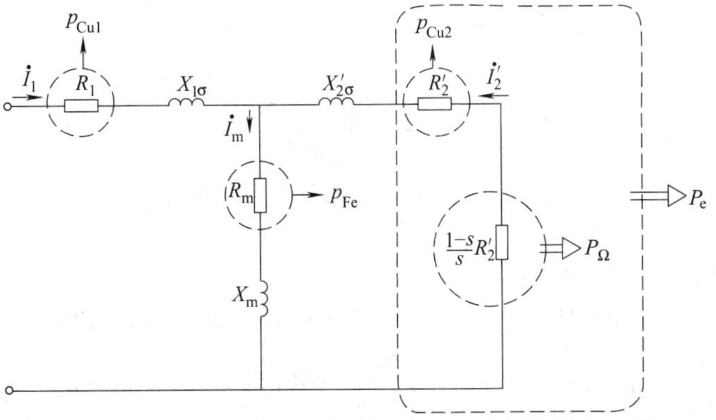

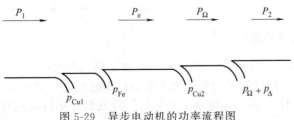

图 5-28 由 T 型等效电路导出感应电动机的功率方程

用电磁功率 P_e 表示时，转子绕组铜损耗 p_{Cu2} 和总机械功率 P_Ω 也可改写成

$$\left.\begin{array}{l} p_{Cu2} = sP_e \\ P_\Omega = (1-s)P_e \end{array}\right\} \tag{5-65}$$

式（5-65）说明，传送到转子的电磁功率 P_e 中，s 倍的 P_e 变为转子铜耗，$(1-s)$ 倍的 P_e 转换为总机械功率 P_Ω。由于转子铜耗 p_{Cu2} 等于 sP_e，所以它也称为转差功率。

最后，从 P_Ω 中扣除电动机的机械损耗 p_Ω 和杂散损耗 p_Δ，可得轴上输出的机械功率 P_2，即

$$P_2 = P_\Omega - (p_\Omega + p_\Delta) \tag{5-66}$$

在小型笼型异步电动机中，满载时的杂散损耗 p_Δ 可达输出功率的 $1\% \sim 3\%$；在大型异步电动机中，p_Δ 可取为输出功率的 0.5%；负载变化时，认为 p_Δ 随 I_1^2 的变化而变化。p_Δ 的大小与槽配合、槽开口、气隙大小和制造工艺等因素有关。式（5-66）中的 $p_\Omega + p_\Delta$，在等效电路中无法表达，该式是根据物理情况列出的。

由以上分析可知，异步电动机的功率平衡方程式为

$$P_2 = P_1 - p_{Cu1} - p_{Fe} - p_{Cu2} - p_\Omega - p_\Delta = P_1 - \sum p \tag{5-67}$$

式中，$\sum p$ 为电动机的总损耗

$$\sum p = p_{Cu1} + p_{Fe} + p_{Cu2} + p_\Omega + p_\Delta \tag{5-68}$$

与式（5-67）对应的异步电动机的功率流程图，如图 5-29 所示。

图 5-29 异步电动机的功率流程图

【例 5-4】 一台三相六极异步电动机，额定功率 $P_N = 7.5kW$，额定电压 $U_N = 380V$，额定频率 $f_N = 50Hz$，额定转速 $n_N = 960r/min$，定子绕组为 △ 接法，额定负载时，$\cos\varphi_N = 0.872$，定子绕组铜损耗 $p_{Cu1} = 470W$，铁损耗 $p_{Fe} = 234W$，机械损耗 $p_\Omega = 45W$，附加损耗 $p_\Delta = 80W$。试计算在额定负载时的转差率 s_N、转子电流频率 f_2、转子铜损耗 p_{Cu2}、输入功率 P_1、效率 η。

解　① 额定转差率。先求同步转速 n_s

$$n_s = \frac{60f}{p} = \frac{60 \times 50}{3} = 1000 \text{（r/min）}$$

则

$$s_N = \frac{n_s - n_N}{n_s} = \frac{1000 - 960}{1000} = 0.04$$

② 转子电流频率　$f_2 = s_N f_N = 0.04 \times 50 = 2 \text{（Hz）}$

③ 转子铜损耗，先求总机械功率 P_Ω

$$P_\Omega = P_2 + p_\Omega + p_\Delta = 7500 + 45 + 80 = 7625 \text{（W）}$$

则

$$p_{Cu2} = \frac{s}{1-s} P_\Omega = \frac{0.04}{1-0.04} \times 7625 = 317.7 \text{（W）}$$

④ 输入功率

$$P_1 = P_\Omega + p_{Cu2} + p_{Fe} + p_{Cu1} = 7625 + 317.7 + 234 + 470 = 8646.7 \text{（W）}$$

⑤ 效率

$$\eta = \frac{P_2}{P_1} \times 100\% = \frac{7500}{8646.7} \times 100\% = 86.7\%$$

5.4.2　异步电动机的转矩方程

在旋转运动中，旋转体的功率等于作用在旋转体上的转矩与它的机械角速度 Ω 的乘积，故将式（5-66）两边同除以机械角速度 Ω，可得电动机的转矩平衡方程式

$$T_2 = T_e - T_0 \tag{5-69}$$

式中，$T_0 = \dfrac{p_\Omega + p_\Delta}{\Omega} = \dfrac{p_0}{\Omega}$ 为电动机的空载转矩；$T_e = \dfrac{P_\Omega}{\Omega}$ 为电动机的电磁转矩；$T_2 = \dfrac{P_2}{\Omega}$ 为电动机的输出转矩；$\Omega = \dfrac{2\pi n}{60}$ 为机械角速度。

5.4.3　异步电动机的电磁转矩

由于总机械功率 $P_\Omega = (1-s)P_e$，转子的机械角速度 $\Omega = (1-s)\Omega_s$，所以电磁转矩 T_e 就等于

$$T_e = \frac{P_\Omega}{\Omega} = \frac{P_\Omega}{\dfrac{2\pi n}{60}} = \frac{m_1 I_2'^2 \dfrac{(1-s)}{s} R_2'}{\dfrac{2\pi n_s(1-s)}{60}} = \frac{m_1 I_2'^2 \dfrac{R_2'}{s}}{\dfrac{2\pi n_s}{60}} = \frac{P_e}{\Omega_s} \tag{5-70}$$

式中，$\Omega_s = \dfrac{2\pi n_s}{60}$ 为同步角速度。

式（5-70）表明，电磁转矩 T_e 既可用总机械功率、也可用电磁功率算出。用总机械功率去求电磁转矩时，应除以转子的机械角速度 Ω；用电磁功率去求电磁转矩时，则应除以旋转磁场的同步角速度 Ω_s，因为电磁功率是通过气隙旋转磁场传送到转子的。

5.4.4　电磁转矩的物理表达式

当功率的单位为瓦特（W），电流的单位为安培（A），电阻的单位为欧姆（Ω），转速的单位为转/分（r/min），角速度的单位为弧度/秒（rad/s）时，电磁转矩的单位为牛·米（N·m）。在下面所有的转矩计算公式中转矩的单位均为牛·米（N·m）。

考虑到电磁功率 $P_e = m_1 E_2' I_2' \cos\psi_2$，$E_2' = \sqrt{2}\,\pi f_1 N_1 k_{w1} \Phi_m$，$I_2' = \dfrac{m_2 k_{w2} N_2}{m_1 k_{w1} N_1} I_2$，$\Omega_s = \dfrac{2\pi n_s}{60} = 2\pi f_1/p$，把这些关系代入式（5-70），经过整理，可得

$$T_e = \frac{P_e}{\Omega_s} = \frac{m_1 E_2' I_2' \cos\psi_2}{\Omega_s} = \frac{m_1 (\sqrt{2}\,\pi f_1 N_1 k_{w1} \phi_m) I_2' \cos\psi_2}{\dfrac{2\pi f_1}{p}}$$

$$= \frac{1}{\sqrt{2}} p m_1 N_1 k_{w1} \Phi_m I_2' \cos\psi_2 = C_{T1} \Phi_m I_2' \cos\psi_2 \tag{5-71}$$

或
$$T_e = \frac{1}{\sqrt{2}} p m_2 N_2 k_{w2} \Phi_m I_2 \cos\psi_2 = C_{T2} \Phi_m I_2 \cos\psi_2 \tag{5-72}$$

式中，C_{T1}、C_{T2} 为感应电机的转矩常数，$C_{T1} = \dfrac{1}{\sqrt{2}} p m_1 N_1 k_{w1}$，$C_{T2} = \dfrac{1}{\sqrt{2}} p m_2 N_2 k_{w2}$。

式（5-71）和式（5-72）是电磁转矩的物理表达式。电磁转矩的物理表达式说明，电磁转矩 T_e 与气隙主磁通 Φ_m 和转子电流的有功分量 $I_2 \cos\psi_2$ 成正比，增加转子电流的有功分量，可使电磁转矩 T_e 增大。

5.5 感应电动机参数的测定

和变压器一样，异步电动机也有两种参数：一种是描述空载状态的励磁参数，即 R_m、X_m、Z_m；另一种是对应于短路电流的短路参数 R_k（$=R_1 + R_2'$）、X_k（$=X_{1\sigma} + X_{2\sigma}'$）、$Z_k$（$=Z_{1\sigma} + Z_{2\sigma}'$）。上述两种参数不仅数值大小悬殊，并且性质也有所不同。前者取决于电机主磁路的饱和程度，是非线性参数；后者基本上与电机的饱和程度无关，是线性参数。异步电动机的参数可以用空载试验和堵转（短路）试验来确定。

5.5.1 空载试验

空载试验的目的是确定电动机的励磁参数 R_m、X_m、Z_m 以及铁耗 p_{Fe} 和机械损耗 p_Ω。试验时，转子轴上不带任何负载，即电动机处于空载运行。将电动机的定子绕组接到频率 $f = f_N$ 的三相对称电源上，当电源电压为额定值时，让电动机运行一段时间，使其机械损耗达到稳定值。用调压器调节加在定子绕组上的电压，使其从（$1.1\sim1.3$）U_{1N} 逐步下降，直到电流开始回升为止，每次记录电动机的相电压 U_1、空载电流 I_{10} 和空载功率 P_{10}，即可得到异步电动机的空载特性曲线 $I_{10} = f(U_1)$ 和 $P_{10} = f(U_1)$，如图 5-30 所示。

异步电动机空载时，转差率 s 很小，转子电流很小，转子铜耗 p_{Cu2} 可忽略。定子电流也较小，电动机的三相输入功率全部用以克服定子铜耗 p_{Cu1}、铁耗 p_{Fe}、机械损耗 p_Ω（忽略空载杂散损耗），即

$$P_{10} = m_1 I_{10}^2 R_1 + p_{Fe} + p_\Omega \tag{5-73}$$

式中，定子电阻 R_1 可用电桥法或伏安法测定。

从空载时的输入功率 P_{10} 中减去定子铜耗 p_{Cu1}，并用 P_{10}' 表示，可得铁耗 p_{Fe} 和机械损耗 p_Ω 两项之和，即

$$P_{10}' = P_{10} - m_1 I_{10}^2 R_1 = p_{Fe} + p_\Omega \tag{5-74}$$

下面进一步把铁耗 p_{Fe} 和机械损耗 p_Ω 分离开。

对于已经制成的三相异步电动机，当频率 f_1 一定时，铁耗 p_{Fe} 与磁通密度 B_m 的平方成正比，而磁通密度 B_m 与电动机的每极磁通成正比，由于每极磁通 Φ_m 与定子感应电动势 E_1 成正比，即忽略定子漏阻抗的压降后（因为空载电流很小），每极磁通 Φ_m 近似与电源电

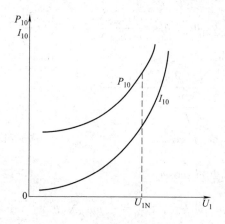

图 5-30 异步电动机的空载特性

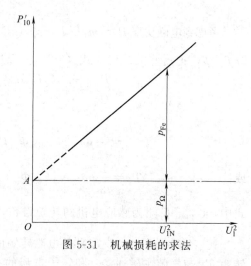

图 5-31 机械损耗的求法

压 U_1 成正比。所以，电动机的铁耗 p_{Fe} 基本上与端电压 U_1 的平方成正比。但是，电动机的机械损耗 p_Ω 则仅与电动机的转速 n 有关而与端电压 U_1 的高低无关。因此把铁耗和机械损耗两项之和与相电压的平方值画成曲线 $P'_{10} = p_{Fe} + p_\Omega = f(U_1^2)$，则该曲线将近似为一直线，如图 5-31 所示。把该直线延长到 $U_1 = 0$ 处，如图 5-31 中虚线所示，它与纵坐标的交点为 A，通过 A 作水平线，则水平线以下部分就是与电压大小无关的机械损耗 p_Ω，水平线以上部分则是随电压而变化的铁耗 p_{Fe}。因此，可以分离出电压等于额定电压时的铁耗 p_{Fe}。

空载试验时，转差率 $s \approx 0$，转子电流 $I_2 \approx 0$，转子可认为开路，其等效电路如图 5-14 所示。于是根据等效电路可算出

$$\left. \begin{array}{l} Z_0 = Z_{1\sigma} + Z_m = \dfrac{U_1}{I_{10}} \\[3mm] R_0 = R_1 + R_m = \dfrac{P_{10} - p_\Omega}{m_1 I_{10}^2} \\[3mm] X_0 = X_{1\sigma} + X_m = \sqrt{Z_0^2 - R_0^2} \end{array} \right\} \tag{5-75}$$

式中，P_{10} 是测得的总功率；m_1 是定子绕组相数；U_1、I_{10} 分别是电动机的相电压和相电流。

由等效电路图 5-14 可见，从堵转试验测得 $X_{1\sigma}$ 后，即可求得励磁电抗 X_m

$$X_m = X_0 - X_{1\sigma} \tag{5-76}$$

已知额定电压时的铁耗，则可求得励磁电阻 R_m

$$R_m = \frac{p_{Fe}}{m_1 I_{10}^2} \tag{5-77}$$

5.5.2 短路试验

短路试验（又称堵转试验）的目的是测定异步电动机的短路阻抗 Z_k、短路电阻 R_k 和短路电抗 X_k。短路试验必须在电动机堵转的情况下进行，故短路试验亦称堵转试验。

为了使短路试验时，电动机的短路电流不致过大，可降低电源电压进行，一般从 $U_{1k} \approx 0.4U_{1N}$ 开始（对小型电动机，若条件具备，最好从 $U_{1k} \approx 0.9U_{1N} \sim 1.0\ U_{1N}$ 做起），然后逐步降低电压，每次记录定子的相电压 U_{1k}、定子相电流 I_{1k} 和输入总功率 P_{1k}，即可得到短路特性 $I_{1k} = f(U_{1k})$、$P_{1k} = f(U_{1k})$，如图 5-32 所示。

由堵转（$s = 1$）时的等效电路图 5-33 可见，由于励磁阻抗 Z_m 比转子漏阻抗 $Z'_{2\sigma}$ 大很多，所以堵转时的定子电流主要由定、转子的漏阻抗所限制。因此即使在 $0.4U_{1N}$ 下进行堵

转试验，定子电流仍很大，可达额定电流的 2.5～3.5 倍。为避免定子绕组过热，试验应尽快进行。另外要注意堵转的安全性，特别是在试验电压较高时。

根据堵转试验测得的定子相电压 U_{1k}、相电流 I_{1k} 和输入总功率 P_{1k}，可求出堵转时的阻抗（即短路阻抗）Z_k、短路电阻 R_k 和短路电抗 X_k

$$\left.\begin{aligned} Z_k &= Z_{1\sigma} + Z'_{2\sigma} = \frac{U_{1k}}{I_{1k}} \\ R_k &= R_1 + R'_2 = \frac{P_{1k}}{m_1 I_{1k}^2} \\ X_k &= X_{1\sigma} + X'_{2\sigma} = \sqrt{Z_k^2 - R_k^2} \end{aligned}\right\} \tag{5-78}$$

从短路电阻 R_k 中减去定子绕组电阻 R_1，即得 R'_2。对于大、中型异步电动机，可以近似认为

$$\left.\begin{aligned} X_{1\sigma} &\approx X'_{2\sigma} \approx \frac{X_k}{2} \\ R_1 &\approx R'_2 \approx \frac{R_k}{2} \end{aligned}\right\} \tag{5-79}$$

在正常工作范围内，定、转子的漏电抗基本为一常值。但当高转差时（例如在启动时），定、转子电流将比额定值大很多，此时漏磁磁路中的铁磁部分将达到饱和，从而使漏磁磁阻变大、漏电抗变小。因此，启动时定、转子的漏电抗值（饱和值）将比正常工作时小 15%～35%。故在进行短路试验时，应力求测得短路电流 $I_{1k} = I_{1N}$，$I_{1k} = (2～3)I_{1N}$ 和短路电压 $U_{1k} \approx U_{1N}$ 三处的数据，然后分别算出不同饱和程度时的漏抗值。计算工作特性时，采用短路电流 $I_{1k} = I_{1N}$ 时的漏抗值；计算最大转矩时，采用对应于 $(2～3)I_{1N}$ 时的漏抗值。而计算启动特性时，采用短路电压 $U_{1k} \approx U_{1N}$ 时的漏抗值。这样可使计算结果接近于实际情况。

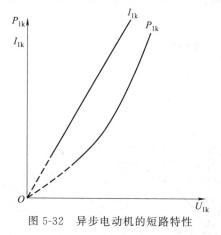

图 5-32　异步电动机的短路特性

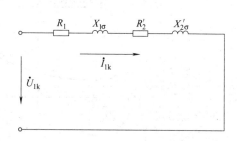

图 5-33　异步电动机的短路等值电路

5.6　异步电动机的转矩-转差率曲线

5.6.1　异步电动机电磁转矩的参数表达式

在实际分析异步电动机的各种运行状态时，往往需要知道电磁转矩与电机参数之间的关系，为此需要导出电磁转矩的参数表达式。

由图 5-25 所示的三相异步电动机的简化等效电路可得

$$\dot{I}'_2 = -\frac{\dot{U}_1}{Z_{1\sigma}+Z'_{2\sigma}} \approx -\frac{\dot{U}_1}{\left(R_1+\dfrac{R'_2}{s}\right)+\mathrm{j}(X_{1\sigma}+X'_{2\sigma})} \tag{5-80}$$

或

$$I'_2 = \frac{U_1}{\sqrt{\left(R_1+\dfrac{R'_2}{s}\right)^2+(X_{1\sigma}+X'_{2\sigma})^2}} \tag{5-81}$$

把式（5-81）代入式（5-70），于是得到三相异步电动机电磁转矩的参数表达式为

$$T_e = \frac{m_1}{\dfrac{2\pi n_s}{60}} \frac{U_1^2\dfrac{R'_2}{s}}{\left(R_1+\dfrac{R'_2}{s}\right)^2+(X_{1\sigma}+X'_{2\sigma})^2} = \frac{m_1}{\Omega_s} \frac{U_1^2\dfrac{R'_2}{s}}{\left(R_1+\dfrac{R'_2}{s}\right)^2+(X_{1\sigma}+X'_{2\sigma})^2}$$

$$= \frac{m_1 p U_1^2\dfrac{R'_2}{s}}{2\pi f_1\left[\left(R_1+\dfrac{R'_2}{s}\right)^2+(X_{1\sigma}+X'_{2\sigma})^2\right]} \tag{5-82}$$

5.6.2　异步电动机的转矩-转差率曲线

异步电动机的输出主要体现在转矩和转速上。在电源电压为额定电压的情况下，电磁转矩与转差率的关系 $T_e=f(s)$ 就称为转矩-转差率特性，或 T_e-s 曲线。$T_e=f(s)$ 特性是感应电动机主要特性之一。

异步电动机转矩-转差率特性的表达式与异步电动机电磁转矩的参数表达式一样，见式（5-82）。把不同的转差率 s 代入式（5-82），算出对应的电磁转矩 T_e，便可得到 $T_e=f(s)$ 特性曲线，如图 5-34 所示。图中 $0<s<1$ 的范围是电动机状态，$s<0$ 的范围是发电机状态，$s>1$ 的范围是电磁制动状态。

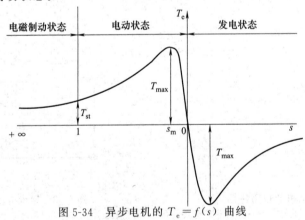

图 5-34　异步电机的 $T_e=f(s)$ 曲线

(1) 最大转矩和临界转差率

由图 5-34 可见，异步电动机工作在电动机运行状态和发电机运行状态时，各有一个最大电磁转矩。为了求得最大电磁转矩，仍认为电机的参数不变，将式（5-82）对 s 求导，并令 $\dfrac{\mathrm{d}T_e}{\mathrm{d}s}=0$，即可求出产生最大转矩 T_{max} 时的转差率 s_m 为

$$s_m = \pm\frac{R'_2}{\sqrt{R_1^2+(X_{1\sigma}+X'_{2\sigma})^2}} \tag{5-83}$$

s_m 称为临界转差率。将 s_m 代入式（5-82），可得

$$T_{max} = \pm \frac{1}{2} \frac{m_1 p U_1^2}{2\pi f_1 \left[\pm R_1 + \sqrt{R_1^2 + (X_{1\sigma} + X'_{2\sigma})^2}\right]} \tag{5-84}$$

式中，±号中的正号对应于电动机状态，负号对应于发电机状态。

通常 $R_1^2 \ll (X_{1\sigma} + X'_{2\sigma})^2$，故 R_1 可以略去，于是 s_m 和 T_{max} 可以简化为

$$s_m = \pm \frac{R'_2}{X_{1\sigma} + X'_{2\sigma}} \tag{5-85}$$

$$T_{max} = \pm \frac{m_1 p U_1^2}{4\pi f_1 (X_{1\sigma} + X'_{2\sigma})} \tag{5-86}$$

从式（5-85）和式（5-86）可见：

① 当电源频率 f_1 及参数一定时，异步电机的最大转矩 T_{max} 与电源电压 U_1 的平方成正比；

② 最大转矩 T_{max} 的大小与转子回路的电阻 R'_2 无关；

③ 临界转差率 s_m 与转子电阻 R'_2 成正比；R'_2 增大时，s_m 增大，但 T_{max} 保持不变，此时 T_e-s 曲线的最大值将向左偏移，如图 5-35 所示；

④ 当电源电压 U_1 和频率 f_1 一定时，异步电机的最大转矩 T_{max} 与定、转子漏电抗之和 $(X_{1\sigma} + X'_{2\sigma})$ 成反比；

⑤ 当电源电压 U_1 和参数一定时，异步电机的最大转矩 T_{max} 随频率 f_1 的增加而减小。

电动机的最大转矩与额定转矩之比称为最大转矩倍数，又称过载能力，用 λ（或 λ_m、k_M）表示，即

$$\lambda = \frac{T_{max}}{T_N} \tag{5-87}$$

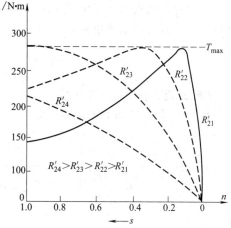

图 5-35 转子电阻变化时的 T_e-s 曲线

过载能力是异步电动机的重要性能指标之一。一般三相异步电动机 $\lambda = 1.6 \sim 2.2$；起重、冶金等特殊用途的异步电动机 $\lambda = 2.2 \sim 2.8$。

如果负载转矩大于电动机的最大转矩，电动机就会停转。为保证电动机不因短时过载而停转，应用于不同场合的三相异步电动机，都有足够大的过载能力，这样当电源电压突然降低或负载转矩突然增大时，电动机转速变化不大，待干扰消失后又恢复正常运行。

（2）启动转矩和启动电流

异步电动机定子绕组接通电源，而转子尚未转动时，即 $n=0$、$s=1$ 时的电磁转矩，称为启动转矩，用 T_{st} 表示。将 $s=1$ 代入式（5-82），可得

$$T_{st} = \frac{m_1 p U_1^2 R'_2}{2\pi f_1 \left[(R_1 + R'_2)^2 + (X_{1\sigma} + X'_{2\sigma})^2\right]} \tag{5-88}$$

启动转矩表达式表明：

① 当电源频率 f_1 及参数一定时，异步电机的启动转矩 T_{st} 与电源电压 U_1 的平方成正比；

② 当电源电压 U_1 和频率 f_1 一定时，异步电机的启动转矩 T_{st} 与定、转子漏电抗之和

$(X_{1\sigma}+X'_{2\sigma})$ 成反比;

③ 当转子回路电阻（包括外加电阻）与定、转子漏电抗之和 $(X_{1\sigma}+X'_{2\sigma})$ 相等时，$s_m=1$，启动转矩 T_{st} 与最大转矩 T_{max} 相等，启动转矩 T_{st}（$=T_{max}$）为最大，可见，对于绕线转子异步电动机，在转子回路串入适当附加电阻，可以提高启动转矩；

④ 当电源电压 U_1 和参数一定时，异步电机的启动转矩 T_{st} 随频率 f_1 的增加而减小。

电动机的启动转矩与额定转矩之比称为启动转矩倍数，用 k_{st} 表示，即

$$k_{st}=\frac{T_{st}}{T_N} \tag{5-89}$$

启动转矩倍数 k_{st} 是异步电动机的另一个重要的性能指标。k_{st} 的大小反映了电动机启动负载的能力。电动机启动时，k_{st} 大于（1.1～1.2）倍的负载转矩就可以顺利启动。k_{st} 越大，电动机启动就越快。一般异步电动机的启动转矩倍数 $k_{st}=1.1\sim2.0$。

从式（5-85）和图 5-35 可见，增大转子电阻，s_m 就增大，启动转矩 T_{st} 将随之增大，直到达到最大转矩值为止。对于绕线转子异步电动机，可以在转子回路中接入外加电阻来实现这一点。当 $s_m=1$ 时，启动转矩 $T_{st}=T_{max}$。但是，如果此时继续增大转子电阻（如图 5-35 中的 R'_{24}），则启动转矩将从最大转矩值逐步下降。

启动时电动机的定子电流称为启动电流，用 I_{st} 表示。I_{st} 可用图 5-25 所示的近似等效电路算出。若忽略励磁电流，可得

$$I_{st}\approx I'_2=\frac{U_1}{\sqrt{(R_1+R'_2)^2+(X_{1\sigma}+X'_{2\sigma})^2}} \tag{5-90}$$

【例 5-5】 利用例 5-3 的数据，试求在额定转速时的电磁转矩、最大转矩和启动电流。

解 ① 额定转速时的电磁转矩

$$T_e=\frac{3pU_1^2\dfrac{R'_2}{s_N}}{2\pi f_1\left[\left(R_1+\dfrac{R'_2}{s_N}\right)^2+(X_{1\sigma}+X'_{2\sigma})^2\right]}=\frac{3\times2\times380^2\times\dfrac{3.29}{0.04}}{2\pi\times50\left[\left(4.47+\dfrac{3.29}{0.04}\right)^2+(6.7+9.85)^2\right]}$$

$$=29.1（N\cdot m）$$

② 最大转矩

$$T_{max}=\frac{1}{2}\frac{3pU_1^2}{2\pi f_1\left[R_1+\sqrt{R_1^2+(X_1+X'_2)^2}\right]}=\frac{1}{2}\frac{3\times2\times380^2}{2\pi\times50\left[4.47+\sqrt{4.47^2+(6.7+9.85)^2}\right]}$$

$$=63.8（N\cdot m）$$

③ 启动电流

$$I_{st}=\frac{U_1}{\sqrt{(R_1+R'_2)^2+(X_1+X'_2)^2}}=\frac{380}{\sqrt{(4.47+3.29)^2+(6.7+9.85)^2}}=20.79（A）$$

5.6.3　异步电动机的机械特性

(1) 机械特性的参数表达式

三相异步电动机的机械特性是指定子绕组电压 U_1、电源频率 f_1 和电动机的参数一定的条件下，电动机的电磁转矩 T_e 与转速 n 之间的函数关系，即 $T_e=f(n)$。因为异步电动机的转速 n 与转差率 s 存在一定的关系，所以三相异步电动机的机械特性也往往用 $T_e=f(s)$ 形式表示。因此式（5-82）既是异步电动机电磁转矩的参数表达式，也是异步电动机

机械特性的参数表达式。

把转矩-转差率曲线 $T_e = f(s)$ 的纵坐标与横坐标对调，并利用 $n = n_s(1-s)$ 把转差率转换成对应的转速 n，就可以得到异步电动机的机械特性曲线 $T_e = f(n)$，如图 5-36 所示。

（2）稳定运行问题

关于电力拖动系统稳定运行的条件，已在第 2 章作过详细分析。只要满足在 $T_e = T_L$ 处，$\dfrac{\mathrm{d}T_e}{\mathrm{d}n} < \dfrac{\mathrm{d}T_L}{\mathrm{d}n}$ 的条件，电力拖动系统便能稳定运行。通常负载转矩 T_L 或不随转速变化，或随转速上升而增加。因此，只要电动机的机械特性曲线是下降的，整个电力拖动系统便能稳定运行。于是，从图 5-36 可见，三相异步电动机的稳定运行区域是从理想空载运行点（图 5-36 中的 A 点）到最大电磁转矩（图 5-36 中的 C 点）的一段。即 $0 < s < s_m$ 或 $n_s > n > n_s(1-s_m)$ 的范围内。

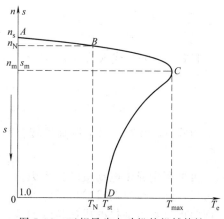

图 5-36 三相异步电动机的机械特性

当 $s_m < s < 1$ 时，三相异步电动机的机械特性上翘，一般不能稳定运行。但拖动风机、泵类负载时，虽然在有的情况下，能满足 $T_e = T_L$ 处，$\dfrac{\mathrm{d}T_e}{\mathrm{d}n} < \dfrac{\mathrm{d}T_L}{\mathrm{d}n}$ 的条件，可以稳定运行。但是由于这时转速低，转差率大，转子电动势 $E_{2s} = sE_2$ 比正常运行时大很多，造成转子电流、定子电流均很大，因此不能长期运行。

（3）机械特性的实用表达式

异步电动机机械特性的参数表达式对于分析电磁转矩 T_e 与电机参数间的关系，进行某些理论分析，是非常有用的。但是，由于在电机产品目录中，定、转子的参数（R_1、$X_{1\sigma}$、R_2'、$X_{2\sigma}'$ 等）是查不到的，因此，用参数表达式以绘制机械特性或进行分析计算是很不方便的。为此，必须导出不用电机参数而只用电机产品铭牌中提供的数据（P_N、n_N、λ）来获得的异步电动机机械特性的实用表达式。由式（5-85）得

$$X_{1\sigma} + X_{2\sigma}' = \frac{R_2'}{s_m} \tag{5-91}$$

将式（5-91）代入式（5-86），得

$$T_{max} = \frac{m_1 p U_1^2}{4\pi f_1 \dfrac{R_2'}{s_m}} \tag{5-92}$$

将式（5-91）代入式（5-82），忽略 R_1，得

$$T_e \approx \frac{m_1 p U_1^2 \dfrac{R_2'}{s}}{2\pi f_1\left[\left(\dfrac{R_2'}{s}\right)^2 + \left(\dfrac{R_2'}{s_m}\right)^2\right]} \tag{5-93}$$

根据式（5-92）和式（5-93），得到异步电动机机械特性的实用表达式为

$$\frac{T_e}{T_{max}} = \frac{2}{\dfrac{s}{s_m} + \dfrac{s_m}{s}} \tag{5-94}$$

在实际应用中，忽略空载转矩，近似认为电动机额定运行时的电磁转矩 T_{eN} 等于电动

机的额定转矩 T_N，即 $T_{eN} = T_N$。

如果我们从产品目录中查到电动机的技术数据：额定功率 P_N（kW）、额定转速 n_N（r/min），过载能力 λ（或 k_M），那么可以得到

$$T_N = 9550 \frac{P_N}{n_N} \tag{5-95}$$

$$T_{max} = \lambda T_N = \lambda T_{eN} \tag{5-96}$$

将式（5-96）代入式（5-94）得

$$\frac{1}{\lambda} = \frac{2}{\frac{s_N}{s_m} + \frac{s_m}{s_N}} \tag{5-97}$$

由式（5-97）可以求得临界转差率 s_m 为

$$s_m = s_N(\lambda \pm \sqrt{\lambda^2 - 1}) \tag{5-98}$$

可见利用异步电动机的技术数据，可以求出 T_{max} 和 s_m，将 T_{max} 和 s_m 代入式（5-94）就可以得到异步电动机的机械特性 $T_e = f(s)$。人为地给定一个 s 值，可求得相应的 T_e 值，从而绘出异步电动机的机械特性曲线。

【例 5-6】　一台三相六极异步电动机，额定数据为 $P_N = 100$kW，$U_N = 380$V，额定频率 $f_N = 50$Hz，$n_N = 960$ r/min。忽略空载转矩 T_0，试求：

① 额定运行时的转差率 s_N；

② 额定转矩 T_N；

③ 若该电动机过载倍数 $\lambda = 2$，求转差率 $s = 0.03$ 时的电磁转矩。

解　① 额定转差率。先求同步转速 n_s

$$n_s = \frac{60f}{p} = \frac{60 \times 50}{3} = 1000 \text{（r/min）}$$

则额定转差率为

$$s_N = \frac{n_1 - n_N}{n_1} = \frac{1000 - 960}{1000} = 0.04$$

② 额定转矩

$$T_N = \frac{P_N}{\Omega_N} = \frac{P_N}{\frac{2\pi n_N}{60}} = 9.55 \frac{P_N}{n_N} = 9.55 \frac{100 \times 10^3}{960} = 994.8 \text{（N·m）}$$

③ 已知 $\lambda = 2$，求 $s = 0.03$ 时的电磁转矩，先求临界转差率

$$s_m = s_N(\lambda + \sqrt{\lambda^2 - 1}) = 0.04 \times (2 + \sqrt{2^2 - 1}) = 0.149 \quad \text{（合理）}$$

$$s_m = s_N(\lambda - \sqrt{\lambda^2 - 1}) = 0.04 \times (2 - \sqrt{2^2 - 1}) = 0.0107 \quad \text{（不合理，舍掉）}$$

则最大转矩为

$$T_{max} = \lambda T_N = 2 \times 994.8 = 1989.6 \text{（N·m）}$$

当 $s = 0.03$ 时的电磁转矩

$$T_e = \frac{2T_m}{\frac{s}{s_m} + \frac{s_m}{s}} = \frac{2 \times 1989.6}{\frac{0.03}{0.149} + \frac{0.149}{0.03}} = 770 \text{（N·m）}$$

5.7 异步电动机的工作特性

为保证异步电动机运行可靠、使用经济，国家标准对电动机的主要性能指标作出了具体

规定。标志工作性能的主要指标有：额定效率 η_N、额定功率因数 $\cos\varphi_N$ 和最大转矩倍数 T_{max}/T_N（即过载能力 λ）等。

三相异步电动机的工作特性是指在额定电压和额定频率下，电动机的转速 n、定子电流 I_1、功率因数 $\cos\varphi_1$、输出转矩 T_2、效率 η 与输出功率 P_2 的关系曲线，即 n、I_1、$\cos\varphi_1$、T_2、$\eta = f(P_2)$。

三相异步电动机的工作特性曲线如图 5-37 所示。

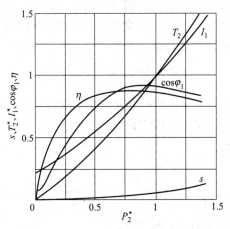

图 5-37 三相异步电动机的工作特性曲线

5.7.1 工作特性的分析

(1) 转速特性 $n = f(P_2)$

三相异步电动机的转速为 $n = n_s(1-s)$。异步电动机空载时，$P_2 = 0$，转差率 $s \approx 0$，转子的转速非常接近于同步转速 n_s。随着负载的增大，电动机的转速略微下降，这样旋转磁场便以较大的转差 $\Delta n(=n_s-n)$ 切割转子导体，使转子导体中的感应电动势及电流增加，以便产生较大的电磁转矩与负载转矩平衡。因此，转速特性 $n = f(P_2)$ 是一条稍向下倾斜的曲线，而转差率特性 $s = f(P_2)$ 是一条向上翘的曲线，如图 5-37 所示。

由式（5-65）可知，转差率 $s = p_{Cu2}/P_e$，对于一般的异步电动机而言，为了保证有较高的效率，转子铜耗不能过大，所以转差率都很小。通常三相异步电动机额定负载时的转差率 $s_N \approx 2\% \sim 5\%$，即额定转速 n_N 约比同步转速 n_s 低 $2\% \sim 5\%$。

(2) 定子电流特性 $I_1 = f(P_2)$

由式（5-54）可知，三相异步电动机的定子电流 I_1 为 $\dot{I}_1 = \dot{I}_m + (-\dot{I}_2')$。当电动机空载时，转子电流 $\dot{I}_2 \approx 0$，定子电流几乎全部是激磁电流 $\dot{I}_m$。随着负载的增大，转子电流增大，定子电流 I_1 将随之增大。定子电流 I_1 几乎随 P_2 按正比例增加。定子电流特性 $I_1 = f(P_2)$ 如图 5-37 所示。

(3) 功率因数特性 $\cos\varphi_1 = f(P_2)$

从等效电路可见，异步电动机是一个感性电路，所以异步电动机的功率因数 $\cos\varphi_1$ 恒小于 1，且为滞后性质。

空载运行时，定子电流基本上是激磁电流（其主要成分是无功的磁化电流），所以功率因数 $\cos\varphi_1$ 很低，为 $0.1 \sim 0.2$。加上负载后，输出的机械功率增加，转子电流的有功分量增加，定子电流中的有功分量也随之增大，于是电动机的功率因数就逐渐提高；通常在额定负载附近，功率因数将达到其最大值。若负载继续增大，由于转差率 s 较大，转子感应电动势和转子电流的频率 $f_2(=sf_1)$ 增加，导致转子绕组的漏电抗增大，所以使转子绕组的内功率因数 $\cos\varphi_2$ 下降得较快，故定子功率因数 $\cos\varphi_1$ 又重新下降，如图 5-37 所示。

（4）转矩特性 $T_2=f(P_2)$

异步电动机的轴端输出转矩 $T_2=\dfrac{P_2}{\Omega}$，其中 $\Omega=\dfrac{2\pi n}{60}$ 为机械角速度。从空载到额定负载，转速 n 变化很小，若认为 $n=$ 常数，则 $T_2\propto P_2$，故 $T_2=f(P_2)$ 近似为一条直线。但是，实际上 n 稍有下降，故 $T_2=f(P_2)$ 实为一条过零点稍向上翘的曲线，如图 5-37 所示。

异步电动机稳态运行时，电磁转矩 T_e 为

$$T_e=T_0+T_2=T_0+\frac{P_2}{\Omega} \tag{5-99}$$

由于空载转矩 T_0 可认为不变，从空载到额定负载之间电动机的转速变化也很小，故电磁转矩特性 $T_e=f(P_2)$ 为一条不过零点的稍向上翘的曲线。

（5）效率特性 $\eta=f(P_2)$

根据效率定义

$$\eta=\frac{P_2}{P_1}\times100\%=\left(1-\frac{\sum p}{P_2+\sum p}\right)\times100\% \tag{5-100}$$

式中，$\sum p=p_{Cu1}+p_{Fe}+p_{Cu2}+p_\Omega+p_\Delta$。

从空载到负载，异步电动机的主磁通和转速变化很小，故铁损耗 p_{Fe} 和机械损耗 p_Ω 可认为是不变损耗。而定子铜耗 p_{Cu1}、转子铜耗 p_{Cu2} 和附加损耗 p_Δ 随负载而变，属于可变损耗。空载时，$P_2=0$，$\eta=0$。负载由零开始增加时，开始由于定、转子电流很小，故总损耗 $\sum p$ 增加极慢，则效率上升较快。当负载增大到使可变损耗等于不变损耗时，效率达到最高。若负载继续增大，则与电流平方成正比的定、转子铜耗增加很快，故效率反而下降。

异步电动机的效率曲线如图 5-37 所示。与其他电机相类似，异步电动机的最大效率通常发生在 $(0.75\sim1.0)P_N$ 这一范围内。一般来说，电动机的功率越大，额定效率 η_N 一般就越高。

由于异步电动机的效率和功率因数都在额定负载附近达到最大值，因此选用电动机时，应使电动机的功率与负载相匹配，以使电动机经济、合理和安全地使用。

5.7.2　工作特性的求取

异步电动机的工作特性可用直接负载法求取，也可利用等效电路进行计算。

（1）用直接负载法求取工作特性

采用直接负载法求取工作特性，尚需做空载试验测出电动机的铁损耗 p_{Fe}、机械损耗 p_Ω，并测出定子电阻 R_1。

负载试验是在电源为额定电压 U_N、额定频率 f_N 的条件下进行。改变电动机的负载，分别记录不同负载下的输入功率、定子电流和电动机的转速，然后通过测得的数据和铁损耗 p_{Fe}、机械损耗 p_Ω 及定子电阻 R_1，即可求出不同负载下电动机的电磁转矩、效率和功率因数等，并绘出电动机的工作特性。

电磁功率 P_e 和电磁转矩 T_e 为

$$P_e=P_1-3I_1^2R_{1(75℃)}-p_{Fe} \tag{5-101}$$

$$T_e=\frac{P_e}{\Omega_s} \tag{5-102}$$

输出功率 P_2 和效率 η 为

$$P_2 = P_e - p_\Omega - p_{Cu2} - p_\Delta \tag{5-103}$$

$$\eta = \frac{P_2}{P_1} \times 100\% \tag{5-104}$$

式中，$p_{Cu2} = sP_e$，$p_\Delta = (0.5\% \sim 1.0\%)P_N$。

定子功率因数为

$$\cos\varphi_1 = \frac{P_1}{3U_1 I_1} \tag{5-105}$$

式中，U_1 和 I_1 为相电压和相电流。

此方法主要适用于中、小型异步电动机。对于大型电机因受负载和试验设备的限制则很少采用此方法，通常采用测电机参数，然后用等效电路算出电动机的工作特性。

(2) 利用等效电路计算工作特性

在参数已知的情况下（根据试验或设计值），给定不同的转差率 s，根据 T 型等效电路，即可算出不同负载下的定、转子电流和励磁电流，定、转子铜耗，电磁功率，转子的机械功率，电磁转矩和输入功率。若已知机械损耗和杂耗，可进一步算出输出功率和电动机的效率，每次取不同的转差率，一直算到输出功率达到或略超过额定值为止，由此即可画出电动机的工作特性。

5.8 三相异步电动机的启动

一般衡量电动机启动性能好坏，主要有三点。

① 启动转矩足够大，以加速启动过程，缩短启动时间。

② 启动电流尽量小，即在启动转矩满足要求的前提下，尽量减小启动电流，以减小对电网的冲击。

③ 启动所需要的设备简单、成本低、操作方便、运行可靠。

普通结构的笼型三相异步电动机不采取任何措施而直接投入电网启动时，其启动电流很大，往往不能满足电网对电动机的要求。因此，对于笼型三相异步电动机，除可以采用直接启动外，还可以采用降压（减压）启动，常用的降压启动方法有星-三角（Y-△）启动、自耦变压器降压启动、在定子电路中串启动电抗器启动、延边三角形启动等。对于绕线转子三相异步电动机则可以采用在转子回路中串电阻启动。

5.8.1 笼型三相异步电动机的直接启动

用闸刀开关或接触器把三相异步电动机的定子绕组直接接到具有额定电压 U_N 和额定频率 f_N 的电网上，称为直接启动（或全压启动），这是最简单的启动方法。

当异步电动机直接投入电网启动时，在启动瞬间，$n=0$，$s=1$，利用异步电动机的简化等效电路（忽略励磁支路）可以求得异步电动机的启动电流（相电流）I_{st} 为

$$I_{st} = \frac{U_{1N}}{\sqrt{(R_1 + R_2')^2 + (X_{1\sigma} + X_{2\sigma}')^2}} = \frac{U_{1N}}{Z_k} \tag{5-106}$$

式中，U_{1N} 为定子绕组的额定相电压；Z_k 为电动机的短路阻抗。

直接启动（$n=0$）时的异步电动机的启动转矩可分别由式（5-88）进行计算。

直接启动的优点是启动设备简单、操作方便、启动转矩大、启动快。直接启动的缺点主要是启动电流对电网的影响较大，如果电源的容量足够大，应尽量采用此方法。若电源容量

不够大，则电动机的启动电流可能使电网电压显著下降，影响接在同一电网上的其他电动机和电气设备的正常工作。因此，应设法限制启动电流，采用降压启动（又称减压启动）。

一台电动机能不能直接启动，可根据电业部门的有关规定，例如，用电单位有独立的变压器时，对于不经常启动的异步电动机，其容量小于变压器容量的 30% 时，可允许直接启动；对于需要频繁启动的电动机，其容量小于变压器容量的 20% 时，才允许直接启动；如果用电单位无专用的变压器供电（动力负载与照明共用一个电源），则只要电动机直接启动时的启动电流在电网中引起的压降不超过 10%～15%（对于频繁启动的电动机取 10%，对于不频繁启动的电动机取 15%），就允许采用直接启动。

如果不满足上述条件，必须采用其他限制启动电流的方法。

5.8.2　笼型三相异步电动机的降压启动

微课：5.8.2

当异步电动机采用直接启动法使电网电压下降超过规定值时，由式（5-106）可知，启动时降低定子绕组上的电压可以减小启动电流。但是，随着定子电压的降低，电动机的启动转矩将按电压平方的倍数下降。因此降压启动法多用于空载启动或轻载启动。

（1）定子回路串电抗器降压启动

定子回路串电抗器降压启动原理接线如图 5-38 所示，启动时，先合上电源开关 QK，然后再将开关 SA 合向"启动"位置，将启动电抗器 X_{st} 接入定子电路启动。启动后，将开关 SA 合向"运行"位置，切除电抗器 X_{st}，电动机进入正常运行。

启动时定子回路中串入电抗器，可以利用启动电流经电抗器 X_{st} 产生的电抗压降降低电动机定子绕组的端电压。在电动机参数不变的情况下，如启动电压下降为额定电压的 k 倍（$k<1$），则启动时的电压 U_{st}、电流 I_{st} 和电磁转矩 T_{st} 分别为

$$U_{st} = kU_N \tag{5-107}$$

$$I_{st} = kI_{stN} \tag{5-108}$$

$$T_{st} = k^2 T_{stN} \tag{5-109}$$

式中，U_N 为电动机的额定电压；I_{stN}、T_{stN} 分别为用额定电压直接启动时的启动电流和启动转矩。

例如，在定子回路串入电抗器使 $k=0.8$，即以 80% 的额定电压启动，则启动电流 I_{st} 将是在额定电压下直接启动时的启动电流 I_{stN} 的 0.8 倍，但启动转矩 T_{st} 却仅为在额定电压下直接启动时的启动转矩 T_{stN} 的 0.64 倍。所以定子回路串电抗器启动，一般只能用于启动转矩不大的场合。

定子回路串电抗器启动，有时也可以用电阻来代替电抗器，但是由于耗能较大，实际上很少采用。

（2）星-三角降压启动

星-三角（Y-△）启动只适用于在正常运行时定子绕组为三角形联结且三相绕组首尾六个端子全部引出来的电动机。Y-△启动的控制电路如图 5-39 所示。

以图 5-39 为例，启动时先合上电源开关 QS，再把转换开关 S 投向"启动"位置（Y），此时定子绕组为星形联结，加在定子每相绕组上的电压为电动机的额定电压 U_{1N} 的 $\frac{1}{\sqrt{3}}$ 倍，当电动机的转速升到接近额定转速时，再把转换开关 S 投向"运行"位置（△），此

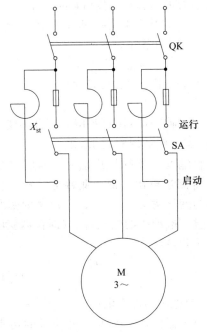

图 5-38 三相异步电动机电抗降压启动

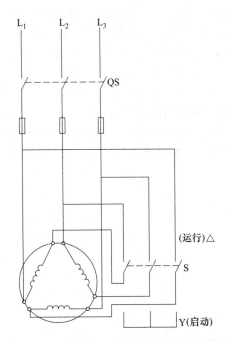

图 5-39 三相异步电动机 Y-△ 启动控制线路

时定子绕组换为三角形联结，电动机定子每相绕组加额定电压 U_{1N} 运行，故这种启动方法称为 Y-△ 换接降压启动。由于切换时电动机的转速已接近正常运行时的转速，所以冲击电流就不大了。

设电动机启动时每相绕组的阻抗为 Z_k，定子绕组接成 Y 形时，每相绕组加的相电压为 $\dfrac{1}{\sqrt{3}}U_{1N}$，则电网提供的启动电流（线电流）$I_{stY}$ 为

$$I_{stY}=\frac{U_{1\phi}}{Z_k}=\frac{U_{1N}}{\sqrt{3}\,Z_k} \tag{5-110}$$

而直接启动时，定子绕组接成三角形，每相绕组加的相电压为 U_{1N}，则电网提供的启动电流（线电流）$I_{st\triangle}$ 为

$$I_{st\triangle}=\sqrt{3}\,\frac{U_{1\phi}}{Z_k}=\sqrt{3}\,\frac{U_{1N}}{Z_k} \tag{5-111}$$

上述两种启动方法由电网提供的启动电流的比值为

$$\frac{I_{stY}}{I_{st\triangle}}=\frac{\dfrac{U_{1N}}{\sqrt{3}\,Z_k}}{\sqrt{3}\,\dfrac{U_{1N}}{Z_k}}=\frac{1}{3} \tag{5-112}$$

由此可见，对于同一台三相异步电动机，采用 Y-△ 启动时，由电网提供的启动电流仅为采用直接启动时的 1/3。

由于三相异步电动机的启动转矩与定子绕组相电压的平方成正比。若采用△接直接启动时的启动转矩为 $T_{st\triangle}$，采用 Y-△ 启动时电动机的启动转矩为 T_{stY}，则

$$\frac{T_{stY}}{T_{st\triangle}}=\left(\frac{U_{1\phi Y}}{U_{1\phi\triangle}}\right)^2=\left(\frac{\dfrac{1}{\sqrt{3}}U_{1N}}{U_{1N}}\right)^2=\frac{1}{3} \tag{5-113}$$

由此可见，采用 Y-△启动时，电动机的启动转矩也减小为采用△接直接启动时的 1/3。

由以上分析可以看出，Y-△启动具有启动设备较简单，体积较小，重量较轻，价格便宜，维修方便等优点。但它的应用有一定的条件限制。其应用条件如下。

① 只适用于正常运行时定子绕组为△接法的异步电动机，且必须引出六个出线端。

② 由于启动转矩减小为直接启动转矩的 1/3，所以只适用于空载或轻载启动。

(3) 自耦变压器降压启动

自耦变压器降压启动又称为启动补偿器降压启动。这种启动方法只利用一台自耦变压器来降低加于三相异步电动机定子绕组上的端电压，其控制电路如图 5-40 所示。

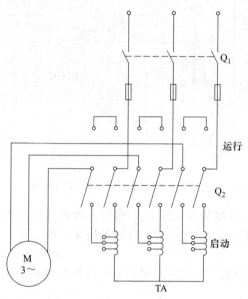

图 5-40 自耦变压器降压启动

采用自耦变压器降压启动时，应将自耦变压器的高压侧接电源，低压侧接电动机。设自耦变压器的变比为 k_a（$k_a > 1$），则自耦变压器降压启动时，电动机的电压 U_{st}（即自耦变压器二次侧电压 U_2）为

$$U_{st} = U_2 = \frac{U_N}{k_a} \tag{5-114}$$

式中，U_N 为电源的额定电压。

自耦变压器降压启动时，电动机的启动电流 I_{st2}（即自耦变压器二次侧的电流 I_2）为

$$I_{st2} = I_2 = \frac{U_2}{Z_k} = \frac{\frac{U_N}{k_a}}{Z_k} = \frac{1}{k_a} \times \frac{U_N}{Z_k} = \frac{1}{k_a} I_{stN} \tag{5-115}$$

式中，I_{stN} 为在额定电压下直接启动时，电动机的启动电流；Z_k 为电动机的短路阻抗。

自耦变压器降压启动时电网提供的启动电流 I_{st1}（即折算的自耦变压器一次侧的电流 I_1）与在额定电压下直接启动时电网提供的电流 I_{stN} 的比值为

$$\frac{I_{st1}}{I_{stN}} = \frac{I_1}{I_{stN}} = \frac{\frac{1}{k_a} \times I_2}{I_{stN}} = \frac{\frac{1}{k_a} \times \frac{1}{k_a} I_{stN}}{I_{stN}} = \frac{1}{k_a^2} \tag{5-116}$$

因为异步电动机的启动转矩与电压的平方成正比，所以，自耦变压器降压启动时的启动转矩 T_{st} 与在额定电压下直接启动时的启动转矩 T_{stN} 的比值为

$$\frac{T_{st}}{T_{stN}} = \left(\frac{U_2}{U_N}\right)^2 = \left(\frac{\frac{1}{k_a} U_N}{U_N}\right)^2 = \frac{1}{k_a^2} \tag{5-117}$$

由此可见，采用自耦变压器降压启动时，与直接启动相比较，电压降低为原来的 $\frac{1}{k_a}$，启动电流与启动转矩降低为原来直接启动时的 $\frac{1}{k_a^2}$。

实际上，启动用的自耦变压器一般备有几个抽头可供选择。例如，QJ_2 型有三种抽头，其电压等级分别是电源电压的 55%（即 $\frac{N_2}{N_1} = 55\%$）、64%、73%；QJ_3 型也有三种抽头，分

别为 40％、60％、80％等。选用不同的抽头比 $\dfrac{N_2}{N_1}$，即不同的 $a\left(=\dfrac{1}{k_a}\right)$ 值，就可以得到不同的启动电流和启动转矩，以满足不同的启动要求。

与 Y-△ 启动相比，自耦变压器启动有几种电压可供选择，比较灵活，在启动次数少，容量较大的笼型异步电动机上应用较为广泛。但是自耦变压器体积大，价格高，维修麻烦，而且不允许频繁启动，也不能带重负载启动。

5.8.3 绕线转子三相异步电动机的启动

(1) 转子回路串电阻启动

绕线转子三相异步电动机的转子上有对称的三相绕组，正常运行时，转子三相绕组通过集电环短接。启动时，可以在转子回路中串入启动电阻 R_{st}，如图 5-41 所示。在三相异步电动机的转子回路中串入适当的电阻，不仅可以使启动电流减小，而且可以使启动转矩增大。如果外串电阻 R_{st} 的大小合适，则启动转矩 T_{st} 可以达到电动机的最大转矩 T_{max}，即可以做到 $T_{st}=T_{max}$。启动结束后，可以切除外串电阻，电动机的效率不受影响。

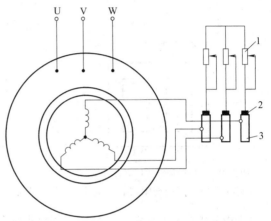

图 5-41 绕线转子三相异步电动机的启动
1—启动电阻；2—电刷；3—集电环

如果想使启动转矩达到电动机的最大转矩，只要使电动机的临界转差率等于 1 即可。根据式（5-83）和式（5-85），此时需要串入的启动电阻的归算值 R'_{st} 应为

$$R'_{st}=\sqrt{R_1^2+(X_{1\sigma}+X'_{2\sigma})^2}-R'_2 \approx X_{1\sigma}+X'_{2\sigma}-R'_2$$

（5-118）

根据式（5-31），可得需要串入的启动电阻的实际值 R_{st} 应为

$$R_{st}=\frac{R'_{st}}{k_e k_i}$$

（5-119）

绕线转子三相异步电动机串电阻的启动性能好，因此在对启动性能要求较高的场合，例如卷扬机、起重机中，大多采用绕线转子异步电动机。绕线转子异步电动机的缺点是结构复杂、价格较高。

为了使整个启动过程中尽量保持较大的启动转矩，绕线转子三相异步电动机可以采用逐级切除转子启动电阻的分级启动。在开始启动时，将启动电阻全部接入，以减小启动电流，保持较高的启动转矩，随着启动过程的进行，启动电阻应逐段短接（即切除），启动完毕时，启动电阻全部被切除，电动机在额定转速下运行。

(2) 转子回路串频敏变阻器启动

绕线转子三相异步电动机转子回路串频敏变阻器启动接线图如图 5-42 所示。启动时，将接触器触点 KM 断开，电动机转子绕组串入频敏变阻器启动。启动结束后，将接触器触点 KM 闭合，切除频敏变阻器，电动机进行正常运行。

所谓频敏变阻器实际上就是一个只有一次绕组的三相芯式变压器（见图 5-43），其三相绕组为 Y 接。所不同的只是它的铁芯是由几片或十几片较厚的钢板或铁板制成，板的厚度一般为 30～50mm。因为频敏变阻器中磁通密度取得较高，铁芯处于饱和状态，磁路的磁阻非常大。而铁芯是厚铁板或厚钢板叠成的,磁滞损耗和涡流损耗都很大,频敏变阻器的单位重量铁芯中的损耗与一般变压器相比较要大几百倍,因此频敏变阻器的励磁电阻 R_m 非常大。由于涡流损耗与铁芯中磁通变化的频率的平方成正比,当频率改变时,R_m 发生显著变化,所以称为频敏变阻器。

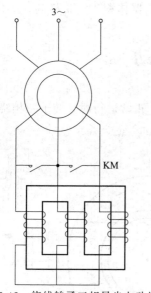

图 5-42 绕线转子三相异步电动机
转子回路串频敏变阻器启动电路

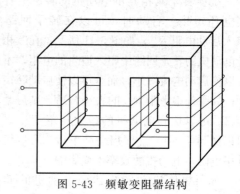

图 5-43 频敏变阻器结构

采用频敏变阻器作为绕线转子三相异步电动机转子绕组中串入的启动电阻时,由于转子电流的频率 $f_2 = sf_1$(f_1 为电动机定子绕组所接电源的频率,s 为电动机的转差率),启动时,$s=1$,$f_2 = f_1$ 转子电流的频率非常高,其在频敏变阻器的铁芯中产生的磁通的频率也非常高,频敏变阻器铁芯中的涡流损耗也非常大,随之它的等效电阻 R_m 也很大,相当于此时在转子绕组的回路中串入了一个很大的启动电阻,所以限制了三相异步电动机的启动电流,并提高了启动转矩。启动后,随着转子转速的升高,电动机的转差率 s 变小,转子电流的频率 f_2 逐渐降低,于是频敏变阻器的涡流损耗减小,等效电阻 R_m 跟着减小,而起到自行切除电阻的作用。由此可见,采用频敏变阻器启动,能自动地减小电阻,使电动机平稳地启动起来。

如上所述,采用转子绕组串频敏变阻器启动,避免了逐段切除启动电阻后所引起的转矩冲击,整个启动过程中转矩曲线是很平滑的。频敏变阻器是一种静止的无触点变阻器,其结构简单,材料和加工要求低,使用寿命长,维护方便。

5.8.4 改善启动性能的笼型三相异步电动机

(1) 深槽式笼型三相异步电动机

深槽式笼型异步电动机的转子槽深而窄,其槽深 h 与槽宽 b 之比约为 $10 \sim 20$,当转子导条中通过电流时,槽漏磁通的分布如图 5-44(a)所示。从图 5-44(a)可以看出,在沿槽高的方向上,与导条各部分交链的漏磁通是不同的,与位于槽底部的导条交链的漏磁通比与位于槽口的导条交链的漏磁通多得多。我们可以将转子导条看成是由若干沿槽高排列的小单元导体并联而成,越靠近槽底部的单元导体交链的漏磁通越多,越靠近槽口处的单元导体则交链的漏磁通越少;电流与磁通都是交变的,这样槽底部单元导体的漏电抗较大,而槽口处单元导体的漏电抗小。由于槽形很深,槽底部分与槽口部分的漏

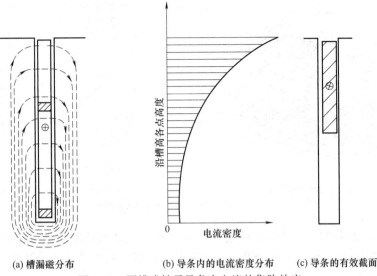

(a) 槽漏磁分布   (b) 导条内的电流密度分布   (c) 导条的有效截面

图 5-44 深槽式转子导条中电流的集肤效应

电抗相差甚远。

启动时，$s=1$，转子电流频率 $f_2(=sf_1=f_1)$ 较高，转子漏电抗较大，各小导体中电流的分配将取决于漏电抗的大小，漏电抗越大则电流越小。这样，在由气隙主磁通所感应的相同的电动势作用下，导条中靠近槽底处电流密度将很低，而越靠近槽口则电流密度越高。因此沿槽高的电流密度分布如图 5-44（b）所示。这种现象就称为电流的集肤效应。由于电流大部分被挤到导条的上部，槽底部分所起的作用很小，其效果相当于减小了导条的高度和截面，如图 5-44（c）所示。因此转子电阻 R_2 增大。既限制了启动电流，又增大了启动转矩，改善了异步电动机的启动性能。

启动完毕，电机进入正常运行状态时，转子的转速较高，转差率 s 较小（一般为 $0.02\sim0.05$），由于 $f_2=sf_1$，所以转子电流频率 f_2 很低，一般为 $1\sim3\text{Hz}$。转子绕组的漏电抗比转子电阻小很多，使得各小导体中电流的分配主要取决于电阻值，而各小导体的电阻是相等的，因此，导条中的电流将均匀分布。这时集肤效应基本消失，转子导条的高度和截面恢复到原来的情况，其电阻减小到接近等于导条的直流电阻，使电动机正常运行时铜耗小、效率较高。

(2) 双笼型三相异步电动机

双笼型异步电动机的转子的结构如图 5-45（a）所示。电动机转子上有两套笼型绕组，即内笼（又称下笼）和外笼（又称上笼）。外笼导条的截面积较小，通常用黄铜或铝青铜等电阻系数较大的材料制成，故电阻较大。内笼导条的截面积较大，用电阻系数较小的紫铜制成，故电阻较小。两套笼型绕组通过各自的端环短路。从电动机的结构可以看出，内笼交链的漏磁通要比外笼交链的漏磁通多，因此内笼的漏电抗比外笼的漏电抗大。

启动时，转差率 $s=1$，转子频率 $f_2=sf_1$ 较高，转子的漏电抗大于电阻，两个笼的电流分配主要取决于两者的漏电抗。由于内笼的漏电抗比外笼的漏电抗大很多，电流主要从外笼流过。因此，启动时外笼起主要作用。由于它的电阻较大，因而能限制启动电流，增大启动转矩，从而改善了电动机的启动特性。也正因为如此，人们常把外笼称为启动笼。

正常运行时，转子电流频率很低，转子漏电抗远小于转子电阻，两笼的电流分配主要取决于电阻，转子电流大部分从电阻小的内笼流过，产生正常运行时的电磁转矩。也就是说，正常运行的电动机是运行在电阻较小的机械特性上。人们常把内笼称为运行笼。

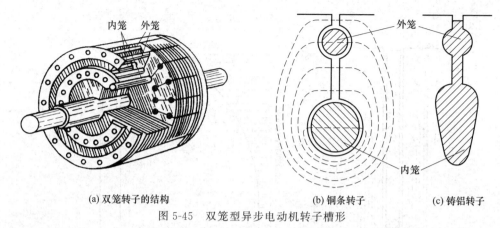

(a) 双笼转子的结构　　　　　　　　　　(b) 铜条转子　　　　(c) 铸铝转子

图 5-45　双笼型异步电动机转子槽形

　　双笼型异步电动机转子的漏电抗比普通笼型异步电动机的漏电抗大一些。功率因数稍低，但效率却差不多。双笼型异步电动机比深槽式异步电动机具有较好的机械强度，适用于高转速的电动机。

5.9 三相异步电动机的调速

　　由三相异步电动机的工作原理可知，三相异步电动机转速 n 的表达式为

$$n = n_s(1-s) = \frac{60f_1}{p}(1-s) \tag{5-120}$$

式中，n 为三相异步电动机的转速，r/min；n_s 为三相异步电动机的同步转速，r/min；f_1 为电源的频率，Hz；p 为电动机定子绕组的极对数；s 为电动机的转差率。

　　可见，要改变三相异步电动机转速 n，可以从下列几个方面着手。

　　① 改变电动机定子绕组的极对数 p，以改变定子旋转磁场的转速（又称电动机的同步转速）n_s，即所谓变极调速。

　　② 改变电动机所接电源的频率 f_1，以改变定子旋转磁场的转速 n_s，即所谓变频调速。

　　③ 改变电动机的转差率 s，即所谓变转差率调速。

　　其中，改变电动机的转差率 s 调速有很多方法。当负载转矩 T_L 不变时，与其平衡的电动机的电磁转矩 T_e 也应不变。于是，当频率 f_1 和极对数 p 一定时，转差率 s 是下列各物理量的函数。

$$s = f(U_1, R_1, X_{1\sigma}, R_2', X_{2\sigma}')$$

因此，改变电动机的转差率 s 调速的方法有以下几种。

　　a. 改变施加于电动机定子绕组的端电压 U_1，即降电压调速，为此需用调压器调压。

　　b. 改变电动机定子绕组电阻 R_1，即定子绕组串电阻调速，为此需在定子绕组串联外加电阻。

　　c. 改变电动机定子绕组漏电抗 $X_{1\sigma}$，即定子绕组串电抗器调速，为此需在定子绕组串联外加电抗器。

　　d. 改变电动机转子绕组电阻 R_2，即转子回路串电阻调速，为此需采用绕线转子异步电动机，在转子回路串入外加电阻。

　　e. 改变电动机转子绕组漏电抗 $X_{2\sigma}$，即转子回路串电抗器调速，为此需采用绕线转子三相异步电动机，在转子回路串入电抗器或电容器。

此外，还有串级调速、电磁滑差离合器调速等。

5.9.1 异步电动机的变极调速

由公式 $n_s = \dfrac{60f_1}{p}$ 可知，在电源频率 f_1 不变的条件下，三相异步电动机的同步转速 n_s 与极对数 p 成反比，改变极对数 p，就可以改变三相异步电动机的同步转速（即旋转磁场的转速）n_s，从而改变电动机转子的转速 n。这种通过改变定子绕组的极对数 p，而得到多种转速的电动机称为变极多速电动机。

由三相异步电动机的工作原理可知，三相异步电动机转子绕组的极数必须与定子绕组的极数相同，因此变极调速时，极对数的改变必须在定子绕组和转子绕组上同时进行。由于笼型转子绕组本身没有固定的极数，它的极数随定子绕组的极数而改变，所以变换笼型异步电动机的极数时，仅改变定子绕组的极数即可，因此变极多速异步电动机都采用笼型转子。

定子绕组产生的磁极对数的改变，是通过改变绕组的接线方式实现的。原则上定子可以通过两套独立的绕组实现极数的改变，称为双绕组变极调速三相异步电动机。但在实际应用中，定子绕组极对数的改变一般都是通过一套定子绕组、几种不同的接线方式来实现的，称为单绕组双速变极调速三相异步电动机。

图 5-46 和图 5-47 分别为三相异步电动机变极前后定子绕组的接线图，设每相绕组由两个线圈组构成，每个线圈组用一个等效集中线圈表示，图中只画出了 A 相绕组的情况。图中 $A_1 X_1$ 代表 A 相的半相绕组，$A_2 X_2$ 代表 A 相的另一半相绕组。

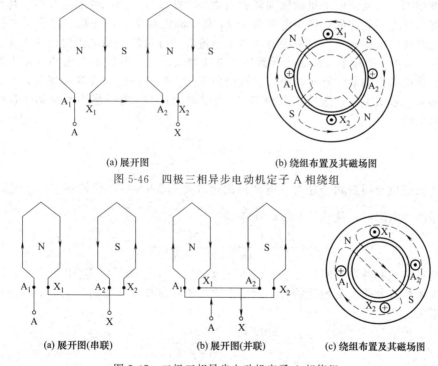

(a) 展开图　　　　　　　　　　(b) 绕组布置及其磁场图

图 5-46　四极三相异步电动机定子 A 相绕组

(a) 展开图(串联)　　(b) 展开图(并联)　　(c) 绕组布置及其磁场图

图 5-47　二极三相异步电动机定子 A 相绕组

由图 5-46 可见，当将 A 相的这两个半相绕组顺向串联（即头尾相接）时，A 相绕组产生的磁极数是四极，同理三相绕组产生的磁极数仍旧是四极，即为四极异步电动机；如果将 A 相绕组中的一半绕组内的电流反向，即将 A 相的这两个半相绕组反向串联或反向并联

（见图 5-47）时，A 相绕组产生的磁极数将变为二极，当然，三相绕组产生的磁极数也是二极，故该异步电动机变成了二极电动机。

从上面的分析可以看出，若把三相异步电动机的每一相定子绕组中一半线圈内的电流改变方向，则电动机的极数便成倍变化。因此，电动机的同步转速也成倍变化，对于拖动恒转矩负载运行的电动机来讲，其运行的转速也接近成倍改变。

5.9.2　异步电动机的变频调速

微课：5.9.2（上）　　微课：5.9.2（下）

由公式 $n_\mathrm{s} = \dfrac{60 f_1}{p}$ 可知，当三相异步电动机的极对数 p 不变时，其同步转速（即旋转磁场的转速）n_s 与电源频率 f_1 成正比，因此，若连续改变三相异步电动机电源的频率 f_1，就可以连续改变电动机的同步转速 n_s，从而可以平滑地改变电动机的转速 n，达到调速的目的。

在改变异步电动机电源频率 f_1 时，异步电动机的参数也在变化。由式（5-6）和式（5-54）可知，如果忽略电动机定子绕组的阻抗压降，则电动机定子绕组的电源电压 U_1 近似等于定子绕组的感应电动势 E_1，即

$$U_1 \approx E_1 = 4.44 f_1 N_1 k_{\mathrm{w1}} \Phi_\mathrm{m} \tag{5-121}$$

由上式可以看出，在变频调速时，若保持电源电压 U_1 不变，则气隙每极磁通 Φ_m 将随频率 f_1 的改变而成反比变化。一般电动机在额定频率下工作时磁路已经饱和，如果电源频率 f_1 低于额定频率时，气隙每极磁通 Φ_m 将会增加，电动机的磁路将过饱和，以致引起励磁电流急剧增加，从而使电动机的铁损耗大大增加，并导致电动机的温度升高、功率因数和效率均下降，这是不允许的；如果电源频率 f_1 高于额定频率时，气隙每极磁通 Φ_m 将会减小，因为电动机的电磁转矩与每极磁通和转子电流有功分量的乘积成正比，所以在负载转矩不变的条件下，Φ_m 的减小，势必会导致转子电流增大，为了保证电动机的电流不超过允许值，则将会使电动机的最大转矩减小，过载能力下降。综上所述，变频调速时，通常希望气隙每极磁通 Φ_m 近似不变，这就要求频率 f_1 与电源电压 U_1 之间能协调控制。若要 Φ_m 近似不变，则应使

$$\frac{U_1}{f_1} \approx 4.44 N_1 k_{\mathrm{w1}} \Phi_\mathrm{m} = 常数 \tag{5-122}$$

另一方面，也希望变频调速时，电动机的过载能力 $\lambda = \dfrac{T_{\max}}{T_\mathrm{N}}$ 保持不变。于是，在忽略电动机定子绕组电阻时，从式（5-86）可得

$$\lambda = \frac{T_{\max}}{T_\mathrm{N}} = \frac{3 p U_1^2}{4\pi f_1 (X_{1\sigma} + X'_{2\sigma}) T_\mathrm{N}} \tag{5-123}$$

在忽略铁芯饱和的影响时，$X_{1\sigma} + X'_{2\sigma} = 2\pi f_1 (L_{1\sigma} + L'_{2\sigma}) = f k$，其中 k 为常数。若用字母右上角加撇的符号代表变频后的量，则由上式可得在保持 λ 不变时，变频后与变频前各物理量的关系为

$$\frac{3 p U_1'^2}{4\pi f_1'^2 k T_\mathrm{N}'} = \frac{3 p U_1^2}{4\pi f_1^2 k T_\mathrm{N}} \tag{5-124}$$

由以上分析可得，在变频调速时，若要电动机的过载能力不变，则电源电压、频率和额定转矩应保持下列关系

$$\frac{U_1'}{U_1} = \frac{f_1'}{f_1} \sqrt{\frac{T_\mathrm{N}'}{T_\mathrm{N}}} \tag{5-125}$$

式中，U_1、f_1、T_N 为变频前的电源电压、频率和电动机的额定转矩；U'_1、f'_1、T'_N 为变频后的电源电压、频率、和电动机的额定转矩。

从上式可得对应于下面三种负载，电压应如何随频率的改变而调节。

(1) 恒转矩负载

对于恒转矩负载，变频调速时希望 $T'_N = T_N$，即 $\dfrac{T'_N}{T_N} = 1$，

所以要求

$$\frac{U'_1}{U_1} = \frac{f'_1}{f_1} \sqrt{\frac{T'_N}{T_N}} = \frac{f'_1}{f_1} \tag{5-126}$$

即加到电动机上的电压必须随频率成正比变化，这个条件也就是 $\dfrac{U_1}{f_1} = $ 常数，可见这时气隙每极磁通 Φ_m 也近似保持不变。这说明变频调速特别适用于恒转矩调速。

(2) 恒功率负载

对于恒功率负载，$P_N = T_N \Omega = T_N \dfrac{2\pi n}{60} = $ 常数，由于 $n \propto f$，所以，变频调速时希望 $\dfrac{T'_N}{T_N} = \dfrac{n}{n'} = \dfrac{f_1}{f'_1}$，以使 $P_N = T_N \dfrac{2\pi n}{60} = T'_N \dfrac{2\pi n'}{60} = $ 常数。于是要求

$$\frac{U'_1}{U_1} = \frac{f'_1}{f_1} \sqrt{\frac{T'_N}{T_N}} = \frac{f'_1}{f_1} \sqrt{\frac{f_1}{f'_1}} = \sqrt{\frac{f'_1}{f_1}} \tag{5-127}$$

即加到电动机上的电压必须随频率的开方成正比变化。

(3) 风机、泵类负载

风机、泵类负载的特点是其转矩随转速的平方成正比变化，即 $T_N \propto n^2$，所以，对于风机、泵类负载，变频调速时希望 $\dfrac{T'_N}{T_N} = \left(\dfrac{n'}{n}\right)^2 = \left(\dfrac{f'_1}{f_1}\right)^2$，所以要求

$$\frac{U'_1}{U_1} = \frac{f'_1}{f_1} \sqrt{\frac{T'_N}{T_N}} = \frac{f'_1}{f_1} \sqrt{\left(\frac{f'_1}{f_1}\right)^2} = \left(\frac{f'_1}{f_1}\right)^2 \tag{5-128}$$

即加到电动机上的电压必须随频率的平方成正比变化。

实际情况与上面分析的结果有些出入，主要因为电动机的铁芯总是有一定程度的饱和，其次，由于电动机的转速改变时，电动机的冷却条件也改变了。

三相异步电动机的额定频率称为基频，即电网频率50Hz。变频调速时，可以从基频向上调，也可以从基频向下调。但是这两种情况下的控制方式是不同的。

当从基频向下变频调速时，为了保持气隙每极磁通 Φ_m 近似不变，则要求降低电源频率 f_1 时，必须同时降低电源电压 U_1。降低电源电压 U_1 有两种方法，现分述如下。

① 保持 $\dfrac{E_1}{f_1} = $ 常数。当降低电源频率 f_1 调速时，若保持电动机定子绕组的感应电动势 E_1 与电源频率 f_1 之比等于常数，即 $\dfrac{E_1}{f_1} = $ 常数，则气隙每极磁通 $\Phi_m = $ 常数，是恒磁通控制方式。保持 $\dfrac{E_1}{f_1} = $ 常数，即恒磁通变频调速时，电动机的机械特性如图 5-48 所示。由图 5-48 可以看出，保持 $\dfrac{E_1}{f_1} = $ 常数时，变频调速为恒转矩调速方式，适用于恒转矩负载。

② 保持 $\dfrac{U_1}{f_1} = $ 常数。当调低电源频率 f_1 调速时，若保持 $\dfrac{U_1}{f_1} = $ 常数，则气隙每极磁通

$\Phi_m \approx$ 常数，这是三相异步电动机变频调速时常采用的一种控制方式。保持 $\dfrac{U_1}{f_1}$＝常数，即近似恒磁通变频调速时，电动机的机械特性如图 5-49 中的实线所示。

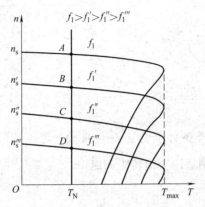

图 5-48　保持 $\dfrac{E_1}{f_1}$＝常数时变频调速的机械特性

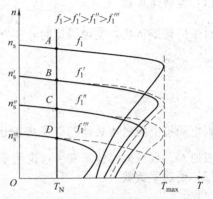

图 5-49　保持 $\dfrac{U_1}{f_1}$＝常数时变频调速的机械特性

从图 5-49 中可以看出，当频率 f_1 减小时，电动机的最大转矩 T_{max} 也随之减小，最大转矩 T_{max} 不等于常数。显然，保持 $\dfrac{U_1}{f_1}$＝常数的机械特性与保持 $\dfrac{E_1}{f_1}$＝常数的机械特性有所不同，特别是在低频低速运行时，前者的机械特性变坏，过载能力随频率下降而降低。

由于保持 $\dfrac{U_1}{f_1}$＝常数变频调速时，气隙每极磁通近似不变，因此这种调速方法近似为恒转矩调速方式，适用于恒转矩负载。

在基频以上变频调速时，电源频率 f_1 大于电动机的额定频率 f_N，要保持气隙每极磁通 Φ_m 不变，定子绕组的电压 U_1 将高于电动机的额定电压 U_N，这是不允许的。因此，从基频向上变频调速，只能保持电压 U_1 为电动机的额定电压 U_N 不变。这样，随着频率 f_1 升高，气隙每极磁通 Φ_m 必然会减小，这是一种降低磁通升速的调速方法，类似于他励直流电动机弱磁升速的情况。

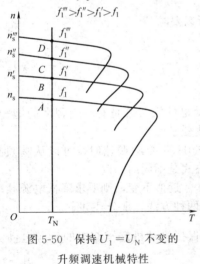

图 5-50　保持 $U_1＝U_N$ 不变的升频调速机械特性

保持 $U_1＝U_N＝$ 常数，升频调速时，电动机的机械特性如图 5-50 所示，从图中可以看出，电动机的最大转矩 T_{max} 与 f_1^2 成反比减小。这种调速方法可以近似认为属于恒功率调速方式。

变频调速的调速范围宽，精度高，效率也高，且能无级调速，但是需要有专用的能调压的变频装置。近年来，随着电力电子技术的发展，变频器的性能提高，价格降低，变频调速的应用越来越广泛。

5.9.3　异步电动机的调压调速

由三相异步电动机的机械特性的参数表达式可知，三相异步电动机的电磁转矩 T_e 与定子电压 U_1 的平方成正比，因此，改变异步电动机定子绕组的端电压 U_1，也就可以改变异步电动机的电磁转矩和机械特性，从而实现调速。

三相异步电动机改变定子绕组电压时的人为机械特性的特点是，同步转速 n_s 不变，电动机的临界转差率 s_m（即与电动机最大转矩 T_{max} 对应的转差率）亦不变。由于电动机的电磁转矩 T_e（包括最大转矩 T_{max}）与定子绕组电压 U_1 的平方成正比，所以随着定子电压 U_1 的下降，电动机的电磁转矩 T_e（包括最大转矩 T_{max}）与定子绕组电压 U_1 的平方成正比地下降。故改变定子电压 U_1 时的机械特性如图 5-51 所示。图 5-51 中，实线为电动机的机械特性曲线，虚线是负载的机械特性曲线。

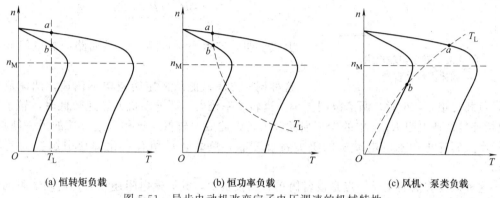

(a) 恒转矩负载   (b) 恒功率负载   (c) 风机、泵类负载

图 5-51　异步电动机改变定子电压调速的机械特性

当异步电动机拖动恒转矩和恒功率负载时，由图 5-51（a）和图 5-51（b）可知，降低定子绕组电压调速时，电动机的工作点由 a 点变到 b 点，从而降低了电动机的转速。但是，电动机的转速在 n_M（与临界转差率对应的转速）以下的各交点上运行是不稳定的，因而调速范围十分有限。

当异步电动机拖动风机、泵类负载时，由图 5-51（c）可知，所有交点都能满足稳定运行的条件，都可以稳定运行，调速范围显著扩大。但需要注意电动机的电流是否超过额定值。

综上所述，改变定子绕组电压的调速特性适用于风机、泵类负载，而对于恒转矩负载，因单独改变定子绕组电压调速效果不佳，必须在提高转子电阻的基础上，配合转速负反馈的闭环控制，才能得到比较满意的调速特性。

采用降低定子绕组电压调速需注意：电动机在低速运行时，由于降低了供电电压，为保持恒转矩负载，电动机的电流会相应增大，除降低了电动机的效率外，还会引起电动机过热。

5.9.4　绕线转子异步电动机的调速

（1）转子回路串电阻调速

绕线转子三相异步电动机转子回路串电阻调速属于改变转差率 s 的调速方式。由绕线转子三相异步电动机转子回路串电阻启动可知，它也能实现调速，所不同的是：一般启动用的变阻器都是短时工作的，而调速用的变阻器应为长期工作的，绕线转子三相异步电动机转子回路串电阻调速的机械特性如图 5-52 所示。

图 5-52 中，R_2 为绕线转子绕组的电阻；R_Ω 为在转子回路中外串的调速电阻。由图 5-52 可见，在异步电动机转子回路中串入电阻，电动机的机械特性曲线则偏向下方，使得电动机的工作点由 a 点变到 c 点，从而降低了电动机的转速。在一定负载转矩 T_L 下，转子回路的电阻越大，电动机的转速越低。

由三相异步电动机电磁转矩 T_e 的参数表达式［见式（5-82）］可知，在恒转矩调速

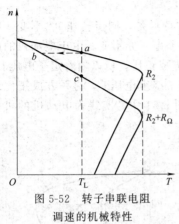

图 5-52 转子串联电阻
调速的机械特性

时，$T_e = T_L =$ 常数，从电磁转矩的参数表达可见，若参数 R_1、$X_{1\sigma}$ 和 $X'_{2\sigma}$ 皆不变，欲保持 T_e 不变，则应有 $\dfrac{R'_2}{s}$ 不变。

这说明，恒转矩调速时，电动机的转差率 s 将随转子回路总电阻 $(R_2 + R_\Omega)$ 成正比例变化。$R_2 + R_\Omega$ 增加一倍，则转差率也增加一倍。因此，若在保持负载转矩不变的条件下调速，则应有

$$\frac{R_2}{s_N} = \frac{R_2 + R_\Omega}{s_1} \tag{5-129}$$

上式说明，转差率 s 将随着转子回路的总电阻成正比地变化。

这种调速方法只能从额定转速向下调速，调速范围不大，负载转矩 T_L 小时，调速范围更小。当转差率较大，即电动机的转速较低时，转子回路（包括外接调速电阻 R_Ω）中的功率损耗较大，因此效率较低。这种调速方法的另一缺点是，转子串入调速电阻后，电动机的机械特性变软，负载转矩稍有变化即会引起很大的转速波动。

这种调速方法的主要优点是设备简单，初投资少，其调速电阻还可兼作启动电阻和制动电阻使用。因此多用于对调速性能要求不高且断续工作的生产机械，如桥式起重机等。

(2) 串级调速

绕线转子异步电动机的转子回路串电阻调速时，在转子回路产生转差功率损耗 p_{Cu2}，其大小与转差率 s 和电磁功率 P_e 成正比（即 $p_{Cu2} = sP_e$），而且转速越低，转差率 s 越大，转差功率损耗 p_{Cu2} 越大，效率越低，而且完全消耗在转子电阻上。三相绕线转子异步电动机的串级调速，就是在转子回路中不串入电阻，而是串入一个可控的与转子频率 f_2（$= sf_1$）相同的附加电动势 E_f，其相位与转子电动势 E_{2s}（$= sE_2$）反相或同相。其工作原理图如图 5-53 所示。

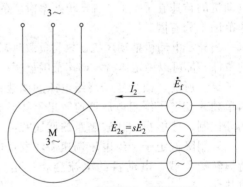

图 5-53 串级调速工作原理图

当转子回路串入附加电动势 E_f 时，其转子一相的等效电路如图 5-54 所示。下面讨论附加电动势的相位对电动机转速的影响。

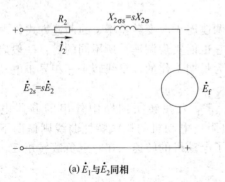

(a) $\dot{E}_1$ 与 $\dot{E}_2$ 同相

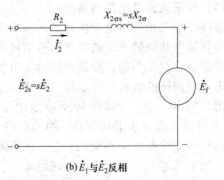

(b) $\dot{E}_1$ 与 $\dot{E}_2$ 反相

图 5-54 转子电路串入附加电动势的一相等效电路

在未引入附加电动势 E_f 之前，电动机转子电流 I_2 为

$$I_2 = \frac{sE_2}{\sqrt{R_2^2 + (sX_2)^2}} \tag{5-130}$$

在引入附加电动势 E_f 之后，电动机转子电流 I_2 变为

$$I_2 = \frac{sE_2 \pm E_f}{\sqrt{R_2^2 + (sX_2)^2}} \tag{5-131}$$

因为要求在转子回路中串入的附加电动势 E_f 的相位与转子电动势 sE_2 的相位相反或相同，所以式（5-131）的分子为两个电动势的代数和。

在负载转矩 T_L 一定的条件下，若转子串入的附加电动势 E_f 与转子电动势 sE_2 反相，则转子电流 I_2 减小，因为磁通与功率因数未变，所以电磁转矩 T_e 将减小，系统开始减速。随着转速 n 的下降，转差率 s 增大，与此同时转子电动势 sE_2 增加使转子电流 I_2 回升，电动机的电磁转矩 T_e 也随之增大，当减速过程进行到 $T_e = T_L$ 时，系统达到新的平衡，电动机在较低的转速下稳定运行。

实现串级调速的方法很多，近年来，大多采用晶闸管串级调速，主要用于低于同步转速的调速，如图 5-55 所示，图中异步电动机转子绕组端接整流器，把转子中的电动势变成直流。与该不可控整流器相连的是可控硅逆变器，由控制器控制逆变器，把直流转换为和电源具有相同频率的交流，并通过变压器 T 变成合适的电压反送回交流电源，逆变器的电压可看成是加在转子回路的附加电动势 E_f，控制逆变器的移相角 β，就可以改变逆变器的 E_f，也就可以改变电动机的转速 n。

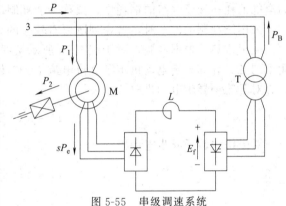

图 5-55　串级调速系统

5.10 三相异步电动机的制动

当正在运转中的三相异步电动机突然切断电源时，由于其转动部分储存的动能，将使转子继续旋转，直至转动部分所储存的动能全部消耗完毕，电动机才会停止转动。如果不采取任何措施，动能只能消耗在运转所产生的风阻和轴承摩擦损耗上，因为这些损耗很小，所以电动机需要较长的时间才能停转。如果欲使异步电动机迅速停止，则应采取电磁制动（或机械制动）。

电磁制动就是让电动机产生一个与转子转向相反的电磁转矩，以使电力拖动系统迅速停机或稳定下放重物。这时电机所处的状态称为制动状态，这时的电磁转矩为制动转矩。三相异步电动机常用的电磁制动方法有能耗制动、反接制动和回馈制动。

5.10.1 异步电动机的能耗制动

能耗制动是在电动机断电后，立即在定子两相绕组中通入直流励磁电流（而三相异步电动机的转子绕组或是直接短路，或是经过电阻 R_{ad} 短路），产生制动性质的电磁转矩，使电动机迅速停转。三相异步电动机能耗制动接线图如图 5-56（a）所示。

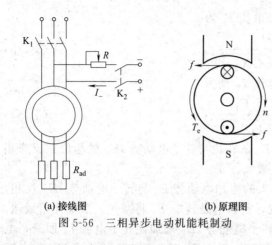

(a) 接线图　　　　　　(b) 原理图

图 5-56 三相异步电动机能耗制动

当把电动机定子绕组的三相交流电源切断后，将其三相定子绕组的任意两个端点立即接上直流电源，此时，在定子绕组中将产生一个静止的磁场，如图 5-56（b）所示，而转子因机械惯性仍继续旋转，转子导体则切割此静止磁场而感应电动势和电流，其转子电流与磁场相互作用将产生电磁转矩 T_e，该电磁转矩 T_e 的方向可由左手定则判定，如图 5-56（b）所示，从图中可见，电磁转矩 T_e 的方向与转子转动的方向相反，为一制动转矩，将使电动机转子的转速 n 下降。当转子的转速降为零时，转子绕组中的感应电动势和电流为零，电动机的电磁转矩也降为零，制动过程结束。这种制动方法把转子的动能转变为电能消耗在转子绕组的铜耗中，故称为能耗制动。

采用能耗制动停车时，考虑到既要有较大的制动转矩，又不要使定、转子回路电流过大而使绕组过热，根据经验，对于图 5-56 所示接线方式的三相异步电动机，能耗制动时，可用下列各式计算异步电动机定子直流电流 I_- 和转子回路所串电阻 R_{ad}。

对于笼型异步电动机取

$$I_- = (4 \sim 5) I_0 \tag{5-132}$$

对于绕线转子异步电动机

$$I_- = (2 \sim 3) I_0 \tag{5-133}$$

$$R_{ad} = (0.2 \sim 0.4) \frac{E_{2N}}{\sqrt{3} I_{2N}} - R_2 \tag{5-134}$$

式中，$I_0 = (0.2 \sim 0.5) I_{1N}$ 为三相异步电动机的空载电流，A；I_{1N} 为三相异步电动机的定子额定电流，A；I_{2N} 为三相异步电动机的转子额定电流，A；E_{2N} 为三相异步电动机的转子额定电动势，V；R_2 为三相异步电动机的转子绕组电阻，Ω。

5.10.2　异步电动机的反接制动

当三相异步电动机运行时，若电动机转子的转向与定子旋转磁场的转向相反，转差率 $s > 1$，则该三相异步电动机就运行于电磁制动状态，这种运行状态称为反接制动。实现反接制动有正转反接和正接反转两种方法。

(1) 正转反接制动

正转反接又称为改变定子绕组电源相序的反接制动（或称定子绕组两相反接的反接制动）。

将正在电动机状态下运行的三相异步电动机的定子绕组的三根供电电源线任意对调两根，则定子电流的相序改变，定子绕组所产生旋转磁场的方向也随之立即反转，从原来与转子转向一致变为与转子转向相反。但是，由于机械惯性电机转子仍按原方向转动，此时转子导体以 $n_s + n$ 的相对速度切割旋转磁场，转子导体切割旋转磁场的方向与电动机运行状态时相反，故转子绕组的感应电动势、转子绕组中的电流和电机的电磁转矩 T_e 的方向均随之改变，异步电机处于转差率 $s \approx 2$ 的电磁制动运行状态，电磁转矩 T_e 对转子产生制动作用，转子转速很快下降，当转子转速下降到零时，制动过程结束。如果制动的目的是为了迅速停车，则当转子转速下降到零时，必须立即切断定子绕组的电源，否则电动机将向相反的方向旋转。

三相异步电动机采用反接制动时，定、转子电流很大，定、转子铜耗也很大，将会使电动机严重发热。为了使反接制动时电流不致过大，若为绕线转子三相异步电动机，反接时应在其转子回路中串入附加电阻（又称制动电阻）R_{ad}，如图 5-57（a）所示，其作用是：一方面限制过大的制动电流，减轻对电机的发热；另一方面还可增大电动机的临界转差率 s_m，使电动机开始制动时能够产生较大的制动转矩，以加快制动过程，缩短制动时间。若为笼型三相异步电动机，反接时应在定子绕组电路中串联限流电阻。

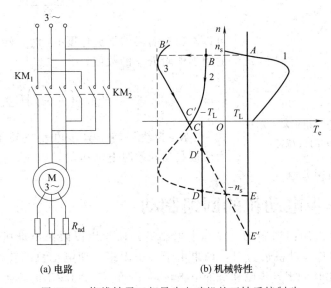

(a) 电路　　　　　　　　　(b) 机械特性

图 5-57　绕线转子三相异步电动机的正转反接制动

绕线转子三相异步电动机正转反接制动时的机械特性如图 5-57（b）所示，曲线 1 为异步电动机的固有机械特性，曲线 1 上的 A 点是该电动机为电动运行时的工作点；曲线 2 为异步电动机定子绕组两相反接时的人为机械特性，由于定子电压的相序反了，旋转磁场反向，其对应的同步转速为 $-n_s$，电磁转矩变为负值，起制动作用，在改变定子电压相序的瞬间，工作点由 A 过渡到 B，这时系统在电磁转矩和负载转矩共同作用下，迫使转子的转速迅速下降，直到 C 点，转速为零，制动结束。对于绕线转子异步电动机，为了限制两相反接瞬间电流和增大电磁制动转矩，通常在定子绕组两相反接的同时，在转子绕组中串入制动电阻 R_{ad}，这时对应的人为机械特性如图 5-57（b）中的曲线 3 所示。我们所说的定子绕组两相反接的反接制动，就是指从反接开始至转速为零的这一制动过程，即图 5-57（b）中的曲线 2 的 BC 段或曲线 3 的 $B'C'$ 段。

（2）正接反转制动

正接反转制动又称为转速反向的反接制动（或称为转子反转的反接制动），这种反接制动用于位能性负载，使重物获得稳定的下放速度，故又称倒拉反转运行。

正接反转的制动原理与在转子回路串电阻调速基本相同。当绕线转子三相异步电动机提升重物时，电动机在其固有机械特性曲线 1 上的 A 点稳定运行，如图 5-58 所示。当异步电动机下放重物时在转子回路中串入较大电阻 R_{ad}，电动机的人为机械特性曲线的斜率随串入电阻 R_{ad} 的增加而增大，如图 5-58 所示中的曲线 2、3 所示。而转子转速 n 逐步减小至零，如图 5-58 中的 A、B、C 点所示。此时如果在转子回路中串入的电阻 R_{ad} 继续增加，由于

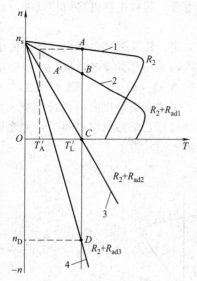

图 5-58　绕线转子三相异步电动机
正接反转制动时的机械特性

电磁转矩 T_e 小于负载转矩 T_L，转子就开始反转（重物向下降落）而进入反接制动状态，当电阻 R_{ad} 增加到 R_{ad3} 时，电动机稳定运行于 D 点，从而保证了重物以较低的均匀转速慢慢下降，而不至将重物损坏。

显然，调节在转子回路中串入的电阻 R_{ad} 可以控制重物下放的速度。利用同一转矩下转子电阻与电动机的转差率成正比的关系，即

$$\frac{s_D}{s_A}=\frac{R_2+R_{ad}}{R_2} \tag{5-135}$$

可以求出在需要的下放速度 n_D 时，转子回路中需要串入的附加电阻 R_{ad} 的数值。

$$R_{ad}=\left(\frac{s_D}{s_A}-1\right)R_2 \tag{5-136}$$

式中，R_2 为绕线转子异步电动机转子绕组的电阻；s_A 为反接制动开始时电动机的转差率；s_D 为以稳定速度下放重物时电动机的转差率。

5.10.3　异步电动机的回馈制动

三相异步电动机的回馈制动（又称发电制动）通常用以限制电动机的转速 n 的上升。当三相异步电动机作电动机运行时，如果由于外来因素，使电动机的转速 n 超过旋转磁场的同步转速 n_s，此时三相异步电动机的电磁转矩 T_e 的方向与转子的转向相反，则电磁转矩 T_e 变为制动转矩，异步电机由原来的电动机状态变为发电机状态运行，故又称为发电机制动。这时，异步电机将机械能转变成电能向电网反馈。

在生产实践中，异步电动机的回馈制动一般有以下两种情况：一种是出现在位能性负载的机车下坡（或下放重物）时，另一种是出现在电动机改变极对数或改变电源频率的调速过程中。

(1) 机车下坡或下放重物时的回馈制动

当电力机车下坡或起重机下放重物时，刚开始，电动机转子的转速 n 小于旋转磁场的同步转速 n_s，即 $n<n_s$，此时该电动机工作在电动机运行状态，电机的电磁转矩 T_e 与转子的旋转方向相同，如图 5-59（a）所示。接着，在电动机的电磁转矩 T_e 和重物的重力产生的转矩双重作用下，电力机车或重物将以越来越快的速度下坡或下降。当转子的转速 n 由于重力的作用超过旋转磁场的同步转速 n_s，即 $n>n_s$ 时，电机进入发电机状态运行，此时，电磁转矩的方向与电动机运行状态时相反，成为制动转矩，如图 5-59（b）所示，电机开始减速，同时将储藏的机械动能转变为电能反馈到电网。一直到电磁转矩与

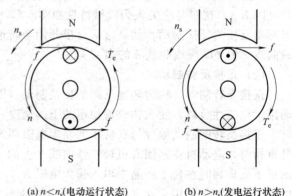

(a) $n<n_s$（电动运行状态）　　(b) $n>n_s$（发电运行状态）

图 5-59　三相异步电动机回馈制动原理图

重力转矩平衡时，转子转速才能稳定不变，此时，将使电力机车恒速下坡或重物恒速下降。

(2) 变极或变频调速过程中的回馈制动

当三相异步电动机进行变极调速，由少极数变为多极数的瞬间（或变频调速时，由高频变为低频的瞬间），电机中的旋转磁场的转速（即同步转速）n_s 突然下降很多。但是，由于机械惯性，电动机转子的转速 n 不能突变，于是转子的转速 n 大于电动机的同步转速 n_s，电机进入回馈制动状态运行，此时，制动性质的电磁转矩 T_e 驱使转子减速，当转子的转速 n 小于电动机的同步转速 n_s，即 $n<n_s$ 时，电机重新处于电动机运行状态。

回馈制动的优点是经济性能好，可将负载的机械能转换成电能反馈回电网。其缺点是应用范围窄，仅当电动机的转速 $n>n_s$ 是才能实现制动。

5.11 单相异步电动机

单相异步电动机，是用单相交流电源供电的一种小容量交流电动机。

单相异步电动机与单相串励电动机相比，具有结构简单、成本低廉、维修方便、噪声低、振动小和对无线电系统的干扰小等特点，被广泛应用于工业和人们日常生活的各个领域，如小型机床、医疗器械和诸如电冰箱、电风扇、排气扇、空调器、洗衣机等家用电器中。

单相异步电动机与同容量的三相异步电动机相比，具有体积大、运行性能较差、效率较低等缺点。因此，一般只制成小容量的（功率8～750W）。但是，由于单相异步电动机只需单相交流电源供电，在没有三相交流电源的场合（如家庭、农村、山区等）仍被广泛应用。

5.11.1 单相异步电动机的基本结构

单相异步电动机一般由机壳、定子、转子、端盖、转轴、风扇等组成，有的单相异步电动机还具有启动元件。

(1) 定子

定子由定子铁芯和定子绕组组成。单相异步电动机的定子结构有两种形式，大部分单相异步电动机采用与三相异步电动机相似的结构，定子铁芯如图5-3所示，也是用硅钢片叠压而成。但在定子铁芯槽内嵌放有两套绕组：一套是主绕组，又称工作绕组或运行绕组；另一套是副绕组，又称启动绕组或辅助绕组。两套绕组的轴线在空间上应相差一定的电角度。容量较小的单相异步电动机有的则制成凸极形状的铁芯，如图5-60所示。磁极的一部分被短路环罩住。凸极上放置主绕组，短路环为副绕组。

(2) 转子

单相异步电动机的转子与笼型三相异步电动机的转子相同。

(3) 启动元件

单相异步电动机的启动元件串联在启动绕组（副绕组）中，其作用是在电动机启动完毕后，切断启动绕组的电源。常用的启动元件有以下几种。

① 离心开关。离心开关位于电动机端盖的里面，它包括静止和旋转两部分。其旋转部分安装在电动机的转轴上，它的3个指形铜触片（称动触头）受弹簧的拉力紧压在静止部分上，如图5-61（a）所

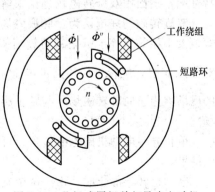

图5-60 凸极式罩极单相异步电动机

示。静止部分是由两个半圆形铜环（称静触头）组成，这两个半圆形铜环中间用绝缘材料隔开，它装在电动机的端盖内，其结构如图 5-61 (b) 所示。

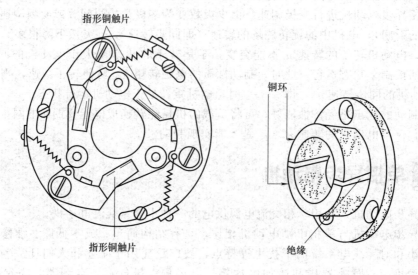

(a) 旋转部分　　　　　　　　　　(b) 静止部分

图 5-61　离心式开关示意图

当电动机静止时，无论旋转部分在什么位置，总有一个铜触片与静止部分的两个半圆形铜环同时接触，使启动绕组接入电动机电路。电动机启动后，当转速达到额定转速的 70%～80% 时，离心力克服弹簧的拉力，使动触头与静触头脱离接触，使启动绕组断电。

② 启动继电器。启动继电器是利用流过继电器线圈的电动机启动电流大小的变化，使继电器动作，将触头闭合或断开，从而达到接通或切断启动绕组电源的目的。

5.11.2　单相异步电动机的工作原理

单相异步电动机的工作原理：在单相异步电动机的主绕组中通入单相正弦交流电后，将在电动机中产生一个脉振磁场，也就是说，磁场的位置固定（位于主绕组的轴线），而磁场的强弱却按正弦规律变化。

如果只接通单相异步电动机主绕组的电源，电动机不能转动。但如能加一外力预先推动转子朝任意方向旋转起来，则将主绕组接通电源后，电动机即可朝该方向旋转，即使去掉了外力，电动机仍能继续旋转，并能带动一定的机械负载。单相异步电动机为什么会有这样的特征呢？下面用双旋转磁场理论来解释。

双旋转磁场理论认为：脉振磁场可以认为是由两个旋转磁场合成的，这两个旋转磁场的幅值大小相等（等于脉振磁动势幅值的 1/2），同步转速相同（当电源频率为 f，电动机极对数为 p 时，旋转磁场的同步转速 $n_s = \dfrac{60f}{p}$），但旋转方向相反。其中与转子旋转方向相同的磁场称为正向旋转磁场，与转子旋转方向相反的磁场称为反向旋转磁场（又称逆向旋转磁场）。

单相异步电动机的电磁转矩，可以认为是分别由这两个旋转磁场所产生的电磁转矩合成的结果。

电动机转子静止时，由于两个旋转磁场的磁感应强度大小相等、方向相反，因此它们与转子的相对速度大小相等、方向相反，所以在转子绕组中感应产生的电动势和电流大小相等、方向相反，它们分别产生的正向电磁转矩与反向电磁转矩也大小相等、方向相反，相互抵消，于是合成转矩等于零。单相异步电动机不能够自行启动。

如果借助外力，沿某一方向推动转子一下，单相异步电动机就会沿着这个方向转动起来，这是为什么呢？因为假如外力使转子顺着正向旋转磁场方向转动，将使转子与正向旋转磁场的相对速度减小，而与反向旋转磁场的相对速度加大。由于两个相对速度不等，因此两个电磁转矩也不相等，正向电磁转矩大于反向电磁转矩，合成转矩不等于零，在这个合成转矩的作用下，转子就顺着初始推动的方向转动起来。

为了使单相异步电动机能够自行启动，一般是在启动时，先使定子产生一个旋转磁场，或使它能增强正向旋转磁场，削弱反向磁场，由此产生启动转矩。为此，人们采取了几种不同的措施，如在单相异步电动机中设置启动绕组（副绕组）。主、副绕组在空间一般相差90°电角度。当设法使主、副绕组中流过不同相位的电流（即分相）时，可以产生两相旋转磁场，从而达到单相异步电动机启动的目的。当主、副绕组在空间相差90°电角度，并且主、副绕组中的电流相位差也为90°时，可以产生圆形旋转磁场，单相异步电动机的启动性能和运行性能最好。否则，将产生椭圆形旋转磁场，电动机的启动性能和运行性能较差。

分相式单相异步电动机旋转磁场的旋转方向与主、副绕组中电流的相位有关，由具有超前电流的绕组的轴线转向具有滞后电流的绕组的轴线。如果需要改变分相式单相异步电动机的转向，可把主、副绕组中任意一套绕组的首尾端对调一下，接到电源上即可。

5.11.3 单相异步电动机的分类与特点

单相异步电动机最常用的分类方法，是按启动方法进行分类的。不同类型的单相异步电动机，产生旋转磁场的方法也不同，常见的有以下几种：①单相电容分相启动异步电动机；②单相电阻分相启动异步电动机；③单相电容运转异步电动机；④单相电容启动与运转异步电动机；⑤单相罩极式异步电动机。

常用单相异步电动机的特点和典型应用见表5-3。

表5-3中的前4种电动机都具有两个空间位置上相差90°电角度的绕组，并且用电容或电阻使两个绕组中的电流之间产生相位差，从而产生旋转磁场，所以统称为分相式单相异步电动机。

5.11.4 单相异步电动机的型号

单相异步电动机的型号由系列代号、设计序号、机座代号、特征代号及特殊环境代号组成，其含义如下。

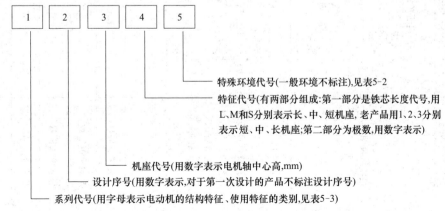

特殊环境代号(一般环境不标注),见表5-2

特征代号(有两部分组成:第一部分是铁芯长度代号,用L、M和S分别表示长、中、短机座,老产品用1、2、3分别表示短、中、长机座;第二部分为极数,用数字表示)

机座代号(用数字表示电机轴中心高,mm)

设计序号(用数字表示,对于第一次设计的产品不标注设计序号)

系列代号(用字母表示电动机的结构特征、使用特征的类别,见表5-3)

表 5-3　常用单相异步电动机的特点和典型应用

电动机类型	电阻启动	电容启动	电容运转	电容启动与运转	罩极式
基本系列代号	YU(JZ,BO,BO2)	YC(JY,CO,CO2)	YY(JX,DO,DO2)	YL	YJ
接线原理图					
机械特性曲线 $T/T_N=f(n)$; T/T_N—输出转矩倍数; T_N—额定输出转矩; n—转速					
最大转矩倍数	>1.8	>1.8	>1.6	>2	
启动转矩倍数	1.1~1.6	2.5~2.8	0.35~0.6	>1.8	<0.5
启动电流倍数	6~9	4.5~6.5	5~7		
功率范围/W	40~370	120~750	8~180	8~750	15~90
额定电压/V	220	220	220	220	220
同步转速/(r/min)	1500;3000	1500;3000	1500;3000	1500;3000	1500;3000

续表

电动机类型	电阻启动	电容启动	电容运转	电容启动与运转	罩极式
结构特点	定子具有主绕组和副绕组,它们的轴线在空间相差90°电角度。电阻值较大的副绕组经启动开关与主绕组并接于电源。当电动机转速达到75%~80%同步转速时,启动开关将副绕组切离电源,由主绕组单独工作。 为使副绕组得到较高的电阻对电抗的比值,可采取如下措施:①用较细铜线,以增大电阻;②部分线圈反绕,以减少电抗;③用电阻率较高的铝线;④串入一个外加电阻	定子主绕组、副绕组分布与电阻启动电动机相同,副绕组经启动开关和一个容量较大的启动电容器串联后,与主绕组并联。当电动机转速达到75%~80%同步转速时,通过启动开关将副绕组切离电源,由主绕组单独工作	定子具有主绕组和副绕组,它们的轴线在空间相差90°角度。副绕组串联一个工作电容器(容量较启动电容器小得多)后,与主绕组并接于电源,且主副绕组长期参与运行	定子绕组与电容运转电动机相同,但副绕组与两个并联的电容器串联。当电动机转速达到70%~80%同步转速时,通过启动离心开关切离启动电源,而副绕组和工作电容器继续参与工作 启动电容器容量大于工作电容器容量	一般采用凸极定子绕组,主绕组是集中绕组,并在套有电阻很小的一小部分靴上套上短路环(又称罩极绕组)。另一种是隐极定子,其冲片形状和一般异步电动机相同,主绕组和罩极绕组均为分布绕组,它们的轴线在空间相差一定的电角度(一般为45°)。罩极绕组匝数少,导线粗
典型应用	具有中等启动转矩和过载能力,适用于小型车床,鼓风机,医疗机械等	具有较高启动转矩,适用于小型空气压缩机,电冰箱,磨粉机,水泵及满载启动的机械等	启动转矩较低,但有较高的功率因数和效率,体积小、重量轻,适用于电风扇,通风机,录音机及各种空载启动的机械	具有较高的启动性能,过载能力,功率因数和效率,适用于家用电器、小型机床等	启动转矩、功率因数均较低,效率、功率因数和电动机模型及各种风扇,适用于小功率载启动的小型电动机的小功率设备

注: 1. 单相电容启动与运转异步电动机,又称单相双值电容异步电动机。
2. 基本系列代号中括号内是老系列代号。

单相异步电动机的型号示例。

YU6324 表示单相电阻启动异步电动机，轴中心高为 63mm、2 号铁芯长、4 极。

YC90L6 表示单相电容启动异步电动机，轴中心高为 90mm、长铁芯、6 极。

BO5612 表示单相电阻启动异步电动机，轴中心高为 56mm，1 号铁芯长、2 极。

DO2-5014 表示单相电容运转异步电动机，第二次系列设计、轴中心高为 50mm、1 号铁芯长、4 极。

5.11.5 单相异步电动机的机械特性

在三相异步电动机原理分析中，旋转磁场及其产生的电磁转矩已经很清楚。同理，在单相异步电动机中，笼型转子在正向旋转磁场或反向旋转磁场分别作用下受到电磁转矩 T_e^+ 或 T_e^- 与笼型转子在三相异步电动机正向旋转磁场（电源相序为正）或反向旋转磁场（电源相序为负）分别作用下受到电磁转矩是完全一样的。

如果借外力使单相异步电动机的转子向任意方向旋转，例如沿正向旋转磁场的方向旋转，设转子的转速为 n，则对正向旋转磁场而言，转子的转差率为

$$s_+ = \frac{n_s - n}{n_s} = s \tag{5-137}$$

与三相异步电动机的转差率相同。而对反向旋转磁场而言，转子的转差率为

$$s_- = \frac{n_s + n}{n_s} = 2 - \frac{n_s - n}{n_s} = 2 - s \tag{5-138}$$

这时，由于正向旋转磁场和反向旋转磁场分别产生的电磁转矩 T_e^+ 和 T_e^- 与转差率的关系跟普通三相异步电动机的相似，如图 5-62 中的虚线所示。在转子转速 n 由零至 n_s 的范围内，s_+ 由 1 至 0，s_- 则由 1 至 2。在此范围内，正向旋转磁场对转子作用所产生的电磁转矩 T_e^+ 的变化和普通三相异步电动机相同，如图 5-62 左侧横坐标轴上面的曲线 T_e^+。由于反向旋转磁场的转向与正向旋转磁场相反，在转子转速在 $-n_s < n < n_s$ 的范围内，若取 T_e^+ 为正值，则 T_e^- 应为负值，所以在图 5-62 中电磁转矩 T_e^- 的变化在横坐标轴下面示出。于是单相异步电动机的合成转矩 $T_e = T_e^+ + T_e^-$，如图 5-62 中实线所示。其大小将小于正向电磁转矩 T_e^+，其方向与转子转向相同。

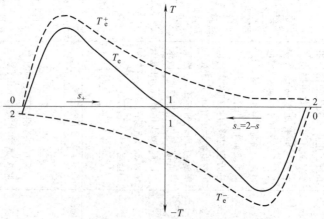

图 5-62　单相异步电动机的机械特性

如果所施外力使电动机的转子向相反方向旋转，那么各磁场的作用就彼此调换，这种情况相当于图 5-62 的右侧。合成转矩 T_e 的方向与原来的相反，即仍然和转子转向相同。

综上所述可得如下结论。

① 启动时 $s=1$，$T_e^+ + T_e^- = 0$，所以启动转矩为零，单相异步电动机不能自行启动。

② 合成转矩 T_e 曲线对称于 $s_+ = s_- = 1$ 点，因此，单相异步电动机没有固定的转向，它运行时的转向取决于启动时的转动方向。例如，因外力使电动机正向转动起来，$s_+ < 1$，由图5-62中可见合成转矩 T_e 为正，若此时合成转矩大于负载转矩，转子将顺初始推动方向在合成转矩作用下继续转动下去。即电动机的旋转方向由启动转矩的方向决定。

③ 由于反向电磁转矩的作用，使电动机合成转矩减小，最大转矩随之减小，且电动机输出功率也减小，同时反向磁场在转子绕组中感应电流，增加了转子铜耗。所以单相异步电动机的效率、过载能力等各种性能指标都比三相异步电动机低。

5.11.6 罩极式单相异步电动机的启动

罩极式单相异步电动机的结构如图5-60所示，其定子铁芯由硅钢片叠压而成，每个磁极上都装有工作绕组，工作绕组接到单相电源上。每个磁极的极靴上开一个小槽，用短路环把部分极靴（约占极靴表面的三分之一）围起来（罩起来）。

当主绕组通入单相交流电时，主绕组将产生的脉振磁通分为两部分，一部分磁通 $\dot{\Phi}$ 不通过短路环，另一部分磁通 $\dot{\Phi}'$ 则通过短路环，显然 $\dot{\Phi}$ 和 $\dot{\Phi}'$ 同相位，由于它们都随工作绕组的电流而变化，所以磁通 $\dot{\Phi}'$ 将在短路环中感应电动势 $\dot{E}_k$ 和电流 $\dot{I}_k$，如图5-63所示。其中 $\dot{E}_k$ 滞后于产生它的磁通 $\dot{\Phi}'$ 以 90°相角，而电流 $\dot{I}_k$ 滞后电动势 $\dot{E}_k$ 一个相位角 ψ_k（ψ_k 为短路环的阻抗角）。

设由 $\dot{I}_k$ 产生的通过气隙的磁通为 $\dot{\Phi}_k$，则 $\dot{\Phi}_k$ 应与 $\dot{I}_k$ 同相位。因此通过磁极被罩部分的合成磁通 $\dot{\Phi}''$ 应为 $\dot{\Phi}'$ 与 $\dot{\Phi}_k$ 的相量和，即 $\dot{\Phi}'' = \dot{\Phi}' + \dot{\Phi}_k$。短路环中的感应电动势 $\dot{E}_k$ 则滞后合成磁通 $\dot{\Phi}''$ 以 90°相角，电流 $\dot{I}_k$ 又滞后 $\dot{E}_k$ 以 ψ_k 角，整个相量图如图5-63所示。

以上分析可见，由于短路环的作用，通过被罩部分的磁通 $\dot{\Phi}''$ 与未罩部分的磁通 $\dot{\Phi}$ 在空间上和时间上都用一个相位差，因此它们的合成磁场将是一个沿一定方向推移的磁场，在某种程度上近似于旋转磁场，因而可以产生一定的启动转矩。由于磁通 $\dot{\Phi}$ 超前磁通 $\dot{\Phi}''$（见图5-63），可见合成磁场推移的方向是从 $\dot{\Phi}$ 所在的未罩部分移向 $\dot{\Phi}''$ 所在的被罩部分，所以转子也是沿着这个方向旋转的。

罩极式单相异步电动机（见图5-63）旋转磁场的旋转方向是从磁通领先相绕组的轴线（$\dot{\Phi}$ 的轴线）转向磁通落后相绕组的轴线（$\dot{\Phi}''$ 的轴线），这也就是电动机转子的旋转方向。在罩极式单相异步电动机中，磁通 $\dot{\Phi}$ 永远领先磁通 $\dot{\Phi}''$，因此，电动机转子的转向总是从磁极的未罩部分转向被罩部分，即使改变电源的接线，也不能改变电动机的转向。如果需要改变罩极式单相异步电动机的转向，则需要把电动机拆开，将电动机的定子或转子反向安装，才可以改变其旋转方向，如图5-64所示。

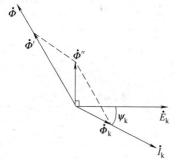

图5-63 罩极式单相异步电动机相量图

(a) 调头前转子为顺时针方向旋转 (b) 调头后转子为逆时针方向旋转

图5-64 将定子调头装配来改变罩极式电动机的转向

5.11.7　单相异步电动机的调速

单相异步电动机的转速与电动机定子绕组两端所加的电压有直接关系，在定子绕组极数不变的情况下，电动机绕组上所加的电压越高，则电动机的转速就越高（但恒低于该电动机的同步转速）。反之，电动机绕组上所加的电压越低，则电动机的转速就越低。因此，单相异步电动机的调速方法一般都是设法采用不同的手段，通过改变加在定子绕组上的电压来调节电动机的转速。单相异步电动机常用的调速方法有以下几种。

(1) 电抗器调速

电抗器（或自耦变压器）调速是将电抗器（或自耦变压器）串接到电动机单相电源电路中，通过变换其线圈抽头来实现降压调速。

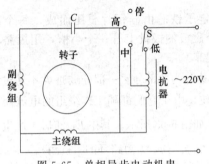

图 5-65　单相异步电动机串
电抗器调速原理图

图 5-65 是单相异步电动机串电抗器调速原理图，将电动机的主、副绕组并联后再与电抗器串联，当调速开关接至高速挡时，电动机绕组不通过电抗器直接接至电源，电动机为全压运行，电动机的转速最高，当调速开关接至中速挡时或低速挡时，电动机绕组将经过一部分或全部电抗器线圈后接至电源，由于电抗器的降压作用，使电动机在中速或低速下运行。

单相异步电动机串电抗器调速控制线路简单，操作方便。缺点是电压降低后，电动机的输出转矩和输出功率明显降低，只适用于转矩和功率都允许随转速的下降而降低的场合。

(2) 用调速绕组调速

调速绕组又称中间绕组，用调速绕组调速是在单相异步电动机的定子槽内适当嵌入调速绕组，这些调速绕组可以与主绕组同槽，也可以与副绕组同槽，但调速绕组总是在槽的上层。调速绕组与主绕组或副绕组串联，也可以与主、副绕组一起串联。调速绕组有几个中间抽头，改变调速开关的位置，可以调节电动机的转速。用调速绕组调速的原理图如图 5-66 所示。

图 5-66 (a) 所示的 L-1 型接法中，调速绕组与主绕组串联，且在空间上同相位，因此调速绕组与主绕组是同槽分布的。在图 5-66 (b) 所示的 L-2 型接法中，调速绕组与副绕组串联，且在空间上同相位，因此调速绕组与副绕组是同槽分布的。在图 5-66 (c) 所示的 T 型接法中，调速绕组接在主、副绕组的回路外，而空间上与主绕组同相位，因此调速绕组与主绕组是同槽分布的。当然也可以使调速绕组与副绕组在空间上同位相。

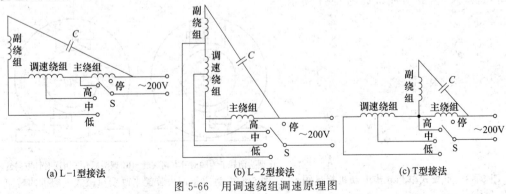

(a) L-1型接法　　　　　(b) L-2型接法　　　　　(c) T型接法

图 5-66　用调速绕组调速原理图

（3）副绕组抽头调速

单相异步电动机副绕组抽头调速原理图如图 5-67 所示。其特点是在电动机的定子槽内没有嵌放调速绕组，而是将副绕组引出几个中间抽头。这样，当改变副绕组中间抽头的接法时，即可改变主、副绕组的匝数比，从而可以调节电动机的转速。

单相异步电动机除上述调速方法外，还可采用晶闸管调速（又称电子调速）。晶闸管调速是利用改变晶闸管的导通角以改变电动机定子绕组上的端电压来实现调速的。其优点是可以实现无级调速。

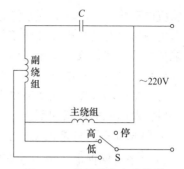

图 5-67　单相异步电动机副绕组抽头调速原理图

单相异步电动机和三相异步电动机一样，也可以采用变极调速或变频调速，但是调速设备复杂，成本高。

5.12　异步发电机

在一定条件下，三相异步电机可作为发电机使用，当用原动机拖动异步电机旋转，并对异步电机进行励磁（又称激磁）时，则异步电机便可以发出电能。异步发电机主要用于小容量水电站的发电机组和风力发电机中。

异步电机作为发电机运行，可分为与电网并联运行和单独运行两种情况。

5.12.1　与电网并联运行的三相异步发电机

设电网为无穷大电网，则与电网并联时，异步发电机的端电压 U_1 和频率 f_1 将始终受电网的约束而与电网保持一致，这是与电网并联工作时的特点。

将异步电机用原动机拖动，使转子达到同步转速 n_s，即转差率 $s=0$。此时转子导体与气隙旋转磁场之间的相对速度为 0，故转子绕组的感应电动势和电流均将等于 0，定子电流 I_{10} 则等于励磁电流 I_m。此时异步电机就处于"理想空载"状态，也就是由电动机转变为发电机的临界状态，其等效电路如图 5-68 所示。理想空载时，感应电机的转换功率等于 0，形成气隙旋转磁场和定子漏磁场的无功功率由电网供给，克服铁耗和 I_{10} 所引起的定子铜耗所需的有功功率，亦由电网输入；克服机械损耗、保持转子同步转速旋转所需的转矩和机械功率，则由原动机输入。

若加大原动机的驱动转矩，使转子转速 n 超过同步速度 n_s，即 $n>n_s$，则转差率将成为负值（即 $s<0$）。此时，转子导体"切割"旋转磁场的方向将于电动机运行时相反，因此转

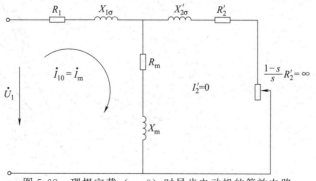

图 5-68　理想空载（$s=0$）时异步电动机的等效电路

子感应电动势 sE_2、转子电流的有功分量以及定子电流的有功分量都将随之反向，异步电机将向电网送出有功功率，此时该异步电机就成为发电机。即来自原动机的机械功率在扣除各种损耗之后，转换成电功率送给电网，将机械能转换成电能。

异步发电机接在电网上运行时，定子电压和频率取决于电网电压和频率，与转子转速无关。此外主磁场和漏磁场所需的滞后的无功功率均由电网供给。

异步发电机的优点如下。

① 结构简单，价格比较便宜，由于无需专门的励磁系统，所以维护比较方便。

② 由于投网前电机内不存在励磁电动势 $\dot{E}_0$，所以投入并联的手续比较简单，仅需把转子沿旋转磁场方向拖动到同步转速，然后直接投入电网即可，无需复杂的整步手续。

异步发电机的缺点如下。

① 功率因数恒为滞后，轻载时功率因数很差。

② 由于维持气隙主磁场和定、转子漏磁场所需的无功功率全部由电网供给，而异步电机的励磁电流又较大，所以如有多台异步发电机与电网并联工作，就会给电网增加不小的无功功率负担，使组成电网的各同步发电机的容量得不到充分利用。

5.12.2　单独运行的异步发电机

在某些场合下，如有的山区、农村，输电网不能达到，异步发电机必须单独运行。这时必须在异步电机定子绕组的端点上并联一组对称的三相电容器，如图 5-69 所示，利用电容器来提供发电机所需的励磁电流。这种电机称为自励异步发电机（又称为自激异步发电机）。

由于运行中的三相异步发电机要从电网吸收较大的滞后性无功功率，所以单独运行的三相异步发电机必须解决无功功率的供应问题。因此应在三相异步发电机定子绕组的端点并联一组电容器，用电容器发出感性无功功率（吸收容性无功功率）来满足异步发电机的要求。

与直流发电机一样，要想建立电压，电机转子铁芯中要有一定的剩磁。在空载情况下，用原动机带动转子到同步转速，使转子的剩磁磁场"切割"定子绕组，则定子绕组中将感生剩磁电动势，并向并联电容器送出容性电流 I_c。I_c 通过定子绕组后，将产生增磁性的定子磁动势和磁场，使气隙磁场得到加强，从而又增大了电动势，并使发电机的定子电压逐步建立起来，这就是异步发电机的自励（又称自激）（与并励直流发电机不同之处是这里没有极性问题）。最后由于饱和的作用，便能在定子绕组建立固定大小的电压。稳态空载电压取决于空载曲线与电容线（又称容抗线）的交点 A，如图 5-70 所示。电容越小，电容线与空载特性曲线的交点 A 和空载电压就越低。

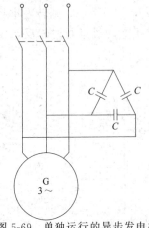

图 5-69　单独运行的异步发电机

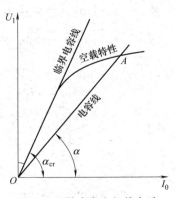

图 5-70　异步发电机的自励

由图 5-70 可知，为了保证异步发电机可靠地建立电压，电容线与空载特性曲线应有明确的交点 A，这就需要有足够容量的电容才行。我们把与空载特性不饱和段相切的直线称为临界电容线。临界电容线与横坐标轴的夹角为 α_{cr}，则

$$\tan\alpha_{cr}=\frac{U_1}{I_{10}}=\frac{1}{\omega C_{cr}}$$

式中，C_{cr} 称为临界电容值。

在空载时，要建立正常的电压，必须使

$$\alpha<\alpha_{cr} \tag{5-139}$$

即必须使

$$C>C_{cr}=\frac{I_{10}}{\omega U_1} \tag{5-140}$$

即外接电容器必须大于一定的临界值。从图 5-70 可以看出，增加电容量 C，可以使 α 角减小，端电压 U_1 增大。

单独负载运行时，异步发电机的端电压和频率将随负载的变化而变化。为保持端电压和频率恒定，必须相应地调节原动机的驱动转矩和电容 C 的大小。例如，当负载所需的有功和感性无功功率增加时，一方面要增加发电机的输入机械功率，使发电机的转速增高，以发出较大的有功功率；另一方面应增大并联电容 C，以增加电容器输入的容性电流（或者说增加输出的感性电流），以满足负载和异步发电机中感性无功功率的需求。如果不作上述调整，系统的频率和电压将发生变化。

异步发电机单独运行时，由于需要价格较贵的电力电容器，还要在负载变化时随时调整电容 C 的大小，使其应用受到一定的限制。

● 小 结 ●

异步电机按转子结构不同主要分为两大类，即笼型三相异步电动机和绕线转子三相异步电动机。它们的定子结构相同，绕线转子异步电动机的启动性能好，但结构复杂，运行可靠性差。笼型异步电动机结构简单、制造容易、可靠性好，但启动性能不如绕线转子异步电动机。

三相异步电动机的转动原理：三相对称绕组通入三相对称电流产生旋转磁场，转子导体切割此磁场而感应电动势和电流，转子电流与磁场相互作用产生电磁力，并形成电磁转矩，该电磁转矩驱动转子旋转。

转差率 s 是异步电机的一个基本变量，按转差率不同，异步电机可分为三种运行状态，即电动机（$0<s<1$）、发电机（$-\infty<s<0$）和电磁制动（$1<s<\infty$）运行状态。电动机运行状态是异步电机的主要运行方式。

三相异步电动机的分析步骤：①首先分析空载和负载时，异步电动机内定、转子的磁动势和磁场（包括气隙主磁场和定、转子的漏磁场），在转子输出机械功率的同时，如何通过磁动势平衡和电磁感应关系，从定子输入相应的电功率；②建立三相异步电动机的基本方程，包括定、转子的电压方程、磁动势方程、功率方程和转矩方程；③从基本方程出发，通过频率归算和绕组归算，建立等效电路；④利用等效电路导出各种运行特性和研究各种运行问题。

为建立感应电动机的等效电路，定、转子电路的频率必须相等，定、转子绕组的感应电动势也必须相等，磁动势方程的空间矢量形式必须转化成电流的时间相量形式。为此需要进

行频率归算和绕组归算，即用一个静止不转、其相数和有效匝数与定子绕组相同的等效转子，去代替实际的旋转转子。归算的条件是，归算前、后，转子所产生的磁动势的转速、幅值和空间相位均应保持不变。这样可使归算前、后，从气隙磁场传送到转子的电磁功率和转换功率都保持不变，电磁转矩也保持不变。因此，用等效电路算出的所有定子侧的物理量（包括 I_1、P_1、$\cos\varphi_1$ 等）均与实际定子中的对应物理量相同；由等效电路算出的转子电势和电流则与实际转子中的值相差 k_e 和 $1/k_i$ 倍，但转子的有功功率、电阻损耗和转矩则仍与实际转子中的值相同。

三相异步电机在任何转速下，转子磁动势在空间始终以同步速度旋转，并与定子的旋转磁动势保持相对静止。所以异步电机在任何转速下都能产生平均电磁转矩，并进行机电能量转换。这是异步电机的一个特点。

电机本身是一种能量转换的电磁设备，异步电机作为电动机运行时，是把电功率转换为机械功率。利用等效电路说明各个功率和损耗的关系，既简单又明了，也便于记忆。其中电磁功率 P_e、总机械功率 P_Ω、转子铜耗 p_{Cu2} 与转差率 s 的关系，实际上反映了负载变化对功率分配的影响。

电磁转矩是载流导体在磁场中受电磁力的作用产生的，电磁转矩的大小有许多表示形式，其中电磁转矩的物理表达式表明了电磁转矩与气隙磁场和转子电流的有功分量的关系，它的物理概念比较明确，常用来分析和解释问题；电磁转矩的参数表达式表明了电磁转矩与电源电压、频率、转差率及电机参数之间的关系，常用来进行转矩计算。由参数表达式作出的 T_e-s 曲线，实质上就是异步电动机的机械特性，它是分析电机性能和电力拖动系统稳定运行的工具。利用参数表达式分析电压、频率和参数对最大转矩和启动转矩的影响，对分析异步电动机的性能和特性具有重要意义。机械特性的实用表达式在电力拖动系统中应用最为广泛，它可以根据电机产品目录求出 T_{max}、s_m 后，绘制 $T_e = f(s)$ 曲线。

等效电路的参数可用空载试验和堵转试验来确定。为得到定、转子漏抗的饱和值，应尽可能使堵转试验时的定子电流达到实际启动和发生最大转矩时的电流值。此外，应当用较为精确的公式来处理试验数据，算出电动机的各个参数。

当三相异步电动机的负载变化时，电动机的转速、定子电流、功率因数、输出转矩和效率随输出功率变化的曲线称为异步电动机的工作特性，这些特性可以衡量电动机性能的优劣。表征异步电动机运行性能的主要数据有：① 额定数据，包括额定电流 I_N，额定转速 n_N，额定转矩 T_N，额定功率因数 $\cos\varphi_N$ 和额定效率 η_N；② 过载能力 λ，即最大转矩倍数 T_{max}/T_N；③ 启动性能，即启动电流倍数 I_{st}/I_N 和启动转矩倍数 T_{st}/T_N。

从 T 型等效电路可见，感应电动机是一个感性电路，故定子功率因数恒为滞后。额定功率因数 $\cos\varphi_N$ 的大小主要取决于励磁电流 I_m 和定、转子漏抗的大小。由于感应电机的主磁路中有两个气隙，故 I_m 较大，通常为额定电流的 $20\% \sim 40\%$，所以 $\cos\varphi_N$ 通常只有 $0.8 \sim 0.88$。异步电动机的最大转矩 T_{max} 主要取决于定子端电压和定、转子的漏抗。启动转矩 T_{st} 除与端电压和定、转子漏抗有关外，还与转子电阻的大小有关。适当地增大转子电阻，可以减小启动电流，增大启动转矩，改善启动性能；但是另一方面则会使转子铜耗增大，从而使正常工作时电动机的效率降低，所以两者是互相矛盾的。为使启动和工作性能得以兼顾，可以采用绕线转子异步电动机，或者采用利用集肤效应、使转子电阻随转子频率的变化而自动变化的深槽和双笼型电动机；后两种电机的转子漏抗要比正常笼型电机的漏抗大，使最大转矩稍有下降。

感应电动机的调速方法：变频调速；变极调速；改变转差率（改变定子电压、定子串电抗、转子串电阻和串级调速等）调速。变极调速是通过在定子槽内嵌放几套绕组或改变绕组的连接来得到不同的极数和转速。对于单绕组双速三相异步电动机只要改变半相绕组中的电流方向，即可改变电动机的极数。变极调速适用于不需平滑调速的场合；变频调速可以平滑地调速，但需要一套复杂的变频装置；绕线转子异步电动机转子回路串电阻调速方法简单、可靠，其缺点是转子回路铜耗大、效率低；变压调速对于恒转矩负载由于调速范围窄，过载能力下降，所以一般不用，它可用于小容量的通风机负载。

　　单相异步电动机的主要分析方法是双旋转磁场理论，即把定子主绕组所产生的脉振磁动势分解成正向和反向旋转的两个磁动势和磁场，再分别求出转子对这两个磁场所产生的电磁转矩。并得到单相异步电动机的 T_e-s 曲线。

　　由于单相异步电动机工作绕组所产生的是脉振磁动势，所以单相感应电动机自身没有启动转矩。为解决启动问题，需要加装启动绕组并采取分相（裂相）启动或罩极启动措施，使主绕组和启动绕组成为两相系统。一旦电机旋转起来，正向和反向旋转磁场切割转子导条的速度不同，因而能产生一定的电磁转矩，带动负载运行。

　　异步发电机是异步电机的另一种运行状态，其运行数据也可用 T 型等效电路来计算，其中转差率 s 为负值。与电网并联运行的异步发电机依靠电网提供励磁电流来励磁；而单独运行的异步发电机则依靠外接电容器，利用发电机本身发出的电容性电流来励磁，但是其端电压和机组的频率随着负载的变化而变化，这是异步发电机运行的特点。

思考题与习题

5-1　简述三相异步电动机的基本工作原理。异步电机为什么又称感应电机？

5-2　为什么说异步电动机的工作原理类似于变压器？试分析它们有哪些相同的地方？有哪些重大的差别？

5-3　什么是转差率？如何根据转差率来判断异步电机的运行状态？

习题微课：第 5 章

5-4　三相异步电动机的主磁通和漏磁通是怎样定义的？主磁通在定、转子绕组中感应电动势的频率一样吗？两个频率之间数量关系如何？

5-5　异步电动机转速变化时，为什么定、转子磁动势之间没有相对运动？

5-6　异步电动机的归算与变压器的归算有何异同？

5-7　异步电动机的等效电路与变压器的等效电路有无差别？异步电动机的等效电路中 $\dfrac{1-s}{s}R_2'$ 代表什么意义？能否用一个电感或电容而不用电阻来表示？为什么？

5-8　异步电动机定、转子绕组没有电路连接，为什么负载转矩增大时定子电流会增大？

5-9　增大异步电动机转子电阻或电抗对电动机的启动电流、启动转矩、最大转矩、临界转差率和功率因数有何影响？

5-10　三相异步电动机定子铁耗和转子铁耗的大小与哪些因素有关？只要定子电压不变，定子铁耗和转子铁耗的大小就基本不变吗？

5-11　为什么三相异步电动机的电磁转矩随外施电压的二次方变化？

5-12　增大异步电动机的气隙对电动机的空载电流、漏电抗、最大转矩和启动转矩有何影响？

5-13　若将一台 60Hz、380V 的三相异步电动机接在 50Hz、380V 的电网上，设负载转矩不变，则电动机的空载电流、同步转速、最大转矩、启动电流和启动转矩将如何变化？

5-14　三相异步电动机直接启动时，为什么启动电流特别大，而启动转矩并不特别大？

5-15 为什么深槽式和双笼型三相异步电动机能改善启动性能？

5-16 笼型三相异步电动机和绕线转子三相异步电动机各有哪些调速方法？各有什么特点？

5-17 变极调速的原理是什么？为什么只适用于笼型三相异步电动机？

5-18 为什么三相异步电动机拖动恒转矩负载变频调速时，要求电源电压随频率成正比变化？若电源的频率降低，而电压的大小不变，会出现什么后果？

5-19 单相异步电动机有哪些启动方法？怎样改变单相异步电动机的转向？

5-20 异步发电机有哪两种运行方式？列出异步发电机的优缺点。

5-21 一台三相四极异步电动机的额定功率 $P_N = 55kW$，额定电压 $U_N = 380V$，额定功率因数 $\cos\varphi_N = 0.89$，额定效率 $\eta_N = 91.5\%$，试求该电动机的额定电流。（$I_N = 102.62A$）

5-22 某台异步电动机的额定频率 $f_N = 50Hz$，额定转速 $n_N = 970r/min$，试求该电动机的极数是多少？额定转差率是多少？（$2p = 6$，$s_N = 0.03$）

5-23 一台三相异步电动机的输入功率 $P_1 = 8.6kW$，定子绕组铜损耗 $p_{Cu1} = 425W$，铁损耗 $p_{Fe} = 210W$，转差率 $s = 0.034$。试求该电动机的电磁功率 P_e、转子绕组铜损耗 p_{Cu2} 及总机械功率 P_Ω。（$P_e = 7965W$；$p_{Cu2} = 270.81W$；$P_\Omega = 7694.19W$）

5-24 一台三相六极异步电动机，额定功率 $P_N = 100kW$，额定电压 $U_N = 380V$，额定频率 $f_N = 50Hz$，额定转速 $n_N = 950r/min$，在额定运行时，机械损耗 p_Ω 与附加损耗 p_Δ 共为 $1kW$。试求额定运行时：

(1) 额定转差率；   (4) 额定转矩；

(2) 电磁功率；   (5) 额定运行时的空载转矩。

(3) 电磁转矩；

[(1) $s = 0.05$；(2) $P_e = 106316W$；(3) $T_e = 1015.32N \cdot m$；(4) $T_N = 1005.26N \cdot m$；(5) $T_0 = 10.06N \cdot m$]

5-25 一台三相四极异步电动机，其额定数据及参数如下：$P_N = 17kW$，$U_N = 380V$，$f_N = 50Hz$，定子绕组为 △ 接法，$R_1 = 0.715\Omega$，$X_{1\sigma} = 1.74\Omega$，$R_2' = 0.416\Omega$，$X_{2\sigma}' = 3.03\Omega$，$R_m = 6.2\Omega$，$X_m = 75\Omega$。电动机额定负载运行时，$n_N = 1470r/min$，机械损耗 $p_\Omega = 139W$，附加损耗 $p_\Delta = 320W$。试求额定运行时的：

(1) 额定转差率；   (4) 电磁功率；

(2) 定子电流；   (5) 额定功率；

(3) 定子功率因数；   (6) 输入功率及效率。

[(1) $s = 0.02$；(2) $\dot{I}_1 = 18.5\angle -26.39°A$；(3) $\cos\varphi_1 = 0.896$；(4) $P_e = 17737.8W$；(5) $P_N = 17000W$；(6) $P_1 = 18894W$；$\eta = 89.9\%$]

5-26 一台三相六极笼型异步电动机，额定电压 $U_N = 380V$，额定频率 $f_N = 50Hz$，额定转速 $n_N = 960r/min$，定子绕组为 Y 接，定子电阻 $R_1 = 2.08\Omega$，转子电阻归算值 $R_2' = 1.53\Omega$，定子漏电抗 $X_{1\sigma} = 3.12\Omega$，转子漏电抗归算值 $X_{2\sigma}' = 4.25\Omega$。忽略空载转矩 T_0。试求：

(1) 额定运行时的电磁转矩；   (3) 过载倍数；

(2) 最大转矩；   (4) 临界转差率。

[(1) $T_{eN} = 31.57N \cdot m$；(2) $T_{max} = 71.23N \cdot m$；(3) $\lambda = 2.26$；(4) $s_m = 0.2$]

5-27 一台三相八极绕线转子异步电动机的额定功率 $P_N = 7.5kW$，额定电压 $U_N = 380V$，额定频率 $f_N = 50Hz$，额定转速 $n_N = 725r/min$，过载倍数（能力）$\lambda = 2.4$。试求其电磁转矩的实用表达式（转子不串电阻，忽略空载转矩 T_0）。$\left(T_e = \dfrac{474.2}{\dfrac{s}{0.153} + \dfrac{0.153}{s}} \right)$

5-28 一台三相六极绕线转子异步电动机，额定功率 $P_N = 75kW$，额定电压 $U_N = 380V$，额定频率 $f_N = 50Hz$，额定转速 $n_N = 970$ r/min，过载倍数（能力）$\lambda = 2.5$。忽略空载转矩 T_0。试求：

(1) 额定转差率；　　　　　　　　(4) 临界转差率；

(2) 额定转矩；　　　　　　　　　(5) $s = 0.02$ 时的电磁转矩。

(3) 最大转矩；

[(1) $s_N = 0.03$；(2) $T_N = 738.4N \cdot m$；(3) $T_{max} = 1846.0N \cdot m$；(4) $s_m = 0.144$；(5) $T_e = 503.1N \cdot m$]

5-29 一台三相四极异步电动机，额定电压 $U_N = 380V$，额定电流 $I_N = 6.7A$，定子绕组为 Y 接，$R_1 = 1.73\Omega$。空载试验数据：$U_1 = 380V$，$I_0 = 3.38A$，$P_0 = 272W$，机械损耗 $p_\Omega = 60W$，忽略附加损耗 p_Δ。短路试验数据：$U_{1k} = 95V$，$I_{1k} = 6.7A$，$P_{1k} = 357W$。认为 $X_{1\sigma} = X'_{2\sigma}$，试求该电动机的参数 R'_2、$X_{1\sigma}$、$X'_{2\sigma}$、R_m 和 X_m（测得数据均为线电压、线电流和三相功率）。（$R'_2 = 0.92\Omega$；$X_{1\sigma} = X'_{2\sigma} = 3.88\Omega$；$R_m = 4.46\Omega$；$X_m = 60.55\Omega$）

5-30 一台三相四极绕线转子异步电动机，额定电压 $U_N = 380V$，额定频率 $f_N = 50Hz$，额定转速 $n_N = 1470r/min$，转子电阻 $R_2 = 0.012\Omega$。设负载转矩保持为额定转矩不变，试求：

(1) 如果在转子回路串入 $R_\Omega = 0.1\Omega$ 的调速电阻，则电动机的转速将降为多少？

(2) 欲把转速从 $1470r/min$ 下调到 $900r/min$，问转子每相应串入多大的调速电阻？（$n' = 1220r/min$；$R'_\Omega = 0.228\Omega$）

第6章

同步电机

6.1.1 概述

同步电机是交流电机的一种。普通同步电机与异步电机的根本区别是转子（特殊结构时也可以是定子）装有磁极，并通入直流电励磁，因而具有确定的极性。由于定、转子磁场相对静止及气隙合成磁场恒定是所有旋转电机稳定实现机电能量转换的两个

微课：6.1

前提条件，因此，同步电机的运行特点是转子的转速 n 必须与定子三相对称绕组通入三相对称电流产生的旋转磁场的转速（又称同步转速）n_s 严格同步，即 $n=n_s$。故同步电机由此而得名。

同步电机的转子转速 n 与交流电流的频率 f、电机的极对数 p 之间保持严格不变的关系。

因此对于同步发电机，其发出的电动势频率 f 满足

$$f=\frac{pn}{60} \tag{6-1}$$

式中，p 为同步电机的磁极对数；n 为同步电机转子的转速（又称同步转速 n_s），r/min。

我国规定交流电网的标准工作频率（简称工频）为 $50Hz$，即同步转速 n_s 与极对数 p 成反比，因此同步转速 n_s 最高为 $3000r/min$，对应于 $p=1$。极对数 p 越多，同步转速 n_s 越低。

对于同步电动机，其转子转速 n 满足

$$n=\frac{60f}{p} \tag{6-2}$$

式中，f 为同步电动机输入电流的频率，Hz。

同步电机主要用作发电机，世界上的电力几乎全部由同步发电机发出。同步电机也可用作电动机，其特点是可以通过调节励磁电流来改变功率因数。同步电机还可用作补偿机（又称调相机），它是同步电动机一种特殊运行方式，即接于电网作空载运行，专门用于电网的无功补偿，以提高功率因数，改善供电性能。

6.1.2　同步电机的分类

同步电机可按运行方式、原动机的类别和结构型式等进行分类。

① 按运行方式和功率转换方向，同步电机可分为以下几种：

发电机——把机械能转换为电能；

电动机——把电能转换为机械能；

补偿机——基本上不转换有功功率，而专门用来调节电网的无功功率，改善电网的功率因数，补偿机又称调相机。

② 按原动机的类别，同步电机可分为：汽轮发电机、水轮发电机、柴油（或汽油）发电机、风力发电机等。

③ 按结构型式，同步电机可分为：旋转磁极式（见图6-1），按照磁极的形状又可分为凸极式和隐极式两种；旋转电枢式（见图6-2）。

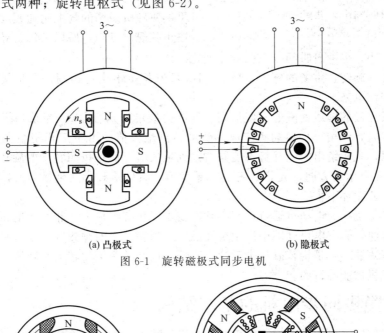

(a) 凸极式　　　　　　　　　　　(b) 隐极式

图 6-1　旋转磁极式同步电机

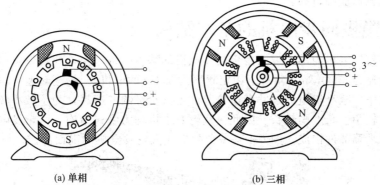

(a) 单相　　　　　　　　　　　(b) 三相

图 6-2　旋转电枢式同步电机

由于旋转磁极式同步电机的磁极装在转子上，其励磁绕组的电压和容量通常比电枢绕组（即定子绕组）的电压和容量小很多，可以使电刷和集电环的负荷和工作条件大为减轻和改善，所以，旋转磁极式同步电机被广泛应用，并成为同步电机的基本结构型式。

6.1.3　同步电机的工作原理

图6-3是一台三相交流同步发电机工作原理的示意图。它的转子是一对磁极，定子铁芯

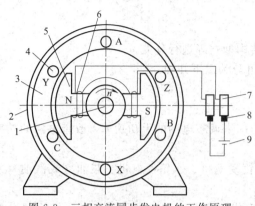

图 6-3 三相交流同步发电机的工作原理

1—转轴；2—机座；3—定子铁芯；4—定子绕组；

5—磁极铁芯；6—励磁绕组；7—集

电环；8—电刷；9—直流电源

槽中分别嵌有 A、B、C 三相定子绕组，A、B、C 分别为三相绕组的首端，X、Y、Z 分别为三相绕组的末端，三相绕组沿定子铁芯的内圆各相差 120°电角度放置。

发电机的转子由原动机（如汽轮机或水轮机等）带动旋转，当直流电经电刷、集电环通入励磁绕组后，转子就会产生磁场。由于转子是在不停地旋转着的，所以这个磁场就成为一个旋转磁场。它与静止的定子绕组间形成相对运动，相当于定子绕组的导体在不断地切割磁力线，于是在定子绕组中就会感应出交流电动势来。由于在设计和制造发电机时，有意安排尽量使磁极磁场的气隙磁通密度的大小沿圆周按正弦规律分布，所以，每根导体中感应出来的电动势的大小，也随着时间按正弦规律变化。

转子不停地旋转，磁场的磁力线被 A、B、C 三相定子绕组切割，于是就在三相绕组中感应出三相交流电来。

由于转子磁极的轴线处磁通密度最高（即磁力线最密），所以，当某相绕组的导体正对着磁极的轴线时，该相绕组中的感应电动势就达到最大值。由于三相绕组在空间互隔 120°电角度，所以，三相绕组的电动势不能同时达到最大值，而是按照转子的旋转方向，即按图 6-3 中的箭头 n 所示的方向，先是 A 相达到最大值，然后是 B 相达到最大值，最后是 C 相达到最大值，如此循环下去。

如果同步电机作为电动机运行，则必须在定子三相绕组加上三相交流电压，三相交流电流流过定子绕组，会在电机气隙中产生旋转磁场，当转子上的励磁绕组通入直流电流时，转子好像是一个磁铁，于是旋转磁场带动这个磁铁，按旋转磁场的转向和转速旋转，从而实现把电能转换成机械能的目的。

6.1.4 隐极同步电机的基本结构

下面以汽轮发电机为例来说明隐极同步电机的基本结构。隐极式汽轮发电机大多作成两极的，同步转速为 3000r/min（对于额定频率为 50Hz 的电机）。提高转速可以提高汽轮发电机组的运行效率、减小机组的尺寸和造价。由于汽轮机的转速高，为了减小转动惯量，汽轮发电机的直径较小，长度则较长。因此，汽轮发电机均为卧式结构。汽轮发电机由定子、转子、端盖及轴承等部件构成，图 6-4 是一台隐极式汽轮发电机的剖面图。

图 6-4 隐极式汽轮发电机的剖面图

(1) 定子

定子是由铁芯、绕组、机座以及固定这些部件的其他结构件组成。

定子铁芯一般采用厚度为 0.35mm 或 0.5mm 含硅量较高的无取向冷轧硅钢片分组叠压而成。每组含 10~20 片铁芯冲片，厚度为 3~6cm。每组叠片之间留有宽度为 1cm 左右的径向通风槽（又称径向通风沟或径向通风道）。整个铁芯用拉紧螺杆和非导磁端压板压紧成整体后，固定在机座上。

定子机座为钢板焊接结构，用于支撑定子铁芯，并构成所需的通风路径，因此要求它有足够的刚度和强度，以承受加工、运输、起吊及运行中各种力的作用。

定子绕组是由嵌放在定子铁芯槽内的线圈按一定规律连接而成。定子绕组通常采用双层短距叠绕组。由于定子绕组的电流很大，所以绕制线圈的导体截面比较大，因此导体由多股扁铜线并联而成，并且在槽内（有时连同端部）的每股扁铜线需按一定方式进行编织换位，使电流密度的分布趋于均匀。

(2) 转子

转子由转子铁芯、励磁绕组、护环、中心环、滑环及风扇等部件组成，图 6-5 为一台两极空气冷却汽轮发电机的转子结构示意图。

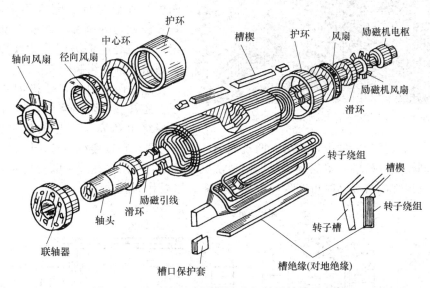

图 6-5 两极空气冷却汽轮发电机转子结构示意图

转子铁芯（也称转子本体）是汽轮发电机最关键的部件之一。转子铁芯既是电机磁路的主要组成部件，又由于高速旋转时巨大的离心力而承受着很大的机械应力，因此要求它兼备高导磁性能和高机械强度。转子铁芯一般采用整块的镉镍钼合金钢锻制而成，并与转轴锻成一个整体。在转子铁芯的表面开有放置励磁绕组的槽，转子槽在转子铁芯横断面上的排列形状有平行式和辐射式，后者用得较普遍。沿转子铁芯表面，有一部分开的槽较多，那里的齿较窄，称为小齿；在另一部分没有开槽，形成了大齿。大齿的中心线就是磁极（又称主磁极，简称主极）的中心。

励磁绕组采用同心式线圈，由特制扁铜线绕制而成。考虑承受高速旋转离心力的需要，槽楔必须采用高强度合金材料制作，如硬质铝合金等非磁性材料。

护环为采用高强度非导磁合金钢制成的圆筒，共两只，分别套在励磁绕组端部表面，其作用是保证绕组的端部不会因离心力而损坏。而中心环则用以支持护环并阻止励磁绕组端部沿轴向的移动。滑环装在转轴上，并与电刷装置配合，实现励磁绕组与励磁电源的连接。

6.1.5 凸极同步电机的基本结构

凸极同步电机通常分为卧式和立式两种结构。绝大多数同步电动机、调相机和用内燃机或冲击式水轮机拖动的发电机都采用卧式结构；低速、大容量的水轮发电机和拖动大型水泵的同步电动机则采用立式结构。

(1) 卧式凸极同步电机的特点

卧式凸极同步电机的定子结构与隐极同步电机或异步电机的定子结构基本相同，所不同的是转子结构。

图 6-6 六极卧式凸极同步电机的转子

卧式凸极同步电机的转子由主磁极、磁轭、励磁绕组、阻尼绕组、集电环和转轴等部件组成。图 6-6 为一台六极卧式凸极同步电机转子的典型结构。

磁极一般由厚度为 $1 \sim 3mm$ 的钢板叠压而成，高速电机则采用实心形式，磁极的外形与直流电机的主磁极相近，只是极靴为外圆弧。磁极上套有励磁绕组，励磁绕组多为同心式线圈，励磁线圈是由扁铜线绕制而成。

除励磁绕组外，凸极同步电机的转子上还常装有阻尼绕组，如图 6-7 所示。阻尼绕组和异步电机的笼型结构相似，是用裸铜条插入极靴的槽中，然后在两端用铜环（称为端环）焊接在一起，形成一个短接的回路。在同步发电机中，阻尼绕组起抑制转子机械振荡的作用；在同步电动机和同步补偿机中，阻尼绕组在电机启动时可产生异步启动转矩，主要作为启动绕组用。

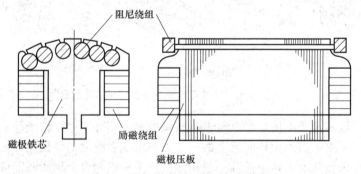

阻尼绕组

磁极铁芯　　　励磁绕组

磁极压板

图 6-7 凸极同步电机的磁极与绕组

(2) 立式凸极同步电机的特点

大型水轮发电机通常都是立式结构，所以下面以立式水轮发电机为例介绍其典型结构。

由于水轮机的转速低，因此为了获得额定频率的感应电动势，水轮发电机的极对数就很多、电机直径大、轴向长度短，外形短粗，呈扁盘形。

由于水轮发电机是立式结构，水轮发电机组转动部分的重量和水流的轴向推力（可达数百吨，甚至数千吨）全部由一个推力轴承支撑，显然，推力轴承是立式同步电机的关键部件。

立式水轮发电机视推力轴承的不同安放位置可分为悬式和伞式两种。悬式结构将推力轴承装在转子上部，整个转子悬挂在机架上，见图 6-8(a)；伞式结构与之相反，推力轴承放在发电机转子下部，呈伞形，如图 6-8(b) 所示。

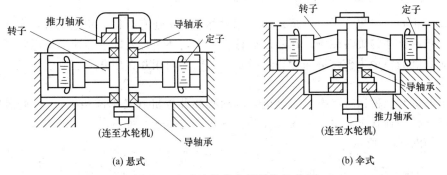

(a) 悬式　　　　　　　　　　　　　　　(b) 伞式

图 6-8　立式水轮发电机结构示意图

　　悬式水轮发电机运行稳定，适用于转速高的水轮发电机组。伞式水轮发电机轴向长度小，可以降低厂房高度，用于低速水轮发电机组。悬式水轮发电机的结构如图 6-9 所示。

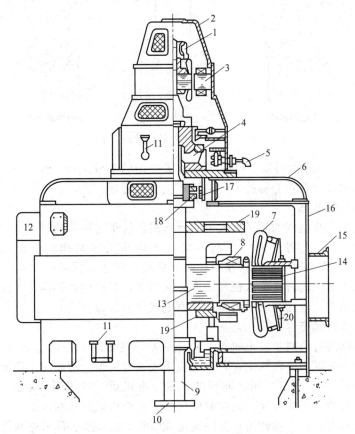

图 6-9　悬式水轮发电机结构图

1—换向器；2—端盖；3—主极；4—推力轴承；5—冷却水进出水管；6—上端盖；7—定子绕组；
8—磁极线圈；9—主轴；10—联轴器；11—油面高度指示器；12—出线盒；13—磁极装配支架；
14—定子铁芯；15—风罩；16—发电机机座；17—炭刷；18—集电环；19—制动环；20—端部撑架

　　立式凸极同步发电机转子上的磁极、励磁绕组、磁轭和阻尼绕组等的结构与卧式凸极同步发电机相似，故不再重复。但由于立式凸极同步发电机转子尺寸太大，一般需要在转轴和转子磁轭之间添加一个轮辐式支架作为过渡结构，以节省材料。

6.1.6　同步电机的运行状态

当在三相同步电机定子（电枢）的三相对称绕组中通有对称三相电流时，定子将产生一个以同步转速推移的旋转磁场。在稳态运行状态下，转子也是同步转速，所以定子旋转磁场恒与直流励磁的转子主极磁场保持相对静止，它们之间相互作用并产生电磁转矩，实现机电能量转换。

同步电机有三种运行状态：发电机、电动机和补偿机（又称调相机）。分析表明，同步电机运行于哪一种状态，主要取决于气隙合成磁场与转子主极磁场之间的夹角 δ，此角称为功率角，如图 6-10 所示。

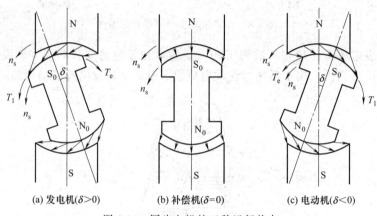

　　(a) 发电机($\delta>0$)　　　　(b) 补偿机($\delta=0$)　　　　(c) 电动机($\delta<0$)

图 6-10　同步电机的三种运行状态

图 6-10 中，N、S 表示同步电机的气隙合成磁场的等效磁极；N_0、S_0 表示转子主极磁场的磁极。两对磁极间存在着磁拉力，从而产生电磁转矩。

（1）发电机运行状态

当原动机拖动同步电机的转子作发电机运行时，转子主极磁场超前于气隙合成磁场，功率角 $\delta>0$，此时转子上将受到一个与其旋转方向相反的制动性质的电磁转矩 T_e，如图 6-10（a）所示。为使转子能以同步转速持续旋转，转子必须从原动机输入驱动转矩 T_1。此时原动机向同步电机的转子输入机械功率，同步电机把机械能转换为电能，定子绕组向电网或负载输出电功率。故此时同步电机处于发电机运行状态。

（2）补偿机运行状态

当与电网并联运行的同步发电机产生的电磁功率为零时，必然功率角 $\delta=0$，此时转子主极磁场与气隙合成磁场的轴线重合，磁力线垂直通过气隙，两极间无切向的磁拉力，则电磁转矩为零，如图 6-10（b）所示。同步电机从发电机运行过渡到电动机运行的临界状态，此时电机内没有有功功率的转换，故此时电机处于补偿机运行状态（或理想空载运行状态）。

补偿机中没有有功功率的转换，专门发出或吸收无功功率、调节电网的功率因数。

（3）电动机运行状态

若与电网并联运行的同步发电机的定子绕组仍接在电网上，但是将原动机从同步电机上脱开，由于电机本身受轴承摩擦及风阻等阻力转矩的作用，将迫使转子主极磁场滞后于气隙合成磁场，功率角 $\delta<0$。这个角相对于发电机运行状态是负值，这意味着同步电机开始从电网吸收电功率。而转子上将受到一个与其转向相同的驱动性质的电磁转矩 T_e，如图 6-10（c）所示。此时定子从电网吸收电功率，而电磁转矩驱动转子旋转，输出机械功率，电机作

为电动机运行。

若同步电机转子与负载相连，就能拖动机械负载而继续旋转。由于负载转矩的增大，必然使功率角增大，切向磁拉力和电磁转矩相应地增大，同步电机就处于同步电动机负载运行状态。

6.1.7　同步电机的励磁方式

同步电机运行时，必须向励磁绕组中通入直流电流，以便建立磁场，这个直流电流称为励磁电流，而供给励磁电流的整个系统称为励磁系统。

励磁系统是同步电机的一个重要组成部分。励磁系统可分为两大类。一类是直流励磁机励磁系统，另一类是整流器励磁系统。其中整流器励磁系统又可分为静止式和旋转式两种。

(1) 直流励磁机励磁系统

直流励磁机励磁系统是一种经典的励磁系统，该励磁系统由直流励磁机与主发电机（三相同步发电机）等组成。一般直流励磁机与主发电机装在同一轴上（即同轴连接），称作同轴励磁机。直流励磁机通常采用并励直流发电机或他励直流发电机，直流励磁机输出的直流电流经电刷、集电环输入到主发电机转子励磁绕组。若采用他励直流发电机作为励磁机，则需要多装设一台副励磁机（并励或永磁直流发电机）为他励直流发电机提供励磁，如图 6-11 所示。此时他励直流发电机称为主励磁机。副励磁机和主励磁机都与主发电机同轴连接。为使同步发电机的输出电压保持恒定，常在励磁系统中装设一个反映负载大小的自动励磁调节器。

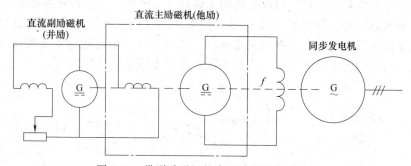

图 6-11　带副励磁机的直流励磁机励磁系统

(2) 静止式整流器励磁系统

静止式整流器励磁系统又分为他励式和自励式两种。

① 他励式静止整流器励磁系统。他励式静止整流器励磁系统由主发电机（三相同步发电机）、交流主励磁机、交流副励磁机等组成，三者同轴连接，如图 6-12 所示。交流主、副励磁机均为交流同步发电机，交流副励磁机的励磁电流开始时由外部直流电源提供，待电压建立起来后再转为自励（有时采用永磁同步发电机）。副励磁机输出的交流电流经过静止的可控整流器整流后供给交流主励磁机的励磁绕组，而交流主励磁机输出的交流电流，经过静止的三相桥式不可控整流器整流后，通过集电环接到主发电机的励磁绕组，供给其直流励磁。由于上述的整流器为静止的，即整流器不与电机转子一起旋转，故称为静止式整流器励磁系统。根据主发电机端电压的偏差和负载的大小，通过电压调整器对主励磁进行调节，即可实现对主发电机励磁的自动调节。

他励式静止整流器励磁系统与直流励磁机励磁系统相比，其主要区别是用交流励磁机代替直流励磁机，从而解决了换向火花问题。由于取消了直流励磁机，所以这种励磁系统维护方便，励磁容量可以增大，因而在大容量汽轮发电机中获得广泛应用。

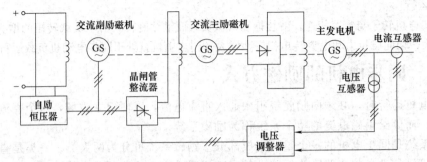

图 6-12　他励式静止整流器励磁系统

② 自励式静止整流器励磁系统。自励式静止整流器励磁系统又称可控硅自励恒压励磁系统。自励式静止整流器励磁系统的主要特点是励磁系统没有旋转的励磁机，励磁功率是从主发电机（同步发电机）发出的功率中取得。即同步发电机的励磁由其输出的交流电压经励磁变压器和三相桥式整流装置整流后供给。

(3) 旋转式整流器励磁系统

静止式整流器励磁系统去掉了直流励磁机，解决了换向火花问题，但电刷和集电环（滑环）依然存在，还是有触点系统。如果把交流励磁机做成旋转电枢式同步发电机，并将整流器固定在转轴上，与转轴一起旋转，就可以将整流输出的直流直接供给主发电机的励磁绕组，而不再需要电刷和集电环，构成旋转的无触点（无电刷）交流整流励磁系统。

旋转式整流器励磁系统如图 6-13 所示。此系统的主励磁机是与主发电机同轴连接的旋转电枢式三相同步发电机，其电枢的交流输出，经与主轴一起旋转的不可控整流器整流后，直接送到主发电机的转子励磁绕组。这种系统也称为无刷励磁系统。

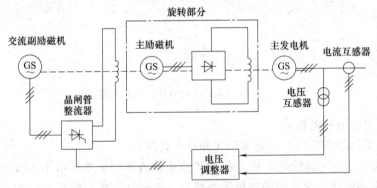

图 6-13　旋转式整流器励磁系统

无刷励磁系统大多用于大容量的汽轮发电机、补偿机以及在防燃、防爆等特殊环境中工作的同步电动机。

6.1.8　同步电机的额定值

同步电机的一系列额定值是正确使用电机的主要依据。现将主要额定值介绍如下。
① 额定电压 U_N：同步电机额定运行时定子绕组的线电压，单位用 V 或 kV 表示。
② 额定电流 I_N：同步电机额定运行时定子绕组的线电流，单位用 A 表示。
③ 额定功率因数 $\cos\varphi_N$：额定运行时同步电机的功率因数。
④ 额定效率 η_N：额定运行时同步电机的效率。

⑤ 额定容量 S_N 和额定功率 P_N：表示同步电机额定运行时输出的容量或功率。

对于同步发电机：额定容量 S_N 是指发电机额定运行时输出的视在功率，单位用 kV·A 或 MV·A 表示；额定功率 P_N 是指发电机额定运行时输出的有功功率，单位用 kW 或 MW 表示。三相同步发电机额定容量 S_N 和额定功率 P_N 分别为

$$S_N = \sqrt{3} U_N I_N \tag{6-3}$$

$$P_N = S_N \cos\varphi_N = \sqrt{3} U_N I_N \cos\varphi_N \tag{6-4}$$

对于同步电动机：额定功率 P_N 是指电动机额定运行时转轴上输出的机械功率，单位用 kW 或 MW 表示。三相同步电动机额定功率 P_N 为

$$P_N = \sqrt{3} U_N I_N \cos\varphi_N \eta_N \tag{6-5}$$

对于补偿机（同步调相机）则用线端的无功功率来表示其容量，以 kvar 或 Mvar 表示。

⑥ 额定频率和额定转速：额定频率用 f_N 表示，单位为 Hz；额定转速用 n_N 表示，单位为 r/min。同步电机的额定频率 f_N、额定转速 n_N 和磁极对数 p 间的关系为 $f_N = \dfrac{p n_N}{60}$。

⑦ 额定励磁电压和额定励磁电流：在保证输出额定值时所需要的励磁电压及励磁电流。额定励磁电压用 U_{fN} 表示，单位为 V；额定励磁电流用 I_{fN} 表示，单位为 A。

6.2 空载和负载时同步发电机的磁场

6.2.1　空载时同步发电机的磁场

用原动机把同步发电机拖动到同步转速 n_s，励磁绕组通入直流励磁电流 I_f，而电枢（定子）绕组开路的运行状态，称为同步发电机的空载运行。这时电枢（定子）电流为零，电机气隙中仅有由励磁（转子）电流 I_f 所建立的主极磁场。而由励磁电流 I_f 单独产生的磁动势 F_f（其基波用 F_{f1} 表示）和磁场，称为励磁磁动势和励磁磁场（又称空载磁场或主极磁场）。

(1) 空载运行时的物理情况

图 6-14 为一台凸极电机的空载磁路图。从图可见，主极磁通分成主磁通 Φ_0 和主极漏磁通 $\Phi_{f\sigma}$ 两部分，主磁通 Φ_0 通过气隙并同时交链励磁绕组与电枢绕组，它就是空载时的气隙磁通，或称励磁磁通；主极漏磁通 $\Phi_{f\sigma}$ 不通过气隙，仅与励磁绕组自身相交链，它不参与电机的机电能量转换过程。主磁通所经过的主磁路包括空气隙、电枢齿、电枢轭、主极极身和转子磁轭五部分，如图 6-14 所示。

当转子以同步转速 n_s 旋转时，主极磁场（简称主磁场）将在气隙中形成一个旋转磁场，并"切割"定子的对称三相绕组，于是定子（电枢）绕组内将感生一组频率为 $f = \dfrac{p n_s}{60}$ 的对称三相电动势，称为励磁电动势（又称激磁电动势或空载电动势），三相励磁电动势表示为

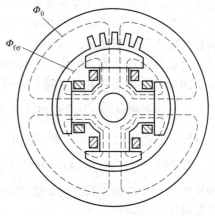

图 6-14　凸极同步发电机空载运行时励磁磁场的分布

$$\dot{E}_{0A}=E_0\angle 0°,\dot{E}_{0B}=E_0\angle -120°,\dot{E}_{0C}=E_0\angle 120° \tag{6-6}$$

忽略高次谐波时，励磁电动势（相电动势）的有效值 E_0 为

$$E_0=4.44fN_1k_{w1}\Phi_0 \tag{6-7}$$

式中，Φ_0 为每极的主磁通量。

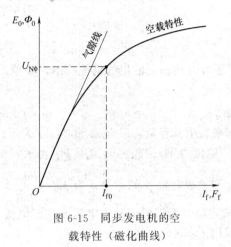

图 6-15 同步发电机的空
载特性（磁化曲线）

(2) 同步电机的空载特性

改变励磁电流 I_f（亦即改变励磁磁动势 F_f）可以得到不同的主磁通 Φ_0 和励磁电动势 E_0。从而得到空载特性 $E_0=f(I_f)$，如图 6-15 所示。由于 $E_0\propto\Phi_0$，$I_f\propto F_f$，所以空载特性曲线实质上就反映了电机的磁化曲线。空载特性是同步电机的一个基本特性。

当主磁通 Φ_0 较小时，整个磁路处于不饱和状态，绝大部分磁动势消耗于气隙，由于气隙磁阻等于常数，所以空载特性的下部是一条直线，与空载特性下部相切的直线称为气隙线。随着励磁电流 I_f 和主磁通 Φ_0 的增大，铁芯逐渐饱和，铁芯内消耗的磁动势增加的较快，空载特性就逐渐弯曲。

一般设计电机时，使励磁电动势（空载电动势）E_0 等于额定电压 $U_{N\phi}$ 的一点位于空载特性曲线转弯处（饱和点附近），与之对应的励磁电流为 I_{fo}，如图 6-15 所示。

6.2.2 同步发电机的电枢反应

同步发电机空载时，气隙仅存在由主磁通产生的主磁场。当同步发电机带上三相对称负载后，电枢（定子）三相绕组中将流过一组对称的三相电流，此时电枢绕组就会产生电枢磁动势（其基波用 F_a 表示）及相应的电枢磁场，其基波为一以同步速度旋转的磁动势和磁场，并与转子的主磁场保持相对静止。所以电枢磁场将和空载时的主磁场相加而得到空气隙中的合成磁场。即负载时，气隙合成磁动势 F_δ 是由电枢磁动势 F_a 和主极磁动势 F_{f1} 的共同作用所产生的，故气隙合成磁动势 $F_\delta=F_{f1}+F_a$。

负载时，电枢磁动势的基波对主极磁场基波的影响，就称为电枢反应。因此电枢磁动势又称为电枢反应磁动势。

电枢反应的性质（增磁、去磁和交磁）不仅与电枢磁动势的基波和主极磁动势的大小有关，而且还取决于两者在空间上的相对位置。

由于主极磁通 $\dot{\Phi}_0$ 与主极磁动势 F_{f1} 同相，主磁通 $\dot{\Phi}_0$ 在电枢绕组中感应的励磁电动势 $\dot{E}_0$ 滞后于 $\dot{\Phi}_0$ 以 $90°$，电枢磁动势 F_a 与电枢电流（又称负载电流）$\dot{I}$ 同相，所以研究 F_a 与 F_{f1} 之间的相对位置可以归结为研究 $\dot{E}_0$ 与 $\dot{I}$ 之间的相位差 ψ（ψ 称为内功率因数角），即电枢反应的性质取决于励磁电动势 $\dot{E}_0$ 和电枢电流 $\dot{I}$ 之间的相位差 ψ，亦即电枢反应主要取决于负载的性质。

根据负载的性质，下面分成四种情况讨论：

① $\dot{I}$ 和 $\dot{E}_0$ 同相位，即 $\psi=0°$；

② $\dot{I}$ 滞后于 $\dot{E}_0$ $90°$，即 $\psi=90°$；

③ $\dot{I}$ 超前于 $\dot{E}_0$ 90°，即 $\psi = -90°$；

④ 一般情况，即 ψ 角取任意值（可正可负）。

(1) 时-空矢量图

在具体分析同步电机电枢反应之前，先介绍一下同步电机中的时-空矢量图，利用时-空矢量图可以方便地分析不同负载时电枢反应的性质。

磁动势和磁场是空间分布函数，电流和电动势是时间函数。如果只考虑它们的基波分量，则可以分别以空间矢量和时间相量表示。因为两者都有相同的同步角频率，所以可以把它们画在同一坐标平面上。这种合并画在同一坐标上的时间相量和空间矢量图简称为时-空矢量图（或称时-空相矢图）。

画时间相量图和空间矢量图时应分别规定其参考轴，参考轴的选取是任意的。但是，如把相绕组轴线作为空间矢量参考轴，并令时间参考轴与空间参考轴重合，将对分析同步电机的电磁关系带来方便。

为了说明电枢反应还定义：主磁极轴线为直轴（又称为纵轴或 d 轴）；与直轴成90°电角度的位置（即两主磁极之间）为交轴（又称横轴或 q 轴）。并且分析电枢反应的作用时忽略电枢电阻的影响。

图 6-16 为同步电机的剖面图和空间矢量图，在图 6-16 所示的瞬间，导体 A、X 分别位于主磁极 N、S 的轴线上，穿过 A 相绕组的磁通为零，此时 A 相绕组的感应电动势最大，$\dot{E}_{0A}$ 正好在时轴上。如果此时 $\psi = 0$，则 A 相电流 $\dot{I}_A$ 也在时轴上，三相励磁电动势和三相电流的时间相量图如图 6-17 所示。由于此时 A 相电流 $\dot{I}_A$ 最大，所以三相合成电枢磁动势的幅值 F_a 正好与 A 相绕组的轴线重合，即 F_a 在 A 相绕组的相轴方向上，如图 6-16 所示。同理，在一般情况下，A 相电流 $\dot{I}_A$ 超前或滞后励磁电动势 $\dot{E}_{0A}$ 任意相位 ψ 时，F_a 的幅值位置也超前或滞后 A 相绕组的轴线 ψ 电角度。即在时-空相矢图中，F_a 与 $\dot{I}_A$ 重合。

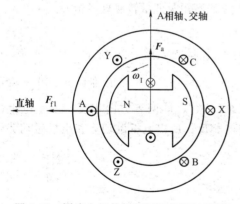

图 6-16　同步电机的剖面图和空间矢量图

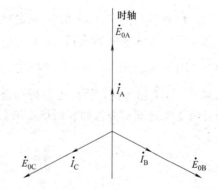

图 6-17　三相绕组电动势和电流的时间相量图

为了分析方便，常常将时间相量 $\dot{E}_0$、$\dot{I}$（画时-空矢量图时，为简单起见，$\dot{E}_{0A}$ 写成 $\dot{E}_0$，$\dot{I}_A$ 写成 $\dot{I}$，而将 B、C 两相的电动势和电流相量省略）、$\dot{\Phi}_0$、$\dot{U}$ 和空间矢量 F_a、F_{f1}、F_δ 画在一起构成时-空矢量图。作时-空矢量图的步骤如下。

① 将时间相量的参考轴与 A 相绕组的轴线、交轴（q 轴）重合，则 F_{f1} 和 $\dot{\Phi}_0$ 在直轴（d 轴）上，$\dot{E}_0$ 在 q 轴上。

② 画出与 ψ 对应的 $\dot{I}$。

③ 由于 $\boldsymbol{F}_a$ 与 $\dot{I}$ 重合，所以就可以根据 $\boldsymbol{F}_\delta = \boldsymbol{F}_{f1} + \boldsymbol{F}_a$ 求出 $\boldsymbol{F}_\delta$。

图 6-18 就是按照上述方法选取参考轴画出的同步电机空载时的时-空矢量图。

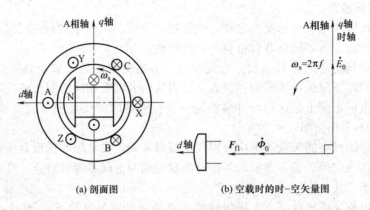

(a) 剖面图　　　　　　(b) 空载时的时-空矢量图

图 6-18　同步电机空载时的时-空矢量图

(2) $\dot{I}$ 和 $\dot{E}_0$ 同相位（$\psi = 0°$）时的电枢反应

同步发电机带纯电阻负载时，即 $\psi = 0°$ 时的时-空矢量图如图 6-19 所示，$\boldsymbol{F}_{f1}$ 和 $\dot{\Phi}_0$ 在 d 轴上，因为 $\dot{E}_0$ 滞后 $\dot{\Phi}_0$ $90°$，所以 $\dot{E}_0$ 在 q 轴上。由于 $\psi = 0°$，所以 $\dot{I}$ 与 $\dot{E}_0$ 同方向。由前面已知 $\boldsymbol{F}_a$ 与 $\dot{I}$ 同方向，因此电枢磁动势 $\boldsymbol{F}_a$ 在交轴上（$\boldsymbol{F}_a$ 滞后 $\boldsymbol{F}_{f1}$ $90°$）。这种电枢磁动势位于交轴上的电枢反应，称为交轴电枢反应。显然，交轴电枢磁动势不仅使气隙合成磁动势的幅值有所增大，而且使气隙合成磁动势的轴线位置从空载时直轴处逆转子转向后移了一个锐角，使主极磁动势超前气隙合成磁动势，于是主磁极上将受到一个制动性质的电磁转矩 T_e，这样要维持同步电机以旋转，必须输入更多的机械功率。而且由于 $\psi = 0°$，所以此时发电机输出有功功率，不输出无功功率，因此交轴电枢磁动势与产生电磁转矩及能量转换直接相关。

(3) $\dot{I}$ 滞后 $\dot{E}_0$ $90°$（$\psi = 90°$）时的电枢反应

同步发电机带纯电感负载时，即 $\psi = 90°$ 时的时-空矢量图如图 6-20 所示，$\boldsymbol{F}_{f1}$ 和 $\dot{\Phi}_0$ 在 d 轴上，因为 $\dot{E}_0$ 滞后 $\dot{\Phi}_0$ $90°$，所以 $\dot{E}_0$ 在 q 轴上。由于 $\psi = 90°$，所以 $\dot{I}$ 滞后 $\dot{E}_0$ $90°$。由前面已知 $\boldsymbol{F}_a$ 与 $\dot{I}$ 同方向，因此电枢磁动势 $\boldsymbol{F}_a$ 滞后 $\boldsymbol{F}_{f1}$ $180°$，即两者方向相反。由于电枢磁动势与转子主极磁动势共同作用在直轴上，而且方向相反，所以电枢磁动势和主极磁动势合

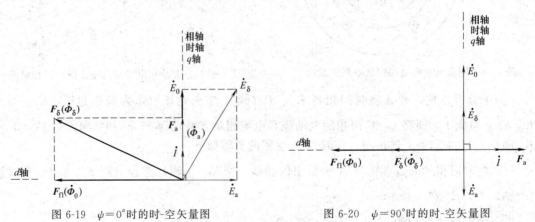

图 6-19　$\psi = 0°$ 时的时-空矢量图　　　　　　图 6-20　$\psi = 90°$ 时的时-空矢量图

成，将使合成磁动势的幅值减小，如图 6-20 所示。由于气隙合成磁动势被削弱了，所以电枢反应为纯去磁性质，故这种电枢反应称为直轴去磁电枢反应。

(4) $\dot{I}$ 超前 $\dot{E}_0$ 90°（$\psi = -90°$）时的电枢反应

同步发电机带纯电容负载时，即 $\psi = -90°$ 时的时-空矢量图如图 6-21 所示，$\boldsymbol{F}_{f1}$ 和 $\dot{\Phi}_0$ 在 d 轴上，因为 $\dot{E}_0$ 滞后 $\dot{\Phi}_0$ 90°，所以 $\dot{E}_0$ 在 q 轴上。由于 $\psi = -90°$，所以 $\dot{I}$ 超前 $\dot{E}_0$ 90°。由前面已知 $\boldsymbol{F}_a$ 与 $\dot{I}$ 同方向，因此电枢磁动势 $\boldsymbol{F}_a$ 与 $\boldsymbol{F}_{f1}$ 之间的夹角为 0°，即两者方向相同。由于电枢磁动势与转子主极磁动势共同作用在直轴上，而且方向相同，所以电枢磁动势和主极磁动势合成，将使合成磁动势的幅值加大，如图 6-21 所示。由于气隙合成磁动势被增大了，所以电枢反应为纯增磁（或称为纯助磁）性质，故这种电枢反应称为直轴增磁电枢反应（或称为直轴助磁电枢反应）。

(5) 一般情况下（$0° < \psi < 90°$）的电枢反应

同步发电机带任意负载（设 $0° < \psi < 90°$）时，可将 $\dot{I}$ 分解为直轴分量 $\dot{I}_d$ 和交轴分量 $\dot{I}_q$，$\dot{I}_d$ 产生直轴电枢磁动势 $\boldsymbol{F}_{ad}$，$\boldsymbol{F}_{ad}$ 与 $\boldsymbol{F}_{f1}$ 反相，起去磁作用；$\dot{I}_q$ 产生交轴电枢磁动势 $\boldsymbol{F}_{aq}$，$\boldsymbol{F}_{aq}$ 与 $\boldsymbol{F}_{f1}$ 正交，起交磁作用。如图 6-22 所示，此时电枢反应的性质既有交轴电枢反应，又有直轴电枢反应。

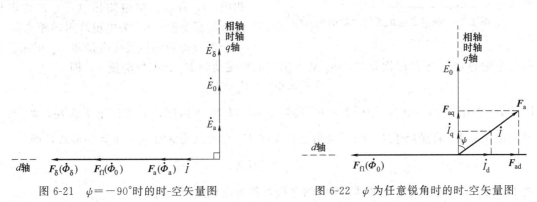

图 6-21　$\psi = -90°$ 时的时-空矢量图　　　　图 6-22　ψ 为任意锐角时的时-空矢量图

6.3 隐极同步发电机的电压方程、相量图和等效电路

6.3.1　不考虑饱和时的电压方程、相量图和等效电路

前面分析了负载时同步发电机内部的磁场。在此基础上，即可导出隐极同步发电机的电压方程，并画出相应的相量图和等效电路。

(1) 不考虑磁饱和时的电磁过程

同步发电机负载运行时，除了主极磁动势 $\boldsymbol{F}_f$ 之外，还有电枢磁动势 $\boldsymbol{F}_a$。主极磁动势（励磁磁动势）$\boldsymbol{F}_f$ 通常为阶梯形分布，其基波幅值设为 $\boldsymbol{F}_{f1}$；$\boldsymbol{F}_a$ 则是三相合成的基波磁动势。如果不计磁饱和（即认为磁路为线性，磁化曲线为直线），则可利用叠加原理，分别求出 $\boldsymbol{F}_{f1}$ 和 $\boldsymbol{F}_a$ 单独作用时所产生的基波磁通，再把这些磁通所产生的电动势叠加起来。设 $\boldsymbol{F}_{f1}$ 和 $\boldsymbol{F}_a$ 各自产生主磁通 $\dot{\Phi}_0$ 和电枢反应磁通 $\dot{\Phi}_a$，并在定子绕组内感应出相应的励磁电动势 $\dot{E}_0$ 和电枢反应电动势 $\dot{E}_a$，把 $\dot{E}_0$ 和 $\dot{E}_a$ 相量相加，可得电枢一相绕组的合成电动势（也称为气隙电动势）$\dot{E}_\delta$，即 $\dot{E}_\delta = \dot{E}_0 + \dot{E}_a$。另一方面，电枢电流将产生电枢漏磁通 $\dot{\Phi}_\sigma$，并感应出漏磁电动势 $\dot{E}_\sigma$。上述各物理量之间的电磁关系可表示为

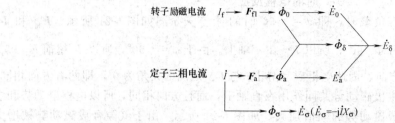

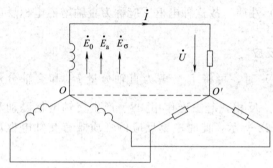

图 6-23 同步发电机各物理量的正方向

（2）不考虑磁饱和时的电压方程

采用发电机惯例，以输出电流作为电枢电流的正方向，因此同步发电机各物理量正方向的规定如图 6-23 所示。根据基尔霍夫电压定律，可写出隐极同步发电机任一相绕组的电压方程如下。

$$\sum \dot{E} = \dot{E}_0 + \dot{E}_a + \dot{E}_\sigma = \dot{U} + \dot{I} R_a \tag{6-8}$$

式中，$\dot{U}$ 为电枢绕组的相电压；$\dot{I}$ 为电枢绕组的相电流；R_a 为电枢绕组的相电阻。

再考虑到电枢反应电动势 E_a 正比于电枢反应磁通 Φ_a，不计磁饱和时，Φ_a 又正比于电枢磁动势 F_a 和电枢电流 I，即

$$E_a \propto \Phi_a \propto F_a \propto I$$

因此 E_a 正比于 I；在时间相位上，$\dot{E}_a$ 滞后于 $\dot{\Phi}_a$ 以 90°电角度，若不计定子铁耗，$\dot{\Phi}_a$ 与 $\dot{I}$ 同相位，故 $\dot{E}_a$ 将滞后于 $\dot{I}$ 以 90°电角度；于是 $\dot{E}_a$ 也可以写成负电抗压降的形式，即

$$\dot{E}_a = -j\dot{I} X_a \tag{6-9}$$

式中，X_a 是与电枢反应磁通 Φ_a 相应的电抗，称为电枢反应电抗。

同理，根据 $\dot{I} \rightarrow \dot{\Phi}_\sigma \rightarrow \dot{E}_\sigma$，$\dot{E}_\sigma$ 也可以写成负漏抗压降的形式，即

$$\dot{E}_\sigma = -j\dot{I} X_\sigma \tag{6-10}$$

式中，X_σ 为电枢漏抗。

将式（6-9）和式（6-10）代入式（6-8），经过整理，可得

$$\dot{E}_0 = \dot{U} + \dot{I} R_a + j\dot{I} X_\sigma + j\dot{I} X_a = \dot{U} + \dot{I} R_a + j\dot{I} X_s \tag{6-11}$$

式中，X_s 称为隐极同步电机的同步电抗，$X_s = X_\sigma + X_a$，它是表征同步发电机对称稳态运行时电枢反应基波磁场和电枢漏磁场综合效应的一个电磁参数。不计磁饱和时，X_s 是常值。

（3）不考虑磁饱和时的相量图和等效电路

由式（6-8）～式（6-11），可画出对应的时-空矢量图和等效电路，如图 6-24 所示，其中 $\dot{E}_0$、$\dot{E}_a$ 和 $\dot{E}_\sigma$ 分别滞后于产生它们的磁通 $\dot{\Phi}_0$、$\dot{\Phi}_a$ 和 $\dot{\Phi}_\sigma$ 以 90°电角度，把 $\dot{E}_0$、$\dot{E}_a$ 和 $\dot{E}_\sigma$ 相加，即得 $\dot{U}$ 加上 $\dot{I} R_a$。图 6-25（a）中画出了与 $\dot{I}$ 同相的 $\dot{F}_a$，表明这也是一个时-空矢量图。忽略磁滞效应，$\dot{\Phi}_a$ 与 $\dot{F}_a$ 同相位，则 $\dot{E}_a$ 滞后 $\dot{I}$ 的相角为 90°。

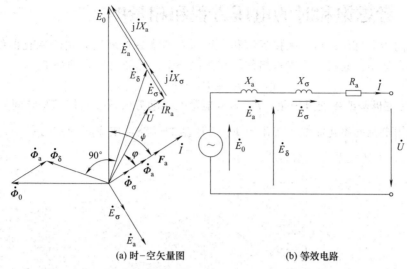

(a) 时–空矢量图　　　　　(b) 等效电路

图 6-24　不计饱和时隐极同步发电机的时-空矢量图和等效电路

与式（6-11）对应的相量图和等效电路如图 6-25 所示。此电路图简单明了，在工程中广泛应用。从图 6-25 可以看出，隐极同步发电机的等效电路由励磁电动势 $\dot{E}_0$ 和同步阻抗 $R_a+\mathrm{j}X_s$ 串联组成，其中 $\dot{E}_0$ 表示主磁场的作用，X_s 表示电枢反应和电枢漏磁场的作用。

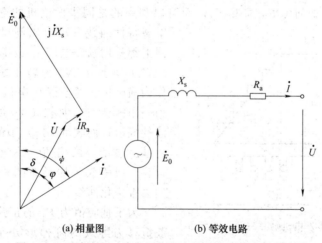

(a) 相量图　　　　　(b) 等效电路

图 6-25　不计饱和时隐极同步发电机的相量图和等效电路

在同步电机理论中，用电动势相量图来进行分析是十分重要和方便的方法。在已知同步发电机的相电压 $\dot{U}$、相电流 $\dot{I}$、负载功率因数 $\cos\varphi$ 以及参数 R_a 和 X_s 时，画隐极同步发电机相量图的步骤如下：

① 以电压 $\dot{U}$ 为参考相量，首先画出相量 $\dot{U}$；

② 根据 $\dot{I}$ 滞后于 $\dot{U}$ 以 φ 角，画出相量 $\dot{I}$；

③ 在 $\dot{U}$ 的尾端加上相量 $\dot{I}R_a$ 和 $\mathrm{j}\dot{I}X_s$。其中 $\mathrm{j}\dot{I}X_s$ 超前 $\dot{I}$ 90°电角度；

④ 做出由 $\dot{U}$ 的首端指向 $\mathrm{j}\dot{I}X_s$ 尾端的相量，该相量便是 $\dot{E}_0$，其中励磁电动势 $\dot{E}_0$ 与 $\dot{U}$ 之间的夹角称为功角 δ。

6.3.2 考虑饱和时的电压方程和相量图

实际的同步电机往往运行在接近饱和的区域。考虑磁饱和时，由于磁化曲线的非线性，叠加原理不再适用。此时，应先求出作用在主磁路上的基波合成磁动势 F_δ

$$F_\delta = F_{f1} + F_a \tag{6-12}$$

式中，F_{f1} 为主极基波磁动势矢量；F_a 为电枢基波磁动势矢量，它们都是空间矢量。

然后利用电机的磁化曲线，查出由 F_δ 所产生的气隙合成磁场的磁通量 $\dot\Phi_\delta$ 和相应的气隙电动势 $\dot E_\delta$，上述关系可表示为

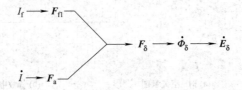

再从气隙电动势 $\dot E_\delta$ 减去电枢绕组的电阻和漏抗压降，便得电枢的端电压 $\dot U$，即

$$\dot E_\delta - \dot I(R_a + jX_\sigma) = \dot U$$

或

$$\dot E_\delta = \dot U + \dot I(R_a + jX_\sigma) \tag{6-13}$$

现在的问题是如何由 F_δ 求得 $\dot E_\delta$，而可以利用的是同步发电机的空载特性。但通常的空载特性曲线（换个比例尺即为磁化曲线）习惯上都是用励磁电流 I_f 或励磁磁动势的幅值 $F_f = N_f I_f$（其中 N_f 为转子励磁绕组每极匝数）作为横坐标。对于隐极电机，其励磁磁动势 F_f 为一阶梯形波，如图 6-26 所示，故 F_f 为梯形波的幅值；而式（6-12）中的 F_{f1}、F_a 和 F_δ 均为基波磁动势的幅值，故应先把它们换算（或折算）成等效阶梯形波的幅值，然后才能用它们去查磁化曲线。

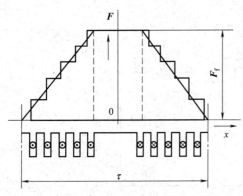

图 6-26 隐极同步发电机励磁磁动势的分布

为了把幅值为 F_a 的正弦分布的电枢磁动势波折算为等效的阶梯形分布的励磁磁动势波，可把正弦分布的基波电枢磁动势的幅值 F_a 乘以系数 k_a，即得到折算到励磁磁动势阶梯形波的等效电枢磁动势的幅值 F_a'，即

$$F_a' = k_a F_a \tag{6-14}$$

同理，把正弦分布的基波气隙合成磁动势幅值 F_δ 乘以系数 k_a，即得到折算到励磁磁动势阶梯形波的等效气隙合成磁动势的幅值 F_δ'，即

$$F_\delta' = k_a F_\delta \tag{6-15}$$

由此可知，阶梯波分布的主极磁动势（励磁磁动势）F_f 与其基波幅值 F_{f1} 的关系应为

$$F_f = k_a F_{f1} \tag{6-16}$$

上述励磁磁动势的折算系数 k_a 的意义是，产生同样大小的基波气隙磁场时，1 安匝的基波电枢磁动势相当于多少安匝的阶梯形波励磁磁动势。通常 $k_a = 0.97 \sim 1.035$。

将式（6-14）~式（6-16）代入式（6-12），可得

$$k_a \boldsymbol{F}_\delta = k_a \boldsymbol{F}_{f1} + k_a \boldsymbol{F}_a$$

或
$$\boldsymbol{F}'_\delta = \boldsymbol{F}_f + k_a \boldsymbol{F}_a = \boldsymbol{F}_f + \boldsymbol{F}'_a \tag{6-17}$$

根据式（6-12）、式（6-17）和式（6-13）可得相应的考虑饱和时隐极同步发电机的时-空矢量图（此图中既有电动势相量，又有磁动势矢量，故称为电动势-磁动势图）如图 6-27 所示。图中，梯形波磁动势三角形的边长为正弦波时的 k_a 倍，具体做法是先由 $\boldsymbol{F}_a$ 求出 $\boldsymbol{F}'_a$，再将 $\boldsymbol{F}'_a$ 与 $\boldsymbol{F}_f$ 合成得 $\boldsymbol{F}'_\delta$，求得 $\boldsymbol{F}'_\delta$ 后，根据 $\boldsymbol{F}'_\delta$ 查空载特性曲线即得 $\dot{E}_\delta$，如图 6-27（b）所示。

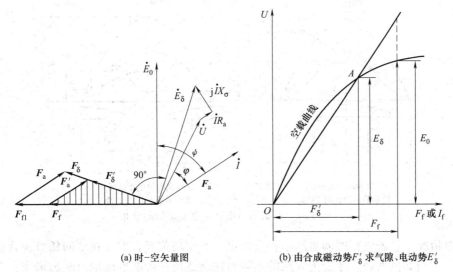

(a) 时-空矢量图   (b) 由合成磁动势 F'_δ 求气隙、电动势 E'_δ

图 6-27　考虑饱和时隐极同步发电机的时-空矢量图

在通常的电动势-磁动势图中，所用的磁动势方程是式（6-17），相应的磁动势图如图 6-27(a) 中有阴影的三角形所示。显然，图中由 $\boldsymbol{F}_{f1}$、$\boldsymbol{F}_a$ 和 $\boldsymbol{F}_\delta$ 所组成的三角形与由 $\boldsymbol{F}_f$、$\boldsymbol{F}'_a$ 和 $\boldsymbol{F}'_\delta$ 所组成的三角形（阴影部分所示）是相似的，它们彼此一一对应，只是在数值上后者是前者的 k_a 倍。

作电动势-磁动势图时，从理论上讲，应当从负载时电机的空载特性曲线上查出与气隙电动势 $\dot{E}_\delta$ 相对应的气隙合成磁动势 $\boldsymbol{F}_\delta$，这样就要进行一系列负载时的磁路计算。

为了简化计算，习惯上仍然用空载时电机的磁化曲线（即空载曲线）来查取。为弥补由此引起的误差，在计算气隙电动势 $\dot{E}_\delta$ 时，通常用保梯电抗（又称波梯电抗）X_p 去代替定子漏抗 X_σ，即使

$$\dot{E}_\delta = \dot{U} + \dot{I} R_a + j\dot{I} X_p \tag{6-18}$$

式中，X_p 比 X_σ 略大，$X_p = X_\sigma + X_\Delta$；$X_\Delta$ 是考虑负载时转子漏磁比空载时增大、使得负载和空载时的磁化曲线有一定的差别而作出的修正。

需要说明的是，由于饱和时电枢反应电抗 X_a 是一个随饱和程度变化而变化的参数，励磁电动势 $\dot{E}_0$ 亦然，因此，饱和时的等效电路的描述没有实际意义。

6.4 凸极同步发电机的电压方程、相量图和等效电路

6.4.1 双反应理论

凸极同步电机的气隙通常是不均匀的，气隙各处的磁阻不相同。极面下气隙较小，所以

极面下的磁阻较小、直轴磁导 λ_d 较大；两极之间气隙较大，所以两极之间的磁阻较大、交轴磁导 λ_q 较小。当正弦分布的电枢磁动势作用在直轴上时，由于 λ_d 较大，故直轴基波磁场 $b_{ad}(\alpha)$ 接近正弦形，直轴基波磁场的幅值 B_{ad1} 相对较大，如图 6-28（a）所示。当同样幅值的正弦电枢磁动势作用在交轴上时，由于 λ_q 较小，在两极之间的区域，交轴电枢磁场 $b_{aq}(\alpha)$ 将出现明显下凹（呈马鞍形），从而使交轴基波磁场的幅值 B_{aq1} 显著减小，如图 6-28（b）所示。

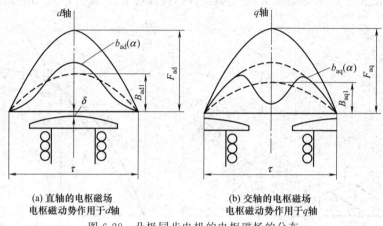

(a) 直轴的电枢磁场
电枢磁动势作用于 d 轴

(b) 交轴的电枢磁场
电枢磁动势作用于 q 轴

图 6-28 凸极同步电机的电枢磁场的分布

一般情况下，若电枢磁动势既不在直轴也不在交轴位置，而是在空间任意位置处，此时电枢反应应当如何处理，才能把气隙的不均匀性所造成的影响准确地反映出来呢？为了解决这个困难，一般在分析中都采用双反应法。即把电枢的基波磁动势 F_a 分解成直轴磁动势 F_{ad} 和交轴磁动势 F_{aq} 两个分量，再用对应的等效直轴磁导和等效交轴磁导分别求出直轴和交轴电枢反应磁通以及它们的感应电动势，然后把它们叠加起来。这种考虑到凸极电机气隙的不均匀性，把电枢反应分成直轴和交轴电枢反应分别来处理的方法，称为双反应理论。实践证明，不计磁饱和时，理论分析与实测结果符合得很好。

本书中 F_{ad}、F_{aq}、$\dot{\Phi}_{ad}$、$\dot{\Phi}_{aq}$、$\dot{E}_{ad}$、$\dot{E}_{aq}$ 如无特殊说明均指基波分量。将 F_a 分解为 F_{ad} 和 F_{aq} 的方法在图 6-22 中已有应用，它们之间的关系为

$$\left.\begin{array}{l} F_{ad}=F_a\sin\psi \\ F_{aq}=F_a\cos\psi \end{array}\right\} \tag{6-19}$$

我们还可以将电枢电流 $\dot{I}$ 分解为直轴分量 $\dot{I}_d$ 和交轴分量 $\dot{I}_q$，即

$$\left.\begin{array}{l} I_d=I\sin\psi \\ I_q=I\cos\psi \end{array}\right\} \tag{6-20}$$

它们分别产生相应的电枢磁动势 F_{ad} 和 F_{aq}。

在凸极同步电机中，直轴电枢磁动势 F_{ad} 和交轴电枢磁动势 F_{aq} 折算为等效的方波分布的励磁磁动势 F'_{ad} 和 F'_{aq} 时，应分别乘以直轴和交轴换算系数 k_{ad} 和 k_{aq}。

6.4.2 不考虑饱和时的电压方程、相量图和等效电路

(1) 不考虑饱和时的电压方程

不计磁饱和时，根据双反应理论，把电枢磁动势 F_a 分解成直轴和交轴磁动势 F_{ad}、F_{aq}，分别求出其所产生的直轴、交轴基波电枢反应磁通 $\dot{\Phi}_{ad}$、$\dot{\Phi}_{aq}$ 和它们在电枢绕组中所

感应的电动势 $\dot{E}_{ad}$、$\dot{E}_{aq}$，再与主磁通 $\dot{\Phi}_0$ 所产生的励磁电动势 $\dot{E}_0$ 相量相加，便得电枢的合成电动势 $\dot{E}_\delta$（即气隙电动势）。上述关系可表示为

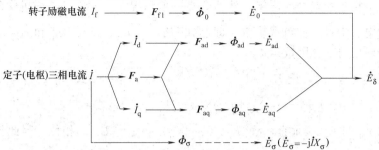

再从气隙电动势 $\dot{E}_\delta$ 减去电枢绕组的电阻压降和漏抗压降，便得电枢的端电压 $\dot{U}$。采用发电机惯例时，电枢的电压方程为

$$\dot{E}_0 + \dot{E}_{ad} + \dot{E}_{aq} - \dot{I}(R_a + jX_\sigma) = \dot{U} \tag{6-21}$$

与隐极同步发电机相类似，由于 $\dot{E}_{ad}$ 和 $\dot{E}_{aq}$ 分别与相应的 $\dot{\Phi}_{ad}$、$\dot{\Phi}_{aq}$ 成正比，不计磁饱和时，$\dot{\Phi}_{ad}$ 和 $\dot{\Phi}_{aq}$ 又分别正比于 F_{ad} 和 F_{aq}，而 F_{ad}、F_{aq} 又正比于电枢电流的直轴和交轴分量 $\dot{I}_d$、$\dot{I}_q$，于是有

$$\dot{E}_{ad} \propto \dot{I}_d, \quad \dot{E}_{aq} \propto \dot{I}_q$$

在时间相位上，不计定子铁耗时，$\dot{E}_{ad}$ 和 $\dot{E}_{aq}$ 分别滞后于 $\dot{I}_d$、$\dot{I}_q$ 以 90°电角度。所以 $\dot{E}_{ad}$ 和 $\dot{E}_{aq}$ 也可以用相应的负电抗压降来表示，即

$$\dot{E}_{ad} = -j\dot{I}_d X_{ad}, \quad \dot{E}_{aq} = -j\dot{I}_q X_{aq} \tag{6-22}$$

式中，X_{ad} 称为直轴电枢反应电抗；X_{aq} 称为交轴电枢反应电抗。将式（6-22）代入式（6-21），并考虑到 $\dot{I} = \dot{I}_d + \dot{I}_q$，可得

$$\begin{aligned}
\dot{E}_0 &= \dot{U} + \dot{I}R_a + j\dot{I}X_\sigma + j\dot{I}_d X_{ad} + j\dot{I}_q X_{aq} \\
&= \dot{U} + \dot{I}R_a + j\dot{I}_d(X_\sigma + X_{ad}) + j\dot{I}_q(X_\sigma + X_{aq}) \\
&= \dot{U} + \dot{I}R_a + j\dot{I}_d X_d + j\dot{I}_q X_q
\end{aligned} \tag{6-23}$$

式中，X_d 和 X_q 分别称为直轴同步电抗和交轴同步电抗，

$$X_d = X_\sigma + X_{ad}, \quad X_q = X_\sigma + X_{aq} \tag{6-24}$$

X_d 和 X_q 是表征对称稳态运行时电枢漏磁和直轴或交轴电枢反应的一个综合参数。式（6-23）就是凸极同步发电机的电压方程。

（2）不考虑饱和时的相量图

根据式（6-23）可得与其对应的不考虑饱和时凸极同步发电机相量图如图6-29所示。

（3）相量图的绘制

绘制图6-29所示不考虑饱和时凸极

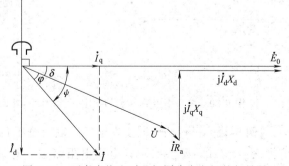

图 6-29　不考虑饱和时凸极同步发电机的相量图

同步发电机的相量图时，除需给定端电压 $\dot{U}$、负载电流 $\dot{I}$、功率因数角 φ 以及电机的参数 R_a、X_d 和 X_q 之外，还必须先把电枢电流分解成直轴和交轴两个分量，当时假设 ψ 角是已知的，否则整个相量图就画不出来。然而，在一般情况下，ψ 角只是分析中的一个辅助量，并不能事先给定。不过，在负载确定，即已知 $\dot{U}$、$\dot{I}$、R_a、X_d、X_q 和 $\cos\varphi$ 的条件下可以通过下述方法确定内功率因数角 ψ。

引入虚拟电动势 $\dot{E}_Q$，设 $\dot{E}_Q = \dot{E}_0 - j\dot{I}_d(X_d - X_q)$，则由式（6-23）可以导出

$$\dot{E}_Q = (\dot{U} + \dot{I}R_a + j\dot{I}_d X_d + j\dot{I}_q X_q) - j\dot{I}_d(X_d - X_q) = \dot{U} + \dot{I}R_a + j\dot{I}X_q \tag{6-25}$$

因为相量 $\dot{I}_d$ 与 $\dot{E}_0$ 相垂直，故 $j\dot{I}_d(X_d - X_q)$ 必定与 $\dot{E}_0$ 同相位，因此 $\dot{E}_Q$ 与 $\dot{E}_0$ 也是同相位，如图 6-30 所示。而 $\dot{E}_Q$ 的相位可由式（6-25）算出，这样即可确定内功率因数角 ψ。

另外，还可通过几何作图方法确定内功率因数角 ψ。在图 6-30 中，将端电压 $\dot{U}$ 沿着 $\dot{I}$ 和垂直于 $\dot{I}$ 的方向分成 $U\cos\varphi$ 和 $U\sin\varphi$ 两个分量，如图中虚线所示，即可求出 ψ 角为

$$\psi = \arctan \frac{U\sin\varphi + IX_q}{U\cos\varphi + IR_a} \tag{6-26}$$

求作凸极同步发电机相量图的步骤如下：

① 由已知条件以 $\dot{U}$ 为参考根据 φ 画出 $\dot{I}$；

② 根据 $\dot{E}_Q = \dot{U} + \dot{I}R_a + j\dot{I}X_q$，画出 $\dot{E}_Q$；

③ $\dot{E}_Q$ 与 $\dot{I}$ 的夹角即为 ψ 角；

④ 根据 ψ 将 $\dot{I}$ 分解为 $\dot{I}_d$ 和 $\dot{I}_q$；

⑤ 根据 $\dot{E}_0 = \dot{U} + \dot{I}R_a + j\dot{I}_d X_d + j\dot{I}_q X_q$，画出 $\dot{E}_0$。

(4) 等效电路

引入虚拟电动势 $\dot{E}_Q$ 后，由式（6-25）可得凸极同步发电机的等效电路，如图 6-31 所示。此电路实质上是把凸极机进行"隐极化"处理的一种方式，在计算凸极同步发电机的功率传输时比较方便，所以工程上应用很广。

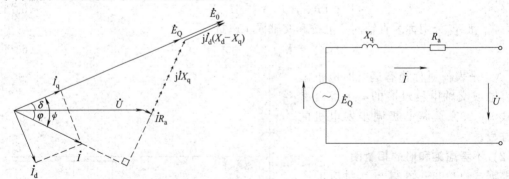

图 6-30　内功率因数角 ψ 的确定　　　图 6-31　用 $\dot{E}_Q$ 表示时，凸极同步发电机的等效电路

【**例 6-1**】　一台凸极同步发电机，额定电压 $U_N = 6.3\text{kV}$，其直轴和交轴同步电抗的标幺值为 $X_d^* = 1.0$，$X_q^* = 0.6$，电枢电阻略去不计。试计算该发电机在额定电压、额定电流、$\cos\varphi = 0.8$（滞后）时的励磁电动势 E_0（不计磁饱和）。

解 因为电压 $U=U_N$，故 $U^*=1.0$；因为电流 $I=I_N$，故 $I^*=1.0$；

以端电压作为参考相量

$$\dot{U}^*=1.0\angle 0°$$

$\cos\varphi=0.8$（滞后），$\varphi=36.87°$，故 $\dot{I}^*=1.0\angle -36.87°$。

虚拟电动势 $\dot{E}_Q^*$ 为

$$\dot{E}_Q^*=\dot{U}^*+\mathrm{j}\dot{I}^*X_q^*=1.0\angle 0°+\mathrm{j}1.0\times 0.6\angle -36.87°=1.442\angle 19.44°$$

故 δ 角为 $19.44°$（见图 6-30）。于是 ψ 即可确定

$$\psi=\delta+\varphi=19.44°+36.87°=56.31°$$

ψ 也可由式（6-26）算出，即

$$\psi=\arctan\frac{U^*\sin\varphi+I^*X_q}{U^*\cos\varphi+I^*R_a}=\arctan\frac{1.0\times 0.6+1\times 0.6}{1.0\times 0.8+0}=56.31°$$

电枢电流的直轴分量和交轴分量分别为

$$I_d^*=I^*\sin\psi=0.8321, \quad I_q^*=I^*\cos\psi=0.5547$$

由于 $\dot{E}_0$、$\dot{E}_Q$ 和 $\mathrm{j}\dot{I}_d(X_d-X_q)$ 均为同相，故 E_0^* 为

$$E_0^*=E_Q^*+I_d^*(X_d^*-X_q^*)=1.442+0.8321\times(1.0-0.6)=1.775$$

$$E_0=E_0^*\times U_N=1.775\times 6.3\times 10^3=11.183\times 10^3 \text{ (V)}$$

6.4.3 考虑饱和时的电压方程和相量图

考虑磁饱和时，叠加原理不再适用，此时气隙合成磁场将取决于主极和电枢两者的合成磁动势。为简化分析，忽略交轴和直轴之间的相互影响，认为直轴方面的磁通仅仅取决于直轴上的合成磁动势；交轴方面的磁通仅仅取决于交轴上的合成磁动势。这样，先确定直轴、交轴各自的合成磁动势，再利用电机的磁化曲线，即可得到直轴、交轴各自的磁通及其相应的感应电动势。而气隙合成电动势仍为交、直轴感应电动势之和，即 $\dot{E}_\delta=\dot{E}_d+\dot{E}_{aq}$。上述电磁关系可表示为

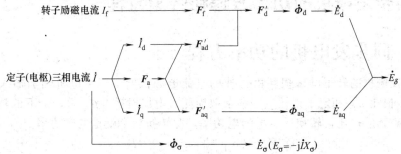

其中，F_d'、F_{ad}' 和 F_{aq}' 均为基波磁动势 F_d、F_{ad} 和 F_{aq} 折算到励磁绕组的等效方波励磁磁动势。根据 F_d' 和 F_{aq}' 查图 6-32（b）所示的空载特性曲线可得 $\dot{E}_d$ 和 $\dot{E}_{aq}$。由上述电磁关系可以看出

$$F_d'=F_f+F_{ad}'=F_f+k_{ad}F_{ad} \tag{6-27}$$

总的气隙电动势 $\dot{E}_\delta$ 应为直轴气隙电动势 $\dot{E}_d$ 和交轴电枢反应电动势 $\dot{E}_{aq}$ 之和。从气隙电动势 $\dot{E}_\delta$ 减去电枢绕组的电阻压降 $\dot{I}R_a$ 和漏抗压降 $\mathrm{j}\dot{I}X_\sigma$，便得电枢的端电压 $\dot{U}$。则电枢任一相的电动势平衡方程为

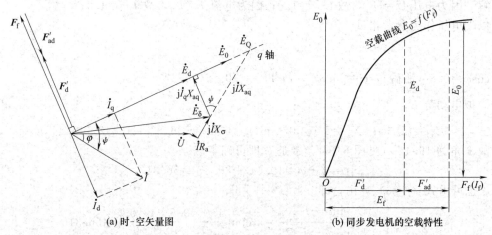

(a) 时-空矢量图　　　　　　(b) 同步发电机的空载特性

图 6-32　考虑饱和时凸极同步发电机的相量图

$$\dot{E}_d + \dot{E}_{aq} = \dot{E}_\delta = \dot{U} + \dot{I}R_a + j\dot{I}X_\sigma \tag{6-28}$$

考虑到交轴方面的气隙较大，交轴磁路基本是线性的，因此与不计饱和时相类似，把 $\dot{E}_{aq}$ 作为负电抗压降来处理，即 $\dot{E}_{aq} = -j\dot{I}_q X_{aq}$，把它代入式（6-28），最后可得

$$\dot{E}_d = \dot{U} + \dot{I}R_a + j\dot{I}X_\sigma + j\dot{I}_q X_{aq} \tag{6-29}$$

式（6-29）就是考虑磁饱和时凸极同步发电机的电压方程。与式（6-29）相应的相量图如图 6-32（a）所示，图中 $\dot{E}_d$ 的值可由式（6-29）算出，其方位（即 q 轴的方位）可由式（6-26）算出的 ψ 来确定；$\dot{E}_d$ 确定后，由磁化曲线即可查出与其对应的直轴合成磁动势 $\dot{F}'_d$，再由式（6-27）即可算出励磁磁动势 $\dot{F}_f$；由 $\dot{F}_f$ 从磁化曲线上可查出激磁电动势 $\dot{E}_0$，$\dot{E}_0$ 与 $\dot{E}_d$ 同相。

6.5 同步发电机的功率方程和转矩方程

6.5.1　同步发电机的功率方程

若同步发电机的转子励磁损耗由另外的直流电源供给，则发电机轴上输入的机械功率 P_1 扣除机械损耗 p_Ω 和定子铁耗 p_{Fe} 和杂散损耗（附加损耗）p_Δ 后，余下的功率将通过旋转磁场和电磁感应作用，转换成定子的电功率，此转换功率就是电磁功率 P_e，即

$$P_1 - (p_\Omega + p_{Fe} + p_\Delta) = P_e \tag{6-30}$$

上式中没有考虑励磁损耗，即认为励磁功率与原动机无关。如果励磁机与同步发电机同轴运转，则 P_1 中还应再扣除励磁机的机械功率后，才能得到电磁功率 P_e。

电磁功率 P_e 是通过电磁感应作用由气隙合成磁场传递到发电机定子的电功率总和，再从电磁功率 P_e 中扣除电枢（定子）铜耗 p_{Cua} 后，才是发电机端口输出的电功率 P_2，即

$$P_2 = P_e - p_{Cua} = P_1 - p_\Omega - p_{Fe} - p_\Delta - p_{Cua} = P_1 - \sum p \tag{6-31}$$

式中，$p_{Cua} = mI^2 R_a$；$P_2 = mUI\cos\varphi$；m 为定子相数。式（6-30）和式（6-31）就是同步发电机的功率方程。

由式（6-31）可得同步发电机的功率流程图如图 6-33 所示。

6.5.2 同步发电机的电磁功率

从式（6-31）可知，电磁功率 P_e 为

$$P_e = mUI\cos\varphi + mI^2R_a = mI(U\cos\varphi + IR_a)$$

$$(6-32)$$

由图 6-34 可见，$U\cos\varphi + IR_a = E_\delta\cos\varphi_i = E_Q\cos\psi$，故同步发电机的电磁功率也可写成

$$P_e = mE_\delta I\cos\varphi_i = mE_Q I\cos\psi$$

$$(6-33)$$

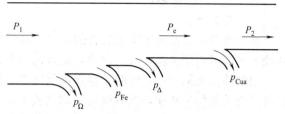

图 6-33 同步发电机的功率流程图

式中，φ_i 是气隙电动势 $\dot{E}_\delta$ 与电枢电流 $\dot{I}$ 的夹角。式（6-33）的前半部分与感应电机的电磁功率表达式相同，后面部分则与图 6-31 所示凸极同步电机的等效电路相对应。对于隐极同步电机，由于 $E_Q = E_0$，故有

$$P_e = mE_0 I\cos\psi \qquad (6-34)$$

式（6-33）表明，要进行能量转换，电枢电流中必须要有交轴分量 I_q（$=I\cos\psi$）。在 6.2 节中已经说明，在发电机中，交轴电枢反应使主极磁场超前于气隙合成磁场，使主极上受到一个制动性质的电磁转矩；在旋转过程中，原动机的驱动转矩克服制动的电磁转矩而做机械功，同时通过电磁感应在电枢绕组内产生电动势，并向电网送出有功电流，使机械能转换为电能。

图 6-34 凸极同步发电机电磁功率推导用相量图

6.5.3 同步发电机的转矩方程

把式（6-30）的等号两边同除以同步角速度 Ω_s，整理后可得同步发电机的转矩方程

$$T_1 = T_0 + T_e \qquad (6-35)$$

式中，T_1 为原动机的驱动转矩，$T_1 = \dfrac{P_1}{\Omega_s}$；$T_e$ 为电磁转矩，$T_e = \dfrac{P_e}{\Omega_s}$；$T_0$ 为发电机的空载转矩，$T_0 = \dfrac{p_\Omega + p_{Fe} + p_\Delta}{\Omega_s}$。

6.6 同步发电机的运行特性及参数的测定

同步发电机在对称负载下稳态运行时，在转子转速 $n =$ 常数、负载的功率因数 $\cos\varphi =$ 常数的条件下，发电机的励磁电流 I_f、负载（电枢）电流 I、定子端电压 U 三个量中，保持其中一个量不变，另外两个量之间的函数关系即表示同步发电机的运行特性。

① 空载特性：$I = 0$，$U_0 = f(I_f)$。

② 短路特性：$U = 0$，$I_k = f(I_f)$。

③ 零功率因数负载特性：$\cos\varphi = 0$，$I =$ 常数，$U = f(I_f)$。

④ 外特性：$I_f =$ 常数，$U = f(I)$。

⑤ 调整特性：U＝常数，$I_f=f(I)$。

6.6.1　用空载特性、短路特性求取同步电抗的不饱和值和短路比

(1)　空载特性

在 6.2 节中已给出了空载特性的定义，并说明了空载特性的本质就是同步发电机的磁化曲线，它既可以用实验的方法测取，也可以用空载磁路计算的方法算出。

用试验法测取空载特性时，应在电枢绕组开路（空载）的情况下，用原动机把被试同步发电机拖动到同步转速，然后改变励磁电流 I_f，并记取相应的电枢端电压 U_0（空载时即等于 E_0），直到 $U_0 \approx 1.3 U_N$ 左右，可得空载特性 $E_0=f(I_f)$，如图 6-15 所示。注意，绘制空载曲线时，纵坐标要用相电压。若测得的电压是线电压，则在绘制空载特性时要换算成相电压。

(2)　短路特性

短路特性是指同步发电机在同步转速下，电枢绕组端点短接时，电枢电流（短路电流 I_k）与励磁电流 I_f 之间的函数关系，即 $n=n_N$，$U=0$ 时，$I_k=f(I_f)$。短路特性也是同步发电机的基本特性。

短路特性可由三相稳态短路试验测得，试验线路如图 6-35（a）所示。将被试同步电机的电枢端点三相短路，用原动机拖动被试电机到同步转速，然后调节发电机的励磁电流 I_f，使电枢电流 I 从零起逐步增加到 $1.2 I_N$ 左右，便可得到短路特性 $I_k=f(I_f)$，如图 6-35（b）所示。

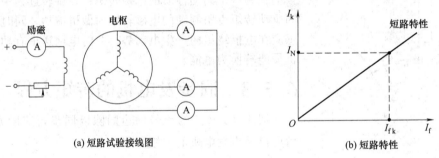

(a) 短路试验接线图　　　　　　　　　　(b) 短路特性

图 6-35　三相短路试验和短路特性

短路时，端电压 $U=0$，短路电流仅受电机本身阻抗的限制。通常电枢电阻远小于同步电抗而可以忽略不计，因此短路电流可认为是纯感性，即 $\psi=90°$，电枢磁动势则是纯去磁性的直轴磁动势，故短路时气隙合成磁动势很小，因此短路时发电机的磁路处于不饱和状态。在磁路不饱和的情况下，$E_0 \propto I_f$，而短路电流 $I_k=\dfrac{E_0}{X_d}$，故 $I_k \propto I_f$，所以短路特性是一条过原点的直线。

(3)　利用空载特性和短路特性确定 X_d

为了便于查对，常把空载特性和短路特性画在同一张坐标纸上，如图 6-36 所示。

在短路情况下（$\dot U=0$），$\psi \approx 90°$，故 $\dot I_q \approx 0$，$\dot I_d \approx \dot I=\dot I_k$，于是

$$\dot E_0=\dot U+\dot I R_a+j\dot I_d X_d+j\dot I_q X_q \approx j\dot I_k X_d \tag{6-36}$$

所以

$$X_d=\frac{E_0}{I_k} \tag{6-37}$$

式中，$\dot{E}_0$ 是在短路电流为 I_k 时之励磁电流所对应的空载电动势（即 $\dot{E}_0$ 和 I_k 应对应于同一个励磁电流）。因为短路试验时磁路为不饱和，所以这里的 E_0（每相值）应从气隙线上查出，由此求出的 X_d 值为不饱和值。可见，同步电抗的不饱和值为某一励磁电流对应的空载电动势与相应的短路电流之比，对于如图 6-36，应有

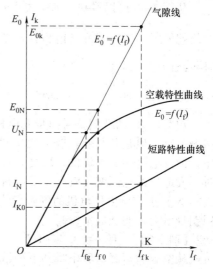

图 6-36　用空载和短路特性来确定 X_d 和短路比 k_c

$$X_d = \frac{E_{0k}}{I_N} = \frac{E_{0N}}{I_{k0}} \tag{6-38}$$

实际运行时，若发电机的主磁路出现饱和，直轴磁路的等效磁导 Λ_d 将发生变化，于是 X_d 将出现饱和值。由于主磁路的饱和程度取决于作用在主磁路上的合成磁动势，或者说取决于相应的气隙电动势，若不计负载运行时定子电流的漏阻抗压降，气隙电动势就近似等于电枢的端电压，所以通常用对应于额定相电压时的 X_d 值作为其饱和值。为此，先从空载曲线上查出产生额定相电压 U_N 时所需的励磁电流 I_{f0}，再从短路特性上查出该励磁电流在短路情况下将会产生的短路电流 I_{k0}，如图 6-36 所示，由此即可求出 $X_{d(饱和)}$ 为

$$X_{d(饱和)} \approx \frac{U_{N\phi}}{I_{k0}} \tag{6-39}$$

对于隐极同步电机，X_d 就是同步电抗 X_s。

（4）利用空载特性和短路特性求短路比 k_c

从同步电机的空载特性和短路特性可以求得一个称为"短路比"的值。它的大小与电机的尺寸、制造成本及运行性能有密切的关系。

短路比是同步电机设计中的一个重要数据。短路比 k_c 是指同步电机在相应于空载额定电压的励磁电流下，电枢绕组三相稳态短路时的短路电流与额定电流之比值，即

$$k_c = \frac{I_{k0(I_f = I_{f0})}}{I_N} \tag{6-40}$$

由于短路特性为一直线，由图 6-36 可以看出，$I_{k0}/I_N = I_{f0}/I_{fk}$。因此，短路比也可以用励磁电流表示，故短路比也等于产生空载额定电压（$U_0 = U_N$）所需的励磁电流 I_{f0} 与产生短路电流等于额定电流（$I_k = I_N$）所需的励磁电流 I_{fk} 之比值，即

$$k_c = \frac{I_{f0(U_0 = U_N)}}{I_{fk(I = I_N)}} \tag{6-41}$$

当 $I_f = I_{f0}$ 时，短路电流 $I_k = I_{k0}$，由式（6-38）可得

$$I_{k0} = \frac{E_{0N}}{X_d} \tag{6-42}$$

所以

$$k_c = \frac{I_{k0}}{I_N} = \frac{\dfrac{E_{0N}}{X_d}}{I_N} = \frac{E_{0N}/U_{N\phi}}{I_N X_d/U_{N\phi}} = \frac{E_{0N}}{U_{N\phi}} \times \frac{1}{X_d^*} = k_\mu \frac{1}{X_d^*} \tag{6-43}$$

式中，$k_\mu = \dfrac{E_{0N}}{U_{N\phi}} = \dfrac{I_{f0}}{I_{fg}}$ 为同步电机主磁路的饱和系数；$X_d^* = \dfrac{I_N X_d}{U_{N\phi}}$ 为同步电抗的标幺值。

从图 6-36 可以看到，如果发电机的磁路不饱和，空载时产生 U_N 只需要 I_{fg} 大小的励磁电流就够了。但是当磁路饱和时，则需要 I_{f0}。比值 $k_\mu = \dfrac{I_{f0}}{I_{fg}}$ 反映了发电机在空载电压为 U_N 时磁路的饱和程度。

不计饱和时，$k_\mu = 1$，此时 $k_c = \dfrac{1}{X_d^*}$。

短路比 k_c 的数值，对同步发电机的影响很大。短路比 k_c 小，说明同步电抗大，这时短路电流小，但是负载变化时，发电机的电压变化就大，而且并联运行时发电机的稳定性较差，但发电机的成本较低；反之，短路比 k_c 大，则同步电抗小，短路电流较大，负载变化时，发电机的电压变化就小，发电机的性能较好，但发电机的成本高。因为短路比大的发电机的 X_d^* 小，所以发电机的气隙较大，致使发电机的体积较大，转子的额定励磁磁动势和用铜量增大，制造成本较高。

【例 6-2】 有一台 25000kW、10.5kV（星形联结）、$\cos\varphi_N = 0.8$（滞后）的汽轮发电机，从空载和短路试验中得到下列数据，试求同步电抗的不饱和值 X_d、饱和值 $X_{d(饱和)}$ 和短路比 k_c。

从空载特性上查得：相电压 $U_{N\phi} = 10.5/\sqrt{3}$ kV 时，$I_{f0} = 155$A。

从短路特性曲线上查得：$I_k = I_N = 1718$A 时，$I_{fk} = 280$A；$I_k = I' = 951$A 时，$I_f = 155$A。

从气隙线上查得：$E_0 = 22.4/\sqrt{3}$ kV 时，$I_f = 280$A。

解 ① 同步电抗的不饱和值。从气隙线上查出，$I_f = 280$A 时，激磁电动势 $E_0 = 22400/\sqrt{3}$ V $= 12933$V；在同一励磁电流下，由短路特性曲线查出，短路电流 $I_k = I_N = 1718$A。所以同步电抗的不饱和值 X_d 为

$$X_d (即 X_s) = \frac{E_0}{I_k} = \frac{12933}{1718} = 7.528 \ (\Omega)$$

若用标幺值计算，短路电流为额定电流时，$I^* = 1$，$E_0^* = \dfrac{E_0}{U_{N\phi}} = \dfrac{22.4/\sqrt{3}}{10.5/\sqrt{3}} = 2.133$，故

$$X_d^* = \frac{E_0^*}{I^*} = \frac{2.133}{1} = 2.133$$

② 同步电抗的饱和值。从空载曲线上得知，产生空载额定相电压 $U_{N\phi}$ 时，励磁电流 $I_{f0} = 155$A；而从短路特性曲线查出，与励磁电流 $I_{f0} = 155$A 对应的短路电流 $I_{k0} = I' = 951$A。所以同步电抗的饱和值 $X_{d(饱和)}$ 为

$$X_{d(饱和)} = \frac{U_{N\phi}}{I_{k0}} = \frac{10500/\sqrt{3}}{951} = 6.375 \ (\Omega)$$

若用标幺值计算，空载电压为额定电压时，$U_{N\phi}^* = 1$，$I_{k0}^* = \dfrac{I_{k0}}{I_N} = \dfrac{951}{1718} = 0.5336$，故

$$X_{d(饱和)}^* \approx \frac{U_{N\phi}^*}{I_{k0}^*} = \frac{1}{0.5536} = 1.806$$

③ 短路比

$$k_c = \frac{I_{f0(U_0 = U_N)}}{I_{fk(I = I_N)}} = \frac{155}{280} = 0.5536$$

6.6.2 用转差法测定同步电抗

前面讨论了利用空载特性和短路特性来求同步电抗 X_d 和 X_s 的方法。但是凸极同步电

机里的交轴同步电抗 X_q 不能用空载特性和短路特性求出。下面介绍一种既可测出 X_d 又可测出 X_q 的方法——转差法。

试验时转子（励磁）绕组应开路，定子（电枢）绕组接三相调压器。首先将被试同步电机用原动机拖动到接近于同步转速（但不能等于同步转速），励磁绕组开路，再在定子绕组上施加约为（2%～15%）U_N 的三相对称低电压，外施电压的相序必须使定子旋转磁场的转向与转子转向一致。调节原动机的转速，使被试电机的转差率小于 0.01，但不被牵入同步，这时定子旋转磁场与转子之间将保持一个低速的相对运动，使电枢旋转磁场的轴线不断交替地与转子的直轴和交轴相重合。待转差稳定后，用示波器拍摄电枢电压、电枢电流的波形，如图 6-37 所示。

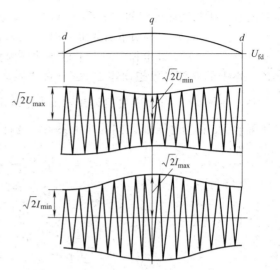

图 6-37 转差法试验时转子开路电压、定子端电压和定子电流波形

由于没有励磁电流，故 $E_0 = 0$，由式（6-23）可知，电枢的电压方程式为

$$0 = \dot{U} + \dot{I} R_a + j \dot{I}_d X_d + j \dot{I}_q X_q \quad (6\text{-}44)$$

一般电枢电阻可忽略，则得

$$\dot{U} = -j \dot{I}_d X_d - j \dot{I}_q X_q \quad (6\text{-}45)$$

上式是转子转速为同步转速时的电压平衡方程。而现在转子转速稍低于同步转速，即电枢磁场轴线会依次交替地与转子直轴和交轴重合。

当电枢旋转磁场的轴线与直轴重合时，有 $\dot{I}_d = \dot{I}$，$\dot{I}_q = 0$，而此时电枢电抗为 X_d（电枢电抗达到最大值），故电枢电流为最小值 I_{min}，由于供电线路压降最小，电枢每相电压则为最大值 U_{max}，故得

$$X_d = \frac{U_{max}}{I_{min}} \quad (6\text{-}46)$$

式中，U_{max}、I_{min} 均为相值。

同理，当电枢旋转磁场的轴线与交轴重合时，有 $\dot{I}_q = \dot{I}$，$\dot{I}_d = 0$，而此时电枢电抗为 X_q（电枢电抗达到最小值），故电枢电流为最大值 I_{max}，由于供电线路压降最大，电枢每相电压则为最小值 U_{min}，故得

$$X_q = \frac{U_{min}}{I_{max}} \quad (6\text{-}47)$$

式中，U_{min}、I_{max} 均为相值。

需要说明的是，由于试验是在低电压下进行，磁路不饱和，故转差法测得的 X_d 和 X_q 均是不饱和值。

6.6.3 零功率因数负载特性及漏电抗的求取

作相量图时，需要知道电枢漏电抗，而电枢漏电抗可以通过空载特性和零功率因数负载特性求取。因此，零功率因数负载特性也是同步发电机基本特性之一。通过空载特性和零功率因数负载特性还可求取电枢的等效磁动势 $k_{ad} \boldsymbol{F}_a$。

(1) 零功率因数负载特性（简称零功率因数特性）

在负载为纯电感性（$cos\varphi = 0$）、发电机的电枢电流为某一常数（例如 $I = I_N$）时，发电机的端电压与励磁电流间的关系 $U = f(I_f)$，就称为发电机的零功率因数负载特性。

图 6-38（a）为零功率因数负载时发电机的时-空矢量图。当负载为纯感性、功率因数 $cos\varphi = 0$ 时，若不计电枢电阻，电枢磁动势为直轴、纯去磁性质的磁动势，此时励磁磁动势 $\boldsymbol{F}_f$、电枢的直轴等效磁动势 $k_{ad}\boldsymbol{F}_a$ 和合成磁动势 $\boldsymbol{F}'_\delta$ 之间的矢量关系，将简化为代数加、减关系，在图 6-38（a）中它们都在一条水平线上；相应地，此时的气隙电动势 $\dot{E}_\delta$、电枢漏抗压降 jIX_σ 和端电压 $\dot{U}$ 之间的相量关系，也将简化为代数加、减关系，三者都在一条铅垂线上，即

$$\left. \begin{array}{l} F_f = F'_\delta + k_{ad}F_a \\ E_\delta = U + IX_\sigma \end{array} \right\} \tag{6-48}$$

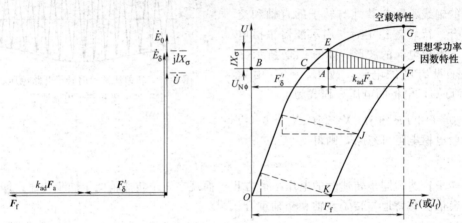

(a) 零功率因数负载时的时-空矢量图 (b) 由空载特性和特性三角形得到理想的零功率因数特性

图 6-38 零功率因数负载特性的构成

这样，在图 6-38（b）中，若 $\overline{OB}$ 表示额定相电压 $U_{N\phi}$，$\overline{BC}$ 表示空载时产生额定相电压 $U_{N\phi}$ 所需的励磁电流，则在零功率因数负载时，由于需要克服电枢漏抗压降和去磁的电枢反应，如仍要保持端电压为额定相电压 $U_{N\phi}$，则所需的励磁电流 $\overline{BF}$ 比 $\overline{BC}$ 大。从空载特性曲线上作 $\overline{BF}$ 的垂线 $\overline{EA}$，使其等于电枢的漏抗压降，即 $\overline{EA} = IX_\sigma$，则励磁电流 $\overline{BF}$ 比 $\overline{BC}$ 增加的部分 $\overline{CF}$ 中，$\overline{CA}$ 是用以克服电枢漏抗压降 IX_σ 所需的磁动势，$\overline{AF}$ 则是抵消去磁的电枢等效磁动势 $k_{ad}F_a$ 所需的磁动势。由此可见，零功率因数负载特性和空载特性之间，将相差一个由电枢漏抗压降 IX_σ（铅垂边）和电枢等效磁动势 $k_{ad}F_a$（水平边）所组成的直角三角形 $\triangle AFE$，此时三角形称为特性三角形。若电枢电流保持不变，则 IX_σ 和 $k_{ad}F_a$ 也不变，特性三角形的大小亦保持不变。于是，若使特性三角形的底边 $\overline{AF}$ 保持水平，将顶点 E 沿着空载特性移动，则顶点 F 的轨迹即为零功率因数负载特性。当特性三角形往下移动到水平边 $\overline{AF}$ 与横坐标重合时，端电压 $U = 0$，故 K 点即为短路点。这种由空载特性和特性三角形所作出的零功率因数负载特性 KJF 称为理想的零功率因数负载特性。

(2) 由空载特性和零功率因数负载特性求 X_σ 和 $k_{ad}F_a$

如果空载特性和零功率因数负载特性已由实验测得，则特性三角形和电枢漏电抗 X_σ、直轴电枢等效磁动势 $k_{ad}F_a$ 即可确定。其方法步骤如下。

① 在额定电压 $U_{N\phi}$ 处作一条水平线交零功率因数负载特性曲线于 F 点，如图 6-39 所示。

② 通过 F 点作平行于横坐标的水平线，并截取线段 $\overline{O'F}$，使 $\overline{O'F}=\overline{OK}$。

③ 从 O' 点作气隙线的平行线，并与空载曲线交于 E 点。

④ 从 E 点作铅垂线，并与 $\overline{O'F}$ 相交于 A 点，则 $\triangle AEF$ 即为特性三角形。

由此可得，电枢漏电抗 X_σ 为

$$X_\sigma = \frac{\overline{EA}(相电压值)}{I} \tag{6-49}$$

电枢电流为 I 时的直轴电枢等效磁动势 $k_{ad}F_a$ 为

$$k_{ad}F_a = \overline{AF} \tag{6-50}$$

实践表明，由实测所得到的零功率因数负载特性（图 6-40 中的实线）与理想的零功率因数负载特性（图 6-40 中的虚线）并不完全重合，在端电压为 $0.5U_{N\phi}$ 以下部分，实测的零功率因数负载特性曲线与理想的零功率因数负载特性曲线相吻合；但是，在 $0.5U_{N\phi}$ 以上部分，实测曲线将逐步向右偏离理想曲线，即在相同的端电压时，实测的励磁磁动势要比理想值大，如图 6-40 所示。其原因是，为了克服去磁的电枢磁动势，在产生相同的端电压时，负载时所需的励磁磁动势要比空载时大很多，因此负载时主极的漏磁也要比空载时大很多，从而使克服主极这段磁路所需的磁动势要比空载曲线中算出的值大。因此从实测的零功率因数负载特性上的 F' 点，按上述方法作特性三角形 $\triangle A'E'F'$，所得电枢等效磁动势 $k_{ad}F_a$ 将与理想情况时相同，所得电抗则将比定子漏抗 X_σ 稍大，此电抗称为保梯电抗，用 X_p 表示，即

$$X_p = \frac{\overline{E'A'}(相电压值)}{I} \tag{6-51}$$

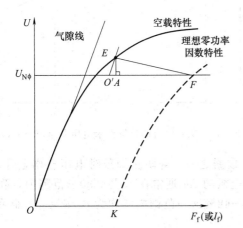

图 6-39 电枢漏抗和电枢等效磁动势的确定

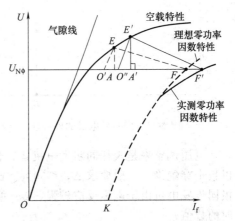

图 6-40 由实测的零功率因数特性来确定特性三角形和波梯电抗

综上所述，考虑主磁路饱和对主极漏磁的影响，特性三角形不是恒定不变的。对应于短路点 K，称之为短路三角形（图 6-38 中的三角形 $\triangle AEF$），而对应于额定点处称之为保梯三角形（图 6-40 中的三角形 $\triangle A'E'F'$）。保梯电抗 X_p 大于电枢漏电抗 X_σ。对于隐极同步电机，$X_p=(1.05\sim1.10)X_\sigma$；对于凸极同步电机，$X_p=(1.1\sim1.3)X_\sigma$。

6.6.4 同步发电机的外特性

外特性表示发电机的转速为同步转速、励磁电流和负载功率因数保持不变时，发电机的

端电压（相电压）U 与电枢电流 I 之间的关系。即外特性是指在 $n=n_s$，$I_f=$ 常值，$\cos\varphi=$ 常值条件下，$U=f(I)$ 的关系曲线。外特性既可用直接负载法测出，也可用作图法间接求出。

图 6-41 表示带有不同功率因数的负载时，同步发电机的外特性。从图中可见，在感性负载和纯电阻负载时，外特性是下降的，因为这两种情况下电枢反应的去磁作用和漏阻抗压降这两个因素导致发电机的端电压下降。在容性负载且内功率因数角为超前时，由于电枢反应的增磁作用，外特性也可能是上升的。

从外特性可以求出发电机的电压调整率。调节发电机的励磁电流，使电枢电流为额定电流、功率因数为额定功率因数、端电压为额定电压，此时的励磁电流称为发电机的额定励磁电流 I_{fN}。然后保持励磁电流为额定励磁电流 I_{fN}，转速为同步转速 n_s，卸去负载（即 $I=0$），读取空载电动势 E_0，如图 6-42 所示，此时端电压变化的百分值即为同步发电机的电压调整率，用 Δu 表示，即

$$\Delta u = \frac{E_0 - U_{N\phi}}{U_{N\phi}} \times 100\% \tag{6-52}$$

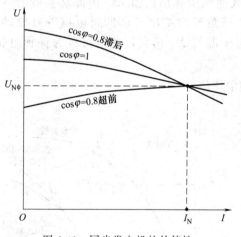

图 6-41　同步发电机的外特性

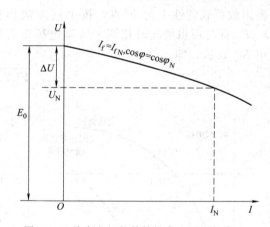

图 6-42　从发电机的外特性求电压调整率 Δu

电压调整率是表征同步发电机运行性能的重要数据之一。为防止卸载时电压急剧上升，以致击穿绝缘，一般要求 $\Delta u < 50\%$。凸极同步发电机的 Δu 通常在 $18\% \sim 30\%$ 范围内，隐极同步发电机由于电枢反应较强，Δu 通常在 $30\% \sim 48\%$ 这一范围内（均为 $\cos\varphi = 0.8$ 滞后时的数值）。

外特性适用于同步发电机单独运行的情况。

6.6.5　同步电机的调整特性和效率特性

(1) 同步发电机的调整特性

当同步发电机的负载电流变化时，为了保证发电机的端电压不变，必须调节发电机的励磁电流。同步发电机的调整特性是指发电机的转速为同步转速、端电压为额定电压、负载的功率因数不变时，励磁电流 I_f 与电枢电流 I 之间的关系。即调整特性是指当 $n=n_s$，$U=U_{N\phi}$，$\cos\varphi=$ 常值时，$I_f=f(I)$ 的关系曲线。

图 6-43 所示为带有不同功率因数的负载时，同步发电机的调整特性。由图可见，调整

特性与外特性相反,在感性负载和纯电阻负载时,为补偿电枢电流所产生的去磁性电枢反应和漏阻抗压降,随着电枢电流的增加,必须相应地增加励磁电流,此时调整特性曲线是上升的。在容性负载时,调整特性曲线也可能是下降的。从调整特性可以确定额定励磁电流 I_{fN},如图 6-43 所示。

图 6-43 同步发电机的调整特性

(2) 同步电机的效率特性

同步电机的效率特性是指转速为同步转速、端电压为额定电压、功率因数为额定功率因数时,发电机的效率 η 与输出功率 P_2 的关系,即 $n=n_s$,$U=U_{N\phi}$,$\cos\varphi=\cos\varphi_N$ 时,$\eta=f(P_2)$ 的关系曲线。

同步电机的损耗包括电枢的基本铁耗 p_{Fe}、电枢基本铜耗 p_{Cua}、励磁损耗 p_{Cuf}、机械损耗 p_Ω 和杂散损耗 p_Δ。电枢基本铁耗是指主磁通在电枢铁芯齿部和轭部中交变所引起的损耗。电枢基本铜耗是换算到基准工作温度时,电枢绕组的直流电阻损耗。励磁损耗包括励磁绕组的基本铜耗、变阻器内的损耗、电刷的电损耗以及励磁设备的全部损耗。机械损耗包括轴承、电刷的摩擦损耗和通风损耗。杂散损耗 p_Δ 包括电枢漏磁通在电枢绕组和其他金属结构部件中所引起的涡流损耗、高次谐波磁场掠过主极表面所引起的表面损耗等。

对于同步发电机,其输入功率 P_1 为原动机输入的机械功率。原动机驱动转子旋转,要克服机械损耗 p_Ω、铁芯损耗 p_{Fe} 和附加损耗 p_Δ,余下的将由气隙磁场传递到定子(电枢),转换为电磁功率 P_e。从电磁功率中减去电枢铜耗 p_{Cua} 以后,便得到发电机输出的电功率 P_2。p_Ω、p_{Fe} 和 p_Δ 常合并称为空载损耗。励磁回路所消耗的功率 p_{Cuf} 一般由原动机或其他电源供给,故不包括在上述功率流程中,但计算同步发电机的效率时要计入 p_{Cuf}。所以同步发电机的总损耗 $\sum p$ 为

$$\sum p = p_{Fe} + p_{Cua} + p_{Cuf} + p_\Omega + p_\Delta \tag{6-53}$$

同步电机的效率为输出功率与输入功率之比,即

$$\eta = \frac{P_2}{P_1} \times 100\% = \left(1 - \frac{\sum p}{P_2 + \sum p}\right) \times 100\% \tag{6-54}$$

同步电机效率特性曲线的形状与一般电机和变压器效率特性曲线的形状相似,即过原点,而且有最大值。现代大型同步发电机的效率大致在 96%~99% 的范围内。

上述调整特性和效率特性既适用于同步发电机单独运行情况,亦适用于发电机与电网并联运行的情况。

6.6.6 用电动势-磁动势图求取额定励磁电流和电压调整率

同步发电机的额定励磁电流和电压调整率可以用饱和时的电动势-磁动势图来确定。以下具体说明利用电动势-磁动势图求取电压调整率的方法。

设已知同步发电机的空载特性 $E_0=f(I_f)$、电枢电阻 R_a、电枢漏电抗(保梯电抗)X_p、额定电流时的电枢等效磁动势 $k_a F_a$ 以及电机的额定数据,则隐极同步发电机的额定励磁电流和电压调整率可确定如下。

① 先求出额定状态下发电机的气隙合成电动势 $\dot{E}_\delta$

$$\dot{E}_\delta = \dot{U} + \dot{I}R_a + j\dot{I}X_p \tag{6-55}$$

相应的相量图如图 6-44 所示，图中端电压 $\dot{U}$ 取在纵坐标上，电枢电流 $\dot{I}$ 滞后 $\dot{U}$ 以 φ 角。

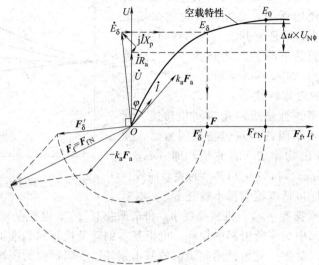

图 6-44　用电动势-磁动势图确定隐极同步发电机的 I_{fN} 和 Δu

② 根据式（6-55）画出气隙合成电动势 $\dot{E}_\delta$。

③ 在空载特性曲线上查取产生 $\dot{E}_\delta$ 所需的气隙合成磁动势 F'_δ，如图 6-44 中的 $\overline{OF}$ 所示，并在超前于 $\dot{E}_\delta$ 90°处作气隙合成磁动势矢量 F'_δ。

④ 根据式（6-17）即可求出励磁磁动势 F_f 为

$$F_f = F'_\delta + (-k_a F_a) \tag{6-56}$$

式中，电枢等效磁动势 $k_a F_a$ 与电枢电流 $\dot{I}$ 同相，相应的磁动势矢量图如图 6-44 的左下方所示。

⑤ 把额定励磁磁动势 F_{fN} 除以励磁绕组匝数 N_f，即可得到额定励磁电流 I_{fN}。

⑥ 把 F_{fN} 值转投到空载特性曲线上，即可求出该励磁下的空载电动势 E_0，并可根据式（6-52）计算出电压调整率 Δu。

从理论上讲，这种方法仅适用于隐极同步发电机，但是实践证明，对于凸极同步发电机，若以 $k_{ad} F_a$ 代替 $k_a F_a$，所得结果误差很小，因此工程上也用此法来确定凸极同步发电机的额定励磁电流 I_{fN} 和电压调整率 Δu。

6.7　同步发电机与电网的并联运行

同步发电机作单机运行时，随着负载的变化，同步发电机的频率和端电压将发生相应的变化，供电的质量和可靠性较差。为了克服这些缺点，现代电力系统（电网）通常总是由许多发电厂并联组成，每个电厂内又有多台发电机在一起并联运行。

同步发电机与电网并联运行有许多优点。

① 提高了供电的可靠性。一台发电机发生故障不会引起停电事故，也便于各发电机轮流检修。

② 提高了供电的经济性和灵活性。例如在枯水期和丰水期，可以合理地利用水力、火力等各种不同的动力资源和发电设备；在用电高峰期和低谷期，可以灵活地决定投入并联的

发电机数量，提高发电机的效率。

③ 提高了供电质量。由于电网的容量很大，负载变化对整个电网的电压、频率影响甚微。

6.7.1　并联运行的条件和方法

(1)　投入并联的条件

为避免发电机和电网中产生冲击电流，投入并联的同步发电机应当满足下列条件。

微课：6.7.1

① 发电机的频率 f_{II} 与电网的频率 f_I 相同，即 $f_{II}=f_I$。

② 发电机与电网的电压波形相同。

③ 发电机的励磁电动势 $\dot{E}_{0II}$ 应与电网电压 $\dot{U}_I$ 的幅值大小相等。

④ 并联合闸瞬间，发电机与电网对应相的电压应同相位。

⑤ 发电机与电网的相序要相同。

上述条件中，第⑤条必须满足，其余条件允许稍有出入。

如果 $f_{II} \neq f_I$，$\dot{E}_{0II}$ 与 $\dot{U}_I$ 之间有相对运动，两个相量间的相角差将在 $0° \sim 360°$ 之间不断变化，电压差 ΔU（$=\dot{E}_{0II}-\dot{U}_I$）忽大忽小。ΔU 将在发电机与电网内产生数值不断变化的环流。电机将时而作为发电机运行，时而作为电动机运行，在电网内引起一定的功率振荡。对电机本身，由于存在巨大的暂态电流和冲击转矩，也非常不利。

如果电压波形不同，例如电网电压为正弦波，而发电机除了基波电压外还含有高次谐波，则将在发电机与电网内产生一高次谐波环流，就会增加运行时的损耗，使运行温度升高，效率降低，显然对发电机和线路都很不利。

如果频率和波形都一致，但两种电压却在大小和相位上不一致。若在 $\dot{E}_{0II}$ 与 $\dot{U}_I$ 大小不等或相位不同（即 $\dot{E}_{0II} \neq \dot{U}_I$）时把发电机投入并联，则将引发由于电压差 ΔU 所产生的瞬态过程，此时将在发电机与电网中产生一定的冲击电流，严重时该电流将非常大。此时由于电磁力的冲击，定子（电枢）绕组端部可能受到极大的损伤。

如果前面四个条件都符合了，但相序不同，那是绝对不允许投入并联的，因为某相虽满足以上四个条件，另外两相在电网和投入的发电机之间存在巨大的电位差而产生无法消除的环流，严重危害电机的正常运行。

综上所述，为了避免引起电流、功率和转矩的冲击，投入并联时最好同时满足上述五个条件。一般情况下，电压波形可认为由设计、制造自动满足。对于相序问题，一般大型同步发电机的转向和相序在出厂以前都已标定（对于没有标明转向和相序的发电机，可以利用相序指示器来确定）。只要接线时不搞错，这一条也自动满足。于是在投入并联时只要注意条件①、③、④ 就可以了。对于电动势的频率和大小，从公式 $f = pn/60$ 和 $E_0 = 4.44fN_1k_{w1}\Phi_0$ 可以看出，要使发电机的频率、电压与电网相同，只要分别调节原动机的转速和发电机的励磁电流就可以达到。关于电动势 $\dot{E}_0$ 的相位，则可通过调节发电机的瞬时转速来调整。

(2)　同步发电机投入并联的方法

为了投入并联所进行的调节和操作过程，称为整步过程。实用的整步方法有两种，一种称为准确同步法，另一种称为自同步法。

① 准确同步法。把发电机调整到完全满足投入并联的条件，然后投入电网，称为准确

同步法（又称准确整步法）。为了判断是否满足投入并联条件，常常采用同步指示器。最简单的同步指示器由三组同步指示灯组成，它们可以有两种接法，即直接接法（又称灯光熄灭法）和交叉接法（又称灯光旋转法）。

　　a. 直接接法。直接接法是在并联刀闸的对应端接上三组指示灯，如图 6-45（a）所示，电网 A_I 相和发电机 A_{II} 相之间接指示灯 1，电网 B_I 相和发电机 B_{II} 相之间接指示灯 2，电网 C_I 相和发电机 C_{II} 相之间接指示灯 3。每一组指示灯称为相灯，由于相灯两端电压最高可达两倍相电压，因此，对于相电压为 220V 的发电机，应用两个 220V 的指示灯串联作为一组相灯。

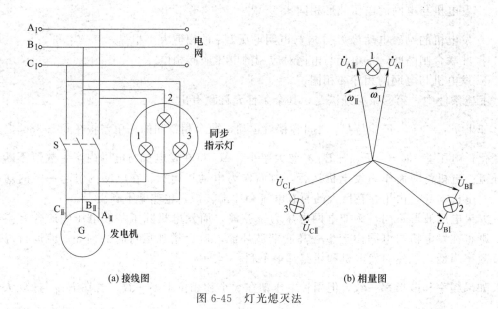

(a) 接线图　　　　　　　　　　　　　　　　(b) 相量图

图 6-45　灯光熄灭法

　　设发电机的相序与电网的相序相同，电压幅值的大小也相等，但发电机的频率 f_{II} 与电网的频率 f_I 不等（$f_{II} \neq f_I$），即 $\omega_{II} \neq \omega_I$，则发电机和电网这两组电压相量之间便有相对运动，如图 6-45（b）所示，三组同步指示灯上的电压将同时发生时大时小的变化，于是三组指示灯将同时呈现出同时亮、同时灭的现象（若三组灯轮流亮暗，则表示发电机与电网相序不同，应当改变发电机的相序）。指示灯亮灭的快慢决定于发电机角频率与电网角频率之差（$\omega_{II} - \omega_I$），调节发电机的转速，直到三组指示灯亮、灭变化很慢时，就表示 $\omega_{II} \approx \omega_I$（$f_{II} \approx f_I$）。当三组灯同时熄灭、且 A_{II} 与 A_I 间电压表的读数为零时，就表示发电机已经满足投入并联投入的条件，此时即可合闸投入并联。直接接法也称为灯光熄灭法。

　　b. 交叉接法。交叉接法时，同步指示灯 1 仍接在电网 A_I 相和发电机 A_{II} 相之间，另外两组灯则交叉连接（即指示灯 2 接在 B_I 相与 C_{II} 相之间，指示灯 3 接在 C_I 相和 B_{II} 相之间），如图 6-46（a）所示。若发电机与电网频率不等（$f_{II} \neq f_I$），即 $\omega_{II} \neq \omega_I$，则发电机和电网这两组电压相量之间便有相对运动，如图 6-46（b）所示。由图 6-46（b）可见，三组同步指示灯的端电压各不相等，因此，三组同步指示灯的灯光将交替亮、灭，形成"灯光旋转"现象（如果灯光同时亮、同时灭，则说明相序接错，需改变发电机的相序）。根据灯光旋转方向，适当调节发电机的转速，使灯光旋转速度变得很低时，表示 $\omega_{II} \approx \omega_I$（$f_{II} \approx f_I$），就可准备合闸。应当掌握时机，在直接跨接在同相两端的同步指示灯（图 6-46 中的第 1 组灯）熄灭，而另外两组灯亮度相同的时刻，即可迅速合闸投入并联。交叉接法也称为灯光旋转法。

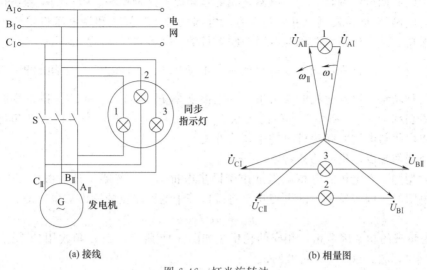

(a) 接线　　　　　(b) 相量图

图 6-46　灯光旋转法

② 自同步法。准确同步法的优点是，投入瞬间电网和电机基本上没有冲击。缺点是整步手续比较复杂，所需时间较长。当电力系统出现故障情况，而又急需发电机并入电网予以补充时，准确同步法就嫌太慢；而且由于电网的频率和电压可能因故障而发生波动，准确同步法往往很难实行。这时可采用简单的同步法，称为自同步法（又称自整步法）。

自同步法的原理接线图如图 6-47 所示。在已知发电机的相序与电网的相序一致的情况下，先将励磁绕组通过适当的限流电阻 r_m（约为励磁绕组电阻的 10 倍）短接，并按照规定的转向（与定子旋转磁场的转向一致）把发电机拖动到非常接近于同步转速（相差小于 5%）时，先合上并车开关，再立即加上直流励磁，此时依靠定、转子磁场间所形成的电磁转矩，即可把转子自动牵入同步。自同步法的优点是，投入迅速，不需增添复杂的装置。缺点是投入时定子电流冲击较大（可达额定电流的 3～8 倍），故仅在中、小型机组和需要快速投入时才采用。

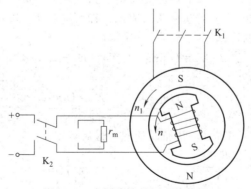

图 6-47　自同步法的原理接线图

需要注意的是：励磁绕组必须通过一个限流电阻短接，因为励磁绕组直接开路，将在励磁绕组中感应出危险的高电压；若励磁绕组直接短路，将产生很大的冲击电流。

6.7.2　与电网并联时同步发电机的功角特性

现代电力系统的容量很大，其频率和电压基本不受负载变化或其他扰动的影响而保持为常值，对于装有调压、调频装置的电网来说更是如此。这种恒频、恒压的交流电网，通常称为"无穷大电网"。同步发电机并联到无穷大电网之后，其频率和端电压将受到电网的约束而与电网保持一致，这是发电机与电网并联运行的一个特点。

在许多场合下，常常用同步发电机的励磁电动势 $\dot{E}_0$ 和端电压 $\dot{U}$ 之间的相位差 δ（称为功率角，简称功角）以及电机的参数来表示电磁功率 P_e。当 $\dot{E}_0$ 和 $\dot{U}$ 保持不变时，发电机发出的电磁功率 P_e 与功率角 δ 之间的关系 $P_e = f(\delta)$，称为同步发电机的功角特性。功角特性是同步电机与电网并联运行时的主要特性之一。

（1）凸极同步发电机的功角特性

中、大型同步发电机的电枢电阻远小于同步电抗，常可忽略不计。由式（6-32）可知，不计电枢电阻时，同步发电机的电磁功率将近似等于电枢端点的输出功率，即

$$P_e \approx mUI\cos\varphi \tag{6-57}$$

式中，φ 为负载的功率因数角，相应的相量图如图 6-48 所示。把 φ 角改用功率角 δ 来表示，可知 $\varphi = \psi - \delta$，故式（6-57）可改写成

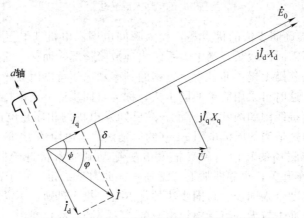

图 6-48　不计电枢电阻时凸极同步发电机的相量图

$$P_e \approx mUI\cos(\psi-\delta) = mUI(\cos\psi\cos\delta + \sin\psi\sin\delta) = mU(I_q\cos\delta + I_d\sin\delta) \tag{6-58}$$

再把式（6-58）中的 I_d 和 I_q 也用功率角来表示，即可得到 P_e 与 δ 角之间的关系。

从图 6-48 所示相量图可知，

$$I_q X_q = U\sin\delta, \quad I_d X_d = E_0 - U\cos\delta$$

故

$$I_q = \frac{U\sin\delta}{X_q}, \quad I_d = \frac{E_0 - U\cos\delta}{X_d} \tag{6-59}$$

将式（6-59）代入式（6-58），并加以整理，最后可得

$$P_e = m\frac{E_0 U}{X_d}\sin\delta + m\frac{U^2}{2}\left(\frac{1}{X_q} - \frac{1}{X_d}\right)\sin2\delta = P'_e + P''_e \tag{6-60}$$

式（6-60）就是功角特性的表达式。式中第一项

$$P'_e = m\frac{E_0 U}{X_d}\sin\delta \tag{6-61}$$

称为基本电磁功率。

式（6-60）中第二项

$$P''_e = m\frac{U^2}{2}\left(\frac{1}{X_q} - \frac{1}{X_d}\right)\sin2\delta \tag{6-62}$$

称为附加电磁功率。基本电磁功率 P_e' 与励磁电动势 E_0、端电压 U 和 $\sin\delta$ 成正比,与直轴同步电抗 X_d 成反比;附加电磁功率 P_e'' 则与励磁电动势 E_0 无关,且仅当 $X_d \neq X_q$(即交、直轴磁阻互不相等)时才存在,故也称为磁阻功率。

对于并联于无穷大电网的同步发电机,发电机的端电压 U 即为电网的电压,因此电压 U 及频率 f 为常数。发电机运行过程中,如果不调节励磁电流 I_f,则 E_0 也为常数。在正常运行情况下发电机的参数也可认为保持不变。于是电磁功率 P_e 的大小将只取决于 δ 角的大小,因此 δ 称为功率角。当 U 与 E_0 不变时,由 $P_e = f(\delta)$ 画出的曲线便称为功角特性曲线。

图 6-49 表示凸极同步电机的功角特性曲线。从图可见,$0° \leqslant \delta \leqslant 180°$ 时,电磁功率为正值,对应于发电机状态;当 $\delta = 0$ 时,电磁功率为 0,对应于调相机(补偿机)状态;$-180° \leqslant \delta \leqslant 0°$ 时,电磁功率为负值,对应于电动机状态。由于同步电机的运行状态和有功功率的大小取决于功率角的正、负和大小,所以功率角是同步电机与电网并联运行时的基本变量之一。

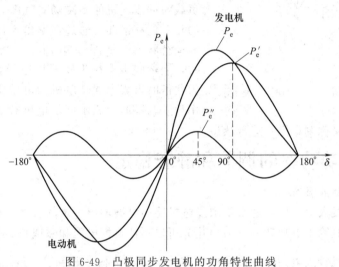

图 6-49 凸极同步发电机的功角特性曲线

从式(6-60)可知,基本电磁功率 P_e' 在 $\delta = 90°$ 时达到最大值;附加电磁功率 P_e'' 在 $\delta = 45°$ 时达到最大值;总的电磁功率 P_e 在 δ 为 $45° \sim 90°$ 之间达到最大值。

(2)隐极同步发电机的功角特性

对于隐极同步发电机,由于 $X_d = X_q = X_s$,附加电磁功率为零,所以隐极同步发电机的电磁功率只有基本电磁功率,即隐极同步发电机的功角特性为

$$P_e = m\frac{E_0 U}{X_s}\sin\delta \tag{6-63}$$

(3)功率角的物理意义

由图 6-50 的相量图可知,功率角 δ 有着双重的物理意义:一个意义是时间相量励磁电动势 $\dot{E}_0$ 与电枢端电压 $\dot{U}$ 之间的夹角;另一个意义则表示空间矢量主极磁场(F_f)和气隙合成磁场(F_δ)两者在空间的夹角。实际上主极磁动势 F_f 超前于励磁电动势 $\dot{E}_0$ 90°电角度,而气隙合成磁动势 F_δ 超前于气隙合成电动势 $\dot{E}_\delta$ 90°电角度,两者在空间上的夹角为 δ'。由于定子漏阻抗压降的影响,电枢端电压 $\dot{U}$ 滞后于 $\dot{E}_\delta$ 以 α 角,为了树立功角的空间概念,可不计定子漏磁的影响,并忽略电枢电阻,则 $\delta \approx \delta'$,于是主极磁场(F_f)和气隙合成磁场

(F_δ) 两者在空间的夹角可近似地认为是功率角 δ，如图 6-50 所示。

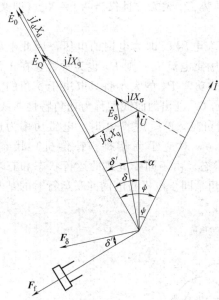

图 6-50 凸极同步发电机的时-空矢量图

对于功率角 δ 的正负，作如下规定：沿转子旋转的方向，励磁电动势 $\dot{E}_0$ 超前于电枢端电压 $\dot{U}$ 时，功角 δ 为正值，对应的电磁功率 P_e 为正值，这表明同步电机输出电功率，即同步电机运行于发电机状态；若励磁电动势 $\dot{E}_0$ 滞后于电枢端电压 $\dot{U}$ 时，则功角 δ 为负值，对应的电磁功率 P_e 也为负值，这表明同步电机自电网吸取电功率，即同步电机运行于电动机状态。

如上所述，正如转差率 s 是异步电机的基本变量一样，功率角 δ 是同步电机的基本变量，它表示负载时同步电机的主磁场和气隙合成磁场两者之间的相对位移情况。通过功率角 δ 可以判断同步电机的运行状态。如图 6-50 所示，当功率角 δ 为正值时，表示同步电机为发电机运行状态；当功率角 δ 为负值时，表示同步电机为电动机运行状态；当功率角 δ 为零时，表示同步电机有功功率为零，同步电机为补偿机（又称调相机）运行状态。

6.7.3　有功功率的调节和静态稳定

(1) 有功功率的调节

同步发电机投入电网后，通常要求发电机能向电网输出一定的有功和无功功率。下面先说明怎样使发电机输出有功功率。为简化分析，不计电枢电阻和磁饱和的影响。

当同步发电机投入电网后，该发电机尚处于空载状态（$\dot{E}_0 = \dot{U}$，$\dot{I} = 0$），这时原动机输入的机械功率 P_1 与发电机的空载损耗 $p_0 = p_\Omega + p_{Fe} + p_\Delta$ 相平衡，没有多余部分可以转化为电磁功率 P_e，因此 $\delta = 0$，$P_e = 0$。如果增加励磁电流，使 $E_0 > U$，发电机有电流 $\dot{I}$ 输出，但它是无功电流，即只有直轴分量 $\dot{I}_d$，而没有交轴分量 $\dot{I}_q$，仍然有 $\delta = 0$，$P_e = 0$，如图 6-51（a）所示。

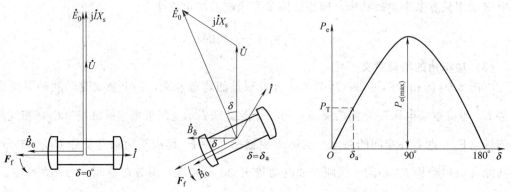

(a) 功率角$\delta = 0°$时的时-空矢量图　　(b) 功率角$\delta = \delta_a$时的时-空矢量图　　(c) 功角特性曲线

图 6-51　与无穷大电网并联时同步发电机有功功率的调节

欲使发电机输出有功功率，根据能量守恒原理，应当增加发电机的输入功率 P_1，即增加原动机的驱动转矩 T_1，这可以由开大汽轮机的气门（或水轮机的水门）来实现。原动机的驱动转矩 T_1 增大以后，由于 $T_1 > T_0$，就出现剩余转矩 $(T_1 - T_0)$，使发电机的转子瞬时加速，于是转子主极磁场将超前于气隙合成磁场，相应地，励磁电动势 $\dot{E}_0$ 将超前于电网电压 $\dot{U}$ 以 δ 角，如图 6-51（b）所示。发电机开始向电网输出有功电流，即出现交轴分量 $\dot{I}_q$，根据功角特性，此时发电机将向电网输出有功功率 P_2，$P_2 \approx P_e = m\dfrac{E_0 U}{X_s}\sin\delta$，同时转子上将受到一个制动的电磁转矩 T_e，当 δ 增大到某一数值 δ_a，使电磁转矩 T_e 正好与剩余转矩 $(T_1 - T_0)$ 相等时，发电机转子就不再加速。原动机的驱动转矩 T_1 和制动的电磁转矩 T_e 重新取得平衡，转子转速仍然保持为同步转速，即在此 δ_a 处稳定运行，如图 6-52（b）、（c）所示。此时原动机的有效转矩为

$$T_T = T_1 - T_0 = T_e \tag{6-64}$$

相应的有效输入功率为

$$P_T = P_1 - (p_\Omega + p_{Fe} + p_\Delta) = P_e = m\frac{E_0 U}{X_s}\sin\delta_a \tag{6-65}$$

由此可见，要增加发电机的输出功率，必须增加原动机的输入功率，使功率角 δ 增大。当输入功率逐步增加，使 δ 达到 90°时，电磁功率将达到其最大值 $P_{e(max)}$

$$P_{e(max)} = m\frac{E_0 U}{X_s} \tag{6-66}$$

此值就是隐极同步发电机能够发出的功率极限。

（2）静态稳定

设并联在电网上的同步发电机，在某一点正在稳定运行。如果外界（电网或原动机）发生微小扰动，发电机的运行状态将发生变化。当扰动消失后，发电机能否恢复到原先的状态下稳定运行，此问题称为同步发电机的静态稳定问题。如能恢复，则是静态稳定的；反之，则是不稳定。下面用图 6-52 来说明静态稳定问题。

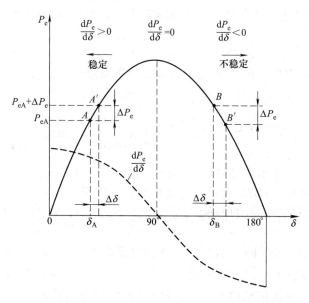

图 6-52　与无穷大电网并联时同步发电机的静态稳定性

假定发电机原先在 A 点运行，其功率角为 δ_A，$0<\delta_A<90°$，电磁功率为 P_{eA}。若此时输入功率有一微小的增量 ΔP_1，则功率角将增大 $\Delta\delta$；由于 A 点处于功角特性的上升部分，故功率角增大后，电磁功率将相应地增加 ΔP_e，因此制动性质的电磁转矩也将增大，以抑制功率角的进一步增大。当外界的扰动消失，多余的制动性电磁转矩将使机组回复到 A 点运行，所以 A 点是稳定的。

如果发电机原先在 B 点运行，其功率角为 δ_B，$90°<\delta_B<180°$，电磁功率为 P_{eB}。此时若输入功率增加 ΔP_1，功率角也将增大，从图 6-52 可以看出，此时功率角 δ 位于功角特性的下降部分，故功率角 δ 的增大反而将使电磁功率 P_e 减小，于是作用在发电机转子上的制动性质的电磁转矩 T_e 也减小，即 $T_1-T_0>T_e$，因此即使扰动消失，转子也将继续加速，使功率角 δ 进一步增大。这一过程如果得以继续发展，最后将导致发电机失去同步。所以 B 点是不稳定的。

综上所述可知，判断同步发电机能否保持静态稳定的标志是 δ 角增大后，电磁功率 P_e 是否增大。为了判断同步发电机是否稳定并衡量其稳定程度，可引入整步功率系数（或称比整步功率）$P_{syn}=\dfrac{dP_e}{d\delta}$。若 $\dfrac{dP_e}{d\delta}>0$，表示功率角增大时，电磁功率和制动性质的电磁转矩也将增大，故发电机是稳定的；若 $\dfrac{dP_e}{d\delta}<0$，表示功率角增大时，电磁功率和制动性质的电磁转矩将减小，故为不稳定；而 $\dfrac{dP_e}{d\delta}=0$ 处，便是静态稳定极限。对于隐极电机

$$\frac{dP_e}{d\delta}=m\frac{E_0U}{X_s}\cos\delta \tag{6-67}$$

故当 $\delta<90°$ 时，发电机是稳定的；功率角越接近 $90°$，稳定程度就越低；当 $\delta=90°$ 时，$\dfrac{dP_e}{d\delta}=0$，达到静态稳定极限。当 $\delta>90°$ 时，$\dfrac{dP_e}{d\delta}<0$，发电机将变成不稳定。$\dfrac{dP_e}{d\delta}$ 与 δ 的关系如图 6-52 中虚线所示。

为使同步发电机能够稳定地运行并有一定裕度，应使最大电磁功率比额定功率大很多。为此，同步发电机的最大电磁功率 $P_{e(max)}$ 与额定功率 P_N 之比，称为过载能力，用 k_M 表示，即

$$k_M=\frac{P_{e(max)}}{P_N} \tag{6-68}$$

由于忽略电枢电阻后，$P_N\approx P_{e(max)}$，因此对于隐极同步发电机，过载能力为

$$k_M=\frac{P_{e(max)}}{P_N}\approx\frac{m\dfrac{E_0U}{X_s}}{m\dfrac{E_0U}{X_s}\sin\delta_N}=\frac{1}{\sin\delta_N} \tag{6-69}$$

通常，额定状态下的功率角 δ_N 约为 $30°\sim40°$，此时 $k_M\approx1.6\sim2.0$。

从式（6-66）和式（6-67）可见，发电机的功率极限和整步功率系数都正比于 E_0，反比于 X_s，所以增加励磁电流（即增大 E_0）、减小同步电抗 X_s 可以提高同步电机的功率极限和静态稳定度。

【例 6-3】有一台 $70000kV\cdot A$、$13.8kV$（星形联结）、$\cos\varphi_N=0.85$（滞后）的三相水轮发电机与电网并联运行，已知电机的参数为 $X_d^*=1.0$，$X_q^*=0.7$，电枢电阻忽略不计，将该发电机并联在额定电压的电网上。试求额定负载时发电机的功率角和励磁电动势，以及保持该励磁时发电机的最大电磁功率（不计磁饱和）和过载能力。

解 ① 额定负载时发电机的内功率因数角 ψ。

因为电压为额定电压，所以 $U^* = 1.0$。因为负载为额定负载，所以电流为额定电流，即 $I^* = 1.0$。

额定功率因数角

$$\varphi = \arccos 0.85 = 31.79°, \qquad \sin\varphi = 0.5268$$

由此可得内功率因数角 ψ 为

$$\psi = \arctan \frac{U^* \sin\varphi + I^* X_q^*}{U^* \cos\varphi} = \arctan \frac{1.0 \times 0.5268 + 1.0 \times 0.7}{1.0 \times 0.85} = 55.28°$$

于是

$$I_d^* = I^* \sin\psi = 1.0 \times \sin 55.28 = 0.8219, \qquad I_q^* = I^* \cos\psi = 1.0 \times \cos 55.28 = 0.5696$$

② 功率角 δ

$$\delta = \psi - \varphi = 55.28° - 31.79° = 23.49°$$

③ 励磁电动势 E_0

$$E_0^* = U^* \cos\delta + I_d^* X_d^* = 1.0 \times \cos 23.49° + 0.8219 \times 1.0 = 1.739$$

$$E_0 = E_0^* U_{N\phi} = E_0^* \frac{U_N}{\sqrt{3}} = 1.739 \times \frac{13.8 \times 10^3}{\sqrt{3}} = 13855.8 \text{ (V)}$$

④ 功角方程。因为星形联结，所以 $I_{N\phi} = I_N = \dfrac{S_N}{\sqrt{3} U_N} = \dfrac{70000 \times 10^3}{\sqrt{3} \times 13.8 \times 10^3} = 2928.67$ （A）

$$U_{N\phi} = \frac{U_N}{\sqrt{3}} = \frac{13.8 \times 10^3}{\sqrt{3}} = 7967.7 \text{ (V)}$$

$$Z_N = \frac{U_{N\phi}}{I_{N\phi}} = \frac{7967.7}{2928.67} = 2.72 \text{ (}\Omega\text{)}$$

$$X_d = X_d^* Z_N = 1.0 \times 2.72 = 2.72 \text{ (}\Omega\text{)}$$

$$X_q = X_q^* Z_N = 0.7 \times 2.72 = 1.9 \text{ (}\Omega\text{)}$$

$$P_e = m \frac{E_0 U}{X_d} \sin\delta + m \frac{U^2}{2} \left(\frac{1}{X_q} - \frac{1}{X_d} \right) \sin 2\delta$$

$$= 3 \times \frac{13855.8 \times 7967.7}{2.72} \sin\delta + 3 \times \frac{7967.7^2}{2} \left(\frac{1}{1.90} - \frac{1}{2.72} \right) \sin 2\delta$$

$$= 121.8 \times 10^6 \sin\delta + 15.1 \times 10^6 \sin 2\delta \quad \text{(W)}$$

⑤ $\delta = 23.49°$ 时的电磁功率 P_e

$$P_e = 121.8 \times 10^6 \sin\delta + 15.1 \times 10^6 \sin 2\delta$$

$$= 121.8 \times 10^6 \sin 23.49 + 15.1 \times 10^6 \sin 2 \times 23.49$$

$$= 59.59 \times 10^6 \quad \text{(W)}$$

⑥ 最大电磁功率 $P_{e(max)}$

$$\frac{dP_e}{d\delta} = 121.8 \times 10^6 \cos\delta + 30.2 \times 10^6 \cos 2\delta$$

$$= 121.8 \times 10^6 \cos\delta + 30.2 \times 10^6 (2\cos^2\delta - 1)$$

令 $\dfrac{dP_e}{d\delta} = 0$，则得达到最大电磁功率 $P_{e(max)}$ 的功角 $\delta_{max} = 77.08°$

所以最大电磁功率 $P_{e(max)}$ 为

$$P_{e(max)} = 121.8 \times 10^6 \sin\delta_{max} + 15.1 \times 10^6 \sin 2\delta_{max}$$

$$= 121.8 \times 10^6 \sin 77.08 + 15.1 \times 10^6 \sin 2 \times 77.08$$
$$= 125.3 \times 10^6 \quad (\text{W})$$

⑦ 过载能力 k_{M}

$$k_{\text{M}} = \frac{P_{\text{e(max)}}}{P_{\text{N}}} = \frac{P_{\text{e(max)}}}{S_{\text{N}} \cos\varphi_{\text{N}}} = \frac{125.3 \times 10^6}{70000 \times 10^3 \times 0.85} = 2.106$$

6.7.4 无功功率的调节与 V 形曲线

(1) 无功功率的调节

电网的总负载中，有的负载需要无功功率。当发电机发出的无功功率不能满足电网对无功功率的要求时，就会导致电网电压降低，这对用户是不利的。因此，同步发电机与电网并联运行时，不仅要向电网输出有功功率，通常还要输出无功功率。分析表明，调节发电机的励磁电流，即可调节其无功功率。

下面仍以隐极同步发电机为例来说明同步发电机无功功率的调节问题，以及无功功率和励磁电流的关系。为分析简单，忽略电枢电阻和磁饱和的影响，并假定调节励磁电流时原动机输入的有功功率保持不变。于是根据功率平衡关系可知，在调节励磁前后，发电机的电磁功率 P_{e} 和输出的有功功率 P_2 应近似保持不变，即

$$\left.\begin{array}{l} P_{\text{e}} = m\dfrac{E_0 U}{X_{\text{s}}}\sin\delta = \text{常值} \\[3mm] P_2 = mUI\cos\varphi = \text{常值} \end{array}\right\} \tag{6-70}$$

由于电网电压 U 和发电机的同步电抗 X_{s} 均为定值，所以式（6-70）可进一步写成

$$E_0 \sin\delta = \text{常值}, \quad I\cos\varphi = \text{常值} \tag{6-71}$$

而且忽略电枢电阻后，亦有 $P_{\text{e}} = P_2$，即

$$\frac{E_0 \sin\delta}{X_{\text{s}}} = I\cos\varphi = \text{常值} \tag{6-72}$$

图 6-53 表示保持 $E_0 \sin\delta = $ 常值，$I\cos\varphi = $ 常值，调节励磁电流时同步发电机的相量图。由图 6-53 可知，当调节励磁电流使 E_0 变化时，由于 $I\cos\varphi = $ 常值，定子电流相量 $\dot{I}$ 的末端轨迹是一条与电压 $\dot{U}$ 垂直的铅垂线 $\overline{CD}$；又由于 $E_0 \sin\delta = $ 常值，故相量 $\dot{E}_0$ 的末端轨迹为一条与电压 $\dot{U}$ 平行的水平线 $\overline{AB}$。

当励磁电动势为 $\dot{E}_0$、电枢电流为 $\dot{I}$、功率因数 $\cos\varphi = 1$ 时，此时的励磁电流 I_{f} 称为"正常励磁"。正常励磁时，$E_0 \cos\delta = U$，$\dot{I}$ 与 $\dot{U}$ 同相位，发电机的输出功率全部为有功功率。

若增加励磁电流，使 $I'_{\text{f}} > I_{\text{f}}$，发电机将在"过励"状态下运行。此时励磁电动势增加为 $\dot{E}'_0$，但因 $E_0 \sin\delta = $ 常值，故 $\dot{E}'_0$ 的端点应落在水平线 $\overline{AB}$ 上。$\dot{E}'_0$ 确定后，根据电压方程 $\dot{E}'_0 = \dot{U} + j\dot{I}'X_{\text{s}}$ 可得同步电抗压降 $j\dot{I}'X_{\text{s}}$，并进一步确定电枢电流 $\dot{I}'$。$\dot{I}'$ 的方向应与 $j\dot{I}'X_{\text{s}}$ 垂直，又因 $I\cos\varphi = $ 常值，故 $\dot{I}'$ 的端点应落在铅垂线 $\overline{CD}$ 上。从图 6-53 可见，此时电枢电流 $\dot{I}'$ 将滞后于电网电压 $\dot{U}$，电枢电流中除有功分量外，还有滞后的无功分量。总之，过励

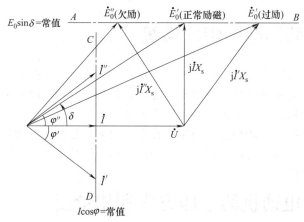

图 6-53 同步发电机与电网并联时无功功率的调节

时，$E'_0 \cos\delta' > U$，发电机除输出一定的有功功率外，还将输出滞后的无功功率。

反之，如果减少励磁电流，使 $I''_f < I_f$，则发电机将在"欠励"状态下运行。此时励磁电动势减小为 $\dot{E}''_0$，但其端点仍应落在 $\overline{AB}$ 线上；相应地，电枢电流将变成 $\dot{I}''$，$\dot{I}''$ 与 $j\dot{I}''X_s$ 垂直，其端点仍在 $\overline{CD}$ 线上。此时电枢电流 $\dot{I}''$ 将超前于电网电压 $\dot{U}$，电枢电流中除有功分量外，将出现超前的无功分量。总之，欠励时，$E''_0 \cos\delta'' < U$，发电机除输出一定的有功功率外，还将输出超前的无功功率。

（2）同步发电机的 V 形曲线

由以上分析可知，在原动机输入功率不变，即同步发电机的输出功率 P_2 恒定时，改变励磁电流 I_f 将引起同步电机电枢电流 $\dot{I}$ 大小和相位的变化。励磁电流为"正常励磁"值时，电枢电流 I 最小；偏离此点，无论是增大还是减小励磁电流，电枢电流都会增加。电枢电流与励磁电流的这种内在联系，可通过实验方法确定，所得关系曲线如图 6-54 所示，因该曲线形似字母"V"，故称之为同步发电机的 V 形曲线。

在输出不同的有功功率时，电枢电流的有功分量不同。对应于每一个恒定的有功功率值 P_2，都可以测定一条 V 形曲线。功率值越大，曲线位置越往上移，从而形成一组曲线。每一条曲线都有一个最小值，此时 $\cos\varphi = 1$，电枢电流最小，全为有功分量，励磁电流为"正常"值。把各条曲线中的最低点连起来，就得到一条的 $\cos\varphi = 1$ 的曲线（图 6-54 中，中间的一条虚线），这条曲线微微向右倾斜，即说明输出功率增大时必须相应地增加一些励磁电流，才能保持 $\cos\varphi$ 不变。在 $\cos\varphi = 1$ 的左边为欠励状态，功率因数是超前的，表示同步发电机输出的无功功率为容性；在 $\cos\varphi = 1$ 的右边为过励状态，功率因数是滞后的，表示同步发电机输出的无功功率为感性。在 V 形曲线的左侧还存在一个不稳定区（对应于 $\delta > 90°$），且与欠励状态相连。由于愈欠励愈靠近不稳定区，因此同步发电机一般不宜于在欠励状态下运行。

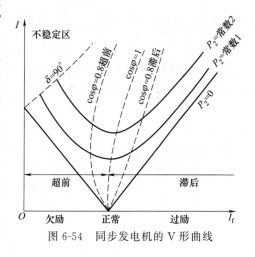

图 6-54 同步发电机的 V 形曲线

6.8 同步电动机与同步补偿机

同步电动机运行是同步电机的又一种运行方式。同步电动机的特点是，稳态运行时转子转速与负载的大小无关而始终保持为同步转速，且其功率因数可以调节。因此在恒速负载及需要改善功率因数的场合，常常优先选用同步电动机。

同步补偿机（又称同步调相机）则是一种专门用来补偿电网无功功率和功率因数的同步电机。同步补偿机运行时，吸取电网的无功功率，由其能量来源看，同步补偿机实际为不带机械负载的同步电动机。

6.8.1 同步电动机的电压方程和相量图

研究同步电动机的方法与研究同步发电机的方法相似。各物理量正方向的标注可以采用发电机惯例，也可以采用电动机惯例。

同步电动机由电网输入电功率，轴端输出机械功率。若仍用发电机惯例来分析，则同步电动机是向电网发出负的电功率，即电磁功率 $P_e < 0$；功率角 δ 也是负值，即励磁电动势 $\dot{E}_0$ 将滞后于端电压 $\dot{U}$，电磁转矩 T_e 是驱动性质的转矩。图 6-55 表示隐极同步电动机的相量图，由图可见，功率因数角 $|\varphi| > 90°$。

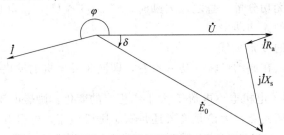

图 6-55　隐极同步电动机的相量图（发电机惯例）

改用电动机惯例来分析（有关物理量的下标加 M），即以输入电流 $\dot{I}_M$ 作为电枢电流的正方向，以输入电功率作为正值，功角 δ_M 规定从 $\dot{E}_0$ 指向 $\dot{U}$ 为正值。此时从发电机的电压方程（6-11）出发，代入 $\dot{I}_M = -\dot{I}$，可得隐极同步电动机的电压方程为

$$\dot{U} = \dot{E}_0 + (-\dot{I})R_a + j(-\dot{I})X_s = \dot{E}_0 + \dot{I}_M R_a + j\dot{I}_M X_s \tag{6-73}$$

图 6-56 是根据式（6-73）画出的相量图和等效电路。对于同步电动机，这样做可以避免有功功率和功率角出现负值，并使功率因数角 φ_M 和内功率因数角 ψ_M 限定在 $-90° \sim 90°$ 以内。

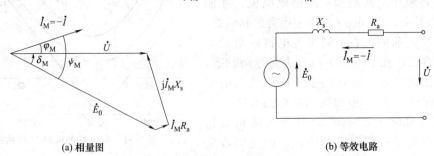

(a) 相量图　　　　　　　　　　(b) 等效电路

图 6-56　隐极同步电动机的相量图和等效电路（电动机惯例）

对于凸极同步电动机，采用电动机惯例，可以直接写出其电压方程为

$$\dot{U}=\dot{E}_0+\dot{I}_M R_a+j\dot{I}_{dM}X_d+j\dot{I}_{qM}X_q \tag{6-74}$$

式中，$\dot{I}_{dM}$ 和 $\dot{I}_{qM}$ 分别表示定子（电枢）电流的直轴和交轴分量。

根据式（6-74）可画出相应的相量图如图 6-57 所示。在画凸极同步电动的相量图时，与发电机一样，需要先确定内功率因数角 ψ_M。

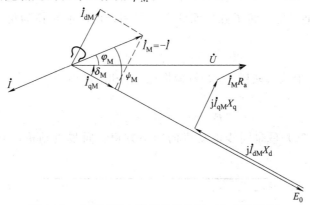

图 6-57 凸极同步电动机的相量图（电动机惯例）

在分析电枢反应的性质时，要注意是采用哪种惯例。若采用发电机惯例，则电枢电流 $\dot{I}$ 滞后于励磁电动势 $\dot{E}_0$ 时，电枢反应为去磁作用；$\dot{I}$ 超前于 $\dot{E}_0$ 时，电枢反应为增磁作用。这在 6.2 节中已经阐明。若采用电动机惯例，由于电枢电流的正方向已经改变，所以电枢电流 $\dot{I}_M$ 滞后于励磁电动势 $\dot{E}_0$ 时，电枢反应为增磁作用；$\dot{I}_M$ 超前于 $\dot{E}_0$ 时，电枢反应为去磁作用。

6.8.2 同步电动机的功角特性

同理，原适用于同步发电机的功角特性也要改为电动机惯例。

如将 6.7 节中按发电机惯例导出的功角特性式（6-60）用于电动机，因为电动机的功率角 δ 为负值，所以电磁功率 P_e 也是负值。改用电动机惯例，使 $\delta_M=-\delta$，即把 $\dot{E}_0$ 滞后于 $\dot{U}$ 时的功率角规定为正值，可得忽略定子电阻 R_a 时同步电动机的功角特性为

$$P_e=m\frac{E_0 U}{X_d}\sin\delta_M+m\frac{U^2}{2}\left(\frac{1}{X_q}-\frac{1}{X_d}\right)\sin2\delta_M \tag{6-75}$$

这时电磁功率 P_e 为正值，表示从电能转换为机械能。将式（6-75）的等号两边同除以同步角速度 Ω_s，可得电动机的电磁转矩 T_e 为

$$T_e=m\frac{E_0 U}{\Omega_s X_d}\sin\delta_M+\frac{mU^2}{2\Omega_s}\left(\frac{1}{X_q}-\frac{1}{X_d}\right)\sin2\delta_M \tag{6-76}$$

此时电磁转矩是驱动性质的。当负载变化时，电动机的功角将随之而变化，于是由式（6-76）可知，电磁转矩也将发生相应的变化以适应负载的需要，但是转子的转速仍将保持为同步速度。

对于隐极同步电动机，由于 $X_d=X_q=X_s$，附加电磁功率为零，所以隐极同步电动机的电磁功率只有基本电磁功率，即隐极同步电动机的功角特性为

$$P_e=m\frac{E_0 U}{X_s}\sin\delta_M \tag{6-77}$$

和发电机一样，增加电动机的励磁电流（即增加 E_0），可以提高电动机的最大电磁功率 $P_{e(max)}$，从而提高同步电动机的过载能力。这也是同步电动机的特点之一。

6.8.3　同步电动机的功率方程和转矩方程

(1) 同步电动机的功率方程

正常工作时，同步电动机从电网输入的电功率 P_1，除小部分消耗于定子（电枢）铜耗 p_{Cua} 外，大部分将通过定、转子磁场间的相互作用，由电能转换为机械能，此转换功率就是电磁功率 P_e，故有

$$P_e = P_1 - p_{Cua} \tag{6-78}$$

从电磁功率 P_e 中减去铁耗 p_{Fe}、机械损耗 p_Ω 和附加损耗 p_Δ 后，可得轴上输出的机械功率 P_2，即

$$P_2 = P_e - p_{Fe} - p_\Omega - p_\Delta \tag{6-79}$$

式（6-78）和式（6-79）就是同步电动机的功率方程。同步电动机的功率流程图如图 6-58 所示。

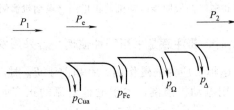

图 6-58　同步电动机功率流程图

(2) 同步电动机的转矩方程

若不计附加损耗，则式（6-79）可写成

$$P_e = (p_{Fe} + p_\Omega) + P_2 = p_0 + P_2 \tag{6-80}$$

把式（6-80）两边除以同步角速度 Ω_s，可得同步电动机的转矩方程为

$$T_e = T_0 + T_2 \tag{6-81}$$

式中，T_e 为同步电动机的电磁转矩，$T_e = \dfrac{P_e}{\Omega_s}$；$T_0$ 为同步电动机的空载转矩，$T_0 = \dfrac{p_{Fe} + p_\Omega}{\Omega_s}$；$T_2$ 为同步电动机的输出转矩，$T_2 = \dfrac{P_2}{\Omega_s}$，$T_2$ 与负载转矩 T_L 大小相等、方向相反，即 $T_2 = T_L$。

6.8.4　同步电动机的工作特性

同步电动机的工作特性是指，定子（电枢）电压 U 为额定电压、励磁电流 I_f 为额定电流时，电磁转矩 T_e、电枢电流 I_M、效率 η、功率因数 $\cos\varphi_M$ 与输出功率 P_2 之间的关系，即同步电动机的工作特性是指 $U = U_{N\phi}$、$I_f = I_{fN}$ 时，T_e、I_M、η、$\cos\varphi_M = f(P_2)$ 的关系曲线。

从转矩方程 $T_e = T_0 + T_2 = T_0 + \dfrac{P_2}{\Omega_s}$ 可知，当输出功率 $P_2 = 0$ 时，$T_e = T_0$，此时电枢电流为很小的空载电流；随着输出功率的增加，电磁转矩将正比增大，电枢电流也随之而增

大，因此 $T_e=f(P_2)$ 是一条直线，$I_M=f(P_2)$ 近似为一直线，如图 6-59 所示。

同步电动机的效率特性与其他电机基本相同。空载时，$\eta=0$；随着输出功率 P_2 的增加，效率逐步增加，达到最大效率 η_{max} 后开始下降。

同步电动机的功率因数特性是指 $U=U_{N\phi}$、$I_f=$ 常数时，功率因数 $\cos\varphi_M$ 随输出功率 P_2 变化的关系曲线，即 $\cos\varphi_M=f(P_2)$。图 6-60 表示不同励磁电流时，同步电动机的功率因数特性。图中曲线 1 表示，若调节同步电动机的励磁电流，使电动机空载时 $\cos\varphi_M=1$ 的情况，若保持此励磁电流 I_f 不变，随着电动机承担的负载的增加，同步电动机的功率角 δ_M 将增大，由于励磁电动势 E_0 的大小未变（$\because I_f=$ 常数），所以由同步电动机的相量图可知，同步电动机

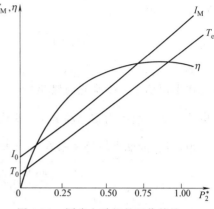

图 6-59 同步电动机的工作特性

的功率因数角 φ_M 将随之改变。电动机的功率因数 $\cos\varphi_M$ 将从 1 逐步下降而变为滞后性质；曲线 2 表示，若调节（适当增大）同步电动机的励磁电流，使同步电动机半载时 $\cos\varphi_M=1$ 的情况，若保持此励磁电流不变，当电动机实际负载低于半载时，$\cos\varphi_M$ 减小，且为超前性质，若电动机实际负载高于半载时，$\cos\varphi_M$ 同样减小，且为滞后性质；曲线 3 表示，当调节（继续增大）励磁电流，使电动机满载时 $\cos\varphi_M=1$ 的情况，此后随着电动机承担的负载的减小，$\cos\varphi_M$ 减小，且为超前性质。

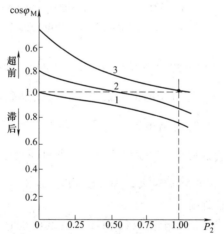

图 6-60 不同励磁时同步电动机的功率因数特性 $\cos\varphi_M=f(P_2)$

从图 6-60 可见，改变励磁电流，可使电动机在任一特定负载下的功率因数达到 1，甚至变成超前。也就是说，改变同步电动机的励磁电流，可以使 $\cos\varphi_M$ 改变，即同步电动机可以用调节励磁电流的方法，使其成为电网的感性负荷、容性负荷和纯电阻负荷。

6.8.5 同步电动机无功功率的调节和 V 形曲线

(1) 同步电动机无功功率的调节

与同步发电机相似，当同步电动机输出有功功率 P_2 恒定，而改变其励磁电流时，其无功功率也是可以调节的。为简便起见，以隐极同步电动机为例，且不计磁路饱和的影响，忽略电枢电阻。由于电网是无穷大的，电压和频率均保持不变。由于忽略了电枢电阻，可认为

$P_1 \approx P_e$。故当电动机的负载转矩不变时，亦即电动机的输出功率 P_2 不变时，若不计改变励磁电流时定子铁耗和附加损耗的微弱变化，则同步电动机的电磁功率也保持不变。经过上述简化，可得

$$P_e = m\frac{E_0 U}{X_s}\sin\delta_M = P_1 = mUI_M\cos\varphi_M = 常数 \tag{6-82}$$

即
$$E_0\sin\delta_M = 常值 \qquad I_M\cos\varphi_M = 常值 \tag{6-83}$$

由此作出恒功率、变励磁时隐极同步电动机的相量图如图 6-61 所示。图中可见，当改变励磁电流，从而引起励磁电动势 $\dot{E}_0$ 变化时，$\dot{E}_0$ 的端点轨迹就落在与 $\dot{U}$ 平行的水平线 $\overline{AB}$ 上。相应地，$\dot{I}_M$ 的端点轨迹将落在与 $\dot{U}$ 垂直的铅垂线 $\overline{CD}$ 上。

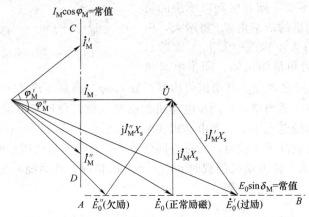

图 6-61　恒功率、变励磁时隐极同步电动机的相量图

当励磁电动势为 $\dot{E}_0$、电动机的功率因数 $\cos\varphi_M = 1$ 时，该励磁就称为"正常励磁"，此时电枢电流 $\dot{I}_M$ 全部为有功电流，I_M 的值为最小。若增大励磁，使励磁电动势增加到 $\dot{E}'_0$，电机便处于"过励"状态，此时电枢电流 $\dot{I}'_M$ 将超前 $\dot{U}$，其值较正常励磁时大，即 $I'_M >$ I_M。反之，若减小励磁，使励磁电动势减小到 $\dot{E}''_0$，电机便处于"欠励"状态，此时电枢电流 $\dot{I}''_M$ 将滞后 $\dot{U}$，其值也比正常励磁时大，即 $I''_M > I_M$。

(2) 同步电动机的 V 形曲线

同步电动机的 V 形曲线是指定子电压 $U = U_N$、电磁功率 $P_e =$ 常值时，电枢电流随励磁电流变化的关系曲线，即 $I_M = f(I_f)$。

根据上述关于同步电动机无功功率的调节的分析，便可画出电磁功率为某一常值时的 $I_M = f(I_f)$ 曲线，此曲线仍形状如"V"字，与发电机时相似，通常称为同步电动机的 V 形曲线。图 6-62 表示电磁功率为三个不同值 P_e、P'_e 和 P''_e 时的 V 形曲线。

从图 6-62 中可见以下几点。

① 同步电动机输出功率恒定时，改变励磁电流可以调节其无功功率。

②"正常"励磁时，功率因数 $\cos\varphi_M = 1$，电枢电流 I_M 全部为有功电流，故 I_M 的数值最小。

③ 励磁电流小于正常励磁值（欠励）时，电动机功率因数 $\cos\varphi_M$ 滞后，同步电动机相当于感性负载，要从电网吸收电感性无功功率。

④ 励磁电流大于正常励磁值（过励）时，电动机功率因数 $\cos\varphi_M$ 超前，同步电动机相当于容性负载，要从电网吸收电容性无功功率，即向电网输出电感性无功功率。

⑤ 在欠励区，当励磁电流减小至图 6-62 中左侧虚线所示数值时，由于 E_0 的下降，使得电动机的最大电磁功率不断下降，电动机将失去同步，不能稳定运行。

调节励磁就可以调节电动机的无功电流和功率因数，这是同步电动机最主要的优点。通常同步电动机多在过励状态下运行，以便从电网吸收超前电流（即向电网输出滞后电流），改善电网的功率因数。但是过励时，励磁电流增大，励磁绕组的温升要增高，同步电动机的效率也将有所降低。

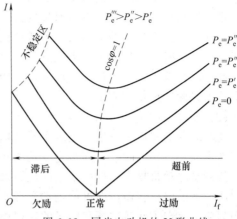

图 6-62 同步电动机的 V 形曲线

但是，同步电动机的启动问题要靠启动绕组或其他方法来解决，正常工作时同步电动机的转子要外接直流电源，使转子结构稍复杂、造价提高，这是它的缺点。

6.8.6 同步电动机的启动

同步电动机的电磁转矩是由定子（电枢）电流建立的旋转磁场与转子（主极）磁场相互作用而产生的，仅仅在两者相对静止时，才能得到恒定的电磁转矩。启动时，在把定子直接投入电网，转子加上直流励磁的瞬间，定子三相电流所产生的旋转磁场以同步转速旋转，而转子磁场静止不动，这时定、转子磁场之间具有相对运动，所以不能产生恒定方向的电磁转矩，故同步电动机不能启动，这可用图 6-63 来说明。在图 6-63（a）所示瞬间，电磁转矩 T_e 的方向倾向于拖动转子逆时针方向旋转。但是，由于机械惯性，转子还未转起来，定子磁场已转了 $180°$，达到图 6-63（b）所示的位置，转子又倾向于顺时针转动，结果作用在转子上的电磁转矩快速地正、负交变，转子承受了一个交变的脉振转矩，其平均转矩为零，故同步电动机不能自行启动。因此，要把同步电动机启动起来，必须借助于其他方法。

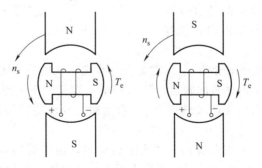

(a) 转子倾向于逆时针方向旋转　(b) 转子倾向于顺时针方向旋转

图 6-63 启动时同步电动机的电磁转矩

同步电动机常用的启动方法有以下三种。

(1) 辅助电动机启动法

通常选用与同步电动机极数相同、容量约为同步电动机容量的 $10\%\sim15\%$ 的异步电动机作为辅助电动机。当辅助电动机把同步电动机拖动到接近同步转速时，然后合主闸，并立即给同步电动机励磁，利用自整步法将同步电动机拉入同步，再切断辅助电动机的电源。

也可采用比同步电动机少一对极的异步电动机作为辅助电动机，将同步电动机拖到超过同步转速，然后切断辅助电动机的电源使同步电动机的转速下降，当同步电动机的转速降到等于同步转速时，再将同步电动机立即投入电网，这样可获得更大的整步转矩。

此法的缺点是不能在负载下启动，否则要求辅助电动机的容量很大，将增加整个机组的投资。所以此法现在一般不用。

(2) 变频启动法

变频启动的实质是设法改变定子旋转磁场的转速。在具有三相变频电源的场合，可以采用变频启动法。启动时，在同步电动机的转子加上直流励磁，同时把变频电源的频率调得极低，使同步电动机投入电源后定子的旋转磁场转得极慢。这样，依靠定、转子磁场之间相互作用所产生的电磁转矩，即可使电动机开始启动，并在很低的转速下运转。然后逐步提高电源的频率，使定子旋转磁场和转子的转速逐步加快，直到电源频率等于额定频率，电动机的转速达到额定转速为止。

此法的缺点是需要一套变频电源。

(3) 异步启动法

同步电动机多数都在主极极靴上装设笼型启动绕组（类似于异步电动机转子上的笼型绕组），通常称为阻尼绕组。此时可采用类似于启动笼型异步电动机的方法来启动同步电动机，因此这种启动方法称为异步启动法。

异步启动时的线路图如图 6-64 所示。启动时，先把励磁绕组接至限流电阻（限流电阻的阻值约为励磁绕组电阻 R_f 的 10 倍），然后把定子三相绕组接至交流电网。这样，依靠定子旋转磁场和转子笼型启动绕组中感应电流所产生的异步电磁转矩，电机便能启动起来。待转速上升到接近于同步转速时，再将直流励磁电流接入励磁绕组，使转子建立主磁场；此时依靠定、转子磁场相互作用所产生的同步电磁转矩，再加上转子凸极效应所产生的磁阻转矩，通常便可将转子牵入同步。一般来讲，负载越轻，加入直流励磁时电动机的转差率越小，功率角又在合适的范围以内，就越容易将电机牵入同步。

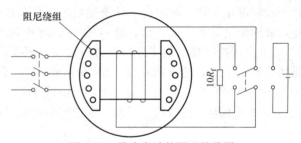

图 6-64 异步启动的原理接线图

笼型启动绕组所产生的转矩 $T_{e(笼型)}$ 类似于异步电动机的异步电磁转矩，如图 6-65 上面的一条虚线所示。当同步电动机的转速达到 $0.95n_s$（即转差率 $s=0.05$）时，笼型启动绕组所产生的异步转矩值称为名义牵入转矩 T_{pi}。启动时，要求启动转矩 T_{st} 大，牵入转矩 T_{pi} 也要大。

异步启动时，励磁绕组切忌开路，因为刚启动时，定子旋转磁场与转子的相对速度很大，定子旋转磁场会在匝数较多的励磁绕组中感应出高电压，易使励磁绕组击穿或引起人身安全事故。若将励磁绕组不经限流电阻直接短路，此时会在励磁绕组（相当于一个单相绕组）中感应一个很大的电流，它与气隙磁场作用将产生较大的附加转矩（称为单轴转矩 $T_{e(单轴)}$），如图 6-65 的阴影部分所示。单轴转矩的特点是在 $n>0.5n_s$（$s<0.5$）处产生较大的负转矩，因此使同步电动机的合成转矩 $T_{e(合成)}$（$=T_{e(笼型)}+T_{e(单轴)}$）曲线发生明显的下凹，将会导致重载启动时电动机的转速停滞在 $0.5n_s$ 附近而不能继续上升。为减小单轴转矩，启动时应在励磁绕组内接入一个限流电阻，其阻值约为励磁绕组电阻的 10 倍左右。

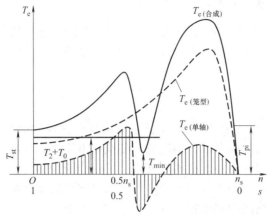

图 6-65 单轴转矩对同步电动机启动的影响

6.8.7 同步补偿机

电网的负载主要是异步电动机和变压器，它们都从电网吸取感性无功功率，而使电网的功率因数降低。如果能在适当地点把负载所需的感性无功功率就地供给，避免远距离传送，则既减小线路损耗和电压降，又可减轻发电机的负担而充分利用它的容量，应用同步补偿机（又称同步调相机）是解决这一问题的一个很有效的方法。

(1) 同步补偿机的原理

轴上不带机械负载，专门用以调节无功功率、改善电网功率因数的同步电动机称为同步补偿机。同步补偿机利用同步电动机改变励磁电流可以调节功率因数的原理并联于电网上。

由于输出的机械功率 $P_2 = 0$，所以正常工作时，补偿机从电网输入的有功功率 P_1，仅需用以克服定子（电枢）的铜耗 p_{Cua}、铁耗 p_{Fe} 和机械损耗 p_Ω，若不计损耗，则可认为补偿机的输入功率 P_1 近似为零。因此同步补偿机总是在接近于零电磁功率和零功率因数的情况下运行。所以同步补偿机的 V 形曲线 $I = f(I_f)$，相当于图 6-62 中电磁功率 $P_e = 0$ 时电动机的 V 形曲线。从 V 形曲线可知，当励磁为正常励磁时，补偿机的电枢电流接近于零；过励时，补偿机能从电网吸取超前的无功电流；欠励时，则从电网吸取滞后的无功电流。所以过励时同步补偿机就相当于一组并联的可变电容器，欠励时则相当于一个可变电抗器。

假如忽略同步补偿机的全部损耗，则电枢电流全是无功分量（$\dot{I}_d = \dot{I}$，$\dot{I}_q = 0$），则同步补偿机的电压方程可简化为 $\dot{U} = \dot{E}_0 + j\dot{I}X_s$，由此即可画出补偿机过励和欠励时的相量图，如图 6-66 所示。从图上可见，过励时，电流 $\dot{I}$ 超前电压 $\dot{U}90°$，欠励时，电流 $\dot{I}$ 滞后电压 $\dot{U}90°$。所以，只要调节励磁电流，就能灵活地调节无功功率的性质和大小。

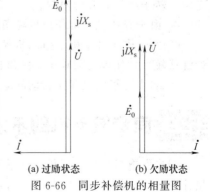

(a) 过励状态　　　(b) 欠励状态

图 6-66 同步补偿机的相量图

(2) 同步补偿机的用途

由于电力系统的大部分负载为异步电动机，它们要从电网中吸取一定的滞后无功电流来建立电机内的磁场，致使整个电网的功率因数降低，线路的电压降和铜耗增大，电站中同步发电机的容量不能有效利用。如果能在电网的受电端装设一台同步补偿机，使其从电网吸收超前的无功电流，则电网的功率因数就可以得到改善。

以图 6-67（a）所示最简单的系统为例，设 $\dot{I}_a$ 为异步电动机从电网吸取的滞后电流，现使受电端的同步补偿机在过励状态下运行，此时补偿机将从电网吸取一个超前的无功电流 $\dot{I}_c$，于是线路电流 $\dot{I}$ 为

$$\dot{I}=\dot{I}_a+\dot{I}_c \tag{6-84}$$

从图 6-67（b）所示相量图可见，由于补偿机从电网吸收的超前无功电流完全（或部分）补偿了异步电动机所需的滞后无功电流，使线路电流减小，功率因数显著提高。用发电机惯例来分析时，也可以认为补偿机向电网输出了一个滞后的无功电流，此时异步电动机所需的滞后无功电流，实质上是由过励的同步补偿机发出而直接供给的，从而避免了无功电流的远程输送，改善了电网的功率因数。

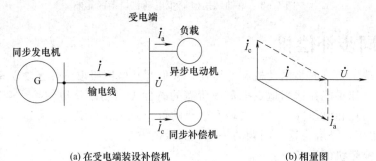

(a) 在受电端装设补偿机　　　　　　　　　　　　　(b) 相量图

图 6-67　用同步补偿机来改善电网的功率因数

对于高压长距离的输电线路，当电网负载很轻时，输电线路将呈现很大的电容作用，可使受电端的电压升高。此时若使补偿机运行在欠励状态，吸收电网中多余的无功功率。就可以减小线路中的无功电流，使受电端的电压基本保持不变。

由于同步补偿机具有调节电网功率因数（即调节电流相位）的作用，所以亦称为同步调相机。

（3）同步补偿机的特点

同步补偿机具有以下特点。

① 同步补偿机的额定容量，是指过励时同步补偿机所能补偿的最大无功功率，它主要受定、转子绕组温升的限制。

② 由于补偿机不带任何机械负载，部件所受的机械应力也较低，转轴可以较细。

③ 由于同步补偿机不拖动机械负载，因而没有静态过载能力的要求，因而同步电抗可设计得较大，使得气隙较小，励磁也较小，励磁绕组的用铜量减少、造价降低。

④ 同步补偿机也存在启动问题，一般采用异步启动，转子上通常装有启动绕组。

6.9 同步发电机的不对称运行

同步发电机是根据三相电流平衡对称的工况下长期运行的原则设计的，因而使用时应尽量让同步发电机在对称情况下运行。然而有时会遇到各种原因（例如系统内部接有较大容量的单相负载，或由于某处发生不对称短路事故等）导致同步发电机的不对称运行。同步发电机不对称运行属于异常运行状态，即介于正常和具有破坏性事故运行之间的一种运行状态。本节将介绍如何用对称分量法来分析同步发电机不对称运行的电磁关系和对发电机的影响。

6.9.1 对称分量法

若电机为对称、磁路为线性，当电机端点加有三相不对称电压时，可以把不对称电压分解为正序、负序和零序三组对称电压，然后应用叠加原理，分别求出这三组电压单独作用时电机内的各序电流和电磁转矩，再把它们叠加起来，得到总的电流和电磁转矩，这就是对称分量法。所以对称分量法的实质是，把一个不对称问题分解成正序、负序和零序三个彼此独立的对称问题来求解，再把结果叠加起来。由于计算对称问题时，只取一相来计算，于是使整个计算得以简化。对于旋转电机，由于转子对正序和负序旋转磁场的反应不同，使得正序阻抗和负序阻抗互不相同，因此应用对称分量法就更加必要。

6.9.2 同步发电机的各相序电动势、相序阻抗和等效电路

(1) 各相序电动势

发电机的励磁电动势是由于转子励磁磁通旋转在定子（电枢）绕组中感应出来的。由于转子的旋转方向是由 A 轴→B 轴→C 轴，所以感应电动势的相序为 A—B—C，即为正序电动势。由于没有反转的励磁磁通，所以不会有负序电动势，更不会有零序电动势，即

$$\left.\begin{array}{l} \dot{E}_{A+} = \dot{E}_A（即正常运行中的 \dot{E}_0） \\ \dot{E}_{A-} = 0 \\ \dot{E}_{A0} = 0 \end{array}\right\} \tag{6-85}$$

(2) 正序阻抗

正序阻抗是转子通入励磁电流正向同步旋转时，电枢绕组中所产生的正序三相对称电流所遇到的阻抗。即正常稳态对称运行的同步电抗，对应就是三相正序阻抗。所以正序阻抗 Z_+ 就是同步阻抗的不饱和值。

对于隐极发电机

$$Z_+ = R_+ + jX_+ = R_a + jX_s \tag{6-86}$$

对于凸极发电机，由于气隙不均匀，仍用双反应理论，具体数值与正序磁动势和转子的相对位置有关。有 X_d 和 X_q 之分，当发生三相稳态短路时，忽略电枢电阻，电枢反应磁通在直轴，所以

$$I_{d+} = I_+, \quad I_{q+} = 0, \quad X_+ = X_d \tag{6-87}$$

一般情况下，则有

$$X_q < X_+ < X_d \tag{6-88}$$

(3) 负序阻抗

负序阻抗是指转子正向同步旋转，但励磁绕组短路时，电枢绕组中流过的负序三相对称电流所遇到的阻抗。这里，负序电流可设想为是由外施负序电压产生的。

电枢绕组中通入负序三相对称电流后，它们产生的旋转磁场转速在数值上等于同步转速，但转向与转子的转向相反，故此旋转磁场称为定子负序旋转磁场。因此定子负序磁场与转子的相对转速为 $2n_s$，该磁场在励磁绕组中将产生感应电动势，感应电动势的频率为 $2f$（倍频）。

负序电流产生漏磁通和负序电枢反应磁通。漏磁通产生漏磁感应电动势，漏磁感应电动势可用漏电抗压降表示；负序电枢反应磁通产生负序电枢反应电动势，负序电枢反应电动势可用负序电枢反应电抗压降表示。漏电抗和负序电枢反应电抗之和为负序电抗 X_-。由于负

序磁场的轴线与转子的直轴和交轴交替重合，此时，负序阻抗的阻值是变化的，但工程上为简便计，将其取之为交、直轴两个典型位置的数值的平均值。

电枢绕组中通入负序三相对称电流后的同步电机相当于异步电动机在转差率 $s=2$ 时的情况。当负序磁场轴线与转子直轴重合时，励磁绕组和阻尼绕组都相当于异步电机的转子绕组，故忽略铁耗等效电阻后的等效电路图如图 6-68（a）所示。

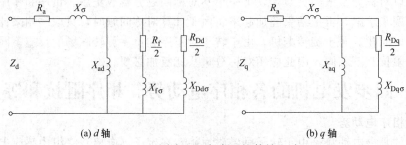

(a) d 轴   (b) q 轴

图 6-68 同步电机负序阻抗等效电路

图 6-68（a）中，X_σ、$X_{f\sigma}$、$X_{Dd\sigma}$ 和 R_a、R_f、R_{Dd} 分别为电枢绕组、励磁绕组、直轴阻尼绕组的漏电抗和电阻，且所有参数都已折算到定子；X_{ad} 亦为直轴电枢反应电抗，物理意义上等同于异步电机的励磁电抗 X_m。

忽略全部电阻，可得直轴负序电抗 X_{d-} 为

$$X_{d-} = X_\sigma + \cfrac{1}{\cfrac{1}{X_{ad}} + \cfrac{1}{X_{f\sigma}} + \cfrac{1}{X_{Dd\sigma}}} \tag{6-89}$$

如果直轴上没有阻尼绕组，则

$$X_{d-} = X_\sigma + \cfrac{1}{\cfrac{1}{X_{ad}} + \cfrac{1}{X_{f\sigma}}} \tag{6-90}$$

当负序磁场轴线移到转子交轴时，由于交轴上可能有阻尼绕组但无励磁绕组，故等效电路为图 6-68（b）所示。图中 $X_{Dq\sigma}$、R_{Dq} 为交轴阻尼绕组的漏电抗和电阻，X_{aq} 亦为交轴电枢反应电抗。

同样忽略全部电阻，可得交轴负序电抗 X_{q-} 为

$$X_{q-} = X_\sigma + \cfrac{1}{\cfrac{1}{X_{aq}} + \cfrac{1}{X_{Dq\sigma}}} \tag{6-91}$$

无阻尼绕组时，则

$$X_{q-} = X_\sigma + X_{aq} = X_q \tag{6-92}$$

由于直轴和交轴的负序电抗都是定子漏抗加上一个小于电枢反应电抗的等效电抗，所以数值上总是小于同步电抗，表明单位负序电流所产生的气隙磁场较正序弱，在电枢绕组中感应的电动势较正序小。之所以如此，是由于负序磁场在励磁绕组和阻尼绕组中感应的电流起去磁作用。

求出典型位置的负序阻抗值之后，给出等效负序阻抗为

$$X_- = \frac{1}{2}(X_{d-} + X_{q-}) \tag{6-93}$$

需要说明的是，由于正、负序电流产生漏磁通的情况基本类似，在不饱和情况下几乎无区别，因此，以上计算正、负序电抗时的定子漏电抗值 X_σ 都是相同的。

（4）零序阻抗

零序阻抗是指转子正向同步旋转、励磁绕组短路时，电枢绕组中通入零序电流所遇到的阻抗。

当电枢绕组通有零序电流时，由于各相的零序电流为同幅值、同相位，而三相绕组在空间互差$120°$，故零序基波合成磁动势应当等于零。于是零序基波气隙磁场也等于零，所以零序电抗属于漏电抗的性质。分析表明，零序电抗比对称运行时的定子漏电抗略小，故零序电抗基本上就等于定子漏电抗，即

$$X_0 \approx X_\sigma \tag{6-94}$$

综上所述，由于零序电流基本上不产生有实用意义的气隙磁场，故零序电抗与主磁路饱和程度及转子结构无关。

零序电阻近似等于电枢电阻，即

$$R_0 \approx R_a \tag{6-95}$$

6.9.3　各序等效电路

下面以 A 相为例，列出同步发电机不对称运行时，一相绕组的电压方程式和等效电路。

（1）正序等效电路

由于正序电动势就是正常的空载电动势，即$\dot{E}_{A+}=\dot{E}_0$，所以正序电压方程式为

$$\dot{E}_{A+}=\dot{U}_{A+}+j\dot{I}_{A+}Z_+ \tag{6-96}$$

根据正序电压方程式画出的正序等效电路如图 6-69（a）所示。

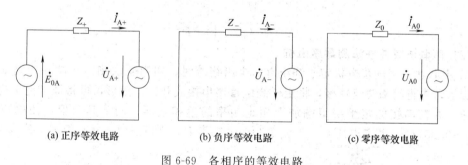

(a) 正序等效电路　　　(b) 负序等效电路　　　(c) 零序等效电路

图 6-69　各相序的等效电路

（2）负序等效电路

同步发电机没有反转的励磁磁通，电枢绕组不会感应负序电动势，即$\dot{E}_{A-}=0$，所以负序电压方程式为

$$\dot{U}_{A-}=-j\dot{I}_{A-}Z_- \tag{6-97}$$

根据负序电压方程式画出的负序等效电路如图 6-69（b）所示。

（3）零序等效电路

电枢绕组中也不存在零序励磁电动势，零序电路也为无源电路，即$\dot{E}_{A0}=0$，所以零序电压方程式为

$$\dot{U}_{A0}=-j\dot{I}_{A0}Z_0 \tag{6-98}$$

根据零序电压方程式画出的零序等效电路如图 6-69（c）所示。

6.9.4 负序和零序阻抗的测定

(1) 逆同步旋转法测负序阻抗

试验线路如图 6-70 所示,将同步电机的励磁绕组短接,同步电机的转子由原动机拖动到同步转速 n_s,亦保持不变。在定子绕组上外施三相对称的额定频率的低电压,外施电压的相序应使其产生的电枢磁场的旋转方向与转子转向相反。调节外施电压,使电枢电流为 $0.15I_N$ 左右,测取线电压 U、线电流 I 和输入功率 P(图 6-70 中两功率表读数之和),则可通过下式计算出负序参数

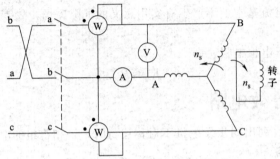

图 6-70 逆同步旋转法测负序阻抗

$$\left.\begin{array}{l} |Z_-| = \dfrac{U}{\sqrt{3}\,I} \\[2mm] R_- = \dfrac{P}{3I^2} \\[2mm] X_- = \sqrt{|Z_-|^2 - R_-^2} \end{array}\right\} \qquad (6\text{-}99)$$

(2) 串联法或并联法测零序阻抗

① 串联法。当同步电机定子绕组有六个出线端时,用串联法测定。试验线路如图 6-71 (a) 所示,先将励磁绕组短接,将定子绕组首尾串接成开口三角形,再将被试电机拖动到同步转速,并在串接的定子绕组端加上额定频率的单相电压,调节其数值,使电枢电流为 $(0.05 \sim 0.25)I_N$,测取电压 U、电流 I 和输入功率 P,则可通过下式计算出零序参数

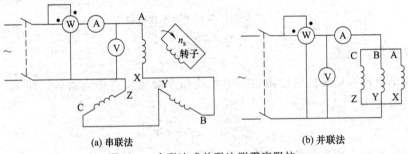

(a) 串联法   (b) 并联法

图 6-71 串联法或并联法测零序阻抗

$$\left.\begin{array}{l} |Z_0| = \dfrac{U}{3I} \\[2mm] R_0 = \dfrac{P}{3I^2} \\[2mm] X_0 = \sqrt{|Z_0|^2 - R_0^2} \end{array}\right\} \qquad (6\text{-}100)$$

② 并联法。如果同步电机定子绕组只有四个出线端时，用并联法测定。试验线路如图 6-71（b）所示，试验步骤与串联法相同，则零序参数计算公式为

$$
\left.
\begin{array}{l}
|Z_0| = \dfrac{3U}{I} \\[2mm]
R_0 = \dfrac{3P}{I^2} \\[2mm]
X_0 = \sqrt{|Z_0|^2 - R_0^2}
\end{array}
\right\}
\qquad (6\text{-}101)
$$

6.9.5 不对称运行造成的影响

同步发电机不对称运行将带来一系列不良影响，主要表现为以下几个方面。

① 引起转子过热。不对称运行时，除正序电流和电压外，发电机内还有负序、零序电流和电压。此外，除基波外，常常还有一系列高次谐波。负序电流所产生的反向旋转磁场，对转子有两倍同步转速的相对速度，将在励磁绕组、阻尼绕组以及汽轮发电机实心转子的表面感生 100Hz 的感应电流，引起附加铜耗和铁耗，使运行效率降低、转子过热，从而影响发电机的出力，严重的甚至会造成事故。

② 使电机发生振动。在不对称负载时，由于负序旋转磁场相对于转子磁场以两倍同步转速旋转，它们相互作用将产生 100Hz 的交变电磁转矩，这一转矩同时作用在转子轴和定子机座上，并引起频率为每秒 100 次的振动，有可能对机座结构造成损害。

③ 对通信线路产生干扰。不对称运行时，将在定子绕组中引起一系列高次谐波，如果这些谐波电流通过输电线，将对架设在输电线附近，与输电线平行的通信线路产生干扰。

④ 导致电网电压不对称，对用户产生危害。电网电压不对称，对电网中的主要负载异步电动机影响最严重。不对称电压将在异步电动机气隙中产生负序旋转磁场，导致异步电动机的电磁转矩、输出功率和效率的降低，还将引起电机过热。

由此可见，不对称运行所产生的影响，主要是负序电流所造成的。所以在大、中型凸极同步发电机中，常常装设阻尼绕组来抑制负序电流所产生的反向旋转磁场。而隐极同步发电机的整体转子本身就有阻尼作用。

就发电机而言，希望避免不对称运行。但是，从保证电力系统的稳定性和供电的可靠性这个角度来看，则希望发电机能承受较长时间和较大的不对称负载。所以在同步发电机的技术标准中，对负序电流的容许值通常有明确的规定，以使发电机能够长期、安全地运行。

●小结●

同步电机最基本的特点是电枢电流的频率与电机转速之间有着严格不变的关系。同步电机的气隙合成磁场和转子（主极）磁场同步旋转并相互作用，实现机电能量转换。同步电机可分成两大类，即隐极转子同步电机和凸极转子同步电机。

同步电机对称稳态运行时，电枢绕组所产生的基波磁动势，是以同步速度旋转的旋转磁动势，由于励磁电流为直流，所以转子必须以同步速度旋转，定、转子磁动势之间才能保持相对静止，并产生恒定的电磁转矩。

同步电机的运行状态（发电机状态、电动机状态或补偿机状态）取决于功率角是正、负还是0；电磁功率和电磁转矩的大小取决于功率角δ的大小；所以功率角δ是同步电机的基本变量。

　　在分析同步电机内部的物理情况时，电枢反应占有主要地位。电枢反应的性质取决于负载的性质和电机内部的参数，即取决于内功率因数角 ψ（即励磁电动势 $\dot{E}_0$ 与电枢电流 $\dot{I}$ 的夹角），内功率因数角 ψ 也是一个重要的变量。$\psi=0°$ 时，电枢反应是纯交轴电枢反应；$\psi=\pm90°$ 时，电枢反应是纯直轴电枢反应；ψ 在 $0°$ 和 $\pm90°$ 之间时，除交轴电枢反应外，还有直轴电枢反应。交轴电枢反应和电流的交轴分量 I_q 与有功功率和能量转换相关；直轴电枢反应和电流的直轴分量 I_d 则与无功功率和电压变化、励磁调节相关。对于凸极同步电机，只有在 ψ 角确定后，才能画出相量图，并进行各种运行问题的计算。

　　在不考虑饱和时，可以利用叠加原理，即认为负载时电枢磁动势和主极磁动势单独产生磁通，此时分别求出各个磁动势在电枢绕组内所产生的磁通和感应电动势，然后把它们的效果叠加起来，得到电枢的电压方程和等效电路。在考虑饱和时，需考虑磁化特性的非线性，此时需把电枢磁动势与主极磁动势相加，以求其合成磁动势及磁场，再从空载特性中求取相应电动势。这种分析方法可用来研究在饱和状态下的运行特性。

　　同步电抗是同步电机的重要参数之一。对于隐极电机，由于气隙是均匀的，所以用单一的同步电抗 X_s 来表示电枢反应和电枢漏磁通在电路中的作用；对于凸极电机，由于气隙是不均匀的，同样大小的电枢磁动势作用在交轴和直轴上时，其电枢反应不一样大，所以要用双反应理论来分析和处理，于是就有直轴和交轴两个同步电抗 X_d 和 X_q。同步电抗的大小对电机运行性能及经济性能影响很大，而且也影响到整个系统运行的稳定性和可靠性。

　　特性曲线是在给定的一些物理量不变的条件下，另外两个物理量之间的变化关系曲线。不同的特性曲线从不同角度反映同步电机的基本性能：空载特性是反映同步电机中磁和电的联系；外特性反映励磁不变时，负载电流对端电压的影响；调整特性反映电压不变的条件下，励磁电流随负载变化的调节情况等。短路比、直轴同步电抗和效率等是同步电机的运行性能的主要数据。

　　对于某些性能和数据的计算，特别是涉及励磁电流的问题（例如额定励磁电流 I_{fN} 的确定，V 形曲线的计算等），必须考虑磁饱和，否则将会产生较大的误差。考虑磁饱和时，问题成为非线性，叠加原理不再适用。此时如果给定运行的工况 U、I、φ 和电机的参数，可以利用电机的磁化曲线和电动势-磁动势图来确定励磁电流 I_{fN}。

　　大多数情况下，同步发电机是接在电网上并联运行的。同步发电机并联运行的条件是待并发电机与电网的电压大小相等、相位相同、频率相同、相序一致、波形一致。同步发电机并联运行时特别应注意："准同步法"中的自整步作用只有在频率差不大时，才能将转子牵入同步；若相序不同而并网，则相当于相间短路，这是绝对不允许的。

　　若电网为无穷大电网，则同步发电机的端电压和频率将被电网约束为常值。此时要调节同步发电机的有功功率，必须改变原动机的输入功率，即调节原动机的驱动转矩；若要调节同步发电机的无功功率，则应调节励磁电流 I_f。过励时发出感性无功功率，欠励时发出容性无功功率，而正常励磁时，发电机只输出有功功率，其 $\cos\varphi=1$。

　　忽略电枢绕组电阻时，同步电机的电磁功率决定于功率角 δ。功率角既是励磁电动势 $\dot{E}_0$ 与电压 $\dot{U}$ 的时间相位差，又是主极磁场与气隙合成磁场之间的空间夹角，也可以认为是主极磁场轴线与气隙合成磁场轴线的夹角。$\dot{E}_0$ 超前于 $\dot{U}$ 是同步发电机运行状态；$\dot{U}$ 超前于 $\dot{E}_0$ 是同步电动机运行状态；而 $\delta=0$ 时为同步补偿机运行状态。

　　同步发电机、同步电动机和同步补偿机（调相机）是同步电机的三种运行状态。同步发电机把机械能转换为电能；同步电动机把电能转换为机械能；同步补偿机中基本没有有功功率的转换，它既可看成是空载运行的同步电动机，又可看成是专门发出无功功率的无功发电机。

调节励磁就可以调节电动机的无功电流和功率因数，这是同步电动机最主要的优点。通常同步电动机多在过励状态下运行，以便从电网吸收超前电流（即向电网输出滞后电流），改善电网的功率因数。但是过励时，励磁电流增大，励磁绕组的温升要增高，电机的效率也将有所降低。同步补偿机一般运行在过励状态，从电网吸取容性电流以改善电网的功率因数。同步电动机和同步补偿机不能自启动，一般采用异步启动。

分析交流电机不对称运行的基本方法是对称分量法。对称分量法的基本思想是，若磁路为线性，对于线路不对称短路等所形成的三相不对称问题，总可以将其分解成正序、负序和零序三组对称问题；对于每组对称问题，可以取出一相（A 相）来分析，然后应用叠加原理得到各相电压和电流，从而使整个计算得以简化。

思考题与习题

6-1　汽轮发电机与水轮发电机结构上有何不同？各有什么特点？

6-2　同步电机和异步电机在结构上有哪些异同之处？

6-3　同步发电机有哪些励磁方式？它们各有什么特点？

6-4　为什么分析凸极同步电机时要用双反应理论？

6-5　同步电机电枢反应的性质取决于什么？交轴和直轴电枢反应对电机的磁场有何影响？

习题微课：第 6 章

6-6　同步电抗的物理意义是什么？为什么说同步电抗是与三相有关的电抗，而它的值又是每相的值？

6-7　凸极同步电机中，为什么直轴电枢反应电抗 X_{ad} 大于交轴电枢反应电抗 X_{aq}？

6-8　为什么同步发电机的稳态短路电流并不大？短路特性为何是一条直线？

6-9　通过同步发电机的空载、短路和零功率因数负载试验可以求出什么参数？

6-10　同步发电机供给一对称电阻负载，当电流上升时，怎样才能保持端电压不变？

6-11　三相同步发电机投入电网并联时应满足哪些条件？怎样检查发电机是否已经满足并网条件？如不满足某一条件，并网时会发生什么现象？

6-12　功率角 δ 在时间及空间各代表什么？改变功率角 δ 时，有功功率如何变化？无功功率会不会变化？

6-13　与无穷大电网并联运行的同步发电机如何进行有功功率和无功功率的调节？

6-14　试比较变压器并联运行条件和同步发电机并联运行条件的异同点。

6-15　什么是同步电机的功角特性？试分别写出凸极同步发电机和隐极同步发电机的功角特性方程式。

6-16　同步转矩与异步转矩有何不同？同步电动机在运行过程中是否存在异步转矩？

6-17　什么是同步补偿机？有何运行特点？它与同步电动机有什么不同？

6-18　试说明同步电动机欠励运行时，从电网吸收什么性质的无功功率，过励时从电网吸收什么性质的无功功率。

6-19　当同步电机转子以额定转速旋转时，定子绕组通入负序电流后，定子绕组和转子绕组之间的电磁关系与通入正序电流时有哪些本质区别？

6-20　试说明正序电抗、负序电抗和零序电抗有什么区别。

6-21　同步发电机的转速与什么有关？接在频率为 50Hz 的电网上，转速为 150r/min

的水轮发电机的极数是多少？（$2p=40$）

6-22　一台三相同步发电机的额定容量 $S_N=250\text{kV}\cdot\text{A}$，额定电压 $U_N=400\text{V}$，额定功率因数 $\cos\varphi_N=0.8$。试求该发电机的额定电流以及额定运行时的有功功率和无功功率。（$I_N=360.85\text{A}$，$P_N=200\text{kW}$，$Q_N=150\text{kvar}$）

6-23　一台三相同步电动机的额定功率 $P_N=1000\text{kW}$，额定电压 $U_N=3\text{kV}$，额定功率因数 $\cos\varphi_N=0.9$，额定效率 $\eta_N=98\%$。试求该同步电动机的额定电流和额定运行时的输入功率。（$I_N=218.2\text{A}$，$P_N=1020.4\text{kW}$）

6-24　有一台汽轮发电机的数据：额定容量 $S_N=15000\text{kV}\cdot\text{A}$，额定电压 $U_N=6.3\text{kV}$（Y 联结），额定功率因数 $\cos\varphi_N=0.8$（滞后）。由空载、短路实验得到的数据如下表。

励磁电流 I_f/A	102	158
电枢电流 I（从短路特性上查得）$/\text{A}$	887	1375
线电压 U_l（从空载特性上查得）$/\text{V}$	6300	7350
线电动势 E_0（从气隙线上查得）$/\text{V}$	8000	12390

试求：

（1）同步电抗的不饱和值和饱和值；

（2）短路比 k_c；

（3）不计饱和、忽略电枢电阻，额定负载时发电机的励磁电动势 E_0。

（$X_s=5.2\Omega$，$X_{s(饱和)}=4.1\Omega$，$k_c=0.646$，$E_0=9783.3\text{V}$）

6-25　一台凸极同步发电机，其直轴和交轴同步电抗的标幺值为 $X_d^*=1.0$，$X_q^*=0.7$，电枢电阻略去不计，试计算该机在额定电压、额定电流、$\cos\varphi=0.8$（滞后）时的励磁电动势 E_0^*。（$E_0^*=1.781$）

6-26　一台 2 极汽轮发电机与无穷大电网并联运行，定子绕组 Y 联结，已知 $U_N=18000\text{V}$，$I_N=11320\text{A}$，$\cos\varphi=0.85$（滞后），$X_s=2.1\Omega$（不饱和值），电枢电阻忽略不计。当发电机输出额定功率时，试求：

（1）励磁电动势 E_0；　　　　　　（3）电磁功率 P_e；

（2）功率角 δ_N；　　　　　　　（4）过载能力 k_M。

（$E_0=30.553\text{kV}$，$\delta_N=41.4°$，$P_e=299.95\text{MW}$，$k_M=1.512$）

6-27　一台 $X_d^*=0.8$，$X_q^*=0.5$ 的凸极同步发电机，接在 $U^*=1$ 的电网上，运行于 $I^*=1$，$\cos\varphi=0.8$（滞后）下，略去定子电阻，试求：

（1）E_0^* 与 ψ；　　　　　　　（3）过载能力 k_M。

（2）P_e^* 与 $P_{e(\max)}^*$；

（$\psi=54°$，$E_0^*=604$，$P_e^*=0.802$，$P_{e(\max)}^*=2.127$，$k_M=652$）

第7章

特种电机

7.1 单相串励电动机

7.1.1 单相串励电动机的用途与特点

单相串励电动机又称单相串激电动机，是一种交直流两用的有换向器的电动机。

单相串励电动机主要用于要求转速高、体积小、重量轻、启动转矩大和对调速性能要求高的小功率电气设备中。例如电动工具、家用电器、小型机床、化工、医疗器械等。

单相串励电动机常常和电动工具等制成一体，如电锤、电钻、电动扳手等。单相串励电动机有以下特点。

(1) 单相串励电动机的优点

① 转速高、体积小、重量轻。单相串励电动机的转速不受电动机的极数和电源频率的限制。

② 调速方便。改变输入电压的大小，即可调节单相串励电动机的转速。

③ 启动转矩大、过载能力强。

(2) 单相串励电动机的主要缺点

① 换向困难，电刷容易产生火花。

② 结构复杂，成本较高。

③ 噪声较大，运行可靠性较差。

7.1.2 单相串励电动机的基本结构

单相串励电动机主要由定子、电枢、换向器、电刷、刷架、机壳、轴承等几部分组成。其结构与一般小型直流电动机相似。

① 定子：定子由定子铁芯和励磁绕组（原称激磁绕组）组成，如图7-1所示。定子铁芯用0.5mm厚的硅钢片冲制的凸极形冲片叠压而成，如图7-1（a）所示。励磁绕组是用高强度漆包线绕制成的集中绕组，如图7-1（b）所示。

② 电枢（转子）：电枢是单相串励电动机的转动部分，它由转轴、电枢铁芯、电枢绕组和换向器等组成，如图7-2所示。

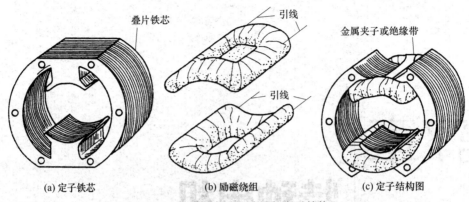

(a) 定子铁芯　　　　　　(b) 励磁绕组　　　　　　(c) 定子结构图

图 7-1　单相串励电动机的定子结构

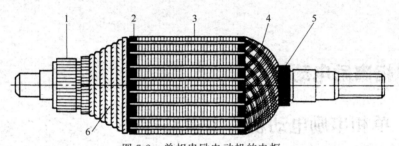

图 7-2　单相串励电动机的电枢

1—换向器；2—端部绝缘板；3—电枢铁芯；4—电枢绕组；5—轴绝缘；6—扎线

电枢铁芯由 0.35～0.5mm 厚的硅钢片叠压而成，铁芯表面开有很多槽，用以嵌放电枢绕组。电枢绕组由许多单元绕组（又称元件）构成。每个单元绕组的首端和尾端都有引出线，单元绕组的引出线与换向片按一定的规律连接，从而使电枢绕组构成闭合回路。

③ 电刷架和换向器：单相串励电动机的电刷架一般由刷握和弹簧等组成。刷握按其结构形式可分为管式和盒式两大类。刷握的作用是保证电刷在换向器上有准确的位置，从而保证电刷与换向器的接触全面且紧密。换向器是由许多换向片组成的，各个换向片之间都要彼此绝缘。

7.1.3　单相串励电动机的工作原理

单相串励电动机的工作原理如图 7-3 所示。由于其励磁绕组与电枢绕组是串联的，所以当接入交流电源时，励磁绕组和电枢绕组中的电流随着电源电流的交变而同时改变方向。

当电流为正半波时，流经励磁绕组的电流所产生的磁场与电枢绕组中的电流相互作用，使电枢导体受到电磁力，根据左手定则可以判定，电枢绕组所受电磁转矩为逆时针方向。因此，电枢逆时针方向旋转，如图 7-3（b）所示。

当电流为负半波时，励磁绕组中的电流和电枢绕组中的电流同时改变方向，如图 7-3（c）所示。同样应用左手定则，可以判断出电动机电枢的旋转方向仍为逆时针方向。显然当电源极性周期性地变化时，电枢总是朝一个方向旋转，所以单相串励电动机可以在交、直流两种电源上使用。

在实际应用中，如果需要改变单相串励电动机的转向，只需将励磁绕组（或电枢绕组）的首尾端调换一下即可。

单相串励电动机与串励直流电动机有哪些不同之处？

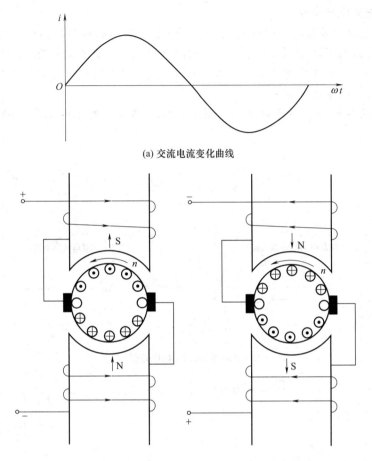

(a) 交流电流变化曲线

(b) 当电流为正半波时,转子的旋转方向　　(c) 当电流为负半波时,转子的旋转方向

图 7-3　单相串励电动机的工作原理

单相串励电动机的基本结构与一般小型直流电动机相似。但是，单相串励电动机和串励直流电动机比较，具有以下特点。

① 单相串励电动机的主极磁通是交变的，它将在主极铁芯中引起很大的铁耗，使电动机效率降低、温升提高。为此，单相串励电动机的主极铁芯以及整个磁路系统均需用硅钢片叠成，其定子结构如图 7-1 所示。

② 由于单相串励电动机的主极磁通是交变的，所以在换向元件中除了电抗电动势和旋转电动势外，还将增加一个变压器电动势，从而使其换向比直流电动机更困难。

③ 由于单相串励电动机主极磁通是交变的，为了减小励磁绕组的电抗以改善功率因数，应减少励磁绕组的匝数，这时为了保持一定的主磁通，应尽可能采用较小的气隙。

④ 为了减小电枢绕组的电抗以改善功率因数，除电动工具用的小容量电动机外，单相串励电动机一般都在主极铁芯上装置补偿绕组，以抵消电枢反应。

7.1.4　单相串励电动机的调速

由于小功率单相串励电动机多用于电动工具和家用电器的驱动，对调速特性要求不高，调速范围也不宽，一般调速比为 5:1 左右。所以，采用的调速方法以简单实用为原则。在负载不变的情况下，可通过下列三种方法来调节电动机的转速。

(1) 改变电源电压调速

① 利用串联单向或双向晶闸管调压调速。调速原理图如图 7-4（a）所示，改变晶闸管的导通角，就可以改变施加到单相串励电动机的端电压，调节电动机的转速。用于电动工具时，晶闸管调速常和齿轮变速相结合，实现无级调速，并使低速时功率不会下降太多，保证了低速时具有足够的拖动力矩。

② 串联电抗器调速。调速原理图如图 7-4（b）所示，使用电抗器的抽头可进行有级调速。

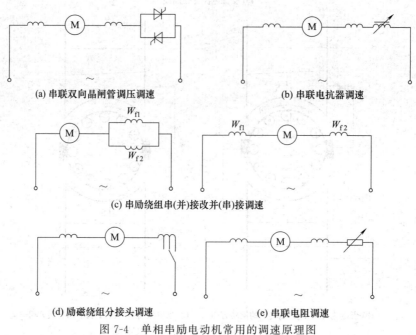

(a) 串联双向晶闸管调压调速　　　　　　(b) 串联电抗器调速

(c) 串励绕组串(并)接改并(串)接调速

(d) 励磁绕组分接头调速　　　　　(e) 串联电阻调速

图 7-4　单相串励电动机常用的调速原理图

(2) 改变励磁磁通调速

增大励磁磁通 Φ_f，电机转速下降，减小励磁磁通，转速上升。

① 将两个串励绕组由串接（并接）改为并接（串接），如图 7-4（c）所示。将串接改为并接，在不考虑磁路饱和影响的情况下，每个串励绕组中的励磁电流减为原来的 1/2，磁势降低为 1/2，磁通减少，转速上升。反之，由并接改为串接，磁通上升，转速下降。

② 励磁绕组分级抽头调速。调速原理图如图 7-4（d）所示。励磁绕组上有 3 个抽头，电源接至不同抽头位置，励磁绕组的匝数 N_f 不同。改变励磁绕组匝数，即改变了励磁磁势和主磁通，励磁绕组匝数多，磁势 $F_f = N_f I_f$ 大，磁通 Φ_f 大，转速降低；反之，转速升高。

(3) 串电阻调速

原理图如图 7-4（e）所示。在单相串励电动机回路中串入电阻，加到电机的端电压将减小，实现降低转速的目的。由于串入的电阻处于长期工作状态，故电阻应按照连续工作方式选择。

7.2 无刷直流电动机

7.2.1　概述

与交流电动机相比，直流电动机具有运行效率高和调速性能好等优点。但传统的直流电动机采用电刷-换向器结构,以实现机械换向,因此不可避免地存在噪声、火花、无线电干扰以及寿命短等弱点,再加上制造成本高及维修困难等缺点,大大限制了它的应用范围,致使三相异步电动机得到了非常广泛的应用。

无刷直流电动机是随着电子技术发展而出现的新型机电一体化电动机。它是现代电子技术(包括电力电子、微电子技术)、控制理论和电机技术相结合的产物。无刷直流电动机采用半导体功率开关器件(晶体管、MOSFET、IGBT等),用霍尔元件、光敏元件等位置传感器代替有刷直流电动机的换向器和电刷,以电子换相代替机械换向,从而提高了可靠性。

无刷直流电动机的外特性和普通直流电动机相似。无刷直流电动机具有良好的调速性能,主要表现为调速方便、调速范围宽、启动转矩大、低速性能好、运行平稳、效率高。因此,从工业到民用领域应用非常广泛。

无刷直流电动机是由电动机本体、位置检测器、逆变器和控制器组成的电动机,如图7-5所示。位置检测器检测转子磁极的位置信号,控制器对转子位置信号进行逻辑处理并产生相应的开关信号,开关信号以一定的顺序触发逆变器中的功率开关器件,将电源功率以一定的逻辑关系分配给电动机定子各相绕组,使电动机产生连续转矩。

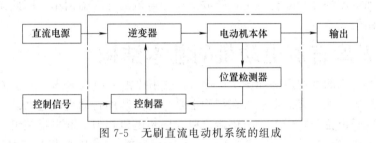

图 7-5 无刷直流电动机系统的组成

7.2.2 无刷直流电动机的分类

无刷直流电动机分类如下。

① 按气隙磁场波形可分为方波磁场和正弦波磁场。方波磁场电动机绕组中的电流也是方波;正弦波磁场电动机绕组中电流也是正弦波。方波磁场电机比相同有效材料的正弦波电机的输出功率大10%以上。由于方波电动机的转子位置检测和控制更简单,因而成本也低。但是方波电动机的转矩脉动比正弦波电动机的大,对于要求调速比在100以上的无刷直流电动机,不适于用方波磁场电动机。本节主要介绍的是方波磁场的无刷直流电动机。

② 按转子结构可分为柱形和盘式。柱形电动机为径向气隙,盘式电动机为轴向磁场。无刷直流电动机可以做成有槽的,也可以做成无槽的,目前柱形、有槽电动机比较普遍。

7.2.3 无刷直流电动机的特点

与有刷直流电动机相比较,无刷直流电动机具有以下特点。

① 经电子控制获得类似直流电动机的运行特性,有较好的可控性,宽调速范围。

② 需要转子位置反馈信息和电子多相逆变驱动器。

③ 由于没有电刷和换向器的火花、磨损问题,可工作于高速,具有较高的可靠性,寿命长,无需经常维护,机械噪音低,无线电干扰小。可工作于真空、不良介质环境。

④ 转子无损耗和发热,有较高的效率。

⑤ 必须有电子控制部分,总成本比普通直流电动机的成本高。

⑥ 与电子电路结合，有更大的使用灵活性（比如利用小功率逻辑控制信号可控制电动机的启动、停止、正反转）。适用于数字控制，易与微处理器和微型计算机接口。

与异步电动机相比，无刷直流电动机具有以下特点。

① 由于采用高性能钕铁硼永磁材料，无刷直流电动机转子体积得以减小，可以具有较低的惯性、更快的响应速度、更高的转矩/惯量比。

② 由于无转子损耗，无需转子励磁电流，所以无刷直流电动机具有较高的效率。

③ 由于转子没有发热，无刷直流电动机也无需考虑转子冷却问题。

④ 尽管变频调速感应电动机应用较为普遍，但由于其非线性本质，控制系统极为复杂。无刷直流电动机则将其简化为离散六状态的转子位置控制，故无需坐标变换。

与永磁同步电动机相比，无刷直流电动机具有明显优点。

① 在电动机中产生矩形波的磁场分布和梯形波的感应电动势要比产生正弦波的磁场分布和正弦变化的电动势容易，因此无刷直流电动机结构简单、制造成本低。

② 对于永磁同步电动机，由于定子电流是转子位置的正弦函数，系统需要高分辨率的位置传感器，构造复杂，价格昂贵。

③ 永磁同步电动机需要采用正弦波供电，而无刷直流电动机只需采用方波直流供电。产生方波电压和电流的变频器比产生正弦波电压和电流的变频器简单，因此无刷直流电动机控制简单、控制器成本较低。

7.2.4　无刷直流电动机的基本结构

无刷直流电动机的结构原理如图 7-6 所示。它主要由电动机本体、位置传感器和电子开关线路三部分组成。无刷直流电动机在结构上是一台反装的普通直流电动机。它的电枢放置在定子上，永磁磁极位于转子上，与旋转磁极式同步电机相似。其电枢绕组为多相绕组，各相绕组分别与晶体管开关电路中的功率开关元件相连接。其中 A 相与晶体管 V_1、B 相与 V_2、C 相与 V_3 相接。通过转子位置传感器，使晶体管的导通和截止完全由转子的位置角所决定，而电枢绕组的电流将随着转子位置的改变按一定的顺序进行换流，实现无接触式的电子换向。

无刷直流电动机本体在结构上与经典交流永磁同步电动机相似，但没有笼型绕组和其他启动装置。图 7-7 示出了典型无刷直流电动机本体基本结构。其定子绕组一般制成多相（三相、四相、五相等）；转子上镶有永久磁铁，永磁体按一定极对数（$2p=2，4，\cdots$）排列组成；由于运行的需要，还要有转子位置传感器。位置传感器检测出转子磁场轴线和定子相绕组轴线的相对位置，决定各个时刻各相绕组的通电状态，即决定电子驱动器多路输出开关的开/断状态，接通/断开电动机相应的相绕组。因此，无刷直流电动机可看成是由专门的电子逆变器驱动的有位置传感器反馈控制的交流同步电动机。

从另一角度看，无刷直流电动机可看成是一个定、转子倒置的直流电动机。一般永磁（有刷）直流电动机的电枢绕组在转子上，永磁体是装在定子上。而无刷直流电动机的电枢绕组在定子上，永磁体则是装在转子上。无刷直流电动机转子的永磁体与永磁

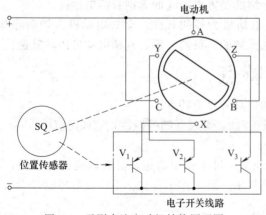

图 7-6　无刷直流电动机结构原理图

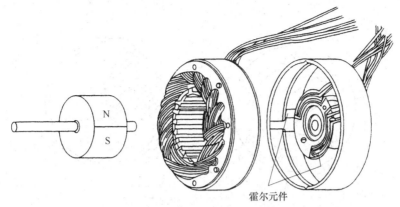

图 7-7 无刷直流电动机本体基本结构

（有刷）直流电动机中所使用的永磁体的作用相似，均是在电动机的气隙中建立足够的磁场。有刷直流电动机的所谓换向，实际上是借助于电刷和换向器来完成的。而无刷直流电动机的换向过程则是借助于位置传感器和逆变器的功率开关来完成的。无刷直流电动机以电子换向代替了普通直流电动机的机械换向，具有普通直流电动机相似的线性机械特性。

无刷直流电动机中设有位置传感器。它的作用是检测转子磁场相对于定子绕组的位置，并在确定的位置处发出信号控制晶体管元件，使定子绕组中电流换向。位置传感器有多种不同的结构形式，如光电式、电磁式、接近开关式和磁敏元件（霍尔元件）式等。位置传感器发出的电信号一般都较弱，需要经过放大才能去控制晶体管。

直流无刷电动机的电子开关线路用来控制电动机定子上各相绕组通电的顺序和时间，主要由功率逻辑开关单元和位置传感器信号处理单元两个部分组成。功率逻辑开关单元是控制电路的核心，其功能是将电源的功率以一定逻辑关系分配给直流无刷电动机定子上各相绕组，以便使电动机产生持续不断的转矩。而各相绕组导通的顺序和时间，主要取决于来自位置传感器的信号。但位置传感器所产生的信号一般不能直接用来控制功率逻辑开关单元，往往需要经过一定逻辑处理后才能去控制逻辑开关单元。

7.2.5 无刷直流电动机的工作原理

下面以一台采用晶体管开关电路进行换流的两极三相绕组、带有光电位置传感器的无刷直流电动机为例，说明转矩产生的基本原理。图 7-8 表示电动机转子在几个不同位置时定子电枢绕组的通电状况，并通过电枢绕组磁动势和转子绕组磁动势的相互作用，来分析无刷直流电动机转矩的产生。

微课：7.2.5

① 当电动机转子处于图 7-8（a）瞬间，光源照射到光电池 P_a 上，便有电压信号输出，其余两个光电池 P_b、P_c 则无输出电压，由 P_a 的输出电压放大后使晶体管 V_1 开始导通（见图 7-6），而晶体管 V_2、V_3 截止。这时，电枢绕组 AX 有电流通过，电枢磁动势 F_a 的方向如图 7-8（a）所示。电枢磁动势 F_a 和转子磁动势 F_r 相互作用便产生转矩，使转子沿顺时针方向旋转。

② 当电动机转子在空间转过 $2\pi/3$ 电角度时，光屏蔽罩也转过同样角度，从而使光电池 P_b 开始有电压信号输出，其余两个光电池 P_a、P_c 则无输出电压。P_b 输出电压放大后使晶体管 V_2 开始导通（见图 7-6），晶体管 V_1、V_3 截止。这时，电枢绕组 BY 有电流通过，电枢磁动势 F_b 的方向如图 7-8（b）所示。电枢磁动势 F_b 和转子磁动势 F_r 相互作用所产生

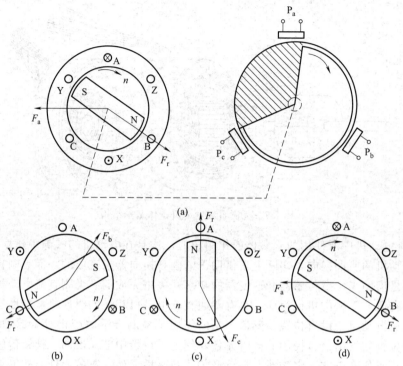

图 7-8　电枢磁势和转子磁势之间的相互关系

的转矩，使转子继续沿顺时针方向旋转。

③ 当电动机转子在空间转过 $4\pi/3$ 电角度时，光电池 P_c 使晶体管 V_3 开始导通，V_1、V_2 截止，相应电枢绕组 CZ 有电流通过，电枢磁动势 F_c 的方向如图 7-8（c）所示。电枢磁动势 F_c 与转子磁动势 F_r 相互作用所产生的转矩，仍使转子沿顺时针方向旋转。

当电动机转子继续转过 $2\pi/3$ 电角度时，又回到原来起始位置。这时通过位置传感器，重复上述的电流换向情况。如此循环进行，无刷直流电动机在电枢磁动势和转子磁动势的相互作用下产生转矩，并使电机转子按一定的方向旋转。

从上述例子的分析可以看出，在这种晶体管开关电路电流换向的无刷直流电动机中，当转子转过 2π 电角度，定子绕组共有 3 个通电状态。每一状态仅有一相导通，而其他两相截止，其持续时间应为转子转过 $2\pi/3$ 电角度所对应的时间。

7.3 永磁电机

7.3.1　概述

众所周知，电机是以磁场为媒介进行机电能量转换的电磁装置。为了在电机内建立进行机电能量转换所必需的气隙磁场，可以有两种方法。一种是在电机绕组内通以电流产生磁场，称为电励磁电机，例如普通的直流电机和同步电机。这种电励磁的电机既需要有专门的绕组和相应的装置，又需要不断地供给能量以维持电流流动；另一种是由永磁体来产生磁场。由于永磁材料的固有特性，它经过预先磁化（充磁）以后，不再需要外加能量，就能在其周围空间建立磁场，这样既可以简化电机的结构，又可节约能量。

与传统的电励磁电机相比较，永磁电机（特别是稀土永磁电机）具有结构简单、运行可靠、体积小、质量轻、损耗少、效率高等显著优点。因而应用范围非常广泛，几乎遍及航空航天、国防、工农业生产和日常生活的各个领域。

7.3.2 永磁直流电动机

(1) 永磁直流电动机的特点及用途

永磁直流电动机是由永磁体建立励磁磁场的直流电动机。它除了具有一般电磁式直流电动机所具备的良好的机械特性和调节特性以及调速范围宽和便于控制等特点外，还具有体积小、效率高、结构简单等优点。

永磁直流电动机的应用领域十分广泛。近年来由于高性能、低成本的永磁材料的大量出现，价廉的铁氧体永磁材料和高性能的钕铁硼永磁材料的广泛应用，使永磁直流电动机出现了前所未有的发展，特别是随着钕铁硼等高性能永磁材料的发展，永磁直流电动机已从微型向小型发展。

永磁直流电动机在家用电器、办公设备、医疗器械、电动自行车、摩托车、汽车用各种电动机等和在要求良好动态性能的精密速度和位置驱动的系统（如录像机、磁带记录仪、精密机械、直流伺服、计算机外部设备等）以及航空航天等国防领域中都有大量的应用。特别是家用电器、生活器具以及电动玩具用的铁氧体永磁直流电动机，其产量是无以类比的。

随着钕铁硼等高性能永磁材料的发展，永磁直流电动机正从微型和小功率向中小型电机扩展。

(2) 永磁直流电动机的分类

永磁直流电动机的种类很多，分类方法也多种多样。一般按用途可分为驱动用和控制用；按运动方式和结构特点又可分为旋转式和直线式，其中旋转式包括有槽结构和无槽结构。有槽结构包括永磁直流电动机和永磁直流力矩电动机；无槽结构包括有铁芯的无槽电枢永磁直流电动机和无铁芯的空心杯电枢永磁直流电动机、印制绕组永磁直流电动机及线绕盘式电枢永磁直流电动机等。

(3) 永磁直流电动机的结构

永磁直流电动机由永磁磁极、电枢、换向器、电刷、机壳、端盖、轴承等组成，其基本结构如图7-9所示。这种电动机的工作原理、基本方程和性能与传统的直流电动机相同，只是主磁通由永磁体产生，因而不能人为调节。永磁直流电动机仍然装有换向器和电刷，使维护工作量加大，并使电动机的最高转速受到一定限制。

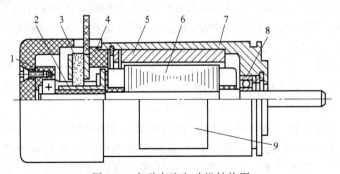

图7-9 永磁直流电动机结构图

1—端盖；2—换向器；3—电刷；4—电刷架；5—永磁磁极；6—电枢；7—机壳；8—轴承；9—铭牌

(4) 永磁直流电动机的机械特性与调节特性

① 机械特性，当电动机的端电压恒定（U＝常数）时，电动机的转速 n 随电磁转矩 T_e

变化的关系曲线 $n=f(T_e)$，称为永磁直流电动机的机械特性，如图 7-10 所示。通常也将电动机的机械特性表示成电动机的转速 n 与输出转矩 T_2 之间的关系曲线。

在一定温度下，普通永磁直流电动机的磁通基本上不随负载而变化，这与并励直流电动机相同，故转速随负载转矩的增大而稍微下降。对应于不同的电动机端电压 U，永磁直流电动机的机械特性曲线 $n=f(T_e)$ 为一组平行直线。

② 调节特性。当电磁转矩恒定（$T_e=$ 常数）时，电动机的转速 n 随电压 U 变化的关系 $n=f(U)$，称为永磁直流电动机的调节特性，如图 7-11 所示。

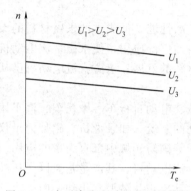

图 7-10　永磁直流电动机的机械特性

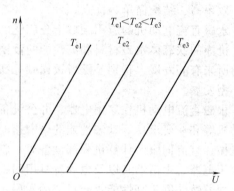

图 7-11　永磁直流电动机的调节特性

在一定温度下，普通永磁直流电动机的调节特性斜率为常数，故对应不同的 T_e 值，调节特性是一组平行线。调节特性与横轴的交点，表示在某一电磁转矩（如略去电动机的空载转矩，即为负载转矩）时，电动机的始动电压。在转矩一定时，电动机的电压大于相应的始动电压，电动机便能启动并达到某一转速；否则，电动机就不能启动。因此，调节特性曲线的横坐标从原点到始动电压点这一段所示的范围，成为在某一电磁转矩时永磁直流电动机的失灵区。

7.3.3　永磁同步电动机

(1) 永磁同步电动机的特点

由电机原理可知，同步电动机的转速 n 与供电频率之间具有恒定不变关系，即

$$n=n_s=\frac{60f}{p}$$

永磁同步电动机的运行原理与电励磁同步电动机完全相同，都是基于定、转子磁动势相互作用，并保持相对静止获得恒定的电磁转矩。其定子绕组与普通交流电动机定子绕组完全相同，但其转子励磁则由永磁体提供，使电动机结构较为简单，省去了励磁绕组及集电环和电刷，提高了电动机运行的可靠性，又因无需励磁电流，不存在励磁损耗，提高了电动机的效率。

永磁同步电动机与异步电动机、电励磁式同步电动机相比较，具有以下特点。

① 永磁同步电动机与笼型异步电动机相比较。

a. 转速与频率成正比。异步电动机的转速略低于电动机的同步转速，其转速随负载的增加或减小而有所波动，转速不太稳定；永磁同步电动机的转速与频率严格成正比，电源频率一定时，电动机的转速恒定，与负载的变化无关，这一特点非常适合于转速恒定和精确同步的驱动系统中，如纺织化纤、轧钢、玻璃等机械设备。

b. 效率高节能。因为异步电动机有转差，所以有转差损耗；永磁同步电动机无转差，转子上没有铁损耗；永磁同步电动机为双边励磁，且主要是转子永磁体励磁，其功率因数可高达 1；功率因数高，一方面节约无功功率，另一方面也使定子电流下降，定子铜耗减少，

效率提高。

c. 与异步电动机相比，永磁同步电动机结构复杂、成本较高。

② 永磁同步电动机与电励磁式同步电动机相比较。

a. 电励磁式同步电动机有电刷、集电环和励磁绕组，需要励磁电流，有励磁损耗；永磁同步电动机无需电流励磁，不设电刷和集电环，无励磁损耗，无电刷和集电环之间的摩擦损耗和接触电损耗。因此，永磁同步电动机的效率比电励磁式同步电动机要高，而且结构简单，可靠性高。

b. 电励磁式同步电动机的转子有凸极和隐极两种结构形式；永磁同步电动机转子结构多样，结构灵活，而且不同的转子结构往往带来自身性能上的特点，故永磁同步电动机可根据设计需要选择不同的转子结构型式。

c. 永磁同步电动机在一定功率范围内，可以比电励磁式同步电动机具有更小的体积和重量。

（2）永磁同步电动机的类型

永磁同步电动机分类方法比较多，常用的分类方法有以下几种。

① 按主磁场方向的不同，可分为径向磁场式和轴向磁场式。

② 按电枢绕组的位置不同，可分为内转子式（常规式）和外转子式。

③ 按转子上有无绕组，可分为无启动绕组的电动机和有启动绕组的电动机。

无启动绕组的永磁同步电动机用于变频器供电的场合，利用频率的逐步升高而启动，并随着频率的改变而调节转速，常称为调速永磁同步电动机；有启动绕组的永磁同步电动机既可用于调速运行，又可在某一频率和电压下，利用启动绕组所产生的异步转矩启动，常称为异步启动永磁同步电动机。

④ 按供电电流波形的不同，可分为矩形波永磁同步电动机（简称无刷直流电动机）和正弦波永磁同步电动机（简称永磁同步电动机）。

永磁同步电动机启动时，常常采用异步启动或磁滞启动方式。异步启动永磁同步电动机用于频率可调的传动系统时，形成一台具有阻尼（启动）绕组的调速永磁同步电动机。

（3）永磁同步电动机的基本结构

永磁同步电动机的定子与电励磁同步电动机的定子相同，定子绕组采用对称三相短距、分布绕组，只是转子上用永磁体取代了直流励磁绕组和主磁极，永磁同步电动机的结构如图7-12所示，永磁同步电动机横截面示意图如图7-13所示。

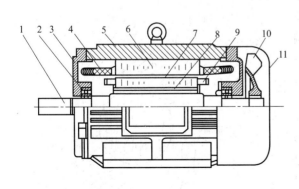

图7-12 永磁同步电动机的结构

1—转轴；2—轴承；3—端盖；4—定子绕组；5—机座；6—定子铁芯；
7—转子铁芯；8—永磁体；9—启动笼；10—风扇；11—风罩

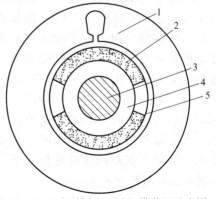

图7-13 永磁同步电动机横截面示意图

1—定子；2—永磁体；3—转轴；
4—转子铁芯；5—紧固圈

（4）永磁同步电动机的异步启动

异步启动永磁同步电动机转子上除装设永磁体外，还装有笼型启动绕组，如图 7-14 所示。

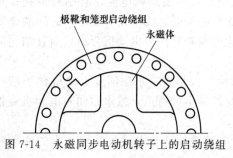

图 7-14　永磁同步电动机转子上的启动绕组

启动时，电网输入定子的三相电流将在气隙中产生一个以同步转速 n_s 旋转的磁动势和磁场，此旋转磁场与笼型绕组中的感应电流相互作用，将产生一个驱动性质的异步电磁转矩 T_M。另一方面，转子旋转时，永磁体在气隙内将形成另一个转速为 $(1-s)n_s$ 的旋转磁场，并在定子绕组内感应一组频率为 $f=(1-s)f_1$ 的电动势，这组电动势经过电网短路并产生一组三相电流；这组电流与永磁体的磁场相作用，将在转子上产生一个制动性质的电磁转矩 T_G，此情况与同步发电机三相稳态短路时类似。启动时的合成电磁转矩 T_e 是 T_M 和 T_G 的叠加，如图 7-15 所示，在 T_e 的作用下，电动机将启动起来。

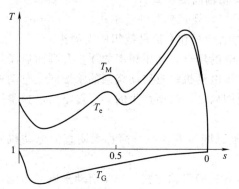

图 7-15　永磁同步电动机启动过程中的平均电磁转矩

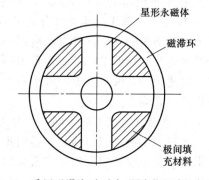

图 7-16　采用磁滞启动时永磁同步电动机的转子

（5）永磁同步电动机的磁滞启动

采用磁滞启动的永磁同步电动机的转子由永磁体和磁滞材料做成的磁滞环组合而成，如图 7-16 所示。

当定子绕组通入三相交流电流产生气隙旋转磁场，使转子上的磁滞环磁化时，由于磁滞作用，转子磁场将发生畸变，使环内磁场滞后于气隙磁场一个磁滞角 α_h，从而产生驱动性质的磁滞转矩。磁滞转矩的大小与所用材料磁滞回线面积的大小有关，而与转子转速的高低无关，当电源电压和频率不变时，磁滞转矩为一常值。在磁滞转矩的作用下，电动机将启动起来并牵入同步。

图 7-17 表示一个由磁滞材料做成的转子置于角速度为 ω_s 的旋转磁场中时，转子中的磁场状况。图中 BD 为旋转磁

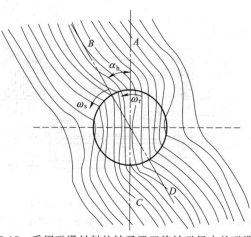

图 7-17　采用磁滞材料的转子置于旋转磁场中的磁滞角

场的轴线，AC 为转子磁场的轴线，ω_r 为转子的角速度，AC 滞后于 BD 的角度即为磁滞角 α_h。

7.3.4 永磁同步发电机

(1) 永磁同步发电机的特点

根据电机的可逆原理，永磁同步电动机都可以作为永磁同步发电机运行。但由于发电机和电动机两种运行状态下对电机的性能要求不同，它们在磁路结构、参数分析和运行性能计算方面既有相似之处，又有各自的特点。

永磁同步发电机具有以下特点。

① 由于省去了励磁绕组和容易出问题的集电环和电刷，结构较为简单，加工和装配费用减少，运行更为可靠。

② 由于省去了励磁损耗，电机效率得以提高。

③ 制成后难以调节磁场以控制其输出电压和功率因数。随着电力电子器件性能价格比的不断提高，目前正逐步采用可控整流器和变频器来调节电压。

④ 采用稀土永磁材料的永磁同步发电机，制造成本比较高。

永磁同步发电机的应用领域广阔，功率大的如航空、航天用主发电机、大型火电站用副励磁机，功率小的如汽车、拖拉机用发电机、小型风力发电机、微型水力发电机、小型柴油（或汽油）发电机组等都广泛使用各种类型的永磁同步发电机。

(2) 永磁同步发电机的工作原理

永久磁铁在经过外界磁场的预先磁化以后，在没有外界磁场的作用下，仍能保持很强的磁性，并且具有 N、S 两极性和建立外磁场的能力。因此，可以采用永久磁铁取代交流同步发电机的电励磁。这种采用永久磁铁作为励磁的交流同步发电机，称为永磁交流同步发电机。

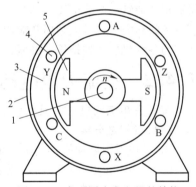

图 7-18　永磁同步发电机的结构
1—转轴；2—机座；3—定子铁芯；
4—定子绕组；5—永磁转子（二极）

为了说明以上原理，取一块最简单的矩形永久磁铁，两端加工成圆弧形。如果先将磁铁放置在外界磁场中沿长度方向（圆弧直径方向）充磁，则充磁后的磁铁呈现出径向的 N、S 两个极性，如图 7-18 所示。现在把这块永磁转子装入交流同步电机的定子中，电机的气隙中就出现主磁通，于是就成为永磁交流同步电机。如果用原动机拖动永磁转子旋转，便成为一台永磁交流同步电机。由此可知，永久磁铁替代了电磁式交流同步发电机的励磁绕组和磁极铁芯。这样的替

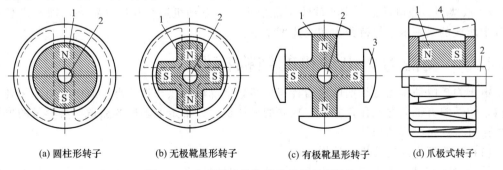

(a) 圆柱形转子　　(b) 无极靴星形转子　　(c) 有极靴星形转子　　(d) 爪极式转子

图 7-19　永磁同步发电机的几种转子结构
1—永久磁铁；2—转轴；3—极靴；4—爪形极靴

代，在原理上甚为简单，但为了达到工程实用的目的，其磁路结构就有多种多样的变化。它们的理论分析、设计计算和运行特性，也与电磁式交流同步电机不尽相同，尤其在磁路的分析和计算方面，远比电磁式复杂得多。

永磁交流同步发电机的定子结构与电磁式交流同步发电机相似，而转子结构型式则很多。转子的典型结构如图 7-19 所示。

7.4 交流力矩电动机

7.4.1 概述

交流力矩电动机（又称力矩异步电动机）是一种机械特性软、线性度好和调速范围宽、具有独特电气性能的电动机。当负载增加时，电动机转速随之下降，而输出转矩增加，保持与负载转矩平衡。由于电动机具有较大的阻抗，堵转电流较一般电动机小得多，且最大转矩发生在堵转附近，可稳定运行的范围很广，可以从接近同步转速一直到堵转都能稳定运行。同时，较小的负载变化即能引起电动机的转速相应改变；较小的电压变化即能引起转矩或转速的相应改变，是一种理想的调压无级调速电动机。

交流力矩电动机在低速场合中的应用很多。在使用条件不允许有换向器和电刷的场合，交流力矩电动机的优点更显著。其制造成本比直流力矩电动机低，结构简单、维护方便。该电动机适用于造纸、电线电缆、橡胶、塑料、纺织以及金属材料加工部门作卷绕、开卷堵转和调速等设备的动力，也可以利用其能堵转、反转的特点，而适用于频繁正、反转的装置或其他类似动作的各种机械，如挤压、夹紧、张、拉、螺杆转动等转速、转矩随意变化的场所。

7.4.2 交流力矩电动机的分类

交流力矩电动机是普通异步电动机的派生系列，通常按下列方法分类。

（1）按相数分类

① 三相力矩电动机：其电源电压为 380V，是目前应用最广泛的产品。

② 单相力矩电动机：其电源电压为 220V，均为单相电容运转力矩电动机。

（2）按机械特性分类

① 卷绕型力矩电动机：其机械特性较软，在堵转时输出最大转矩。这类力矩电动机是目前应用最多的产品。

② 导辊型力矩电动机：其机械特性在一段转速范围内，转矩的大小变化能保持在一定的容差范围内。

③ 放线型力矩电动机：由于放线工况要求，该电动机运行在制动状态，即在产品放线过程中所放的线基本上保持张力和线速度不变。

7.4.3 交流力矩电动机的结构特点

由于力矩电动机运行长期低速运转和堵转，电动机发热相当严重，故电动机采用开启式结构，转子附有轴向通风孔，并装有独立的鼓风机，以带走电动机的热量。小容量的力矩电动机亦有采用密封式结构的。

（1）卷绕型力矩电动机的结构

① 笼型转子力矩电动机。其定子和转子冲片材料以及结构与普通笼型转子异步电动机相同，转子导体有两种材料；一种为电阻率较高的黄铜，端环为紫铜，用银铜焊将导条与端环焊

接；另一种为电阻率较高的硅铝等，端环也用硅铝，与普通笼型转子一样用铸造方法制成。

② 实心钢转子力矩电动机。其定子冲片材料、结构与普通笼型转子异步电动机相同，而转子采用 20～45 号钢制成实心结构，没有硅钢片和导条，如图 7-20 所示。

③ 卷绕型力矩电动机的冷却方式。交流力矩电动机冷却方式为自扇风冷和强迫风冷两种，视不同规格或使用要求而决定。强迫风冷有离心式或轴流式两种型式。

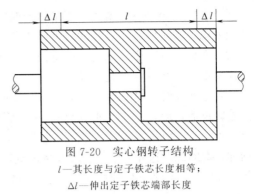

图 7-20　实心钢转子结构
l—其长度与定子铁芯长度相等；
Δl—伸出定子铁芯端部长度

(2) 导辊型力矩电动机的结构

其定子和转子冲片材料以及结构与普通笼型转子异步电动机相同，只是在电磁设计时考虑机械特性为导辊特性。

(3) 放线型力矩电动机的结构

其定子和转子冲片材料以及结构与普通笼型转子异步电动机相同，只是在电磁设计时，用不对称绕组两相供电，使其得到运行在制动状况时的机械特性为放线特性。

7.4.4　交流力矩电动机的机械特性

交流力矩电动机与一般笼型异步电动机的运转原理是完全相同的。不同的是力矩电动机的转子的端环及导条通常用电阻率较高的黄铜制成，或整个转子用实体钢制成，使转子的电阻恒等于或略大于电动机的漏电抗值，以便在电动机堵转或反转时出现最大转矩。

由三相异步电动机的机械特性可知，随着异步电动机转子电阻的增大，其机械特性曲线如图 7-21 中的曲线 A、B、C、D 所示。力矩电动机就是按照图中所示的 B、C、D 机械特性曲线工作和运行的。

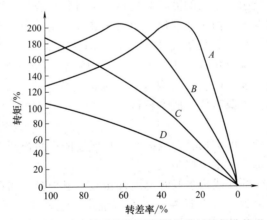

图 7-21　改变转子电阻而得到的机械特性曲线

7.4.5　力矩电动机的主要应用

(1) 卷绕

具有卷绕特性的力矩电动机用途很广，其主要是用于卷绕方面。在金属材料、纤维、造纸、塑料、橡胶及电线电缆等加工时，卷绕是最后一道工序，也是最重要的工序。随着产品卷绕，卷筒的直径逐渐增大，要求任何时间都能保持均匀的张力，使产品厚薄均匀、线材直径无变化。卷绕时张力变化的最大因素是由于产品卷绕到卷盘时盘径的增大，卷绕力矩随卷径增大而增大，而主传动的速度是固定不变的，因此必须使卷盘转速随卷径增加而降低。该力矩电动机的机械特性是能满足上述要求的。

根据在卷绕过程中要求恒张力、恒线速度传动可知，当卷径增大时，由于要求恒张力，所以需转矩随之增大，与此同时，由于要求恒线速度，所以需转速随之降低；反之，当卷径减小时，由于要求恒张力，所以需转矩随之减小，与此同时，由于要求恒线速度，所以需转速随之增加，即因此对这样的传动要求卷绕机械特性应为一个双曲线。图 7-22 为典型的力矩电动机的机械特性（转矩－转速特性）与卷绕特性的匹配曲线，两条曲线相交之间的阴影部位，卷绕特性最为理想，亦即在 $\frac{1}{3}n_s$ 到 $\frac{2}{3}n_s$ 范围（卷径比 1:2）时，相对功率近似不变，而张力正比于功率，所以在要求张力控制的情况下，这个特性说明在这个范围内力矩电机将固有地保持张力不变。对于卷径比 1:3 或 1:4 或更大时，在一定程度上也能达到控制张力。

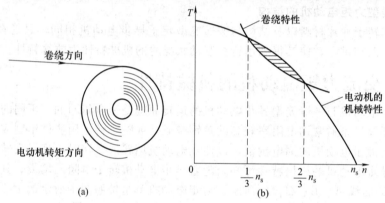

图 7-22　电动机的机械特性与卷绕特性匹配曲线

通常每台设备不可能生产单一的品种和规格，当材料和规格需要更换时，所要求的张力和转速也不同。这种情况下可简单地利用一台调压装置，调节力矩电动机的输入电压，则可改变力矩电动机的输出转矩，其关系式是 $T \propto U^2$，即转矩基本上与电压平方成正比。

该力矩电动机用于卷绕时具有下列优点，空盘到满盘间张力保持平稳；张力调节方便，一次调节后易于正确地重复；电动机结构可靠，维护安装方便；控制线路简单，元器件少，调整维护操作简单；交流电源工作；成本较低。

（2）开卷

力矩电动机用于开卷，即称松卷、放线等，将成卷的产品松开再进行加工的场合时，力矩电动机起制动作用，也作为张力控制用。

在电缆工业中，电缆的绞线机多股芯电缆外挤包塑料护套，如在搁置卷筒的台架上不采取任何措施，任卷筒自由地被拉开松卷，则有可能由于卷筒本身的不平衡及摩擦阻力等原因，使开卷过程中，材料不能始终保持张紧状况，而产生松紧现象，导致张力变化，影响产品质量。改善的方法可在开卷台上装上力矩电动机，并使电机的旋转方向与产品的传递方向相反，这时电动机处于反转状态，产生制动力矩，如图 7-23 所示，这样就能消除上述影响。这种方法，还应加一调压装置，用以控制制动力矩的大小。

（3）导辊

具有导辊特性的力矩电动机的机械特性如图 7-24 所示，能在一段较宽的转速范围内使转矩保持基本恒定，适用于在转速变化时要求恒转矩的场合。

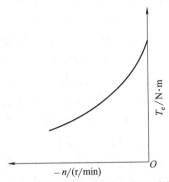

图 7-23 放线型力矩电动机的机械特性

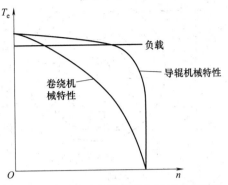

图 7-24 力矩电动机的卷绕和导辊机械特性

在冶金、印染等部门，需要采用导辊来传送产品，往往要求多台力矩电动机带动若干辊轴，由于辊轴直径不变，所以恒转矩可以保证在任何速度下传动物品的张力保持基本不变。

这种力矩电动机的转子电阻比卷绕特性的力矩电动机的转子电阻小。

(4) 调速

力矩电动机可用于调速，因为力矩电动机的机械特性很软，当负载增加时，电动机的转速降低，输出转矩增加，而输出转矩正比于电压的平方。假如负载恒定，则电动机的转速随电压而变化，如图 7-25 所示，在负载恒定的设

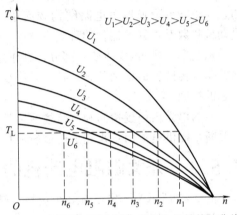

图 7-25 不同电压下力矩电动机的机械特性曲线

备上，只要通过调压装置改变电动机的输入电压，就可以获得任意转速。但是该电动机不适合长期处于低速运行的场所，长期低速运行，效率较低。

7.5 开关磁阻电动机

7.5.1 开关磁阻电动机传动系统的组成

开关磁阻电动机传动系统（SRD）是一种新型机电一体化交流调速系统。开关磁阻电动机传动系统主要由开关磁阻电动机（SRM 或 SR 电动机）、功率变换器、控制器和检测器四部分组成，如图 7-26 所示。

微课：7.5

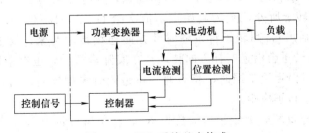

图 7-26 SRD 系统基本构成

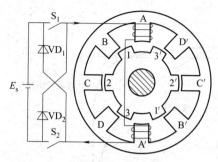

图 7-27　四相 8/6 极 SR 电动机
的结构与驱动电路

SR 电动机是一种典型的机电一体化装置，电机结构特别简单、可靠，调速性能好，效率高，成本低。SR 电动机是 SRD 系统中实现机电能量转换的部件，其结构和工作原理都与传统电机有较大的差别。如图 7-27 所示，SR 电动机为双凸极结构，其定、转子均由普通硅钢片叠压而成。转子上既无绕组也无永磁体，定子齿极上绕有集中绕组，径向相对的两个绕组可以串联或并联在一起，构成"一相"。

功率变换器是 SR 电动机驱动系统中的重要组成部分，其作用是将电源提供的能量经适当转换后供给电动机。功率变换器是影响系统性能价格比的主要因素。由于 SR 电动机绕组电流是单向的，使得功率变换器主电路结构较简单。SRD 的功率变换器主电路结构形式与供电电压、电动机相数及主开关器件的种类有关。

控制单元是 SRD 的核心部分，其作用是综合处理速度指令、速度反馈信号及电流传感器、位置传感器的反馈信息，控制功率变换器中主开关器件的通断，实现对 SR 电动机运行状态的控制。

检测单元由位置检测和电流检测环节组成，提供转子的位置信息以决定各相绕组的开通与关断，提供电流信息来完成电流斩波控制或采取相应的保护措施，以防止过电流。

7.5.2　开关磁阻电动机的基本结构与工作原理

图 7-27 所示为一定子有 8 个齿极、转子有 6 个齿极（简称 8/6 极）的开关磁阻电动机及一相驱动电路示意图。在结构上，开关磁阻电动机的定子和转子都为凸式式，由硅钢片叠压而成，但定、转子的极数不相等。定子极上装有集中式绕组，两个径向相对极上的绕组串联或并联起来构成一相绕组，比如图 7-27 中 A 和 A′ 极上的绕组构成了 A 相绕组。转子上没有绕组。

SR 电动机的运行遵循"磁阻最小原理"——磁通总是沿磁阻最小的路径闭合。当定子某相绕组通电时，所产生的磁场由于磁力线扭曲而产生切向磁拉力，试图使相近的转子极旋转到其轴线与该定子极轴线对齐的位置，即磁阻最小位置。

下面以图 7-27 为例说明 SR 电动机的工作原理。

当 A 相绕组电流控制开关 S_1、S_2 闭合时，A 相绕组通电励磁，所产生的磁通将由励磁相定子极通过气隙进入转子极，再经过转子轭和定子轭形成闭合磁路。当转子极接近定子极时，比如说转子极 1—1′ 与定子极 A—A′ 接近时，在磁阻转矩作用下，转子将转动并趋向使转子极中心线 1—1′ 与励磁相定子极中心线 A—A′ 相重合。当这一过程接近完成时，适时切断原励磁相电流，并以相同方式给定子下一相励磁，则将开始第二个完全相似的作用过程。若以图 7-27 中定、转子所处位置为起始点，依次给 D—A—B—C—D 相绕组通电（B、C、D 各相绕组图中未画出），则转子将按顺时针方向连续转动起来；反之，若按 B—A—D—C—B 顺序通电，则转子会沿逆时针方向转动。在实际运行中，也有采用二相或二相以上绕组同时导通的方式。但无论是同时一相导通，还是同时多相导通，当 m 相绕组轮流通电一次时，转子转过一个转子极距。

对于 m 相 SR 电动机，如定子齿极数为 N_s，转子齿极数为 N_r，转子极距角 τ_r（简称为转子极距）为：

$$\tau_r = \frac{2\pi}{N_r}$$

我们将每相绕组通电、断电一次转子转过的角度定义为步距角，则其值为：

$$\alpha_p = \frac{\tau_r}{m} = \frac{2\pi}{mN_r}$$

转子旋转一周转过 $360°$（或 2π 弧度），故每转步数为：

$$N_p = \frac{2\pi}{\alpha_p} = mN_r$$

由于转子旋转一周，定子 m 相绕组需要轮流通电 N_r 次，因此，SR 电动机的转速 $n(\mathrm{r/min})$ 与每相绕组的通电频率 f_{ph} 之间的关系为：

$$n = \frac{60 f_{ph}}{N_p} = \frac{60 f_{ph}}{mN_r}$$

综上所述，我们可以得出以下结论：SR 电动机的转动方向总是逆着磁场轴线的移动方向，改变 SR 电动机定子绕组的通电顺序，即可改变电机的转向；而改变通电相电流的方向，并不影响转子转动的方向。

开关磁阻电动机的主要优点是：

① 结构简单、制造方便、效率高、成本低；

② 损耗主要产生在定子边，所以冷却问题比较简单；

③ 转子上没有绕组，所以可以做成高速电机；

④ 调速范围较宽。

开关磁阻电动机的主要缺点是：

① 有一定的转矩脉动，转矩与转速的稳定性稍差；

② 噪声较大，容量较大时噪声问题一般将变得较突出。

7.5.3 开关磁阻电动机的相数与极数的关系

SR 电动机的转矩为磁阻性质，为了保证电机能够连续旋转，当某一相定子齿极与转子齿极轴线重合时，相邻相的定、转子齿极轴线应错开 $1/m$ 个转子极距。同时为了避免单边磁拉力，电机的结构必须对称，故定、转子齿极数应为偶数。通常，SR 电动机的相数与定、转子齿极数之间要满足如下约束关系：

① 定子各相绕组和转子各相齿极应沿圆周均匀分布；

② 定子齿极数 N_s 应为相数 m 的两倍或 2 的整数倍；

③ 定转子齿极数 N_s 和 N_r 的选择要匹配，要能产生必要的"重复"，以保证电动机能连续地转动。即要求某一相定子齿极的轴线与转子齿极的轴线重合时，相邻相的定、转子齿极的轴线应错开 τ_r/m 机械角。即定、转子齿极数应满足

$$\left.\begin{array}{l} N_s = 2km \\ N_r = N_s \mp 2k \end{array}\right\}$$

式中，k 为正整数，为了增大转矩、降低开关频率，一般在式中取"—"号，使定子齿极数多于转子齿极数。常用的较好的相数与极数组合如表 7-1 所示。

电动机的极数和相数与电机的性能和成本密切相关，一般，极数和相数增多，电动机的转矩脉动减小，运行平稳，但会导致结构复杂、主开关器件增多、增加了电动机的复杂性和功率电路的成本；相数减少，有利于降低成本，但转矩脉动增大，且两相以下的 SR 电动机

没有自启动能力（指电机转子在任意位置下，绕组通电启动的能力）。所以，目前应用较多的是三相 6/4 极结构、三相 12/8 极结构和四相 8/6 极结构。

表 7-1　SR 电动机常用的相数与极数组合

相数 m	定子齿极数（极数）N_s	转子齿极数（极数）N_r
2	4	2
	8	4
3	6	2
	6	4
	6	8
	12	8
4	8	6
5	10	8

四相 8/6 极 SR 电动机结构如图 7-27 所示，这是国内绝大部分产品所采用的技术方案。其极数、相数适中，转矩脉动不大，特别是启动较平稳，经济性也较好。

三相 6/4 极电机结构如图 7-28 所示，它是最少极数、最少相数的可双向自启动 SR 电动机，故经济性较好；与四相 8/6 极电机相比，同样转速时要求功率电路的开关频率较低，因此适合于高速运行。但是其步距角较大（为 30°），转矩脉动也较大。

为了减小转矩脉动，可采用图 7-29 所示的三相 12/8 极结构（未画出绕组），其相数虽然采用了可双向自启动的最小值，但由于齿极数为三相 6/4 极的两倍，使其步距角与四相 8/6 极相同（均为 15°）。此方案的另一个优点是每相绕组由定子上相距 90°的四个极上的线圈构成，产生的转矩在圆周上分布均匀，由磁路和电路造成的单边磁拉力小，因此电动机产生的噪声也比较低。

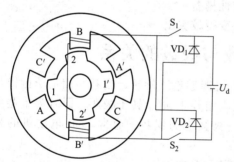

图 7-28　三相 6/4 极 SR 电动机示意图

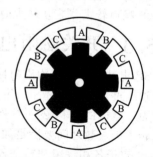

图 7-29　三相 12/8 极 SR 电动机

三相 6/2 极 SR 电动机结构（未画出绕组）如图 7-30 所示，为减少转矩"死区"，该电机采用了阶梯气隙转子。

五相 10/8 极 SR 电动机结构（未画出绕组）如图 7-31 所示。采用五相以上 SR 电动机

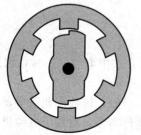

图 7-30　三相 6/2 极 SR 电动机

图 7-31　五相 10/8 极 SR 电动机

的目的多是为了获得平滑的电磁转矩，降低转矩脉动，另一个优点是在无位置传感器控制中可获得稳定的开环工作状态。但其缺点是电机和控制器的成本和复杂性大大提高。

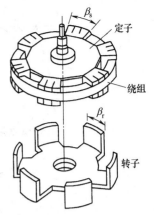

图 7-32 单相外转子 SR 电动机

单相外转子 SR 电动机的结构如图 7-32 所示。其定子绕组为环形线圈，绕制在定子铁芯外圆的槽内。环形绕组通电后形成轴向和径向混合的磁通。当转子齿极接近定子齿极时接通电源，转子受力旋转，在定子、转子齿极重合之前断开电源，转子靠惯性继续旋转，待转子齿极接近下一个定子齿极时再接通定子绕组，如此重复，电动机可以连续转动。为了解决自启动问题，可以采取适当措施，如附加永磁体，使电动机断电时转子停在适当位置，以保证下次通电启动时存在一定转矩。

7.5.4 开关磁阻电动机的基本控制方式

为了保证 SR 电动机的可靠运行，一般在低速（包括启动）时，一般采用电流斩波控制（简称 CCC 控制）；在高速情况下，一般采用角度位置控制（简称 APC 控制）。

(1) CCC 控制

在 SR 电动机启动、低、中速运行时，电压不变，旋转电动势引起的压降小，电感上升期的时间长，而 di/dt 的值相当大，为避免电流脉冲峰值超过功率开关器件和电机的允许值，采用 CCC 控制模式来限制电流。

斩波控制一般是在相电感变化区域内进行的，由于电机的平均电磁转矩 T_{av} 与相电流 I 的平方成正比，因此通过设定相电流允许限值 I_{max} 和 I_{min}，可使 SR 电机工作在恒转矩区。

电流斩波通常有以下几种实现方法。

① 给定绕组电流上限值 I_{max} 和下限值 I_{min} 的斩波控制。控制器在绕组电流达到 I_{max} 时，关断主开关器件，并在电流衰减到 I_{min} 值后重新开通主开关器件，即通过开关器件多次导通和关断来限制电流在给定的上、下限之间变化。在这种控制下，开通角 θ_{on} 和关断角 θ_{off} 可以改变，也可以固定不变，一般多为固定不变。这种控制是通过改变电流上、下限值的大小来调节开关磁阻电动机输出转矩值的，并由此实现速度闭环控制的。给定电流上、下限值的斩波控制方式的电流波形如图 7-33 (a) 所示。

② 给定绕组电流上限值 I_{max} 和关断时间 t_2 的斩波控制。这种方式与给定绕组电流上限和下限斩波控制基本相同，不同之处在关断主开关器件后，再次导通是由给定时间 t_1 来决定。给定电流上限值和关断时间的斩波控制方式的电流波形如图 7-33 (b) 所示。

③ 脉宽调制的斩波控制。一般在这种控制方式下，开通角 θ_{on} 和关断角 θ_{off} 固定不变。控制器在固定的斩波周期 T 内控制主开关器件的导通时间 t_1 和关断时间 t_2 的比例来改变绕组电流的幅值和有效值。脉宽调制的斩波控制方式的电流波形如图 7-33 (c) 所示。

(2) APC 控制

在 SR 电动机高速运行时，为了使转矩不随转速的平方下降，在外施电压一定的情况下，只有通过改变开通角 θ_{on} 和关断角 θ_{off} 的值获得所需的较大电流，这就是角度位置控制（APC 控制）。

在 APC 控制中，SR 电动机的转矩是通过开通角 θ_{on} 和关断角 θ_{off} 来调节，并由此实现速度闭环控制，即根据当前转速与给定转速 n_0 的差值自动调节电流脉冲的开通、关断位置，最后使转速稳定于 n_0。

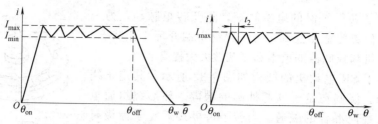

(a) 给定电流上、下限值的斩波控制　　(b) 给定电流上限值和关断时间的斩波控制

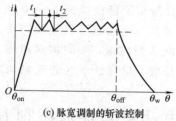

(c) 脉宽调制的斩波控制

图 7-33　三种斩波方式的电流波形

进行 APC 控制时，在 θ_{on} 与 θ_{off} 之间，对绕组加正电压，在绕组中建立和维持电流；在 θ_{off} 之后一段时间内，绕组承受反电压，电流续流并快速下降，直至消失，对应的电流波形如图 7-34 所示，为一个完整的脉冲。因此，这种运行方式有时也称为单脉冲运行。

控制 θ_{on} 和 θ_{off} 可以改变电流波形与绕组电感波形的相对位置，当电流波形的主要部分位于电感的上升区，则产生正转矩，电机为电动运行；反之，若使电流波形的主要部分处于绕组电感的下降段，则将产生负转矩，电机为制动运行。

在电动运行状态下，开通角 θ_{on} 提前，则在小电感区段电流上升时间加长，如图 7-35 所示，使电流波形发生如下变化：

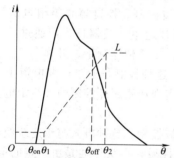

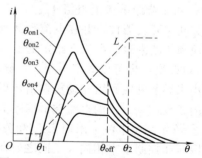

图 7-34　角度位置控制（APC）方式的电流波形　　　图 7-35　不同 θ_{on} 的电流波形（$\theta_{off}=c$）

① 波形加宽；

② 波形的峰值和有效值增加；

③ 与电感波形的相对位置变化。

改变 θ_{on} 使电感上升段电流变化，从而改变了电动机转矩。当电机负载一定时，转速便随之变化。

改变 θ_{off} 一般不影响电流峰值，但影响电流波形宽度及其同电感曲线的相对位置，电流有效值也随之变化，因此，θ_{off} 同样对电动机的转矩、转速产生影响，但其影响远没有 θ_{on} 那么大，如图 7-36

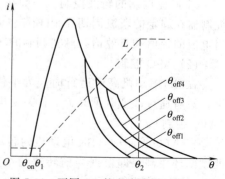

图 7-36　不同 θ_{off} 的电流波形（$\theta_{on}=c$）

所示。

同样的分析也可用于制动运行状态。

由以上分析可知：由于开通角 θ_{on} 通常处于低电感区，它的改变对相电流波形影响很大，从而对输出转矩产生很大影响。因此一般采用固定关断角 θ_{off}、改变开通角 θ_{on} 的控制模式。

当电机的转速较高时，因反电动势的增大，限制了相电流的大小。为了增大平均电磁转矩，应增大相电流的导通角 θ_c，因此关断角 θ_{off} 不能太小。然而，关断角 θ_{off} 过大又会使相电流进入电感下降区域，产生制动转矩，因此关断角 θ_{off} 存在一个最佳值，以保证在绕组电感开始随转子位置角下降时，绕组电流尽快衰减到 0。

由 SR 电动机的转矩公式可知，对于同一运行点（即一定转速和转矩），开通角 θ_{on} 和关断角 θ_{off} 有多种组合（如图 7-37 所示），而在不同组合下，电机的效率和转矩脉动等性能指标是不同的，因此存在针对不同指标的角度最优控制。找出开通角、关断角中使电动机出力相同且效率最高的一组就实现了角度控制的优化。寻优过程可以用计算机仿真，也可以采用重复试验的方法来完成。

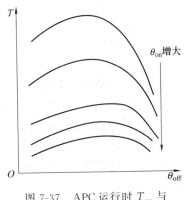

图 7-37　APC 运行时 T_{av} 与 θ_{on}、θ_{off} 的关系

7.5.5　开关磁阻电动机的控制系统

根据 SR 电动机的控制原理可以得到 SRD 控制系统原理图。如图 7-38 所示，SRD 系统采用转速外环、电流内环的双闭环控制，ASR（转速调节器）根据转速误差信号（转速指令 Ω^* 与实际转速 Ω 之差）给出转矩指令信号 T^*，而转矩指令可以直接作为电流指令 i^*；ACR（电流调节器）根据电流误差（电流指令 i^* 与实际电流 i 之差）来控制功率开关。

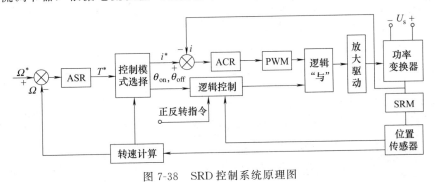

图 7-38　SRD 控制系统原理图

控制模式选择框是 SRD 系统控制策略的总体现，它根据实时转速信号确定控制模式——在低速运行时，固定开通角 θ_{on} 和关断角 θ_{off}，采用 CCC 控制；在高速运行时，采用 APC 控制。

在 APC 方式下，将电流指令 i^* 抬高，使斩波不再出现，由转矩指令 T^* 的增减来决定开通角 θ_{on} 和关断角 θ_{off} 的大小。

在 CCC 方式下，实际电流的控制是由 PWM 斩波实现的。ACR 根据电流误差来调节 PWM 信号的占空比，PWM 信号与换相逻辑信号相"与"，并经放大后用于控制功率开关的导通和关断。

思考题与习题

7-1　简述单相串励电动机是怎样工作的，如何改变单相串励电动机的转向。

7-2　单相串励电动机与串励直流电动机的主要区别是什么？

7-3　无刷直流电动机由哪几部分组成？

7-4　简述无刷直流电动机的工作原理。

7-5　怎样调节永磁直流电动机的转速？

7-6　永磁同步电动机有什么特点？

7-7　永磁同步电动机的启动方法有哪几种？各有什么特点？

7-8　什么是力矩电动机？交流力矩电动机与普通三相异步电动机有哪些主要区别？

7-9　交流力矩电动机主要用于什么场合？

7-10　开关磁阻电动机传动系统由哪几部分组成？各有什么作用？

7-11　简述开关磁阻电动机的工作原理。

7-12　开关磁阻电动机有哪几种基本控制方式？

参 考 文 献

[1] 许实章. 电机学. 北京：机械工业出版社，1981.

[2] 冯欣南. 电机学. 北京：机械工业出版社，1985.

[3] 张连仲. 电机与电气传动基础. 北京：兵器工业出版社，1997.

[4] 汤蕴璆. 电机学. 第2版. 北京：机械工业出版社，2005.

[5] 顾承林. 电机学. 第2版. 武汉：华中科技大学出版社，2005.

[6] 胡虔生. 电机学. 北京：中国电力出版社，2005.

[7] 曾令全. 电机学. 北京：中国电力出版社，2007.

[8] 唐任远. 现代永磁电机. 北京：机械工业出版社，2008.

[9] 胡岩. 小型电动机现代实用设计技术. 北京：机械工业出版社，2008.

[10] 赵莉华. 电机学. 北京：机械工业出版社，2009.

[11] 陈季权. 电机学. 北京：中国电力出版社，2008.

[12] 李哲生. 电机学. 哈尔滨：哈尔滨工业大学出版社，1997.

[13] 李法海. 电机学. 北京：科学出版社，2001.

[14] 吕宗枢. 电机学. 北京：高等教育出版社，2008.

[15] 唐介. 电机与拖动. 北京：高等教育出版社，2003.

[16] 程明. 微特电机及系统. 北京：中国电力出版社，2008.

[17] 唐任远，特种电机原理与应用. 第2版. 北京：机械工业出版社，2010.